Obst
für jeden Garten

London, New York, Melbourne,
München und Delhi

Programmleitung Jonathan Metcalf
Cheflektorat Esther Ripley
Lektorat Helen Fewster
Projektleitung Liz Wheeler
Projektbetreuung Anna Kruger
Bildredaktion Alison Donovan, Bryn Walls, Alison Gardner
Bildrecherche Ria Jones
Herstellung Joanna Byrne, Sophie Argyris
Umschlaggestaltung Mark Cavanagh
Spezielle Fotos West Dean Gardens, West Sussex

Für die deutsche Ausgabe:
Programmleitung Monika Schlitzer
Projektbetreuung Regina Franke, Manuela Stern
Herstellungsleitung Dorothee Whittaker
Herstellung Beate Fellner, Anna Ponton

Bibliografische Information Der Deutschen Bibliothek
Die Deutsche Bibliothek verzeichnet diese Publikation in der Deutschen Nationalbibliografie; detaillierte bibliografische Daten sind im Internet über http://dnb.ddb.de abrufbar.

Titel der englischen Originalausgabe:
Grow fruit

© Dorling Kindersley Limited, London, 2010
Ein Unternehmen der Penguin-Gruppe
Text © by Alan Buckinhham, 2010

© der deutschsprachigen Ausgabe by Dorling Kindersley
Verlag GmbH, München, 2011
Alle deutschsprachigen Rechte vorbehalten

Übersetzung Eva Sixt
Lektorat Christine Condé

ISBN 978-3-8310-1779-9

Printed and bound in Singapore by Star Standard

Besuchen Sie uns im Internet
www.dorlingkindersley.de

Hinweis
Die Informationen und Ratschläge in diesem Buch sind von den Autoren und vom Verlag sorgfältig erwogen und geprüft, dennoch kann eine Garantie nicht übernommen werden. Eine Haftung der Autoren bzw. des Verlags und seiner Beauftragten für Personen-, Sach- und Vermögensschäden ist ausgeschlossen.

Obst für jeden Garten

ALAN BUCKINGHAM

Fachberatung JO WHITTINGHAM

INHALT

6 Warum Obst anbauen?

10 Der Obstgarten
Bauen Sie Ihr Obst selbst an: in Gärten und Schrebergärten, in Töpfen, Kübeln und unter Glas!

- 12 Welches Obst anbauen?
- 17 Obst in kleinen Gärten anbauen
- 19 Traditionelle Küchengärten
- 22 Große Gärten, Schrebergärten, Obsthaine
- 24 Das Jahr des Obstgärtners

28 Baumobst
Sortenwahl, Pflanzen, Schnitt, Erziehung und Pflege von Obstbäumen, damit Ihr Anbau gelingt.

- 41 Äpfel
- 81 Birnen
- 103 Pflaumen
- 121 Kirschen
- 137 Aprikosen
- 145 Pfirsiche und Nektarinen
- 158 Quitten
- 162 Maulbeeren
- 164 Mispeln
- 167 Feigen

178 Beerenobst
Alles, was Sie wissen müssen, um erfolgreich Beerenobst anzubauen: Sortenwahl, Pflanzung, regelmäßige Pflege, Schnitt und was bei häufigen Problemen zu tun ist.

- 183 Erdbeeren
- 197 Himbeeren
- 209 Brombeeren und Hybriden
- 219 Stachelbeeren
- 231 Rote und Weiße Johannisbeeren
- 239 Schwarze Johannisbeeren
- 247 Heidelbeeren
- 258 Cranberrys und Preiselbeeren
- 262 Ungewöhnliche Beeren

264 **Weintrauben**
Wie Sie Wein im Freien und unter Glas anbauen können: Informationen zur Wahl der Sorten, zum Pflanzen und wie man die Reben gesund erhält und richtig schneidet.

282 **Empfindliche und exotische Früchte**
Früchte warmer Klimazonen selber ernten: Erfahren Sie, wie Sie ungewöhnliches und exotisches Obst anbauen können.

    285 Zitrusfrüchte
    295 Melonen
    302 Kiwis
    305 Kapstachelbeeren
    308 Andere exotische Früchte
            Avocados ▪ Bananen ▪ Japanische Wollmispeln ▪ Mangos ▪ Oliven ▪ Papayas ▪ Passionsfrüchte ▪ Papaus ▪ Pepinos ▪ Kakipflaumen ▪ Ananas ▪ Ananasguaven ▪ Granatäpfel ▪ Kaktusfeigen ▪ Erdbeerguaven ▪ Baumtomaten

314 **Der Obst-Doktor**
Was bei Schädlingsbefall, Krankheiten und Mangelerscheinungen zu tun ist: Probleme erkennen, behandeln und zukünftig vermeiden.

    316 Was stimmt nicht?
    318 Gesunder Boden
    320 Häufige Mangelerscheinungen
    322 Krankheiten
    332 Schädlinge und Parasiten

    342 Register
    350 Dank und Bildnachweis
    352 Bezugsquellen

Warum Obst anbauen?

Es gibt viele gute Gründe, Früchte im eigenen Garten anzubauen – dazu gehören Frische, Geschmack und die Auswahlmöglichkeiten ebenso wie eine kritische Einstellung zur kommerziellen Produktion unserer Lebensmittel. Viele Menschen wollen außerdem wissen, wo ihre Lebensmittel herkommen, wie sie angebaut werden und was mit ihnen geschieht, bevor sie sie verzehren. Zudem entdecken wir heute eine einfache Wahrheit wieder: Nahrungsmittel aus dem eigenen Garten sind lecker, und wenn man sie isst, stellt sich ein Gefühl großer Zufriedenheit ein.

Wirklich reif und ganz frisch
Bei jeder Frucht gibt es den perfekten Moment, in dem sie wirklich reif ist. Meistens hängt sie dann noch am Baum oder Strauch, und der Kunstgriff ist es, sie möglichst genau zu diesem Zeitpunkt zu ernten. Wenn Sie Ihre Früchte selbst anbauen, haben Sie gute Chancen, diesen Zeitpunkt zu erkennen, und werden mit köstlichem Geschmack belohnt. Kaufen Sie Ihr Obst im Supermarkt, ist das bestimmt nicht der Fall. Kommerziell angebautes Obst wird fast immer geerntet, bevor es reif ist, damit man die Früchte unbeschadet transportieren kann. Danach werden sie oft in einem Supermarkt mit Klimaanlage gelagert. Das Obst soll entweder dort in den Regalen reifen, oder wenn Sie es mit nach Hause nehmen. Es schmeckt aber nie so gut wie Früchte, die am Baum oder Strauch gereift sind.

Zur richtigen Jahreszeit und aus der Region
Erdbeeren im Februar, Johannisbeeren zu Weihnachten, Äpfel im Mai: Wie kann das funktionieren? Die Antwort ist offensichtlich – die Früchte wurden auf der anderen Seite des Globus angebaut und tausende Kilometer weit transportiert. Wie wirkt sich das aber auf Qualität und Geschmack aus? Für uns ist es selbstverständlich, dass alle Früchte das ganze Jahr über erhältlich sind. Deshalb haben wir das Gespür dafür verloren, dass sie viel besser schmecken, wenn sie in unserer Gegend angebaut wurden und zur passenden Jahreszeit auf den Tisch kommen.

Ein perfekter Pfirsich: butterweich, süß, aromatisch und saftig, direkt vom Baum. Können Sie sich einen besseren Grund vorstellen, Ihr Obst selbst anzubauen?

WARUM OBST ANBAUEN?

Auswahl und Vielfalt

Die gut bestückten Regale im Supermarkt geben uns einen Eindruck von der Vielfalt der Obstsorten. Dies ist aber nur ein Tropfen im Ozean im Vergleich zur Auswahl, die Sie haben, wenn Sie Ihr eigenes Obst anbauen. Sogar Gartencenter mit kleinem Sortiment und Gärtnereien bieten überraschend viele Sorten an, spezialisierte Baumschulen gar Hunderte. Einige der modernen Sorten wurden auf bestimmte Merkmale wie Größe, Farbe und Geschmack der Früchte oder Widerstandsfähigkeit gegen Schädlinge und Krankheiten gezüchtet. Andere sind alte Sorten, die in Vergessenheit geraten waren und nach langer Zeit wiederentdeckt wurden. Sie werden auch ungewöhnliche Früchte entdecken, die Sie im Laden kaum finden, da ihr Transport zu kostspielig oder schlicht unmöglich ist – Maulbeeren sind nur ein Beispiel.

Biologisch gärtnern

In diesem Buch wird das Für und Wider des biologischen Gärtnerns nicht diskutiert. Der Einsatz von Pestiziden ist ein sensibles Thema, und die meisten von uns essen lieber Nahrungsmittel, die möglichst naturbelassen sind. Früchte sind jedoch anfällig für viele Schädlinge und Krankheiten, und manchmal ist es nötig, einzugreifen. Im Grunde können nur Sie entscheiden, ob Sie biologische Pflanzenbehandlungsmittel, organische oder synthetische Dünger, Pestizide, Fungizide und Unkrautvernichtungsmittel verwenden, wenn Sie Ihr eigenes Obst anbauen.

(unten, von links nach rechts) **Die Blüten im Frühjahr** sind so herrlich, dass es sich schon allein um ihretwillen lohnt, Obstbäume zu pflanzen. Für Bienen und andere Insekten sind Apfelblüten unwiderstehlich. **Junge Weintrauben** bilden sich im Mai oder Juni nach der Blüte. Im Lauf der nächsten Monate werden sie allmählich größer und die Trauben werden dichter.
(gegenüber) **Kirschen** direkt vom Baum, reif und warm von der Sonne, gehören zu den Höhepunkten im Sommer.

Der Obstgarten

Wie anspruchsvoll ist es, Obst selbst anzubauen? Wie viel Know-how brauchen Sie? Und wie viel Zeit und Arbeit ist notwendig dafür? Diese Fragen sind nicht gleich zu beantworten, denn all das hängt davon ab, wo Sie leben, wie Ihr Garten beschaffen ist und welche Früchte Sie anbauen wollen. Bei manchen Sorten wird sich der Erfolg leichter einstellen: Viele Apfel- und Birnbäume wachsen fast überall. Das gilt auch für die meisten Stachelbeeren und Johannisbeeren, Erdbeeren, Brombeeren und Himbeeren. Andere Früchte, wie Weintrauben, erfordern etwas mehr Pflege und Aufmerksamkeit oder den richtigen Boden, wie Heidelbeeren. Empfindliche Früchte wie Pfirsiche, Aprikosen, Melonen und Zitrusfrüchte brauchen einen warmen, sonnigen Standort, an dem sie vor Frost und Wind geschützt sind. Andernfalls gedeihen die Pflanzen vielleicht, aber die Früchte reifen nicht aus.

Unterm Strich ist keine der in diesem Buch vorgestellten Obstsorten schwierig zu kultivieren. Sicher wird sich der Erfolg aber schneller einstellen, wenn Sie nachlesen, welche Bedingungen die verschiedenen Sorten brauchen, und dann eine geeignete Auswahl für Ihren Garten treffen, sich aufmerksam um Ihre Pflanzen kümmern und sie so mit Gespür dazu bringen, viele Früchte zu tragen.

Unreife Früchte zu pflücken und wegzuwerfen mag verschwenderisch erscheinen, das Ausdünnen ist jedoch wichtig: Die verbliebenen Äpfel werden größer und schmackhafter.

Welches Obst anbauen?

Um diese Frage beantworten zu können, gilt es, das Klima in Ihrer Gegend zu beachten. Das hängt natürlich davon ab, wo Sie leben. Auf welchem Breitengrad? In welcher Höhe? Liegt Ihr Grundstück geschützt oder exponiert? Im Binnenland oder nahe der Küste? Ist es nach Norden oder Süden ausgerichtet? All diese Faktoren bestimmen die klimatischen Bedingungen. Auch Bodenart und -zusammensetzung sind zu berücksichtigen, zudem das Düngen, Wässern, Erziehen, der Schnitt und so weiter. Das Klima jedoch – oder genauer das Mikroklima – ist der wichtigste Faktor.

Das regionale Klima

Obwohl das Klima im gesamten deutschsprachigen Raum als gemäßigt bezeichnet wird, können die regionalen Unterschiede erheblich sein. Hier würde es zu weit führen, hierauf im Einzelnen einzugehen: Rat können Sie sich in einer örtlichen Gärtnerei, einer Baumschule oder bei einem Obst- und Gartenbauverein holen. Baumobst kühl-gemäßigter Klimazonen, wie Äpfel, Birnen, Pflaumen, Kirschen und Beerenobst wie Himbeeren, Brombeeren, Stachelbeeren und Johannisbeeren können Sie im Grunde überall anpflanzen. In wärmeren Gegenden blühen die Pflanzen allerdings meist früher im Jahr, die Früchte reifen zeitiger. Bäume und Sträucher, die aus dem Mittelmeerraum oder anderen warmen Regionen stammen, haben in vielen Gegenden zu kämpfen. Mit dem Anbau von Pfirsichen, Nektarinen, Aprikosen, Zitrusfrüchten, Melonen und Weintrauben im Freien werden Sie zum Beispiel am Oberrhein sicherlich erfolgreicher sein als in Norddeutschland.

Obstsorten

Wenn Sie einen Blick in den Katalog einer spezialisierten Baumschule werfen – oder auf die folgenden Seiten dieses Buches –, bekommen Sie einen kleinen Eindruck davon, wie viele verschiedene Sorten es von allen bekannten Früchten gibt. Es gibt Tausende von Apfelsorten und Hunderte von Birnen, Pflaumen, Kirschen, Trauben und Erdbeeren. Bei der Auswahl einer Sorte geht es nicht nur um Geschmack, Reifezeit und Lagerfähigkeit, sondern auch darum, ob sie für Ihr Klima geeignet ist. Viele der

Beliebtes Obst

1 Erdbeeren
Schwierigkeit *einfach*
Schützen Sie die Pflanzen vor Vögeln und Schnecken; ersetzen Sie sie nach 2–3 Jahren.
■ Siehe S. 183.

2 Weintrauben
Schwierigkeit *nicht ganz einfach*
In kühlem Klima sind Trauben zur Weinherstellung unkomplizierter als solche zum Essen. Dennoch brauchen Sie vielleicht ein Gewächshaus.
■ Siehe S. 264.

3 Pflaumen
Schwierigkeit *einfach*
Pflaumen haben gute und schlechte Jahre. Viel hängt von der Bestäubung im Frühjahr ab.
■ Siehe S. 103.

4 Kirschen
Schwierigkeit *einfach*
Netze, die Vögel von den Früchten abhalten, sind unbedingt notwendig.
■ Siehe S. 121.

5 Quitten
Schwierigkeit *sehr einfach*
Quitten brauchen fast keine Pflege und sind eine gute Wahl, wenn Sie etwas ungewöhnlichere Früchte anbauen wollen.
■ Siehe S. 158.

6 Brombeeren
Schwierigkeit *sehr einfach*
Kultursorten tragen bessere Früchte als wilde Brombeersträucher. Probieren Sie auch ausgefallenere Hybriden aus.
■ Siehe S. 209.

7 Heidelbeeren
Schwierigkeit *sehr einfach*
Im richtigen Boden, der sauer sein muss, sind die Sträucher unkompliziert.
■ Siehe S. 247.

8 Rote Johannisbeeren
Schwierigkeit *sehr einfach*
Ziehen Sie bei wenig Platz Kordons. Probieren Sie auch die süßeren Weißen Johannisbeeren.
■ Siehe S. 231.

9 Äpfel
Schwierigkeit *einfach*
Lernen Sie, die Bäume zu schneiden. So werden Sie mehr und bessere Früchte ernten.
■ Siehe S. 41.

Sorten mit Orts- oder Landschaftsnamen wurden so gezüchtet, dass sie in einer bestimmten Region gut gedeihen, oder wurden dort entdeckt. Und viele der traditionellen Sorten werden in diesen Regionen auch heute noch angebaut. Manchmal geben die Namen der Sorten einen Hinweis: Boskoop, Bittenfelder Sämling, Gravensteiner zum Beispiel. Wenn Sie Obstsorten anpflanzen, die aus weiter entfernten Regionen stammen, wählen Sie solche, die ähnliche Bedingungen brauchen. Und wenn Sie in Deutschland Weintrauben anbauen wollen, wählen Sie eine deutsche oder nordfranzösische Sorte, keine spanische oder italienische.

Mikroklima

Die meisten Gärten haben ein spezielles Mikroklima. Oft ist es vorteilhaft: Eine Terrasse, auf die am Spätnachmittag die Sonne scheint, eine geschützte Ecke oder eine Südmauer spielen eine große Rolle, wenn es darum geht, was Sie anbauen können. Es kann Ihnen genau die richtige Stelle für einen Feigenbaum im Kübel oder einen an der Mauer gezogenen Aprikosenbaum bieten, der anderswo vielleicht gedeihen, aber keine reifen Früchte hervorbringen würde.

Leider kann auch das Gegenteil der Fall sein. Manche Gärten haben ein unvorteilhaftes Mikroklima. Ein Grundstück am Fuß eines Hanges kann zum Beispiel eine Frostsenke sein, oder ein Stück des Gartens kann im Regenschatten einer Mauer oder eines Zauns liegen und austrocknen, wenn der restliche Garten feucht ist.

Obst unter einer Abdeckung kultivieren

Sie können ein Gewächshaus, einen Wintergarten, einen Folientunnel und sogar ein Frühbeet nutzen, um eine größere Auswahl an Früchten anzubauen. So gestalten Sie ein Mikroklima, das Sie kontrollieren können. In einer kühl-gemäßigten Region wie in Deutschland, Österreich oder der Schweiz schaffen Sie so während der kältesten Wintermonate eine warme, frostgeschützte Umgebung für empfindliche Pflanzen in Kübeln, wie Zitrusfrüchte. Und nur in einem beheizten Gewächshaus oder Folientunnel kann man subtropische und tropische Früchte anpflanzen.

Vor allem in Europa wird Obst traditionell in großen Gewächshäusern angebaut, sodass empfindliche und exotische Früchte wie Weintrauben, Orangen, Pfirsiche, Aprikosen, Melonen, Feigen und sogar Ananas das ganze Jahr über geerntet werden können. Orangerien entwarf man mit großen, verglasten Türen, die sich direkt auf eine große Terrassen öffnen, sodass schwere Kübel mit Zitruspflanzen im Sommer ins Freie und im Winter wieder nach drinnen gestellt werden konnten. Im 19. Jahrhundert wurden Gewächshäuser nicht nur mit Kohleöfen geheizt, sondern auch mit der Wärme, die beim Zersetzen von Mist natürlicherweise frei wird.

10 Pfirsiche und Nektarinen
Schwierigkeit *nicht ganz einfach*
Diese Früchte brauchen einen warmen, geschützten Standort und viel Sonne.
■ Siehe S. 145.

11 Zitrusfrüchte
Schwierigkeit *nicht ganz einfach*
Kultivieren Sie die Pflanzen in kühlem Klima in Kübeln und stellen Sie sie im Winter ins Haus.
■ Siehe S. 285.

12 Stachelbeeren
Schwierigkeit *sehr einfach*
Unter den richtigen Bedingungen sind die Pflanzen fast unverwüstlich, abgesehen von Befall mit Stachelbeermehltau.
■ Siehe S. 219.

13 Himbeeren
Schwierigkeit *einfach bis mäßig*
Herbsthimbeeren sind viel unkomplizierter als Sommerhimbeeren. Anbinden und Schnitt sind unproblematischer, Netze oft überflüssig.
■ Siehe S. 197.

14 Feigen
Schwierigkeit *einfach bis mäßig*
Die Bäume sind leicht zu kultivieren, brauchen aber Sonne sowie Wärme und tragen deshalb nicht immer gleich gut.
■ Siehe S. 167.

15 Aprikosen
Schwierigkeit *einfach bis mäßig*
Wählen Sie in kühlem Klima eine geeignete Sorte und einen geschützten, sonnigen Standort.
■ Siehe S. 137.

16 Schwarze Johannisbeeren
Schwierigkeit *sehr einfach*
Es gibt kaum einen Standort, an dem Schwarze Johannisbeeren nicht gedeihen. Sie müssen aber einmal im Jahr geschnitten werden.
■ Siehe S. 239.

17 Birnen
Schwierigkeit *einfach*
Birnen sind etwas anspruchsvoller als Äpfel, aber einfacher zu schneiden.
■ Siehe S. 81.

18 Melonen
Schwierigkeit *nicht ganz einfach*
In warmem Klima sind Melonen einfach anzubauen. In kühlem Klima kultivieren Sie sie am besten unter einer Abdeckung.
■ Siehe S. 295.

Obst in kleinen Gärten anbauen

Auch wenn Sie nur einen kleinen Garten haben – lassen Sie sich nicht davon abhalten, Ihr eigenes Obst anzubauen. Zugegeben, Sie werden sicher keine großen Obstbäume pflanzen und auch ein begehbarer Fruchtkäfig kommt wahrscheinlich nicht infrage. Und doch können Sie mit Erfindergeist und guter Planung das Beste aus Ihrem Grundstück machen und viele verschiedene Früchte kultivieren.

Zwergsorten und kompakte Obstbäume

In den letzten Jahrzehnten haben Obstzüchter mit Erfolg kleinere Bäume gezüchtet. Heute sind sie für uns selbstverständlich, aber vor nicht allzu langer Zeit wuchsen vor allem Kirsch- und Birnbäume, aber auch Apfel- und Pflaumenbäume immer zu stattlicher Größe heran. Es war schwierig, sie zu schneiden und zu pflegen, auch die Ernte war aufwändig, denn für alle Arbeiten benötigte man eine Leiter. Deshalb war es im Interesse kommerzieller Obstanbauer, kleinere Bäume zu züchten, die man dichter pflanzen kann und die größere, leichter zu erntende Früchte tragen. Man entwickelte viele moderne Sorten auf zwergigen Unterlagen (siehe S. 52). Auch die Hobbygärtner profitieren davon. Heute gibt es eine gute Auswahl an Obstbäumen, die man hervorragend auch in kleinen Gärten pflanzen kann.

Baumformen, die Platz sparen

Das Erziehen und Schneiden der Obstbäume ist für ihre Endgröße entscheidend. Für einen kleinen Garten sind traditionell erzogene Formen eine gute Wahl. Eine Reihe mit senkrechten oder schrägen Kordons benötigt nur sehr wenig Platz, und Sie können viele verschiedene Sorten anbauen. Das Gleiche gilt für Säulenbäume, die die Früchte an einem einzigen senkrechten Stamm tragen. Man kann sie sehr dicht pflanzen. Kleine waagrechte Kordons können eine gute Begrenzung für Blumenbeete sein. Und an Mauern und Zäunen, am besten an der Südseite, können Sie Spaliere und Fächer ziehen.

(im Uhrzeigersinn, von oben links) **Mit einer Reihe von Zwerg-Birnenkordons** können Sie den Platz nicht nur nutzen, um Obst anzubauen. Die Pflanzen wachsen zudem zu einer modernen Designer-Hecke heran. **Unter einer Roten Johannisbeere** als Hochstamm ist noch Platz, um Salat und Zwiebeln zu pflanzen. **Weinreben** klettern über eine Pergola oder einen Bogen und tragen mehr Früchte, wenn sie regelmäßig geschnitten werden. **Waagrechte Apfelkordons** sind etwa in Knie- oder Taillenhöhe gebogen. Neben Säulenbäumen sind sie die kompaktesten Baumformen. (rechts) **Ein hängender Korb** mit Erdbeeren spart am Boden wertvollen Platz und die Früchte sind vor Schnecken sicher – außer, diese sind sehr sportlich.

DER OBSTGARTEN

So können Sie anspruchsvollere Früchte wie Pfirsiche, Aprikosen, Feigen und Zitrusfrüchte anbauen, die an einer offenen, ungeschützten Stelle im Garten zu kämpfen hätten.

Wenn Sie nur Platz für einen Baum von jeder Sorte haben, dann pflanzen Sie jeweils eine selbstfertile Sorte, die keinen Partner benötigt. Ein »Familien-Baum«, bei dem mehrere Sorten einer einzigen Unterlage aufgepfropft wurden, bietet eine größere Vielfalt (siehe S. 53). Handelt es sich zum Beispiel um einen Apfelbaum, können Sie Koch- und Dessertäpfel sowie frühe und späte Sorten ernten.

Obstbäume in Kübeln

Sie können alle Obstbäume, außer den wuchsstärksten Sorten, im Kübel ziehen. In manchen Fällen kann ein Container sogar vorteilhaft sein. Feigenbäume gedeihen gut, tragen mehr Früchte und weniger Laub, wenn sich ihre Wurzeln nur begrenzt ausbreiten können (siehe S. 171). Heidelbeersträucher gedeihen nur in sehr saurem Boden. Ist der Boden in Ihrem Garten neutral oder alkalisch, dann ist ein großer Container mit spezieller Rhododendronerde die perfekte Lösung (siehe S. 252). Empfindliche Früchte, die keinen Frost vertragen, können Sie im Winter ins Haus oder unter eine Abdeckung und im Sommer an eine Stelle in der vollen Sonne tragen oder rollen.

Hier einige einfache Regeln, wenn Sie Obst in Kübeln kultivieren: Wählen Sie bei Bäumen Zwergsorten, die klein bleiben. Beginnen Sie mit einem Kübel, der nicht zu groß ist. Am besten pflanzen Sie den Strauch oder Baum zunächst in einen kleinen bis mittelgroßen, dann jeweils nach einigen Jahren in einen etwas größeren Kübel um. Verwenden Sie die richtige Erde: gewöhnlich eine Mischung aus lehmhaltiger Komposterde, gemischt mit Sand oder Kies, um sicherzustellen, dass das Wasser gut abfließt. Gießen Sie regelmäßig, im Sommer viel öfter als im Winter, und düngen Sie wenn nötig.

(links) **Pflanzen im Kübel** lassen sich transportieren und eignen sich hervorragend, um das Beste aus begrenztem Platz zu machen. Wenn sie nicht zu groß und schwer werden, lassen sie sich von einem Mikroklima ins andere befördern. Im Winter kann man sie in eine geschützte, frostfreie Ecke stellen, im Sommer in die volle Sonne, damit die Früchte reifen.

Traditionelle Küchengärten

Früher war es üblich, in einem von Rasenflächen, Blumenbeeten und anderen Ziergärten abgetrennten Teil des Gartens Gemüse, Früchte und Kräuter anzubauen. Das hatte vor allem einen praktischen Grund: Der Küchengarten sollte geschützt sein und ein warmes Mikroklima haben. Deshalb umfriedete man ihn mit Mauern oder hohen Hecken. Außerdem verbannte man so die Schuppen, sonstige Wirtschaftsgebäude, Gewächshäuser und Komposttonnen aus dem Blickfeld. Heute sind nur wenige Gärten so groß, dass dies möglich ist. Noch immer aber hat es große Vorteile, in einem Teil des Gartens die eigenen Nutzpflanzen anzubauen.

Die Anlage von Küchengärten

Da viele Früchte tragende Pflanzen lange leben, Gemüse hingegen meist einjährig sind, waren Obstbäume und Beerensträucher schon immer die wesentlichen strukturellen Elemente im Küchengarten. Kordons beiderseits der Hauptwege können so erzogen werden, dass sie Bögen und Tunnel bilden, die Früchte tragen, und in Reihen gepflanzte Spaliere

(unten) **In dem Garten** sind Beete mit Obst, Gemüse, Blumen und Kräutern von Buchsbaumhecken und gepflegten Wegen umgeben, die von Kordon-Bögen überspannt werden.

TRADITIONELLE KÜCHENGÄRTEN

bilden lebende Zäune oder Schirme. So lässt sich der Garten in Beete einteilen, in denen man die Gemüse in Fruchtfolge anbauen kann.

Im Potager ist diese Idee auf höchstem Niveau verwirklicht. Das Wort ist französisch und bedeutet »Gemüseeintopf«. Potagers sind aber viel geometrischer, als diese Bezeichnung vermuten lässt. Sie unterteilen den Küchengarten in strenge Einheiten: meist Quadrate, Rechtecke oder Dreiecke. Jeder Teil wird mit verschiedenen Gemüsen, Früchten, Kräutern und auch Blumen bepflanzt. Niedrige Hecken, Spaliere oder waagrechte Kordons begrenzen die gepflegten Wege, die die Beete voneinander trennen. Solche Gärten sind ein herrlicher Anblick, sie machen jedoch unweigerlich sehr viel Arbeit.

Die Kunst des Spaliers

Jahrhundertealt ist die Technik, Obstbäume zu Spalieren zu erziehen. Mit Sicherheit war sie bereits im mittelalterlichen Europa bekannt, vielleicht sogar im alten Rom oder Ägypten. Die Vielfalt an möglichen Formen ist verblüffend und auch die Bezeichnungen der Baumformen sind es – von Kandelabern zu Palmetten, von Fächern hin zu dreidimensionalen Vasen oder Kelchen. Das Erziehen und Schneiden von Spalieren wird manchmal als die Formschnittgärtnerei des Obstgärtners bezeichnet. Diese Baumformen dienen jedoch einem praktischen Zweck und sind sehr dekorativ. Erstens sind Spaliere platzsparend – man kann sie dort pflanzen, wo sonst nichts Platz fände. Zweitens sind sie ertragreicher – Schnitt und Erziehung zielen auf eine maximale Ernte ab. Drittens sind sie gesünder, denn sie sind ganz einfach zu düngen und zu pflegen. Viertens kann man die Früchte leichter ernten. Und letztendlich: Wenn Sie Pfirsiche, Nektarinen, Aprikosen und andere empfindliche Früchte an einer warmen, sonnigen geschützten Mauer ziehen, ist das Mikroklima möglicherweise so vorteilhaft, dass die Früchte genauso zuverlässig reifen wie Äpfel oder Birnen.

Sie können Ihre eigenen Spaliere erziehen und mit einer Veredelung ohne oder mit Seitentrieben beginnen. Auf den folgenden Seiten finden Sie die Anleitungen dazu. In Gartencentern werden jedoch immer häufiger bereits erzogene junge Bäume angeboten. Spaliere sind offenbar die neuen Designer-Obstbäume.

(links) **Dieser Mehrfachkordon,** ein Apfelbaum, wurde im restaurierten Küchengarten in West Dean in Sussex, Großbritannien, an einer alten Ziegelmauer erzogen.

(rechts, von oben nach unten) **Für diesen Tunnel aus Obstbäumen** erzog man Birnen-Kordons in zwei parallelen Reihen so, dass sie viele Bögen bilden. **Ein Apfelspalier** in voller Blüte bietet im Frühjahr willkommene Farbtupfer im Küchengarten. **Für dreidimensionale Formen** braucht man sehr viel Erfahrung. In West Dean wurde diese Birne an einem Drahtgerüst zu einer Vasen- oder Kelchform erzogen.

Große Gärten, Schrebergärten, Obsthaine

Sind Sie glücklicher Besitzer eines großen Grundstücks, auf dem Sie einen Obstgarten anlegen können? Dann haben Sie jede Menge Möglichkeiten: Überlegen Sie sich dennoch gründlich, ob Sie große Obstbäume pflanzen wollen. Es hat viele Vorteile, sich für kleine Bäume auf zwergigen Unterlagen zu entscheiden. Sie sind leichter zu pflegen, Sie können mehr Bäume pflanzen und verschiedene Sorten ausprobieren. Für Beerenobst möchte ich Ihnen einen Fruchtkäfig ans Herz legen, damit Sie Ihre Ernte nicht mit den Vögeln teilen müssen. Wenn Sie dann noch Platz für ein Gewächshaus oder einen Folientunnel haben, umso besser!

Einen Obsthain planen

Das Geheimnis bei der Planung und Pflanzung eines Obsthains ist die richtige Mischung der Obstbäume: Angenommen, Sie möchten Äpfel, Birnen, Pflaumen und Kirschen ernten. Vielleicht wünschen Sie sich auch einige ungewöhnliche Früchte wie Quitten, Mispeln, Maulbeeren, Zieräpfel und – zumindest in wärmeren Gegenden – Pfirsiche und Aprikosen. Zunächst gilt es zu bedenken, ob die Bäume selbstfertil sind oder nicht. Wenn nicht, müssen Bestäubungspartner in der Nähe stehen. Prüfen Sie dann, ob die Bäume zur gleichen Zeit blühen. Tabellen im Buch liefern Ihnen die nötigen Informationen. Finden Sie dann heraus, wann die Früchte reifen. Ideal ist eine Mischung aus frühen, mittleren und späten Obstsorten, sodass Sie während möglichst langer Zeit im Jahr frisches Obst genießen können. Wählen Sie dann eine gute Mischung aus Dessert- und Kochsorten, darunter einige, die man gleich nach der Ernte verbrauchen sollte, und andere, die sich gut lagern lassen.

Der Fruchtkäfig

Es ist sehr befriedigend, einen großen, begehbaren Fruchtkäfig zu betreten. Wenn Sie jemals erlebt haben, dass Schwärme hungriger Vögel Ihre gesamte Ernte an Erdbeeren, Himbeeren, Johannisbeeren, Stachelbeeren, Kirschen und Pflaumen plündern, werden Sie sich in Ihrem Fruchtkäfig wie im Paradies fühlen. Anders als Vogelscheuchen, Drähte, Windmühlen und andere oft wenig effektive Methoden, die Vögel zu vertreiben, bietet ein Fruchtkäfig hundertprozentigen Schutz, und Sie können ganz entspannt sein. Nur im Winter sollten die Vögel in den Käfig gelangen, damit sie Insekten und deren Eier vertilgen.

(links) **Ein frisch gepflanzter** Apfelhain. (rechts, von oben im Uhrzeigersinn) **Ein Fruchtkäfig,** der einen Orkan übersteht und Vögel allemal abhält. **Erntezeit** in einem Obsthain. **Drahtgerüste** stützen junge Bäume, die zu Pyramiden erzogen werden.

Das Jahr des Obstgärtners

Das Gartenjahr hat seinen ganz eigenen Rhythmus. Die Jahreszeiten wieder wahrzunehmen, gehört zu den Freuden des Gärtnerns. Das gilt besonders für Stadtmenschen, die am Schreibtisch arbeiten. Wichtig ist zu wissen, welche Aufgaben zu welcher Zeit im Jahr anstehen. Im Zuge der Arbeiten werden Sie auch stärker wahrnehmen, was im Lauf der Jahreszeiten in der Natur geschieht, wie Ihre Pflanzen wachsen, blühen und die Früchte allmählich reifen.

Winter

Der Winter ist die Zeit der Ruhe. Außer einigen tropischen und subtropischen Arten treten die meisten Obstbäume und Sträucher in eine Ruhezeit ein. Belaubte Pflanzen werfen ihre Blätter ab und der Stoffwechsel verlangsamt sich stark. Obstbäume und Sträucher gemäßigter Regionen brauchen diese Kälteperiode, nicht nur als Ruhezeit: Eine bestimmte Phase mit tiefen Temperaturen bewirkt, dass Pflanzenhormone ausgeschüttet werden, die die Winterknospen wieder austreiben lassen. Die meisten Apfelbäume zum Beispiel müssen in jedem Winter 1000 bis 1400 Stunden Temperaturen von unter 7 °C ausgesetzt sein. Je nach Sorte ist diese Zeitspanne unterschiedlich lang. Äpfel, die für warme Regionen wie den Mittelmeerraum oder den Süden der USA gezüchtet wurden, brauchen nur 300 bis 500 Stunden Kälte im Winter. Himbeer-, Johannisbeer- und Stachelbeersträucher kalter Klimazonen gedeihen nach längeren, kälteren Wintern gut, und die Sommer müssen nicht sehr warm sein, damit die Früchte ausreifen. In warmem Klima gedeihen diese Sträucher weniger optimal.

(unten, von links nach rechts) **Wirklich winterharte Pflanzen** wie diese Schwarze Johannisbeere überstehen die härtesten Winter. Sie sind zäher, als Sie glauben, und ertragen Temperaturen deutlich unter dem Gefrierpunkt. **Die symmetrische Form** eines professionell erzogenen Birnenspaliers ist im Winter deutlich zu erkennen. **Schneiden Sie** die meisten Obstbäume und Sträucher im Winter, wenn sie ruhen. Ausnahmen sind Pflaumen, Kirschen und andere Steinfrüchte: Diese sollte man im Sommer schneiden.

Frühjahr

Das Frühjahr ist eine kritische Zeit. Wenn Sie in einer Gegend mit häufigen Spätfrösten wohnen, ist es eine Zeit des Bangens. Es ist wunderschön, wenn sich Knospen öffnen, neue Blätter und Blüten entfalten, doch die Pflanzen sind nun am verletzlichsten. Der Frost kann immer zuschlagen. Die ersten blühenden Bäume sind meistens Aprikosen-, Pfirsich- und Nektarinenbäume – und sie sind es, die am wahrscheinlichsten einen Schutz brauchen. Dann folgen Birn- und Pflaumenbäume, Kirsch- und Apfelbäume und alle Beerensträucher.

Für die Bestäubung ist das Frühjahr die entscheidende Zeit. Eine erfolgreiche Befruchtung und ein guter Fruchtansatz hängen davon ab, dass sich kompatible Blüten zur selben Zeit öffnen und es so warm ist, dass bestäubende Insekten wie Bienen aktiv sind und ihren Job erledigen. Oft entscheiden nur einige Tage im Frühjahr darüber, ob die Ernte im Herbst gut ausfällt.

(im Uhrzeigersinn) **Eine Apfelknospe** öffnet sich, wenn im Frühling die Temperaturen steigen und die Tage wieder länger werden. **Rote Johannisbeeren** blühen nur kurze Zeit, aber ihre gelbgrünen Blütenstände sind unerwartet attraktiv. **Eine Hummel** stattet einer Heidelbeerblüte einen Besuch ab. **Wenn Sie Melonensamen** im zeitigen Frühjahr unter einer Abdeckung aussäen, können Sie die Sämlinge ins Freie pflanzen, sobald es warm genug ist. **Die Blüten** öffnen sich an einer Reihe von Apfelkordons.

DER OBSTGARTEN

Sommer

Jedes Jahr aufs Neue werden die ersten reifen Früchte ungeduldig erwartet. Kommt man mit einer Schüssel frisch gepflückter Erdbeeren oder Himbeeren, einem Schälchen mit Stachelbeeren, Johannisbeeren oder einer Handvoll Kirschen aus dem Garten, dann hat der Sommer wirklich begonnen.

Trotzdem sind die Sommermonate keine Zeit des Müßiggangs. Bestimmte Aufgaben stehen nun an. Am wichtigsten ist das Wässern. Lassen Sie Ihre Pflanzen nicht austrocknen. Das gilt vor allem für junge, vor kurzem gepflanzte Bäume, Kübelpflanzen und solche, die an Mauern oder Zäunen im Regenschatten stehen. Düngen Sie wenn nötig und dünnen Sie die Früchte aus, damit die Pflanzen später nicht überladen sind. Halten Sie die Augen auf, ob schädliche Insekten und hungrige Vögel unterwegs sind, und achten Sie auf Anzeichen für Krankheiten.

(im Uhrzeigersinn) **Dünnen Sie Pflaumen** ab Juni aus – dann ist der Baum später nicht zu schwer beladen und die Früchte haben eine bessere Qualität. **Frisch gepflückte Erdbeeren** sind im Sommer ein Hochgenuss. **Weiße Johannisbeeren** sind süßer als die bekannteren roten Sorten. **Die Früchte moderner Sorten** Schwarzer Johannisbeeren sind so süß, dass man sie roh essen kann. **Pflanzen in Kübeln** brauchen in den Sommermonaten, wenn die Früchte wachsen und reifen, regelmäßige Wassergaben.

DAS JAHR DES OBSTGÄRTNERS

Herbst

Wenn alles nach Plan verlaufen ist, sollten Spätsommer und Frühherbst zu einer einzigen langen Erntezeit verschmelzen. Nach den Sommerbeeren und den empfindlichen Früchten wie Pfirsichen, Aprikosen und Melonen reifen die Pflaumen, Zwetschgen, Äpfel und Birnen – und natürlich Weintrauben und seltenere Früchte wie Quitten, Maulbeeren, Mispeln, Kiwis und Kapstachelbeeren.

Bevor das Jahr sich dem Ende zuneigt, ist es an der Zeit, über das nächste nachzudenken. Im Herbst können Sie neue Obstbäume und Sträucher bestellen und sie pflanzen, solange der Boden noch warm ist, den Garten aufräumen und im Spätherbst mit dem Winterschnitt beginnen.

(im Uhrzeigersinn) **Der Herbst** ist meistens die beste Pflanzzeit. Hier sind neue Himbeerruten gebündelt. **Die Apfelernte** kann drei Monate oder länger dauern, je nachdem, welche Sorten Sie anbauen. Frühäpfel sollte man gleich verbrauchen, spätere Sorten lassen sich lagern. **Späte Weintrauben** reifen im Freien oft bis in den Oktober, wenn das Wetter mild ist. **Quitten** sind ein gutes Beispiel dafür, warum Sie Ihr eigenes Obst anbauen sollten: Sie sind etwas ungewöhnlich und im Laden selten zu bekommen. **'Conference'-Birnen** gehören zu den beliebtesten Sorten der Hobbygärtner: Die Bäume sind unkompliziert, tragen verlässlich und die Birnen sind köstlich.

Baumobst

Ich muss Ihnen wohl nicht erklären, dass man diejenigen Früchte als Baumobst bezeichnet, die an Bäumen wachsen. Apfel-, Birn-, Pflaumen- und Kirschbäume gedeihen in ganz Deutschland und in den meisten anderen gemäßigten Regionen. Manche Sorten sind allerdings besser an lange, heiße trockene Sommer angepasst, andere an kurze, kühle und feuchte Sommer. Pfirsich-, Nektarinen-, Aprikosen- und Feigenbäume sind meistens winterhart, aber sie brauchen ein warm-gemäßigtes Klima, sonst reifen die Früchte nicht ganz aus. In kühlen nördlichen Regionen kann man sie dazu bringen, Früchte zu tragen, wenn sie einen sonnigen, geschützten Standort erhalten. Sie können sie an einer Mauer oder einem Zaun erziehen oder in einem Kübel oder unter einer Abdeckung kultivieren.

Manches Baumobst ist seltener anzutreffen: Quitten, Mispeln, Maulbeeren, Mirabellen gehören dazu. Die meisten dieser Früchte haben eine lange Geschichte. Wenn Sie den Platz haben, lohnt es sich, sie auszuprobieren. Nüsse, wie Mandeln, Walnüsse, Pekannüsse, Kastanien und Haselnüsse sind genau genommen ebenfalls Baumfrüchte, sie werden in diesem Buch aber nicht vorgestellt.

Äpfel zum Lagern sollten Sie vorsichtig pflücken und aufbewahren, damit sie keine Druckstellen bekommen und die Schale nicht verletzt wird. Sammeln Sie Fallobst und verbrauchen Sie es bald – kochen Sie es ein, wenn es nicht mehr appetitlich genug ist, um es roh zu essen.

Obstbäume pflanzen

Die meisten Obstbäume brauchen nicht viel Pflege. Solange Sie sie an einem geeigneten Standort pflanzen und für das Notwendige gesorgt ist – Licht, Luft, Wärme, Wasser und Nährstoffe aus dem Boden –, wachsen sie meistens gut und Sie müssen kaum eingreifen. Allerdings gedeihen sie umso besser, je mehr Sie sie pflegen. Wenn Sie Ihre Bäume düngen, wässern, mulchen, schneiden und vor Schädlingen und Krankheiten schützen, werden Sie mit einer verlässlicheren, besseren Ernte und schmackhafteren Früchten belohnt.

Obstbäume kaufen

Bevor Sie einen neuen Obstbaum kaufen, ist zu entscheiden, ob Sie einen wurzelnackten Baum oder einen im Container möchten. Die meisten Gartencenter bieten Containerware an, die das ganze Jahr über erhältlich ist. Spezialisierte Baumschulen verkaufen die Bäume hingegen meistens mit nackten Wurzeln. Sie werden in der Ruhezeit ausgegraben und werden deshalb nur etwa von November bis März angeboten. Nach dem Ausgraben wurde meistens ein großer Teil der Erde aus den Wurzeln geschüttelt. Es ist wichtig, dass Sie die Wurzeln feucht halten. Pflanzen Sie den

OBSTBÄUME PFLANZEN

Baum bald nach dem Kauf oder nachdem er geliefert wurde, wenn Sie ihn über das Internet bestellt haben.

Die Vorteile beim Kauf eines wurzelnackten Baums sind, dass Sie eine viel größere Auswahl an Sorten haben und dass der Baum wahrscheinlich in besserem Zustand ist, da er erst vor Kurzem aus der Erde genommen wurde. Ein Nachteil ist, dass Sie nur im Herbst oder Winter pflanzen können. Bäume in Kübeln sind einfacher zu bekommen, und grundsätzlich kann man sie zu jeder Zeit im Jahr pflanzen, auch außerhalb der Ruhezeit. In den heißen, trockenen Sommermonaten sollte man sie aber nicht pflanzen.

Egal, wo und wann Sie einen Obstbaum kaufen – wählen Sie einen Anbieter, der garantiert, dass die Pflanzen als krankheitsfrei zertifiziert sind.

Wie sich junge Bäume entwickeln

Die meisten Bäume werden als ein- oder zweijährige Veredelung verkauft. Einjährige Veredelungen ohne Seitentriebe haben nur einen einzigen Leittrieb. Andere ein- oder zweijährige Bäume haben Seitentriebe entwickelt. Beide eignen sich für die wichtigsten Baumformen – obwohl es bei einer einjährigen Veredlung ohne Seitentriebe etwas länger dauert, bis der Baum sich etabliert und Früchte trägt.

Auch Bäume, die von der Baumschule bereits zu einem Spalier, Fächer oder Mehrfachkordon erzogen wurden, gibt es zu kaufen. Sie sind meistens drei Jahre alt und eine gute Wahl, wenn Sie mit an einer Mauer oder Drähten erzogenen Bäumen schnell Erfolge haben wollen.

(gegenüber, von links nach rechts)
Bäume in Containern sind das ganze Jahr über erhältlich und werden oft belaubt verkauft. **Dies ist eine einjährige** Veredelung ohne Seitentriebe. Ein einziger Leittrieb wächst von der Stelle aus, an der er der Unterlage aufgepfropft wurde. **Bei ein- oder zweijährigen** Veredelungen können bereits einige Seitentriebe erschienen sein. Es ist wahrscheinlich, dass sie zu den Leitästen heranwachsen werden.

BEIM KAUF ZU BEACHTEN

Wurzelnackte Bäume
- Wählen Sie einen kräftigen, senkrecht gewachsenen Stamm ohne starke Knicke.
- Wenn der Baum Seitentriebe hat, sollten es bis zu einem Dutzend sein, die zum Hauptstamm v-förmige Winkel bilden und gleichmäßige Abstände haben. Sie bilden später das Grundgerüst der Äste.
- Kaufen Sie keine Bäume mit spindeligem Wuchs.
- Die Wurzeln sollten gesund und kräftig sein und an der Basis gleichmäßig ausstrahlen.
- Die Pfropfstelle sollte kräftig und unbeschädigt sein.

Bäume in Containern
- Wählen Sie einen Baum mit geradem Stamm oder zentralem Leittrieb ohne Seitentriebe an der Basis.
- Achten Sie auf ein gesundes Wurzelwerk mit einer kräftigen Hauptwurzel und vielen dünneren, helleren Faserwurzeln. Kaufen Sie keine Pflanzen, deren Wurzeln im Kübel am Rand verfilzt sind oder oben aus dem Container wachsen.
- Die Erde im Kübel sollte feucht sein und an der Oberfläche sollte kein Moos oder Unkraut wachsen.
- Trägt der Baum Laub, achten Sie auf verkrüppelte, verfärbte Blätter oder andere Zeichen des Absterbens, schwachen Wuchs oder Befall mit Milben, Blattläusen oder anderen Schadinsekten.
- Prüfen Sie die Stelle, wo das Edelreis der Unterlage aufgepfropft wurde (siehe S. 32). Sie sollte kräftig und sauber, keinesfalls aufgesprungen oder beschädigt sein.

Wenn Sie einen Baum im Kübel kaufen, untersuchen Sie den Wurzelballen. Der Baum links hat ein gesundes Wurzelwerk, während die Wurzeln rechts stark verfilzt sind und sich im Pflanzloch schlecht ausbreiten können.

Unterlagen

Die meisten Obstbäume werden vermehrt, indem man ein Edelreis vom Originalbaum einer gewünschten Sorte den Wurzeln eines anderen (der Unterlage) aufpfropft. Manchmal ist als Unterlage sogar eine andere Art am besten geeignet: Für Birnen ist das zum Beispiel die Quitte und für Pfirsiche sind es Pflaumen-Unterlagen.

(rechts, ganz rechts) **Die Veredelungsstelle** ist die Stelle, wo das Edelreis der Unterlage aufgepfropft wurde. Hier ist eine Verdickung zu sehen. Sie muss sich über dem Erdboden befinden, sonst kann das Edelreis absterben. **Die Pfropfstelle** ist auch bei alten Bäumen zu erkennen – sogar am Stamm dieses 35-jährigen Apfelbaums.

BAUMFORMEN

Obstbäume können viele verschiedene Formen haben und unterschiedlich groß werden. Jedoch müssen alle veredelten Obstgehölze erzogen und geschnitten werden. In diesem Buch werden Buschbäume, Hochstämme, Halbstämme mit offener Mitte vorgestellt und als Pyramiden und Spindelbüsche gezogene Bäume mit zentralem Leittrieb. An Mauern oder Drähten erzogene Bäume wie Kordons, Spaliere und Fächer werden stärker geformt und geschnitten.

Buschbäume haben einen kurzen, nur etwa 60 cm hohen Stamm. Wollen Sie eine offene Mitte schaffen, so wird der zentrale Leittrieb früh gekappt. Äste mit gleichmäßigen Abständen bilden dann eine niedrige Krone.

Halbstämme ähneln Buschbäumen, haben aber einen höheren Stamm (1,2–1,4 m). Sie sind im Schnitt 4–5 m hoch. Hier ebenfalls zu sehen mit offener Mitte, in die Licht und Luft gelangen können.

Hochstämme sind die höchsten Bäume mit 1,6–1,8 m hohem Stamm und einer großen, ausladenden Krone. Pflanzen Sie einen Hochstamm nur, wenn Sie einen großen Garten haben.

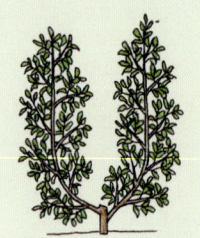

Waagrechte Kordons wurden nahe am Boden im rechten Winkel gebogen, sodass sie niedrige, waagrechte Bäume bilden. Sie sind ideal für kleine Gärten und eine dekorative Begrenzung für Beete.

Kordons haben einen einzigen zentralen Leittrieb mit kurzen Fruchtspießen. Sie können senkrecht oder schräg erzogen werden. Kordons müssen im Sommer und Winter geschnitten werden.

»U«- oder Doppelkordons werden erzogen, indem man den Haupttrieb zurückschneidet und zwei Seitentriebe wie Arme nach oben erzieht. Sie sparen Platz, man kann sie an einem Zaun oder einer Mauer ziehen.

Mehrfachkordons haben drei oder vier senkrecht nach oben weisende Arme. Manchmal ist jeder dieser Arme nochmals gegabelt, sodass komplizierte Formen entstehen.

OBSTBÄUME PFLANZEN

Die Unterlage bestimmt maßgeblich mit, wie groß der Baum schließlich wird. Heute gibt es eine viel größere Auswahl an Unterlagen als früher, darunter viele, auf denen kleinere Bäume heranwachsen, die auch in kleinen Gärten und sogar in Kübeln Platz finden. Man nennt sie zwergige oder halb-zwergige Unterlagen.

Bestäubung

Alle Bäume müssen bestäubt werden, um Früchte bilden zu können. Dabei muss Pollen von den männlichen Blütenteilen (den Staubblättern) auf die weiblichen Teile (die Narben) übertragen werden. Manchmal übernehmen das Insekten, manchmal der Wind. Mit etwas Glück findet eine Befruchtung statt und die Früchte entwickeln sich. Die meisten Blüten weisen sowohl männliche als auch weibliche Blütenteile auf, manche Bäume jedoch tragen getrennte männliche und weibliche Blüten. Bei wenigen Arten (zum Beispiel bei Kiwis) sind die Pflanzen entweder männlich oder weiblich. Feigenbäume bilden eine Ausnahme, ihre Blütenstände sind ungewöhnlich aufgebaut.

Manche Obstbäume können sich mit ihrem eigenen Pollen bestäuben: Man bezeichnet sie als selbstfertil. Andere müssen mit dem Pollen von Bäumen bestäubt werden, die in der Nähe stehen. Als allgemeine Regel

Spindelbüsche sind ertragreich und werden von kommerziellen Obstanbauern oft gepflanzt. Relativ wenige Äste strahlen vom zentralen Leittrieb aus und bilden eine niedrige Kegelform.

Pyramiden sind frei stehende Bäume, deren Äste im Sommer regelmäßig geschnitten werden müssen, um die Form zu erhalten. Bei dieser Anordnung der Äste gelangt Sonnenlicht zu den meisten Teilen des Baums.

Zwergpyramiden sind kleine Versionen von Pyramiden, die auf zwergigen Unterlagen erzogen wurden. Die Bäume sind attraktiv und kompakt und die Früchte leicht zu ernten.

Säulenbäume sind niedrige, senkrechte Kordons mit einem einzigen Stamm oder zentralen Leittrieb und kurzen Fruchtspießen. Sie werden auch Ballerina-Bäume genannt und können mit nur 60 cm Abstand gepflanzt werden.

Spaliere haben mehrere waagrechte Arme mit gleichem Abstand, die beiderseits von einem Hauptstamm abzweigen. Bei einem perfekt erzogenen Spalier sind alle Arme gleich lang und der Baum hat eine völlig symmetrische Form.

Fächer haben meistens einen kurzen Stamm, von dem zwei Leitäste ausstrahlen. Jeder bringt Seitentriebe hervor, die sich gleichmäßig verzweigen und mit Drähten gestützt werden. So entsteht die klassische Fächerform, eine der attraktivsten erzogenen Formen.

Palmetten sind eine Kombination aus Spalier und Fächer, zwei sehr dekorativen Baumformen. Wie bei einem Spalier ist der zentrale Leittrieb erhalten. Die Seitentriebe werden schräg statt waagrecht erzogen wie bei einem Fächer.

gilt: Es ist immer besser, wenn Bäume fremdbestäubt werden, auch dann wenn sie selbstfertil sind. Nicht alle Bäume können sich aber gegenseitig bestäuben: Einige sind nicht kompatibel. Manchmal ist es kompliziert herauszufinden, welche Bäume kompatibel sind, vor allem bei Birnen und Kirschen. In spezialisierten Baumschulen werden Sie hierzu beraten.

Bei der Bestäubung ist der Blütezeitpunkt entscheidend. Nicht alle Obstbäume blühen zur gleichen Zeit, und natürlich kann kein Insekt Pollen von einer geöffneten auf eine geschlossene Blüte übertragen. Aus diesem Grund teilt man Obstbäume oft in Bestäubungsgruppen ein. So ist es einfacher, Bäume auszuwählen, die zur gleichen Zeit blühen.

Probleme kann es außerdem bei Bäumen geben, die sehr früh im Jahr blühen und bei solchen, die unter einer Abdeckung wachsen – Aprikosen, Pfirsiche und Nektarinen zum Beispiel. Wenn sich die Blüten öffnen, sind womöglich noch keine bestäubenden Insekten unterwegs. Dann muss eventuell von Hand bestäubt werden (siehe S. 148).

Auch wenn eine Bestäubung stattfindet, ist die Befruchtung nicht garantiert. Hierzu ist eine bestimmte Mindesttemperatur nötig. Es bilden sich keine Früchte, wenn es nicht warm genug ist.

Obstgärtner wissen, dass der Ertrag von Jahr zu Jahr unterschiedlich ausfällt. In einigen Jahren reifen Früchte im Überfluss, im folgenden Jahr fällt die Ernte vielleicht fast ganz aus. Oft sind eine oder zwei Wochen im Frühjahr entscheidend: Nur bei günstigem Wetter findet eine erfolgreiche Bestäubung statt und der Fruchtansatz ist gut.

Obstbäume pflanzen

Am wichtigsten für das Gedeihen eines Obstbaumes ist, wie und wo Sie ihn pflanzen. Pflanzen Sie ihn richtig, sind Ihre Chancen gut, dass es

Pfähle aus Holz sollten mit Holzschutzmittel behandelt sein, um möglichst langsam zu verwittern.

OBSTBÄUME PFLANZEN

keine Probleme gibt. Aber auch das Vorbereiten des Bodens ist wichtig. Jäten Sie einige Wochen vorher das Unkraut an der Pflanzstelle gründlich. Mehrjährige Unkräuter wie Ackerwinden und Quecken sind schwierig zu entfernen, wenn der Baum erst einmal gepflanzt ist. Graben Sie den Boden um und arbeiten Sie viel gut verrotteten Mist oder Gartenkompost ein. Sie können auch den pH-Wert des Bodens, wenn nötig, ausgleichen. Graben Sie das Pflanzloch erst, wenn Sie den Baum pflanzen.

Wann ist die beste Pflanzzeit? Meistens etwa im November, wenn der Boden noch so warm ist, dass die Wurzeln gut anwachsen können. Im Dezember, Januar und Februar kann es zu kalt sein, vor allem an Standorten, an denen der Boden wahrscheinlich gefriert. Alle wurzelnackten Bäume müssen in der Ruhezeit zwischen November und März gepflanzt werden. Bäume in Kübeln können Sie zu jeder Jahreszeit pflanzen, der November und der März sind aber die günstigsten Monate. Im Juli und August, wenn es oft heiß und trocken ist, sollten Sie nicht pflanzen.

Obstbäume stützen

Junge Bäume brauchen nach dem Pflanzen einen Pfahl als Stütze, bis die Wurzeln so verankert sind, dass der Baum bei starkem Wind allein stehen kann. Für kräftige Buschbäume, Halbstämme und Hochstämme, die ziemlich hoch werden, sollten Sie einen 1,2 m langen Pfahl verwenden. Rammen Sie ihn senkrecht 60 cm tief in den Boden, wenn es sich um einen wurzelnackten Baum handelt. Handelt es sich um einen Baum im Container, schlagen Sie einen 1,5 m langen Pfahl schräg ein, um den Wurzelballen nicht zu beschädigen. Nach vier oder fünf Jahren können Sie den Pfahl entfernen. Für Pyramiden, Spindelbüsche und Säulenbäume auf zwergigen

Schräge Birnenkordons brauchen relativ wenig Platz. Man kann sie an verzinkten Drähten erziehen, die mit dicken Holzpfosten stabilisiert wurden. Manschetten aus Maschendraht verhindern, dass Tiere die Bäume verbeißen.

oder halb-zwergigen Unterlagen sollten Sie längere, 2,5 m lange Pfähle verwenden, die später nicht entfernt werden.

Als Kordon, Spalier oder Fächer erzogene Bäume müssen mit Drähten gestützt werden, die zwischen senkrechten Pfosten aufgespannt wurden oder an einer Mauer oder einem Zaun verankert sind. Die mit Holzschutzmittel behandelten Holzpfosten sollten 8–10 cm Durchmesser haben. Rammen Sie die Pfosten mindestens 60 cm tief ein und stützen Sie sie mit schrägen Streben.

Verwenden Sie verzinkten Draht, der so dick ist, dass er das Gewicht der Äste tragen kann, wenn sie mit Früchten beladen sind. Befestigen Sie waagrechte Drähte mit Einschraubösen und spannen Sie sie mit Spannbolzen, die in die Öse gesteckt werden.

(gegenüber, von links nach rechts) **Spezielle Baumgurte** zur Befestigung der Bäume am Pfahl sind erhältlich. Sie lassen sich justieren und können deshalb nicht zu eng werden. **Wenn Kaninchen,** Rehe, Hirsche oder andere Tiere Probleme bereiten, schützen Sie die jungen Bäume mit einer Manschette aus Maschendraht. **Befestigen Sie Drähte** an Mauern, Zäunen oder Pfosten mit Einschraubösen. Lassen Sie mindestens 5–8 cm zwischen Draht und Mauer oder Zaun, sodass die Luft zirkulieren kann. Verwenden Sie 2,5 mm dicke Drähte für Kordons und Spaliere und 1,5 mm dicke für Fächer.

Obstbäume schneiden und erziehen

Im Leben eines Baums gibt es zwei Stadien, was seinen Schnitt betrifft. In den ersten Jahren ist das Ziel, dem Baum die gewünschte Form zu verleihen. Zu der Zeit führt man den Erziehungsschnitt durch. Später will man ihn pflegen, gesund erhalten und dabei unterstützen, verlässlich möglichst viele Früchte zu tragen. Dies bezeichnet man als Erhaltungs- oder Verjüngungsschnitt, je nach Baum. Wenn ein Baum mehrere Jahre lang vernachlässigt und nicht geschnitten wurde, benötigt er wahrscheinlich einen Verjüngungsschnitt (siehe S. 76).

Wann schneiden?

Frei stehende Apfel- und Birnbäume werden in der Ruhezeit im Herbst und Winter geschnitten. Steinobstbäume, wie Pflaumen, Kirschen, Aprikosen, Pfirsiche und Nektarinen schneidet man im Frühjahr und Sommer in der aktiven Wachstumsperiode, um das Risiko einer Infektion mit Bleiglanz oder Obstbaumkrebs zu vermindern.

Bei an Drähten erzogenen Bäumen wie Kordons, Spalieren und Fächern verhält es sich anders. Sie werden viel stärker geformt, deshalb müssen sie im Frühjahr und Sommer geschnitten werden, um den Neuaustrieb zu fördern und unerwünschte Triebe zu entfernen.

Was schneiden?

Wir wollen mit etwas Einfachem beginnen: Untersuchen Sie Ihre Bäume mindestens einmal im Jahr sorgfältig, schneiden Sie abgestorbene, beschädigte und kranke Äste heraus. Wenn Sie das erledigt haben, dann schauen Sie, wo die Äste verdreht, zu dicht oder überkreuzt wachsen. Dünnen Sie hier aus, sodass Licht in die Krone fällt und die Luft gut zirkulieren kann. Schneiden Sie Äste zurück, die zu weit herabhängen oder den Boden berühren. Prüfen Sie Höhe, Ausbreitung sowie Form des Baums und passen Sie sie an, sodass er gleichmäßig und schön geformt ist.

Konzentrieren Sie sich dann darauf, so zu schneiden, dass Ihre Bäume so viele Früchte wie möglich tragen. Dazu müssen Sie zunächst verstehen, dass sich die Früchte an unterschiedlichen Trieben entwickeln können. Die meisten, aber nicht alle Apfel- und Birnbäume, tragen an zweijährigem oder älterem Holz. Pfirsiche, Nektarinen und Sauerkirschen entwickeln sich an Trieben vom Vorjahr. Und Pflaumen, Aprikosen und Süßkirschen tragen sowohl am ein- als auch am zweijährigen Holz.

(links, von oben nach unten) **Kranke Äste** sollten Sie entfernen, bevor sich die Infektion ausbreitet. **In beschädigte Zweige** können Pilze und Bakterien eindringen. **Überkreuzte** oder zu dichte Spieße und Zweige müssen entfernt werden: Reiben sie aneinander, entstehen Wunden, die sich infizieren können.

OBSTBÄUME SCHNEIDEN UND ERZIEHEN

Die Früchte können am Quirlholz erscheinen, entlang des ganzen Zweigs und manchmal vor allem an den Zweigspitzen (siehe S. 67). Das Ziel ist es, altes Holz, das keine Früchte mehr trägt, zu entfernen und Neuaustrieb anzuregen.

Schneiden Sie nicht zu stark: Wenn Sie zu viel Holz auf einmal entfernen, wächst der Baum oft sehr schnell, bringt aber vor allem Laub und keine Früchte hervor.

Wie schneiden?
Es ist eine Kunst für sich, zu wissen, wo und wie man am besten schneidet. Allgemein zu sagen, was Sie entfernen sollten, ist schwierig, denn das hängt vom Typ, dem Alter und der Größe sowie Wuchsform des Baums ab. Hier sind einige einfache Richtlinien.

Auf eine Knospe zurückschneiden
Identifizieren Sie wenn möglich eine gesunde Blattknospe und schneiden Sie bis auf diese zurück. Wählen Sie eine, die in die Richtung zeigt, in die der neue Trieb wachsen soll, meist nach außen, nicht zur Mitte des Baums.

Auf einen Trieb zurückschneiden
Schneiden Sie auf einen jüngeren Seitentrieb zurück, der gesund ist und bereits in die richtige Richtung wächst, wenn Sie zu lange Triebe oder altes Holz entfernen, das nicht mehr viele Früchte trägt.

Zu einem Ast oder Stamm zurückschneiden
Schneiden Sie dickere Seitenäste oder -triebe mit einer Astschere oder

(von oben nach unten) **Schneiden Sie** bis zu einer gesunden Blattknospe zurück. **Machen Sie saubere, schräge Schnitte** parallel zum Trieb, auf den Sie zurückschneiden.

EINEN SCHWEREN AST ENTFERNEN
Dicke Äste splittern oft unter ihrem eigenen Gewicht, wenn Sie sie mit einem einzigen Schnitt absägen wollen. Besser ist es, sie schrittweise zu entfernen.

Sägen Sie zuerst an der Unterseite, etwa 30 cm vom Stamm entfernt. Sägen Sie nur zu einem Viertel durch.

Schneiden Sie von oben gerade nach unten, etwa 2 cm weiter vom Stamm entfernt.

Der Ast sollte nun sicher auf den Boden fallen, ohne zu splittern. Tut er es doch, wird der Stamm nicht beschädigt.

Sägen Sie den Aststumpf von oben nach unten ab, der etwas verdickte Astkragen soll unversehrt am Stamm bleiben.

BAUMOBST

Der richtige Schnitt verläuft schräg und parallel zur Knospe, sodass das Regenwasser von ihr abfließt.

Wenn Sie zu nah schneiden, durchtrennen Sie die Basis der Knospe und die große Wundfläche heilt nur langsam.

Schneiden Sie zu weit entfernt, stirbt der Stumpf über der Knospe ab und Krankheitserreger können eindringen.

Ein unsauberer Schnitt mit einem stumpfen Werkzeug führt zu einer großen Wundfläche, die schlecht verheilt.

Wenn Sie im ungünstigen Winkel schneiden, bleibt ein Stumpf stehen. Regenwasser fließt zur Knospe hin.

(im Uhrzeigersinn von oben) **Eine Astschere** ist ideal, um alte, beschädigte und schwer zu erreichende Äste abzuschneiden. **Die Baumsäge** muss immer scharf sein. Wischen Sie sie nach dem Einsatz mit einem Lappen mit Schmieröl ab. **Reinigen Sie Gartenscheren** mit Drahtwolle und desinfizieren Sie sie, wenn Sie kranke Zweige ausgeschnitten haben.

Gartensäge ab. Schneiden Sie in schrägem Winkel zum Leitast oder Stamm und lassen Sie den Astring am Ansatz intakt, damit die Wunde sauber verheilt.

Gute und schlechte Schnitte

Verwenden Sie eine scharfe, saubere Gartenschere. Achten Sie darauf, dass die dünnere der Klingen näher an der Knospe ist, auch wenn Sie in einem anderen Winkel ansetzen oder die Gartenschere umdrehen müssen. So schneiden Sie präziser.

Werkzeuge

Die wichtigsten Werkzeuge sind Gartenschere, Astschere und Baumsäge.

Bleistiftdicke Triebe bis zu 1,5 cm Durchmesser können Sie mit einer Gartenschere schneiden. Bypass-Scheren sind am besten geeignet. Ihre zwei scharfen Klingen überkreuzen sich beim Schneiden. Amboss-Scheren haben eine scharfe Klinge, die unten auf einen abgeplatteten Schenkel trifft.

Für Stämme oder Äste bis etwa 4 cm Durchmesser ist eine Astschere geeignet. Und für alles, was dicker ist, sollten Sie eine Baumsäge verwenden. Für hohe Bäume sind Astscheren und Gartensägen mit Teleskopstiel erhältlich. Ein scharfes Gartenmesser ist nützlich, um die Kanten der Schnittflächen zu glätten.

Alle Werkzeuge sollten scharf sein, sonst werden die Schnitte unsauber, die Wunden verheilen langsamer. Außerdem müssen sie sauber gehalten werden. Sterilisieren Sie sie regelmäßig, damit keine Krankheitserreger übertragen werden.

ANATOMIE EINES OBSTBAUMS

Die Fachbezeichnungen für die verschiedenen Teile des Baums sind womöglich etwas verwirrend. Stämme und Äste kennt natürlich jeder. Professionelle Obstgärtner sprechen aber von Leittrieben, Seitenästen, Seitentrieben und Spießen. Hier eine kleine Einführung.

(ganz links) **Der zentrale Leittrieb** ist der Hauptstamm. Bei Pyramiden, Spindelbüschen und einfachen Kordons lässt man ihn bis zur vollen Höhe des Baums wachsen. Will man eine offene Mitte, z.B. bei Buschbäumen und Hochstämmen, so wird er entfernt. Große Äste eingewachsener Bäume können als Leitäste bezeichnet werden. (links) **Seitenäste** wachsen direkt aus dem Stamm oder einem Leitast. (oben) **Seitentriebe** treiben von Seitenästen aus. Sie sind Triebe zweiter Ordnung.

Fruchtspieße, auch Sporne genannt, tragen Fruchtknospen in Gruppen, die jedes Jahr an kurzem, knorrigem gestauchtem Holz austreiben. Mit der Zeit muss man sie ausdünnen.

Blütenknospen sind größer als Blattknospen, denn sie enthalten eine junge Blüte. Wenn diese erfolgreich bestäubt und befruchtet wird, entwickelt sie sich zu einer Frucht.

Blattknospen sind meistens dünner und spitzer als Blütenknospen. Aus ihnen entstehen Blätter oder neue Triebe, die ihrerseits Blätter tragen.

Äpfel

Vermutlich stammt der Apfelbaum aus Zentralasien, aus den Gebirgen im heutigen Kasachstan. Von dort wurde er verbreitet – schriftlich ist es belegt, dass bereits die Römer die Technik des Pfropfens kannten und neue Sorten züchteten. Nach Nord- und Südamerika, Asien sowie Australien gelangte der Apfelbaum mit Siedlern, die viele Sorten züchteten. 'Golden Delicious' wurde in den USA, 'Granny Smith' in Australien gezüchtet.

Es gibt Tausende von Kultursorten mit Namen und ständig werden neue Apfelsorten eingeführt. Ab und zu werden in Vergessenheit geratene alte Sorten wiederentdeckt. Wenn Sie eine kluge Wahl treffen, ernten Sie ein viel breiteres Spektrum wunderbar aromatisch schmeckender Äpfel, als Ihnen jeder Supermarkt bieten kann. Sechs Monate im Jahr oder länger können Sie Ihre eigenen Äpfel verzehren – von den ersten Frühäpfeln im Spätsommer bis hin zu den Sorten, die Sie den Winter über lagern können.

Wenn Sie einen Dessertapfel aussuchen, so entscheiden Sie, ob Sie die Äpfel früh verzehren oder lagern wollen. Viele späte Sorten lassen sich gut lagern und schmecken noch im Winter herrlich.

Welche Formen können Sie ziehen?

- **Buschbäume und Hochstämme** Zwergbusch, Buschbaum, Halbstamm und Hochstamm werden mit zentralem Leittrieb oder mit offener Krone gezogen, der Stamm ist unterschiedlich hoch.
- **Spindelbüsche und Pyramiden** Frei stehende Bäume mit zentralem Leittrieb.
- **Kordons** An Drähten erzogene Einzel- oder Mehrfachstämme, die Früchte an kurzen Seitentrieben hervorbringen.
- **Säulenbäume** Kurze senkrechte Stämme, gut für wenig Platz.
- **Spaliere und Fächer** Erzogene Formen, bei denen Arme beiderseits abzweigen oder von einem kurzen Stamm ausstrahlen.
- **Waagrechte Kordons** In Kniehöhe waagrecht abgebogene Kordons, die oft als Begrenzung von Beeten gepflanzt werden.

Beliebte Dessertäpfel

1 'James Grieve'
Bestäubung Gruppe B
Eine schottische Sorte, die mittelfrüh blüht. Winterhart und frostresistent, geeignet für kühlere Regionen. Guter Ertrag, aromatischer Geschmack. Gedeiht bei feuchten Bedingungen nicht gut, die Obstbaumkrebs und Schorf fördern. Fruchtet am Quirlholz.
- **Ernte** September
- **Verzehr** September–Oktober

2 'Falstaff'
Bestäubung Gruppe B
Eine moderne englische Sorte, eine Kreuzung aus 'James Grieve' und 'Golden Delicious'. Sehr guter Ertrag, guter Geschmack, leicht anzubauen. Es gibt auch 'Red Falstaff'. Fruchtet am Quirlholz.
- **Ernte** Oktober
- **Verzehr** Oktober–Dezember

3 'Ashmeads Sämling'
Bestäubung Gruppe C
Angeblich um 1700 gezüchtet von Dr. Ashmead in Gloucestershire – und noch nach 300 Jahren beliebt. Spät reifender, rostbrauner Apfel mit wunderbarem Geschmack – mitunter aber wenig verlässlich und anfällig für Frostschäden. Fruchtet am Quirlholz.
- **Ernte** Oktober
- **Verzehr** Dezember–März

4 'Königlicher Kurzstiel'
Bestäubung Gruppe D
Schriftliche Belege aus dem Jahr 1613, angeblich aber schon von den Römern oder sogar früher angebaut. Relativ schwach wachsend, pflegeleicht. Späte Blüte, mittelgroß, süß und aromatisch mit leichtem Ananasgeschmack. Fruchtet am Quirlholz.
- **Ernte** Oktober
- **Verzehr** Dezember–April

5 'Laxtons Superb'
Bestäubung Gruppe C
Traditionelle englische Sorte aus dem 19. Jahrhundert, noch immer wegen ihres Geschmacks, ihrer Frostresistenz und guten Lagerfähigkeit angebaut. Manchmal alternierend, fruchtet am Quirlholz.
- **Ernte** Oktober
- **Verzehr** November–Januar

ÄPFEL 43

6 'Mother'
Bestäubung Gruppe D
Auch unter 'American Mother' bekannt, denn die Sorte stammt aus den USA des 19. Jahrhunderts. Süße, saftige Äpfel mit typischem, aromatischem Geschmack. Fruchtet am Quirlholz.
- **Ernte** Oktober
- **Verzehr** November–März

7 'Ellisons Orange'
Bestäubung Gruppe C
Auch unter 'Red Ellison' bekannt. Saftiges, eher weiches Fleisch mit kräftigem Geschmack, der bei reifen Äpfeln an Anis erinnert. Manchmal alternierend, fruchtet am Quirlholz.
- **Ernte** September
- **Verzehr** September–Oktober

8 'Cox' Orange'
Bestäubung Gruppe B
Bauen Sie diese Sorte wegen ihres einzigartigen, berühmten Geschmacks an – sie ist eine der besten. Allerdings ist sie nicht unkompliziert. Sie ist anfällig für Frostschäden, Krankheiten und braucht daher optimale Bedingungen. Fruchtet am Quirlholz.
- **Ernte** Oktober
- **Verzehr** Oktober–Januar

9 'Golden Delicious'
Bestäubung Gruppe C
Entgegen der verbreiteten Meinung ist diese Sorte nicht modern, sondern geht zurück bis etwa 1890 und stammt aus Virginia, USA. Eine der Lieblingssorten kommerzieller Obstanbauer – guter Ertrag, verlässlich, lässt sich gut lagern. Entwickelt in warmem Klima eine Honigsüße. Kann in kühleren Regionen allerdings enttäuschen. Fruchtet am Quirlholz.
- **Ernte** Oktober
- **Verzehr** November–Februar

10 'Elstar'
Bestäubung Gruppe B
In den Niederlanden Mitte des 20. Jahrhunderts aus 'Golden Delicious' gezüchtet. Guter Ertrag, süßsaure, aromatische Äpfel. Manchmal alternierend, fruchtet am Quirlholz. Für warmen, geschützten Standort. Braucht Sommer- und Winterschnitt.
- **Ernte** Oktober
- **Verzehr** Oktober–Januar

44 BAUMOBST

11 'Jonagold'
Bestäubung Gruppe B
Ein Elternteil ist die bekannte, beliebte amerikanische Sorte 'Jonathan'. Heute weltweit angebaut. Knackig, saftig, mit aromatischem, süßsaurem Geschmack. Triploid, fruchtet am Quirlholz.
- **Ernte** Oktober
- **Verzehr** November–März

12 'Greensleeves'
Bestäubung Gruppe C
Wie 'Falstaff' eine Kreuzung aus 'James Grieve' und 'Golden Delicious'. Ähnliche Vorzüge: guter Ertrag, winterhart, verlässlich, gute Balance von Süße und Säure. Fruchtet endständig und am Quirlholz.
- **Ernte** September
- **Verzehr** September–November

13 'Gala'
Bestäubung Gruppe C
Diese aus Neuseeland stammende Kreuzung aus 'Golden Delicious' und 'Kidds Orange Red' ist knackig, saftig, süß. Schmeckt am besten gleich nach dem Ernten, lässt sich aber bis zum neuen Jahr lagern. Fruchtet am Quirlholz.
- **Ernte** Oktober
- **Verzehr** Oktober–Januar

14 'Adams Parmäne'
Bestäubung Gruppe A
Traditionelle Sorte, geht ins frühe 19. Jahrhundert zurück. Aromatisch, nussiger Geschmack. Anspruchslos, alternierend, fruchtet am Quirlholz.
- **Ernte** Oktober
- **Verzehr** November–März

15 'Discovery'
Bestäubung Gruppe B
Guter Ertrag, kräftig gefärbte gelb-rote Äpfel, die früh reifen. Süß und aromatisch mit gutem Geschmack. Leicht anzubauen. Fruchtet endständig und am Quirlholz.
- **Ernte** August
- **Verzehr** August–September

16 'Sunset'
Bestäubung Gruppe B
Wie 'Fiesta' aus 'Cox' Orange' gezüchtet, aber unkomplizierter. Schmeckt ähnlich, toleriert aber ein breiteres Spektrum an Wachstumsbedingungen, weniger krankheitsanfällig. Fruchtet am Quirlholz.
- **Ernte** September
- **Verzehr** Oktober–Dezember

ÄPFEL 45

17 'Worcester Parmäne'
Bestäubung Gruppe B
Traditioneller englischer Apfel mit typischem erdbeerähnlichem Geschmack. Lassen Sie ihn am besten am Baum ganz ausreifen und essen Sie ihn bald. Fruchtet am Quirlholz.
■ **Ernte** September
■ **Verzehr** September–Oktober

18 'Pixie'
Bestäubung Gruppe C
Eine Sorte, die spät reift und vor dem Essen eine Weile gelagert werden sollte. Außerordentlich schmackhaft und aromatisch. Kompakt und leicht anzubauen. Fruchtet am Quirlholz.
■ **Ernte** Oktober
■ **Verzehr** Dezember–März

19 'Kidds Orange'
Bestäubung Gruppe B
Nicht ganz einfach anzubauen, da die Sorte anfällig für Krankheiten ist. Sie braucht Sonne und muss sorgfältig ausgedünnt werden. Der Geschmack ist aber hervorragend. Ursprünglich in Neuseeland gezüchtet, ist sie eine Kreuzung aus 'Cox' Orange' und 'Red Delicious'. Fruchtet am Quirlholz.
■ **Ernte** Oktober
■ **Verzehr** November–Januar

20 'Lord Lambourne'
Bestäubung Gruppe A
Blüht früh, ist aber winterhart und einfach anzubauen. Kompakter Wuchs, für kleine Gärten geeignet. Herrlicher Geschmack. Fruchtet endständig und am Quirlholz.
■ **Ernte** September
■ **Verzehr** September–November

BAUMOBST

21 'Queen Cox'
Bestäubung Gruppe B
Ein selbstfertiler Abkömmling von 'Cox' Orange'. Knackiger, schmackhafter, ertragreicher. Fruchtet am Quirlholz.
- **Ernte** Oktober
- **Verzehr** Oktober–Dezember

22 'Scrumptious'
Bestäubung Gruppe B
Eine moderne frosttolerante und unkomplizierte Sorte. Eine gute Wahl für Anfänger. Saftig, süß und aromatisch mit hervorragendem Geschmack. Kann schon im August reif sein. Fruchtet am Quirlholz.
- **Ernte** September
- **Verzehr** September–Oktober

23 'Ribston Pepping'
Bestäubung Gruppe A
Eine traditionelle Sorte, die in Europa mindestens bis ins 17. Jahrhundert zurückgeht. Nicht ganz einfach anzubauen, es lohnt sich aber wegen des süßen, aromatischen Geschmacks. Triploid, fruchtet am Quirlholz.
- **Ernte** Oktober
- **Verzehr** Dezember–April

24 'Egremont Russet'
Bestäubung Gruppe A
Vielleicht die bekannteste und beliebteste rostbraune Sorte. Sehr fest, mit süßem, nussigem Geschmack. Blüht sehr früh und muss in manchen Gegenden vor Frost geschützt werden. Fruchtet am Quirlholz.
- **Ernte** September
- **Verzehr** Oktober–Dezember

25 'Braeburn'
Bestäubung Gruppe C
Eine relativ moderne Sorte, die aus Neuseeland stammt. Braucht warmes, sonniges Klima, um voll auszureifen. Knackig, saftig, aromatisch, mit angenehmer Säure. Fruchtet am Quirlholz.
- **Ernte** Oktober
- **Verzehr** Dezember–März

26 'Tydemans Late Orange'
Bestäubung Gruppe C
Kreuzung aus 'Laxtons Superb' und 'Cox' Orange'. Muss ausgedünnt werden, sonst werden die Früchte zu klein. Mäßig ertragreich, aber sehr schmackhaft. Kann bis zum Frühjahr gelagert werden. Fruchtet am Quirlholz.
- **Ernte** Oktober
- **Verzehr** Dezember–April

ÄPFEL

'Fiesta'
Bestäubung Gruppe B
Aus 'Cox' Orange' gezüchtet. Der Geschmack ist ähnlich, die Sorte aber leichter anzubauen, widerstandsfähiger gegen Krankheiten. Fruchtet am Quirlholz.
■ **Ernte** September
■ **Verzehr** Oktober–Februar

'Pilot' (nicht abgebildet)
Bestäubung Gruppe B
Neuere deutsche Züchtung, eine ertragreiche Sorte, süßsäuerlich mit starkem Aroma. Tafelsorte, die sich sehr lange lagern lässt. Wenig krankheitsanfällig.
■ **Ernte** Oktober
■ **Verzehr** Januar–Juni

'Topaz' (nicht abgebildet)
Bestäubung Gruppe B
In Deutschland weitverbreiteter Apfel neuerer Züchtung. Saftig, fest, mit angenehmem Geschmack. Wenig anfällig für Schorf. Gute Lagersorte. Früh einsetzender, hoher Ertrag.
■ **Ernte** September
■ **Verzehr** September–Februar

'Freiherr von Berlepsch' (nicht abgebildet)
Bestäubung Gruppe C
Alte deutsche Züchtung. Ein ausgezeichnet schmeckender Dessertapfel mit sehr guter Lagerfähigkeit. Für gute, milde Lagen geeignet, wenig krankheitsanfällig. Mittelhoher Ertrag.
■ **Ernte** Oktober
■ **Verzehr** November–März

'Limelight' (nicht abgebildet)
Bestäubung Gruppe B
Ein moderner englischer Apfel, eine Kreuzung aus 'Greensleeves' und 'Discovery'. Die Früchte sind hell gelbgrün. Kompakt, guter Ertrag, widerstandsfähig gegen Krankheiten. Perfekt für kleine Gärten. Fruchtet am Quirlholz.
■ **Ernte** September
■ **Verzehr** September–November

'Winter Gem' (nicht abgebildet)
Bestäubung Gruppe B
Relativ moderne Sorte. Reift spät, lässt sich gut lagern. Knackig, saftig und aromatisch. Fruchtet am Quirlholz.
■ **Ernte** Oktober
■ **Verzehr** November–März

Beliebte Kochäpfel

'Boskoop' (nicht abgebildet)
Bestäubung Gruppe B
In Deutschland weitverbreiteter Apfel im Hausgarten von säuerlichem Geschmack, unentbehrlich zum Backen, für die Küche. Braucht vor Frost geschützte Lage. Mittelstark wachsender Baum, fruchtet am Quirlholz.
■ **Ernte** Oktober
■ **Verzehr** Dezember–März

'Gravensteiner' (nicht abgebildet)
Bestäubung Gruppe B
Seit Langem ein beliebter Backapfel. Eine alte Sorte mit edlem, intensivem Aroma und Duft. Der Baum ist stark wachsend, braucht vor Frost geschützte, günstige Bedingungen. Fruchtet am Quirlholz.
■ **Ernte** September
■ **Verzehr** September–November

'Lane's Prince Albert' (nicht abgebildet)
Bestäubung Gruppe B
Winterhart, verlässlich und recht kompakt – ein guter Baum für einen kleinen Garten. Feine Schärfe. Fruchtet am Quirlholz.
■ **Ernte** Oktober
■ **Verzehr** November–März

'Rev. W. Wilks' (nicht abgebildet)
Bestäubung Gruppe A
Kompakt, aber guter Ertrag. Knackig, saftig, weißes Fleisch, das ein feines, schmackhaftes Apfelmus ergibt. Alternierend, fruchtet am Quirlholz.
■ **Ernte** September
■ **Verzehr** September–November

Beliebte Kochäpfel

1 'Edward VII'
Bestäubung Gruppe D
Blüht spät, deshalb geeignet für nördliche Regionen oder Standorte mit spätem Frost. Früchte lassen sich bis zum Frühjahr lagern. Fruchtet am Quirlholz.
- **Ernte** Oktober
- **Verzehr** Dezember–April

2 'Arthur Turner'
Bestäubung Gruppe B
Guter Ertrag, große Äpfel – perfekt zum Backen. Geeignet für kühle Regionen. Schöne rosa Blüten. Fruchtet am Quirlholz.
- **Ernte** September
- **Verzehr** September–November

3 'Bramleys Sämling'
Bestäubung Gruppe B
Traditioneller Kochapfel mit hervorragendem Geschmack und weichem Fleisch. Sehr kräftig, kann aber auf zwergigen Unterlagen gezogen werden. Triploid, fruchtet endständig und am Quirlholz.
- **Ernte** Oktober
- **Verzehr** November–März

4 'Newton Wonder'
Bestäubung Gruppe D
Beliebter, spät blühender Kochapfel. Gelbgrüne Früchte färben sich rot und können spät in der Saison roh gegessen werden. Alternierend, fruchtet am Quirlholz.
- **Ernte** Oktober
- **Verzehr** November–März

5 'Howgate Wonder'
Bestäubung Gruppe C
Großer Apfel mit saftigem Fleisch, das feines Apfelmus ergibt. Winterhart, kräftig, gut zu lagern. Fruchtet am Quirlholz.
- **Ernte** Oktober
- **Verzehr** Oktober–März

6 'Gelber Edelapfel'
Bestäubung Gruppe C
Gelbgrüner englischer Apfel aus dem 19. Jahrhundert. Hervorragender Geschmack. Winterhart, guter Ertrag. Fruchtet endständig und am Quirlholz.
- **Ernte** September
- **Verzehr** Oktober–Dezember

ÄPFEL

Sorten für beide Verwendungen

1 'Bountiful'
Bestäubung Gruppe B
Eine Kreuzung aus 'Cox' Orange' und 'Lane's Prince Albert'. Kompakter, verlässlicher Baum mit großen, süßen Früchten, die roh gegessen werden können, nachdem sie einige Monate gelagert wurden. Fruchtet am Quirlholz.
- **Ernte** September
- **Verzehr** September–Januar

2 'Idared'
Bestäubung Gruppe A
Amerikanischer Apfel, der aus Idaho stammt. Hoher Ertrag. Knackig, saftig, süßsäuerlich, geringes Aroma. Brauchbar zum Rohessen sowie zum Kochen. Sehr gut zu lagern. Fruchtet am Quirlholz.
- **Ernte** Oktober
- **Verzehr** Dezember–Mai

3 'Charles Ross'
Bestäubung Gruppe B
Große, schön geformte Äpfel mit angenehmem Geschmack – vor allem roh bald nach der Ernte gegessen. Lagert man sie länger als ein paar Wochen, sollte man sie zum Kochen verwenden. Fruchtet am Quirlholz.
- **Ernte** September
- **Verzehr** September–Dezember

4 'Goldrenette von Blenheim'
Bestäubung Gruppe B
Ein Apfel mit sehr gutem, typisch nussigem Geschmack. Triploid, manchmal alternierend, fruchtet endständig und am Quirlholz.
- **Ernte** Oktober
- **Verzehr** November–Februar

'Klarapfel' (nicht abgebildet)
Bestäubung Gruppe B
Wertvoller Frühapfel für Frischverzehr, hervorragendes Apfelmus. Nur wenige Wochen haltbar. Gute Frosthärte, mittelstarker Wuchs. Fruchtet am Quirlholz.
- **Ernte** Juli
- **Verzehr** Juli–August

Apfelbäume auswählen und kaufen

Bevor Sie einen Apfelbaum kaufen, gibt es vier Dinge zu bedenken. Erstens: Welche Baumform wollen Sie? – Das hängt vor allem davon ab, wie viel Platz Sie zur Verfügung haben. Haben Sie einen großen Garten, entscheiden Sie sich vielleicht für einen frei stehenden Baum, wie einen Halbstamm oder Spindelbusch. Ist der Platz begrenzt, sollten Sie einen Zwergbusch, eine Pyramide oder eine an Drähten gezogene Form, wie einen Kordon oder Spalier, in Erwägung ziehen. Die erreichbare Größe des Baums bestimmt der zweite Punkt: die Unterlage. Auf manchen Unterlagen wachsen kleinere oder zwergige Bäume heran, auf anderen kräftige und höhere. Drittens ist zu bedenken, welche Sorte Sie pflanzen möchten, und viertens, wann diese blüht – das ist für die Bestäubung entscheidend.

Eine Baumform wählen

Frei stehende Bäume haben entweder einen zentralen Leittrieb oder sind in der Mitte offen. Bei Bäumen mit offener Mitte wird der Leittrieb gekappt, sodass die Form eines Kelchs oder einer zum Becher geformten Hand entsteht, deren Finger nach oben weisen. Es gibt folgende Baumformen, in aufsteigender Größe: Zwergbusch, Buschbaum, Halbstamm und Hochstamm. Spindelbusch und Zwergpyramide werden nur mit zentralem Leittrieb gezogen, sie sind meistens kleiner und kegelförmiger.

Die Bäume können auch an Mauern, Zäunen oder Drähten erzogen werden. Dort können sie große Bögen und Spaliere oder kniehohe Kordons bilden. Die Form kann einfach sein, wie bei Säulenbäumen, oder kompliziert, wie bei traditionellen zickzack- oder rautenförmigen Kordons. Man kann Apfelbäume auch als Fächer erziehen, das wird aber selten gemacht.

(links) **In vielen Gartencentern** werden verschiedene Bäume in Containern angeboten, spezialisierte Baumschulen jedoch haben eine viel größere Auswahl. Am preisgünstigsten können Sie wurzelnackte Bäume im Herbst oder Winter in einer Baumschule kaufen.

(gegenüber, im Uhrzeigersinn von oben) **Ein Spalier** ist erst nach mehreren Jahren ausgewachsen und in voller Blüte ein herrlicher Anblick. **Bäume auf modernen zwergigen Unterlagen** bleiben klein, sie tragen bereits ein oder zwei Jahre nach dem Pflanzen. **Mit Reihen von Kordons** kann man den Platz in kleinen Gärten nutzen.

DIE WAHL EINER UNTERLAGE

Apfelbäume wachsen nie auf ihren eigenen Wurzeln. In der Baumschule werden sie immer einer bestimmten Unterlage aufgepfropft. In den meisten Fällen wachsen die Bäume dann nur zu einer bestimmten Größe heran und tragen relativ früh Früchte. Bäume auf stärker wachsenden Unterlagen sind jedoch langlebiger als auf schwach wachsenden.

Die Veredelungsunterlagen von Apfelbäumen werden nach einem scheinbar mysteriösen Buchstaben- und Zahlencode eingeteilt. Das M steht für Malling – die »East Malling Research Station« in Kent, die im 20. Jahrhundert viel zur Entwicklung zwergiger Unterlagen beigetragen hat.

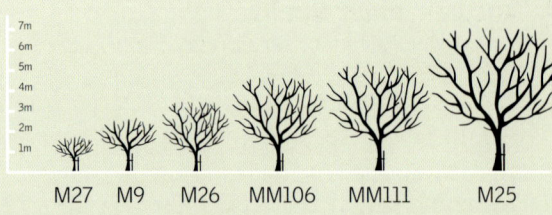

MM steht für Malling-Merton und bezeichnet Unterlagen, die in einer Zusammenarbeit von East Malling und dem John-Innes-Institut in Merton entwickelt wurden. Der Code folgt keiner Logik – er bezeichnet die Stelle in der Baumschule, wo die Bäume ursprünglich standen.

M27
- **WÜCHSIGKEIT** Sehr schwach.
- **MERKMALE** Sehr kleiner Baum, ideal für Stadtgärten und Terrassen. Auch nach 15 Jahren oft nur mannshoch. M27-Unterlagen eignen sich für wüchsige, kräftige Sorten und brauchen fruchtbaren Boden. Jäten Sie Unkräuter und Gras in der Umgebung.
- **ERSTE ERNTE** Mit 2–3 Jahren.
- **STÜTZEN** Ständig erforderlich.
- **FORMEN** Zwergbusch, Spindelbusch, Pyramide, Kordon, waagrechter Kordon.
- **HÖHE** 1,5–2 m.

M9
- **WÜCHSIGKEIT** Schwach.
- **MERKMALE** Die beste Wahl für einen kleinen Garten oder dicht bepflanzten Schrebergarten. Gedeiht am besten in guter Erde. Jäten, wässern und düngen Sie regelmäßig und entfernen Sie Gras um den Stamm.
- **ERSTE ERNTE** Mit 3–4 Jahren.
- **STÜTZEN** Ständig erforderlich.
- **FORMEN** Zwergbusch, Spindelbusch, Pyramide, Kordon, waagrechter Kordon.
- **HÖHE** 2–3 m.

M26
- **WÜCHSIGKEIT** Mäßig.
- **MERKMALE** Ein etwas größerer, kräftigerer Baum als M9, bringt mehr Ertrag und größere Früchte. Weniger anspruchsvoll, wächst aber in gutem, fruchtbarem Boden schneller ein. Eine gute Wahl für Gärten und Schrebergärten.
- **ERSTE ERNTE** Mit 3–4 Jahren.
- **STÜTZEN** Stützen Sie während der ersten 3–4 Jahre.
- **FORMEN** Buschbaum, Spindelbusch, Pyramide, Kordon, Spalier.
- **HÖHE** 2,5–4 m.

MM106
- **WÜCHSIGKEIT** Mäßig.
- **MERKMALE** Allgemein eine gute Wahl. Gedeiht an den meisten Standorten und in den meisten Böden gut – je besser der Boden und je kräftiger die Sorte, desto größer wird der Baum.
- **ERSTE ERNTE** Mit 4–5 Jahren.
- **STÜTZEN** Stützen Sie während der ersten 4–5 Jahre.
- **FORMEN** Buschbaum, Halbstamm, Hochstamm, Spindelbusch, Pyramide, Spalier, Fächer.
- **HÖHE** 4–5,5 m.

MM111
- **WÜCHSIGKEIT** Stark.
- **MERKMALE** Wächst außer in armen Böden zu einem Baum heran, der nur in großen Gärten Platz hat. Trägt erst nach mehreren Jahren Früchte. Für den Schnitt und die Ernte sind Leitern erforderlich.
- **ERSTE ERNTE** Mit 6–7 Jahren.
- **STÜTZEN** In den ersten 4–5 Jahren erforderlich.
- **FORMEN** Buschbaum, Halbstamm, Hochstamm, Spalier.
- **HÖHE** 5,5–6,5 m.

M25
- **WÜCHSIGKEIT** Sehr stark.
- **MERKMALE** Heutzutage ungewöhnlich, sogar in Obsthainen, da die Bäume so groß sind, dass Schnitt und Ernte sich schwieriger gestalten.
- **ERSTE ERNTE** Mit 6–7 Jahren.
- **STÜTZEN** In den ersten 4–5 Jahren erforderlich.
- **FORMEN** Halbstamm, Hochstamm.
- **HÖHE** 6,5–8 m.

ÄPFEL

Die Auswahl einer Sorte

Die Auswahl an Sorten ist verwirrend. Sogar das Gartencenter an Ihrem Wohnort bietet wahrscheinlich eine gute Auswahl an, und in den Katalogen spezialisierter Baumschulen sind oft Hunderte verschiedener Apfelbäume aufgeführt. Manche der Namen werden Sie kennen – 'Cox', 'Discovery' oder 'Golden Delicious'. Andere sind weniger bekannt – wie 'Ashmeads Sämling', 'Newton Wonder' oder 'Worcester Parmäne'. Welche soll man auswählen? Hier sind einige Kriterien, die Ihnen weiterhelfen können.

■ Möchten Sie die Äpfel roh essen oder zum Kochen verwenden? Man teilt die Sorten nach Süße und Säure ein und unterscheidet demnach Dessert- und Kochäpfel. Es gibt auch Sorten, die man zu beiden Zwecken verwenden kann.

■ Wollen Sie die Äpfel gleich verbrauchen oder den Winter über lagern? Äpfel, die man früh im Sommer ernten kann, halten sich nicht lang und sollten innerhalb weniger Tage verbraucht werden. Äpfel dagegen, die später im Jahr reifen, müssen oft eine Weile gelagert werden, bevor man sie essen kann.

■ Welches Klima herrscht bei Ihnen vor? Nicht alle Apfelbäume blühen zur gleichen Zeit. Bei früh blühenden Sorten können die Blüten sich Mitte April öffnen. Ist die Wahrscheinlichkeit groß, dass es im Frühjahr noch Frost gibt, sollten Sie eine spät blühende oder frostresistente Sorte wählen. Sind die Winter kalt und feucht, pflanzen Sie keine Sorte wie 'Cox' Orange', die bessere Bedingungen braucht.

■ Welche Apfelbäume haben Sie bereits oder wollen Sie noch pflanzen? Äpfel sind gewöhnlich nicht selbstfertil. Damit die Bestäubung erfolgreich ist, brauchen Sie in der Nähe geeignete Bäume, die zur gleichen Zeit blühen. Wählen Sie deshalb Sorten aus, die derselben Gruppe der Bestäubung angehören.

Bestäubende Insekten können den Pollen nur von Baum zu Baum übertragen, wenn die Blüten geöffnet sind. Gehen Sie deshalb sicher, dass die benachbarten Bäume zur gleichen Zeit blühen. Fremdbestäubung zwischen früh und spät blühenden Sorten findet nicht statt.

FAMILIENBÄUME

Ein »Familienbaum« besteht aus einer einzigen Unterlage, auf die zwei, drei oder sogar vier verschiedene Apfelsorten aufgepfropft wurden. Der Hauptgrund ist, dass so in Gärten, wo nur für einen Baum Platz ist, die Bestäubung gewährleistet ist. Wenn die verschiedenen Sorten alle zur gleichen Zeit blühen, übertragen Insekten den Pollen zwischen den Blüten der Sorten.

Es ist wichtig, dass die Sorten eines Familienbaums sich nicht nur gegenseitig bestäuben, sondern auch dieselben Ansprüche an den Standort haben und etwa genauso wüchsig sind. Wenn nicht, wird eine Sorte die anderen schließlich überwuchern. Typische Kombinationen sind: 'Gala', 'Sunset' und 'Bountiful'; 'Charles Ross', 'Discovery' und 'James Grieve' sowie 'Braeburn', 'Cox' Orange' und 'Worcester Parmäne'.

GRUPPEN DER SORTEN, DIE ZUR GLEICHEN ZEIT BLÜHEN

A
'Adams Parmäne'
'Egremont Russet'
'George Cave'
'Idared'
'Irish Peach'
'Lord Lambourne'
'Red Windsor'
'Ribston Pepping'
'Reverend W. Wilks'

(von oben nach unten) **'Egremont Russet'**, ein früher Dessertapfel, **'Idared'**, ein Dessert- und Kochapfel und **'Ribston Pepping'**, ein Dessertapfel, der gut zu lagern ist, blühen früh.

B
'Arthur Turner'
'Boskoop'
'Bountiful'
'Bramleys Sämling'
'Charles Ross'
'Cox' Orange'
'Discovery'
'Elstar'
'Emneth Early/Early Victoria'
'Falstaff'
'Fiesta/Red Pippin'
'Fortune'
'Freiherr von Berlepsch'
'Goldrenette von Blenheim'
'Granny Smith'
'Gravensteiner'
'Greensleeves'
'Herefordshire Russet'
'James Grieve'
'Jonagold'
'Jumbo'
'Katy'
'Klarapfel'
'Kidds Orange'
'Lane's Prince Albert'
'Limelight'
'Meridian'
'Pilot'
'Queen Cox'
'Red Devil'
'Redsleeves'
'Saturn'
'Scrumptious'
'Spartan'
'Sunset'
'Topaz'
'Tydeman's Early Worcester'
'Winter Gem'
'Worcester Parmäne'

Die Blütezeiten hängen vom Standort und der Witterung ab, die jedes Jahr unterschiedlich ist. Die Bäume blühen meistens im April und Anfang Mai.

C
'Ashmeads Sämling'
'Braeburn'
'Chivers Delight'
'Cornish Gilliflower'
'Crowngold'
'D'Arcy Spice'
'Ellisons Orange/Red Ellison'
'Gala'
'Gelber Edelapfel'
'Golden Delicious'
'Howgate Wonder'
'Laxton's Superb'
'Lord Derby'
'Orleans Reinette'
'Pinova/Pinata/Sonata'
'Pitmaston Pine Apple'
'Pixie'
'Sandringham'
'Tydeman's Late Orange'
'Winston'

(von oben nach unten) **'Ellisons Orange'** kann im Frühherbst geerntet werden. **'Golden Delicious'** reift später und lässt sich lagern. Beide blühen Ende April bis Anfang Mai.

D
'Königlicher Kurzstiel'
'Edward VII'
'Mother/American Mother'
'Newton Wonder'
'Suntan'

(von oben nach unten) **'Königlicher Kurzstiel'** ist ein traditioneller Dessertapfel, **'Edward VII'** ein Kochapfel, **'Mother'** ein saftiger Dessertapfel. Alle blühen spät.

ÄPFEL

Zur gleichen Zeit blühende Sorten

Die Gruppe (siehe links) gibt an, wann eine Sorte blüht: früh, in der Mitte oder spät im Frühjahr. Am besten ist es, wenn Sie mehrere Bäume aus derselben Gruppe pflanzen. Ihre Blüten öffnen sich etwa zur selben Zeit und Insekten können Pollen von einem Baum zum nächsten übertragen. Auch Bäume aus benachbarten Gruppen bestäuben sich wahrscheinlich gegenseitig, denn ihre Blütezeiten überschneiden sich meistens.

Es gibt jedoch einige Apfelsorten, die besonderer Aufmerksamkeit bedürfen. Diese sogenannten Triploiden bestäuben andere Sorten nicht. Man sollte sie deshalb mit mindestens zwei anderen kompatiblen Sorten pflanzen, die keine Triploiden sind. Bekannte Triploide sind 'Goldrenette von Blenheim', 'Bramleys Sämling', 'Jonagold' und 'Ribston Pepping'.

EMPFOHLENE SORTENKOMBINATIONEN

Hier sind Kombinationen von Apfelsorten aus derselben Gruppe empfohlen. So ist gewährleistet, dass sie zu ähnlichen Zeiten blühen und der Fruchtansatz gut ist. Man kann sie von früh bis spät in der Saison ernten und es sind sowohl Frühäpfel als auch solche dabei, die man im Winter lagern kann.

	Dessertapfel, der früh geerntet werden kann.	**Dessertapfel, der sich im Winter lagern lässt.**	**Kochapfel**
Zeitiges Frühjahr (Bestäubung Gruppe A)	'Lord Lambourne'	'Egremont Russet'	'Reverend W. Wilks'
Mitte des Frühjahrs (Bestäubung Gruppen B und C)	'Discovery' 'Ellisons Orange' 'Greensleeves' 'James Grieve' (Bild) 'Worcester Parmäne'	'Ashmeads Sämling' 'Cox' Orange' (Bild) 'Fiesta' 'Pilot' 'Pixie' 'Winter Gem'	'Arthur Turner' 'Bramleys Sämling' 'Gelber Edelapfel' (Bild) 'Grenadier' 'Howgate Wonder' 'Lane's Prince Albert'
Spätes Frühjahr (Bestäubung Gruppe D)		'Königlicher Kurzstiel' 'Mother'	'Edward VII' 'Newton Wonder'

Apfelbäume pflanzen

Je nach Unterlage sind Apfelbäume unterschiedlich robust, tolerant und langlebig. Solche auf zwergigen Unterlagen sind besonders anspruchsvoll, was die Bodenqualität betrifft. Alle Apfelbäume brauchen regelmäßigen Schnitt, vor allem als Kordons, Fächer und Spaliere erzogene Bäume. Je nach Sorte variiert die Anfälligkeit für verschiedene Schädlinge und Krankheiten. Ein gut gepflegter Baum zeigt sich erkenntlich, indem er mehr und bessere Früchte trägt.

Das Jahr auf einen Blick

	Frühjahr			Sommer			Herbst			Winter		
	M	A	M	J	J	A	S	O	N	D	J	F
wurzelnackt	■	■							■	■	■	■
Containerware	■	■	■	■	■	■	■	■	■	■	■	■
Sommerschnitt				■	■	■						
Winterschnitt												
Ernte					■	■	■	■	■			

Apfelbäume auswählen

Apfelbäume werden entweder wurzelnackt oder als Containerware verkauft. Spezialisierte Baumschulen bieten eine größere Auswahl an als Gartencenter. Meistens werden dort die Bäume mit nackten Wurzeln verkauft und sind nur im Herbst und Winter erhältlich, etwa ab November bis höchstens März.

Junge Bäume sind beim Kauf meistens ein, zwei oder drei Jahre alt. Einjährige Veredelungen werden mit oder ohne Seitentriebe angeboten (siehe S. 31). Sie sind preisgünstiger als ältere Bäume, müssen aber von Anfang an erzogen werden und es dauert länger, bis sie eingewachsen sind und Früchte tragen. Zwei- und dreijährige Veredlungen wurden bereits in der Baumschule erzogen und geschnitten. Für einen Anfänger sind sie wahrscheinlich die beste Wahl.

Wann wird gepflanzt?

■ WURZELNACKTE BÄUME Pflanzen Sie im November bis März in der Ruhezeit, wenn der Boden nicht staunass oder gefroren ist. November ist ideal.

■ CONTAINERWARE Sie können zu jeder Jahreszeit pflanzen, am besten aber im Herbst. Vermeiden Sie heiße und trockene Perioden im Frühjahr und Sommer.

(links) **Junge, frisch gepflanzte Bäume** brauchen eine Stütze, bis sie eingewachsen sind. Bringen Sie den Pfahl an der Seite am Baum an, aus der die vorherrschenden Winde wehen. Bäume auf zwergigen Unterlagen benötigen die Stütze lebenslang.

(rechts) **Obstbäume in traditionellen Obsthainen** werden kurz gehalten, sodass man die Äpfel leichter ernten kann. Gras beeinträchtigt die Bäume nicht, um die Basis des Stamms sollte es wegen der Konkurrenz um Wasser und Nährstoffe entfernt werden.

ÄPFEL

EINEN APFELBAUM PFLANZEN

Bereiten Sie die ausgewählte Stelle vor: Junge Apfelbäume auf zwergigen Unterlagen sollten Sie nicht in einen Rasen pflanzen, denn der Baum verträgt die Konkurrenz um Wasser und Nährstoffe mit den Gräsern nicht. Wächst an der Pflanzstelle Rasen, so heben Sie ein Stück aus. Entfernen Sie mehrjährige Unkräuter und arbeiten Sie gut verrotteten Kompost oder Mist in den Boden ein. Stützen Sie frei stehende Bäume mit einem Pfahl, Kordons und Fächer mit Drähten.

1 Heben Sie mit einem scharfen Spaten ein Rasenstück von etwa 1 m² aus.

2 Graben Sie ein Loch, das so tief und breit ist, dass der Wurzelballen hineinpasst. Wenn Sie es nicht bereits getan haben, arbeiten Sie gut verrotteten Kompost oder Stallmist in den Boden ein.

3 Treiben Sie bei einem Baum mit nackten Wurzeln einen Pfahl 60 cm tief in den Boden, etwa 8 cm von der Mitte des Lochs entfernt. Schlagen Sie für einen Baum im Container einen kürzeren Pfahl schräg ein, sodass der Wurzelballen nicht beschädigt wird (siehe S. 35).

4 Häufen Sie in der Mitte des Lochs einen kleinen Erdhügel an und breiten Sie die Wurzeln vorsichtig darüber aus. Prüfen Sie die Tiefe: Die Erdspuren am Stamm aus der Gärtnerei sollten 1 cm über der späteren Erdoberfläche sein, falls die Erde frisch umgegraben wurde und sich daher noch setzen wird.

5 Füllen Sie das Loch sorgfältig mit Erde und achten Sie darauf, dass zwischen den Wurzeln keine Hohlräume bleiben.

6 Treten Sie die Erde vorsichtig fest – stampfen Sie nicht, sonst verdichtet sie sich zu stark.

7 Binden Sie den Stamm mit einem speziellen Baumgurt an den Pfahl. Manchmal brauchen Sie einen oben und einen unten.

8 Wässern Sie jetzt großzügig und während der nächsten Wochen in regelmäßigen Abständen.

9 Verteilen Sie organischen Mulch um die Pflanze, sodass die Feuchtigkeit besser gehalten und Unkräuter unterdrückt werden. Um den Stamm direkt lassen Sie frei.

10 Wurde der Baum in der Gärtnerei noch nicht geschnitten, sollten Sie das eventuell gleich nach dem Pflanzen tun (siehe S. 68).

BAUMOBST

PFLANZABSTÄNDE

Es ist schwierig, genaue Empfehlungen für Pflanzabstände zu geben. Sie hängen von der Wüchsigkeit der Unterlage, dem Boden und anderen Bedingungen ab. Auch die Form, zu der der Baum erzogen werden soll, spielt eine Rolle. Diese Empfehlungen sind ein Anhaltspunkt.

Hochstämme und Halbstämme
MM106   4–5,5 m
MM111   6,5–9 m
M25   7,5–10,5 m

Büsche
M27   1,2–2 m
M9   2–3 m
M26   3–4,5 m
MM106   4–5,5 m
MM111   5,5–8 m

Spindelbüsche
M27   1,5–2 m
M9   2–2,5 m
M26   2–3,5 m
MM106   2,5–4,5 m

Pyramiden
M27   1,2–1,5 m
M9   1,5–2 m
M26   2–2,2 m
MM106   2,2–2,5 m

Fächer und Spaliere
M26   3–3,5 m
MM106   3,5–4,5 m
MM111   4,5–5,5 m

Kordons
75 cm

Säulenbäume
60–75 cm

Wo wird gepflanzt?

Wählen Sie eine warme Stelle, an der die Bäume vor starkem Wind geschützt sind. Frostlöcher sollten Sie meiden. Ein Standort in der vollen Sonne ist für Dessertäpfel wichtig, Kochäpfel tolerieren etwas Schatten. Beachten Sie auch die jeweiligen Ansprüche der einzelnen Sorten.

Boden

Die meisten Apfelbäume sind unkompliziert, alle Sorten bevorzugen aber tiefgründigen, durchlässigen Boden mit leicht saurem pH von etwa 6,5. Sie mögen keine Staunässe und gedeihen am besten, wenn in den Boden viel gut verrotteter Kompost oder Mist eingearbeitet wurde. Jeder Apfelbaum wird auf flachgründigem Boden über Kalk zu kämpfen haben und ist dort anfällig für Kalkchlorose (siehe S. 320). Je kleiner der Baum und je zwergiger die Unterlage, desto wichtiger ist ein fruchtbarer Boden.

ZIERÄPFEL

Zier- oder Wildäpfel baut sicherlich niemand an, um die Früchte roh zu essen. Auch wenn sie reif sind, sind sie sehr hart und sauer – es ist kaum vorstellbar, sie zuzubereiten. Gekocht und gesüßt ergeben sie aber ein herrliches Apfelgelee.

Diese Apfelbäume werden meistens als Zierbäume angepflanzt – sowohl wegen ihrer Blüten als auch wegen ihrer kleinen, bunten Früchte. Viele Sorten blühen eine ganze Weile und meistens länger als Kulturäpfel. Aus diesem Grund sind sie in Gärten und Obsthainen eine Bereicherung, sie können auch geeignete Bestäubungspartner sein.

(unten, von links nach rechts) **Zieräpfel werden** meistens wegen der hübschen Früchte und der attraktiven weißen, rosa oder roten Frühjahrsblüten gepflanzt. Es gibt viele Sorten mit Namen: 'Evereste', 'Golden Hornet', und 'John Downie' (hier abgebildet) gehören zu den bekanntesten. **Die Bäume blühen** häufig lange Zeit, pflanzen Sie sie deshalb zwischen Koch- und Tafeläpfel, sodass diese erfolgreich bestäubt werden.

Regelmäßige Pflege

■ WÄSSERN Im Frühjahr sollten Sie junge Bäume, Kordons, Säulenbäume und Spaliere regelmäßig wässern, besonders bei Trockenheit und wenn die Früchte größer werden. Ältere, eingewachsene Bäume brauchen Sie nicht mehr so stark zu wässern.

■ DÜNGEN Um einen möglichst guten Ertrag zu erzielen, sorgen kommerzielle Obstanbauer mit einer komplizierten Mischung aus speziellen Düngern für hohe Anteile von Kalium, Stickstoff, Phosphor, Magnesium und anderen Elementen im Boden. Wenn Ihr Boden jedoch nicht sehr arm ist, dürfte eine jährliche Gabe von gut verrottetem Kompost oder Mist ab Februar, bei Bedarf noch organischer Volldünger ab März für ältere Bäume, ausreichen.

■ MULCHEN Im März, nach dem Düngen, sollten Sie alle Unkräuter jäten. Verteilen Sie um die Basis junger Bäume, aller Bäume auf zwergigen Unterlagen und in armen Böden sowie an Drähten erzogener Formen organischen Mulch. So hält sich die Feuchtigkeit und neue Unkräuter werden unterdrückt. Lassen Sie um den Stamm etwa 10 cm frei.

■ SCHUTZ VOR FROST Obwohl Äpfel gewöhnlich später blühen als Birnen, Pflaumen, Kirschen und die meisten anderen Obstbäume, sind sie doch anfällig für Frostschäden im späten Frühjahr. Große Bäume kann man nicht schützen, junge Bäume, Kordons, waagrechte Kordons, kleine Spaliere und Säulenbäume aber über Nacht mit Vlies bedecken. Spät blühende Sorten sind Frösten weniger ausgesetzt.

(rechts, von oben nach unten) **Beim »Junifruchtfall«** im Frühsommer fällt bei den meisten Apfelbäumen ein Teil der jungen Früchte auf den Boden. Das sieht zwar besorgniserregend aus, ist aber normal. So sorgt der Baum dafür, dass er nicht mit Früchten überladen ist. **Ein weiteres Ausdünnen** ist später meistens notwendig, damit die besten Früchte zu ihrer optimalen Größe heranwachsen. Dünnen Sie aus, indem Sie kleine, kranke oder missgebildete Früchte entfernen. Wenn sie sich nicht leicht abkneifen lassen, schneiden Sie die Stiele mit einer Gartenschere oder einer Haushaltsschere ab. Lassen Sie zwischen Dessertäpfeln etwa 10–15 cm und zwischen größeren Kochäpfeln 15–23 cm Abstand.

BAUMOBST

APFELBÄUME IN KÜBELN

Apfelbäume kann man mit Erfolg in Kübeln kultivieren, wenn man die richtige Sorte und eine geeignete Unterlage wählt. Die zwergigen Unterlagen M27 und M9 sind aber nicht unbedingt am besten geeignet. Sie sind sehr anspruchsvoll, was den Boden betrifft und gedeihen im Kübel oft nicht gut. Eine nicht sehr wüchsige Sorte auf einer M26-Unterlage ist die bessere Wahl. Zwergbüsche, Zwergpyramiden und Säulenbäumchen sind die besten Formen, aber auch kleine Mehrfachkordons kann man im Kübel ziehen.

Beginnen Sie mit einem ein- oder zweijährigen Baum und wählen Sie einen Container, in den der Wurzelballen so passt, dass um ihn herum noch ein wenig Platz ist. Füllen Sie ihn mit Universalerde, der Sie Sand oder Kies beigemischt haben, um die Dränage zu verbessern. Düngen Sie im Frühling mit einem kalireichen Dünger und wässern Sie im Frühjahr und Sommer gut, im Winter weniger. Pflanzen Sie den Baum alle ein bis zwei Jahre in einen etwas größeren Kübel um, bis er die Größe erreicht hat, die er behalten soll.

(links) **Apfelbäume in Containern** gedeihen an einem geschützten, sonnigen Standort am besten. Wenn später Frost nach dem Öffnen der Blüten droht, kann man sie mit einem Vlies schützen oder unter Glas stellen. Auch vor Vögeln kann man die Bäume mit Netzen schützen.

(von links nach rechts) **Pflücken Sie** die Früchte, die am kräftigsten gefärbt sind. Sie sind meistens die reifsten und befinden sich wahrscheinlich weit oben am Baum, wo viel Sonne hingelangt. **Ernten Sie** regelmäßig einige Äpfel und behandeln Sie sie sorgsam. **Lagern Sie Äpfel** an gut durchlüfteten Orten. Bewahren Sie verschiedene Sorten getrennt auf, denn sie reifen unterschiedlich schnell.

Äpfel ernten und lagern

Wie wissen Sie, wann Sie die Äpfel pflücken können? Am einfachsten können Sie das testen, indem Sie einen Apfel locker in die Hand nehmen und vorsichtig drehen. Wenn sich der Stiel leicht vom Baum ablöst, ist der Apfel reif. Wenn nicht, lassen Sie ihn am Baum. Reißen Sie ihn nicht mit Kraft ab, denn sonst beschädigen Sie den Fruchtspieß. Frühe Dessertäpfel können Sie im August oder sogar Ende Juli pflücken. Am besten verbrauchen Sie sie sofort. Mittelfrüh reifende Äpfel halten sich ein wenig länger, etwa einen oder zwei Monate lang. Einige späte Sorten kann man bis zu sechs Monate lang lagern. Solche Äpfel sollte man vorsichtig ernten und sorgsam behandeln. Haben sie Druckstellen, halten sie sich nicht lang, und auch dann nicht, wenn man sie zu lang am Baum lässt. Nur sehr wenige Apfelsorten kann man bis Ende Oktober am Baum lassen.

Äpfel lagert man am besten an einem dunklen, gut durchlüfteten, kühlen, aber frostfreien Ort. Manche Garagen und Schuppen sind geeignet. In Kellern und Speichern kann es zu warm und zu trocken sein. Breiten Sie die Äpfel in Span-, Latten- oder Kunststoffkisten oder Holzsteigen aus, sodass sie sich nicht gegenseitig berühren. Sie können die Äpfel auch einzeln in Pergamentpapier packen oder sie in Plastiktüten mit Luftlöchern lagern. Kontrollieren Sie die Früchte regelmäßig und entfernen Sie alle, die faule Stellen haben. Zu den Sorten, die man im Winter gut lagern kann, gehören 'Bramleys Sämling', 'Idared', 'Laxtons Superb', 'Jonagold', 'Golden Delicious', 'Pilot' und 'Topaz'.

Ertrag

Der Ertrag eines Apfelbaums ist schwierig vorherzusagen. Er schwankt je nach Sorte, Baumform, Unterlage, Wachstumsbedingungen und vielen anderen Variablen. Mit diesen Mengen können Sie jedoch in etwa rechnen:

- HOCHSTAMM oder HALBSTAMM 80–160 kg.
- BUSCH 25–55 kg.
- ZWERGBUSCH 15–25 kg.
- SPINDELBUSCH oder PYRAMIDE 15–25 kg.
- FÄCHER 5,5–15 kg.
- SPALIER 10–15 kg.
- KORDON 2,5–5 kg.

BAUMOBST

Monat für Monat

Januar
- In diesem Monat bis zum März ist bei mildem Wetter noch Zeit, den Winterschnitt durchzuführen.

Februar
- Verteilen Sie ab Februar gut verrotteten Kompost um die Bäume.

März
- Düngen Sie ältere Bäume bei Bedarf mit einem organischen Volldünger.
- Jäten und mulchen Sie nach dem Düngen.
- Letzte Chance, wurzelnackte Bäume zu pflanzen.

April
- Die meisten Apfelsorten blühen in diesem oder früh im nächsten Monat. Schützen Sie die Blüten wenn nötig vor Frost.
- Kontrollieren Sie die Bäume und entfernen Sie wenn nötig Frostspannerraupen mit der Hand.

Mai
- Wenn die Bestäubung erfolgreich war, bilden sich jetzt Früchte und beginnen größer zu werden.
- Wässern Sie bei trockenem Wetter neu gepflanzte und an Drähten erzogene Bäume regelmäßig.
- Apfelwickler paaren sich in diesem Monat, hängen Sie Pheromonfallen auf.
- Prüfen Sie die kleinen Früchte auf Anzeichen für Echten Mehltau und Schorf.

Juni
- Dünnen Sie die jungen Früchte nach dem »Junifruchtfall« weiter aus.
- Junge Spaliere müssen Sie von nun an bis zum September schneiden.
- Kontrollieren Sie auf Befall mit Blatt- oder Wollläusen und sprühen Sie wenn nötig.

Juli
- Schneiden Sie ältere Spaliere und alle Kordons in diesem sowie im nächsten Monat und schneiden Sie neue Seitenäste und -triebe zurück.

ÄPFEL

(von ganz links nach rechts) **Die Knospen** an den kahlen Zweigen werden im zeitigen Frühjahr dicker, wenn die Tage länger werden. **Die Blätter** entfalten sich in der Frühlingssonne. **Die Blüten** erscheinen bei den meisten Apfelsorten in der Mitte des Frühjahrs. In kalten Gegenden müssen sie vor Frost geschützt werden. **Die Früchte** werden größer und müssen bald ausgedünnt werden. **Reife Äpfel** – hier die Sorte 'Falstaff' – können je nach Sorte vom Spätsommer bis zur Mitte des Herbstes geerntet werden. **Verbrauchen Sie** frühe und mittelspäte Sorten bald. Späte Sorten lassen sich am besten lagern.

August
- Schneiden Sie junge Spindelbüsche und Pyramiden.
- Beschneiden Sie Kordons weiter: Schneiden Sie neue Seitenäste zurück.
- Ernten Sie frühe Äpfel und verbrauchen Sie sie bald nach der Ernte.
- Entfernen und zerstören Sie alle Früchte, die mit Schorf oder Monilia Fruchtfäule infiziert sind.

September
- Ernten Sie mittelspäte Äpfel. Essen oder lagern Sie sie, je nach Sorte.

Oktober
- Ernten Sie späte Äpfel und lagern Sie sie für den Winter ein.
- Leimringe um die Stämme der Bäume schützen vor Befall mit Frostspannerraupen.

November
- Nun können Sie neue wurzelnackte Bäume in spezialisierten Baumschulen kaufen und von jetzt an bis März pflanzen. Der November ist der optimale Monat, um wurzelnackte Bäume und Containerware zu pflanzen: Der Boden ist noch warm und die Bäume können gut anwachsen, bevor sie im nächsten Frühjahr austreiben.
- Beginnen Sie jetzt mit dem Winterschnitt.
- Entfernen Sie faule Früchte, die noch am Baum hängen, und kranke Blätter unter dem Baum.
- Prüfen Sie, ob die gelagerten Äpfel faule Stellen haben.

Apfelbäume schneiden und erziehen

Jeder Apfelbaum sollte mindestens einmal im Jahr geschnitten werden. Geschieht das nicht, verliert er seine Form, trägt immer weniger Früchte und wird möglicherweise krank. Das Grundprinzip ist einfach: Zunächst brauchen alle jungen Bäume einen Formschnitt. Danach sollten frei stehende Bäume im Winter in der Ruhezeit geschnitten werden. An Drähten erzogene Bäume wie Kordons und Spaliere sollten zweimal im Jahr geschnitten werden, einmal im Sommer und einmal im Winter. Dann ist nur noch wichtig zu wissen, ob der Baum endständig oder am Quirlholz fruchtet, denn beide Typen werden etwas unterschiedlich geschnitten.

ÄPFEL

AM QUIRLHOLZ ODER ENDSTÄNDIG FRUCHTEN

Die meisten Apfelbäume bringen ihre Früchte an Trieben hervor, die zwei Jahre alt oder älter sind. Jedes Jahr erscheinen die Blütenknospen an kurzen Spießen. Im Lauf der Jahre erscheinen immer mehr Spieße, bis sich das knorrige sogenannte Quirlholz bildet. Je mehr Quirlholz ein Baum hat, desto mehr Früchte können Sie ernten. Irgendwann stehen die Fruchtspieße jedoch so dicht, dass sie ausgedünnt werden müssen.

Bei einigen Sorten bilden sich die Früchte aber nur an neuem Holz vom Vorjahr: Solche Bäume fruchten endständig. Die meisten Äpfel hängen deshalb an den Enden der Zweige, nicht entlang der Zweige. Wenn Sie sie schneiden, gilt es, Äste und Seitentriebe zu entfernen, die bereits Früchte getragen haben, sodass neue austreiben, die im nächsten oder übernächsten Jahr fruchten. Man nennt dies auch Verjüngungsschnitt.

Um die Sache noch abzurunden: Einige Apfelbäume fruchten sowohl am Quirlholz als auch endständig.

(links, von oben nach unten) **Bei am Quirlholz** fruchtenden Apfelbäumen erscheinen die Blütenknospen und später die Früchte an kurzen, gestauchten Spießen. **Bei endständig fruchtenden** Apfelbäumen erscheinen die Blütenbüschel und daher die Früchte vor allem an den Enden der Zweige. **Beim Ausdünnen** von Quirlholz entfernt man alte Spieße, sodass die Luft besser zirkulieren kann. Man lässt mehrere jüngere Fruchtspieße mit Blütenknospen stehen.

Tipps zum Schnitt

Wenn Sie Apfelbäume regelmäßig mit einer scharfen Gartenschere und einer guten Baumsäge schneiden, erhalten Sie sie gesund und fördern den Ertrag. Entfernen Sie abgestorbenes, beschädigtes und krankes Holz und dünnen Sie aus.

(von oben nach unten) **Schneiden Sie** tote Äste völlig zurück. **Entfernen Sie** Wassertriebe. **Schneiden Sie** kranke Triebe oder Äste zurück.

(gegenüber) **Einen Obsthain** zu schneiden macht sehr viel Arbeit, die von Anfang November bis Ende März getan werden kann. Diese Bäume sind mindestens 30 Jahre alt und werden jedes Jahr geschnitten, sodass ihre Buschform erhalten bleibt.

BAUMOBST

Buschbäume oder Hochstämme schneiden

Ziel ist hier ein Baum mit offener Mitte ohne zentralen Leittrieb und einem Gerüst aus Leitästen mit deutlichen Abständen, die vom Stamm abzweigen. Ein Buschbaum sollte einen deutlichen, mindestens 60 cm hohen Stamm haben; beim Halbstamm sollte er 1,2 m hoch sein, beim Hochstamm mindestens 1,6 m.

1. Winterschnitt
NOVEMBER–MÄRZ

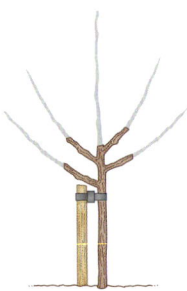

- Ihr neuer Baum wurde wahrscheinlich bereits in der Gärtnerei geschnitten. Wenn nicht, sollten Sie ihn nach dem Pflanzen schneiden, am besten im Winter in der Ruhezeit (aber nicht bei Temperaturen unter dem Gefrierpunkt).
- Wenn Sie eine einjährige Veredelung ohne Seitentriebe gepflanzt haben, schneiden Sie sie bis zu einer Höhe von 60–75 cm zurück. Schneiden Sie direkt über einer Knospe. Knospen unterhalb der Schnittstelle treiben im nächsten Jahr aus und bilden Seitenäste.
- Haben Sie eine ein- oder zweijährige Veredelung mit Seitentrieben gepflanzt (wie oben abgebildet), schneiden Sie den zentralen Leittrieb auf etwa dieselbe Höhe zurück. Lassen Sie 3 oder 4 gesunde Seitenäste unterhalb der Schnittstelle stehen.
- Schneiden Sie jeden der Seitenäste um zwei Drittel seiner Länge zurück. Kappen Sie vor Knospen, die nach außen oder oben weisen.

2. Winterschnitt
NOVEMBER–MÄRZ

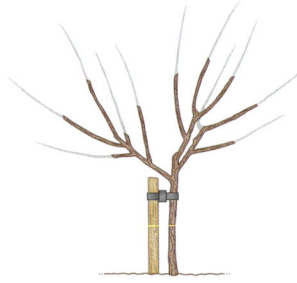

- Wählen Sie die Seitenäste und Seitentriebe, die zu Leitästen werden sollen, und schneiden Sie sie etwa auf die Hälfte zurück.
- Schneiden Sie alle anderen Triebe auf 4 oder 5 Knospen zurück.
- Entfernen Sie schwache, verfilzte oder überkreuzte Äste und neue Triebe, die am Stamm austreiben.

3. Winterschnitt
NOVEMBER–MÄRZ

- Schneiden Sie die Leitäste an der Spitze zurück und entfernen Sie etwa ein Viertel des Neuaustriebs vom letzten Jahr.
- Schneiden Sie kräftige Seitentriebe auf 4–6 Knospen und schwächere auf 2–3 Knospen zurück. So fördern Sie den Austrieb im nächsten Jahr.
- Entfernen Sie überkreuzte und in die Mitte des Baums wachsende Äste.

(rechts) **Licht und Luft** sind die Schlagwörter beim Schnitt. Entfernen Sie Äste, die in die Mitte des Baums wachsen, um die Krone zu öffnen, sodass die Luft zirkulieren kann. So vermindern Sie das Risiko von Krankheiten und Sonnenlicht kann zu den reifenden Früchten gelangen.

ÄPFEL

Winterschnitt, etablierter, am Quirlholz fruchtender Buschbaum NOVEMBER–MÄRZ

- Im 3. oder 4. Sommer nach dem Pflanzen sollte der Baum getragen haben und der Winterschnitt kann schwächer ausfallen.
- Erhalten Sie vor allem die Gesamtform. Halten Sie die Mitte offen, fördern Sie den Austrieb neuer Fruchtspieße und dünnen Sie altes Quirlholz aus.
- Schneiden Sie totes, beschädigtes oder krankes Holz heraus.
- Dünnen Sie sehr dichte Stellen aus, damit Licht und Luft in die Mitte des Baums gelangen können.
- Kappen Sie die Mitteltriebe von kräftigen Seitentrieben und schneiden Sie schwächere Triebe etwa auf die Hälfte des Neuaustriebs vom letzten Jahr zurück.
- Schneiden Sie neue Seitentriebe auf 4–6 Knospen zurück.
- Entfernen Sie alle neuen Triebe, die vom Stamm austreiben.

(von links nach rechts) **Kappen Sie** neue Seitentriebe, um das Wachstum neuer Fruchtspieße zu fördern. **Schneiden Sie** Äste und Triebe aus, die Anzeichen von Krankheiten zeigen. **Schneiden Sie** auf Knospen zurück, die in die Richtung weisen, in die die Seitentriebe wachsen sollen.

Winterschnitt, etablierter, endständig fruchtender Buschbaum NOVEMBER–MÄRZ

- Endständig fruchtende Bäume tragen am Holz des letzten Jahres. Entfernen Sie deshalb nicht zu viel davon.
- Erhalten Sie die Gesamtform, sodass die Mitte offen bleibt, und schneiden Sie einige ältere Seitentriebe zurück, die einige Zeit Früchte getragen haben. So fördern Sie neue Triebe, die die alten ersetzen.
- Schneiden Sie totes, beschädigtes oder krankes Holz aus und dünnen Sie die Mitte des Baums wenn nötig aus.

(oben) **Entfernen Sie neue Triebe,** die in die Mitte des Baums wachsen.

- Schneiden Sie Mitteltriebe der Leitäste an der Spitze zurück.
- Entfernen Sie Seitentriebe, die länger sind als 30 cm, oder schneiden Sie sie zu einer kräftigen Knospe zurück.
- Schneiden Sie Seitentriebe nicht, die kürzer als 30 cm sind.

Spindelbüsche schneiden

Ein Spindelbusch wird mit zentralem Leittrieb gezogen. Die unteren Leitäste breiten sich fast waagrecht vom Stamm aus, die oberen werden stark gekürzt. Der Baum hat deshalb eine Kegelform. Der Ertrag ist gut, deshalb ist die Form bei kommerziellen Obstanbauern beliebt. Spindelbüsche müssen zweimal im Jahr geschnitten werden, im Winter und im Sommer. Sie werden etwa 2–2,2 m hoch und brauchen lebenslang einen stützenden Pfahl.

(unten) **Die unteren Äste** eines Spindelbuschs sollen einen möglichst großen Winkel zum Stamm bilden. So lässt sich ein besserer Ertrag erzielen.

1. Winterschnitt
NOVEMBER–MÄRZ

- Beginnen Sie mit einer ein- oder zweijährigen Veredelung mit Seitentrieben. Schneiden Sie gleich nach dem Pflanzen.
- Wählen Sie 4 Seitentriebe in 60–90 cm Höhe über dem Boden aus, die große Winkel zum Stamm bilden. Sie bilden später die Leitäste. Schneiden Sie sie um die Hälfte auf eine nach unten weisende Knospe zurück.
- Entfernen Sie alle anderen Seitentriebe.
- Schneiden Sie den zentralen Leittrieb auf etwa 3 Knospen über dem höchsten Seitentrieb zurück.

1. Sommerschnitt
AUGUST

- Im Spätsommer wird der oberste Seitentrieb den neuen zentralen Leittrieb bilden. Binden Sie ihn an den Pfahl.
- Kappen Sie alle neuen Triebe, die senkrecht nach oben wachsen.
- Wenn die 4 Leitäste kräftig werden, binden Sie sie nach unten, sodass sie einen Winkel von 20–30 Grad zur Waagrechten bilden.
- Binden Sie sie nur nach unten, wenn sie kräftig sind.

2. Winterschnitt (nicht abgebildet)
NOVEMBER–MÄRZ

- Kürzen Sie den zentralen Leittrieb: Entfernen Sie etwa ein Drittel des Austriebs vom letzten Sommer. Schneiden Sie auf eine Knospe zurück, die in die entgegengesetzte Richtung der Knospe weist, auf die Sie im letzten Winter zurückgeschnitten haben.

2. Sommerschnitt
AUGUST

- Prüfen und justieren Sie die Anbindung der 4 Leitäste. Enfernen Sie sie, wenn sich die Äste nicht mehr nach oben zurückbewegen. An waagrechten Ästen entwickeln sich mehr Früchte.
- Bilden sich weiter oben Seitenäste, binden Sie auch diese nach unten.
- Kappen Sie alle neuen Triebe, die senkrecht nach oben wachsen.

ÄPFEL

Winterschnitt eines etablierten Spindelbuschs
NOVEMBER–MÄRZ

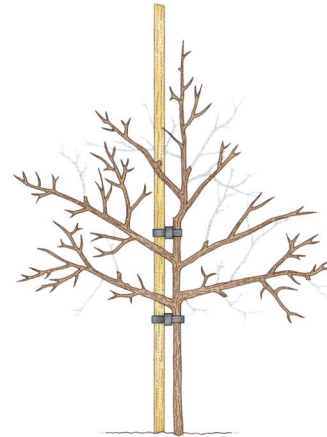

- Erhalten Sie die Kegelform, schneiden Sie einige ältere Äste zurück und fördern Sie so neue Triebe, die sie ersetzen.
- Kürzen Sie jedes Jahr den zentralen Leittrieb um ein Drittel oder ein Viertel des Neuaustriebs vom letzten Jahr.
- Dünnen Sie zu dichte Triebe der unteren Äste aus, vor allem wenn sie senkrecht nach oben wachsen.
- Wählen Sie ältere Seitentriebe aus, die bereits 3 Jahre oder länger getragen haben und entfernen Sie sie ganz. Sie werden durch neue Triebe ersetzt.
- Schneiden Sie die Seitenäste oben am Stamm stark zurück, um die Kegelform zu erhalten, sodass zu den Früchten weiter unten möglichst viel Sonnenlicht gelangt.

(von oben nach unten) **Ältere Äste** sollten Sie zum zentralen Leittrieb zurückschneiden. **Unter dem Astkragen** wird eine schlafende Knospe austreiben.

(links) **Seitenäste werden** heruntergebunden, sodass sie so waagrecht wie möglich wachsen. Man kann sie an Pfählen im Boden, am Stamm oder an älteren Ästen weiter unten (wie hier) befestigen. So wird das Wachstum verlangsamt, und mehr Früchte bilden sich.

Eine Pyramide schneiden

Pyramiden ähneln Spindelbüschen. Auch sie haben eine Kegelform, kurze Äste strahlen oben am Hauptstamm aus und längere weiter unten. Die Äste werden aber nicht waagrecht erzogen. Stattdessen lässt man sie in einem natürlicheren Winkel nach oben wachsen. Eine Zwergpyramide ist ein kompakter Baum auf einer zwergigen Unterlage. Apfelpyramiden werden genauso geschnitten wie Birnenpyramiden (siehe S. 94).

(unten) **Zwergpyramiden** sind für kleine Gärten hervorragend geeignet. Sie sehen natürlich aus, und wenn man sie im Sommer und Winter leicht schneidet, werden sie nicht zu groß.

Apfelkordons schneiden

Kordons sind Bäume mit einem einzigen Stamm. Alle Seitenäste werden regelmäßig zurückgeschnitten, damit sie Seitentriebe oder Spieße bilden, die Früchte tragen. Endständig fruchtende Apfelsorten eignen sich deshalb nicht als Kordon. Wählen Sie stattdessen eine am Quirlholz fruchtende Sorte. Schneiden Sie zweimal im Jahr, im Winter und im Sommer. Erziehen Sie den Baum an einer Mauer oder einem Zaun und stützen Sie ihn mit Pfählen und Drähten. Kordons können aufrecht oder schräg erzogen werden, als Doppel-(»U«-)Kordons oder Mehrfachkordons. Man kann sie auch waagrecht erziehen. Kompakte aufrechte Kordons nennt man Säulen- oder Ballerinabäume.

(von oben nach unten) **Schräge Kordons** wachsen diagonal und werden meistens in dichten Reihen gepflanzt. Die Hauptstämme können so länger werden als bei aufrechten Kordons, – bis die Bäume so hoch sind, dass die Früchte schwierig zu ernten sind.
Waagrechte Kordons sind meistens nicht höher als kniehoch. Man biegt den zentralen Leittrieb einer jungen Veredelung ab und bindet ihn an einen waagrechten Draht.

1. Winterschnitt
NOVEMBER–MÄRZ

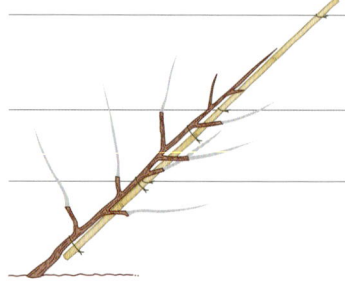

- Bauen Sie ein Gerüst, indem Sie ein Bambusrohr im Winkel von 45 Grad an drei waagrechten Drähten befestigen.
- Beginnen Sie mit einer ein- oder zweijährigen Veredelung mit Seitentrieben. Pflanzen Sie sie schräg, binden Sie sie am Bambusrohr fest und schneiden Sie sie gleich nach dem Pflanzen.
- Schneiden Sie Seitentriebe, länger als 10 cm, auf 3–4 Knospen zurück.
- Schneiden Sie den zentralen Leittrieb und kürzere Seitentriebe nicht.

1. Sommerschnitt
JULI–AUGUST

- Neue Seitenäste und Seitentriebe werden im Sommer austreiben.
- Schneiden Sie neue Triebe, die am Stamm austreiben, auf 3 Blätter über dem Blattbüschel am Ansatz zurück.
- Schneiden Sie Seitentriebe, die aus bestehenden Seitenästen austreiben, auf 1 Blatt über dem Ansatz zurück.
- So fördern Sie die Entwicklung von Fruchtspießen, die im nächsten Jahr tragen.

ÄPFEL

Winterschnitt, etablierter Kordon
NOVEMBER–MÄRZ

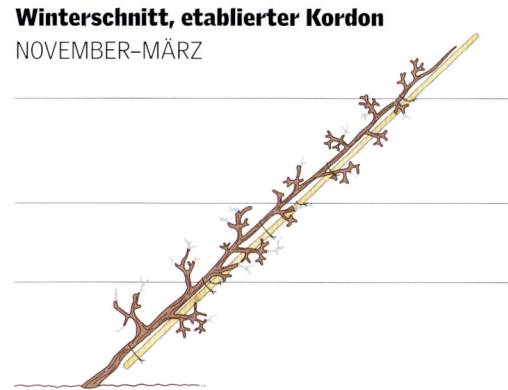

- Etablierte Kordons müssen im Winter nicht stark geschnitten werden.
- Wenn die Bäume älter werden, kann das Quirlholz zu dicht stehen. Dünnen Sie aus: Entfernen Sie schwache, überkreuzte und zu dichte Spieße.
- Entfernen Sie sehr altes Quirlholz, das nicht mehr trägt, vollständig. Neue Triebe sollten es ersetzen.

Sommerschnitt, etablierter Kordon
JULI–AUGUST

- Schneiden Sie neue Seitentriebe, die direkt aus dem Hauptstamm austreiben, auf 3 Blätter über dem Blattbüschel am Ansatz zurück.
- Schneiden Sie Seitentriebe, die aus bestehenden Seitenästen austreiben, auf 1 Blatt über dem Ansatz zurück.
- Wenn der Baum die volle Höhe erreicht hat, schneiden Sie jedes Frühjahr den zentralen Leittrieb auf 1 Blatt des Neuaustriebs zurück.

(von oben nach unten) **Zur Mitte des Sommers** können neue Seitentriebe enorm schnell wachsen. **Der Sommerschnitt** sorgt dafür, dass Licht und Luft zu den reifenden Früchten gelangen.

Apfelspaliere schneiden

Spaliere gehören zu den am stärksten erzogenen Formen. Sie werden groß, bis zu 6 m breit, – es sei denn, sie wachsen auf zwergigen Unterlagen. Deshalb brauchen sie ein stabiles Stützsystem und viel Platz. Die Erziehung braucht ihre Zeit. Es dauert mehrere Jahre, bis ein Spalier mit vielen waagrechten Ästen ausgewachsen ist.

1. Winterschnitt
NOVEMBER–MÄRZ

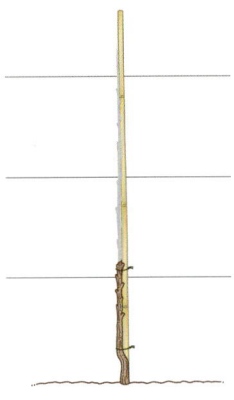

- Befestigen Sie Drähte mit 35–50 cm Abstand an einer Mauer, einem Zaun oder senkrechten Pfosten.
- Beginnen Sie mit einer einjährigen Veredelung ohne Seitentriebe oder einer ein- oder zweijährigen Veredelung mit Seitentrieben, wenn sie ein oder mehrere Paare geeigneter Seitentriebe hat. Pflanzen Sie sie, binden Sie sie an ein Rohr und schneiden Sie sie gleich nach dem Pflanzen.
- Schneiden Sie den zentralen Leittrieb auf eine kräftige Knospe über dem niedrigsten Draht zurück, etwa 45 cm über dem Erdboden. Unter dem Schnitt müssen mindestens 3 gesunde Knospen bleiben. Die unteren beiden sollen die ersten Seitenäste bilden, die obere den neuen Leittrieb.

Dieser ausgewachsene Spalierapfel braucht einen Winterschnitt, die langen senkrechten Triebe der Fruchtspieße der oberen Arme müssen entfernt werden. Wahrscheinlich sind sie so lang, weil sie im vorherigen Sommer zu früh geschnitten wurden, bevor das Wachstum sich verlangsamt hat.

1. Sommerschnitt
JUNI–SEPTEMBER

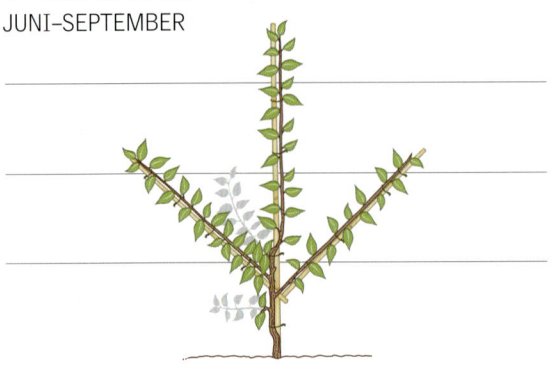

- Befestigen Sie zwei Rohre im Winkel von 45 Grad an den waagrechten Drähten.
- Binden Sie die neuen Seitenäste an die diagonalen Rohre.
- Binden Sie den neuen zentralen Leittrieb an das senkrechte Rohr.
- Schneiden Sie alle anderen Seitentriebe auf 2–3 Blätter zurück.
- Senken Sie während des Sommers die diagonalen Rohre nach und nach vorsichtig ab.

2. Winterschnitt
NOVEMBER

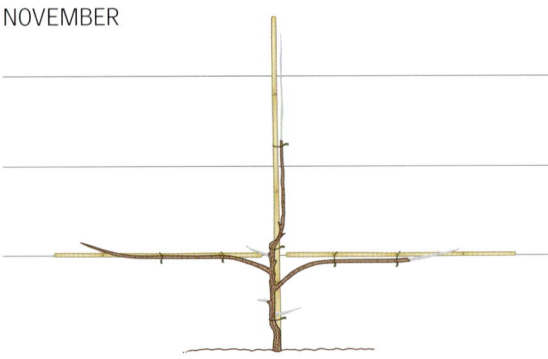

- Senken Sie die beiden Arme in die Waagrechte ab und binden Sie sie an den untersten Draht.
- Kappen Sie die Seitenäste um etwa ein Viertel, wenn sie nicht zu stark wachsen. Schneiden Sie auf nach unten weisende Knospen.
- Schneiden Sie den neuen zentralen Leittrieb kurz über dem 2. Draht ab, auf eine Knospe, die in die entgegengesetzte Richtung weist wie die im letzten Jahr. Es müssen mindestens 3 kräftige Knospen verbleiben, eine für den neuen Leittrieb und zwei für Arme rechts und links. Entfernen Sie alle Seitentriebe unter den ersten beiden Armen, sodass der Stamm kahl bleibt.

ÄPFEL

2. Sommerschnitt
JUNI–SEPTEMBER

- Befestigen Sie zwei zusätzliche Rohre im Winkel von 45 Grad.
- Binden Sie die beiden Seitentriebe, die den rechten und linken Arm bilden sollen, an die diagonalen Rohre wie im letzten Jahr.
- Binden Sie den zentralen Leittrieb an das senkrechte Rohr.
- Schneiden Sie Seitentriebe der unteren beiden Arme auf 3 Blätter über dem Ansatz zurück.
- Schneiden Sie alle Triebe, die aus dem Stamm austreiben, auf 2 oder 3 Blätter zurück.
- Senken Sie während des Sommers die beiden diagonalen Rohre langsam ab.

3. Winter- und Sommerschnitt
NOVEMBER und JUNI–SEPTEMBER

- Ziehen Sie so viele waagrechte Arme, bis sie ausreichen.
- Entfernen Sie dann den senkrechten Leittrieb.

Sommerschnitt eines etablierten Spaliers
JULI–AUGUST

- Schneiden Sie die Arme des Spaliers wie die eines Kordons.
- Schneiden Sie Seitentriebe der rechten und linken Arme wiederholt auf 3 Blätter über dem Ansatz zurück, vor allem die kräftigen Triebe, die wahrscheinlich an den oberen Armen austreiben werden.
- Schneiden Sie alle neuen Seitentriebe auf nur 1 Blatt über dem Ansatz zurück.
- Entfernen Sie alle unerwünschten Seitentriebe vom Stamm.

Winterschnitt eines etablierten Spaliers
NOVEMBER–MÄRZ

Vor dem Schnitt

Nach dem Schnitt

- Erwachsene Spaliere brauchen nur einen leichten Winterschnitt.
- Dünnen Sie zu dichtes Quirlholz aus. Entfernen Sie schwache, überkreuzte und dicht stehende Spieße.
- Schneiden Sie sehr altes Quirlholz völlig aus, sodass es durch neues ersetzt werden kann.

BAUMOBST

EINEN ALTEN, VERNACHLÄSSIGTEN BAUM SCHNEIDEN

An einem solchen Apfelbaum nimmt man einen Verjüngungsschnitt vor mit dem Ziel, ihn wieder zu gesundem Wachsen, Blühen und Fruchten zu bringen. Das ist aber nicht mit einem Mal möglich: Es dauert mindestens zwei Jahre oder länger. Wenn Sie es mit einem Mal versuchen und ihn zu stark schneiden, wird er nur viel neues Laub, aber wenige oder gar keine Früchte hervorbringen.

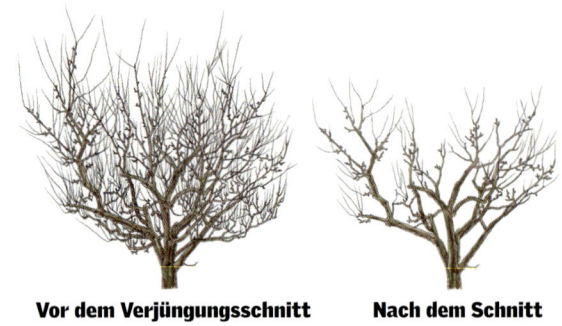

Vor dem Verjüngungsschnitt   **Nach dem Schnitt**

1. Winterschnitt
NOVEMBER–MÄRZ
- Schneiden Sie zuerst alle toten, beschädigten und kranken Äste aus.
- Schauen Sie, ob Äste überkreuzt wachsen und aneinanderscheuern. Entfernen Sie sie.
- Dünnen Sie die dichtesten Stellen aus, sodass Licht und Luft in den Baum gelangen können.
- Entfernen Sie in einem Jahr nicht mehr als 25 Prozent des Baums.

2. Winterschnitt
NOVEMBER–MÄRZ
- Schneiden Sie überlange Äste zurück und solche, die zu dicht über dem Boden hängen.
- Behalten Sie die Gesamtform im Blick und öffnen Sie möglichst die Krone, indem Sie auf Triebe zurückschneiden, die in die gewünschte Richtung wachsen.
- Entfernen Sie Wassertriebe um die letztjährigen Schnittstellen.
- Dünnen Sie altes, zu dichtes Quirlholz aus.

Überkreuzte Äste können aneinanderscheuern. Splittern sie dabei oder wird die Rinde verletzt, können Krankheitserreger eindringen.

Krankes Holz sollte gleich entfernt werden, bevor sich die Infektion ausbreitet. Schneiden Sie auf sauberes Holz zurück, das keine Anzeichen von Krankheit zeigt.

Zu dichte Stellen sollten ausgedünnt werden. Andernfalls können Licht und Luft nicht hineingelangen und der Baum ist hier anfälliger für Krankheiten.

Mögliche Probleme

Knospen und Blüten

1 Blüten werden braun und welken
Zunächst färben sich die Blüten und dann die jungen Blätter braun und verwelken. Verursacher ist ein Pilz, der nah mit der Art verwandt ist, die Monilia hervorruft.
■ Siehe Blütenfäule (S. 325) und Monilia (S. 328).

Blüten verfärben sich und sterben ab
Nachtfrost kann junge Blätter schädigen und Blüten zerstören, besonders bei Apfelsorten, die früh im Jahr blühen. Seltener sind Insekten die Verursacher, die Apfelblattsauger.
■ Siehe Apfelblattsauger (S. 334) und Frost (S. 316).

Blüten öffnen sich nicht und färben sich braun
Wenn sich die Blüten nicht öffnen, die Blütenblätter sich braun färben, können Apfelblütenstecher (eine Rüsselkäferart) die Ursache sein. Schneiden Sie die Knospe auf und schauen Sie, ob Sie eine weiße Larve entdecken.
■ Siehe Apfelblütenstecher (S. 334).

Blätter, Stängel und Zweige

2 Weißer, mehliger Belag auf den Blättern
Wenn junge Blätter und Triebe mit einem trockenen, mehligen weißen oder blassvioletten Belag bedeckt sind, ist die Ursache ein Pilz, der Echte Mehltau. Neue Triebe welken und sterben ab und befallene Fruchtknospen bringen keine Früchte hervor.
■ Siehe Echter Mehltau (S. 325).

3 Blätter eingerollt und mit Seide versponnen
Verschiedene Schmetterlingsraupen wickeln sich in ein Blatt ein und verspinnen es mit Seide zu einer schützenden Hülle. Bei Apfelbäumen gehört die Raupe des Bräunlichen Obstbaumwicklers zu den häufigsten dieser Insekten.
■ Siehe Wickler (S. 341).

4 Blätter angefressen und durchlöchert
Meist sind Schmetterlingsraupen, die Blätter fressen, die Verursacher. Bei schwerem Befall kann der Baum völlig kahl gefressen sein. Wahrscheinlich sind Frostspanner die Übeltäter – ihre Raupen findet man in dicht eingerollten jungen Blättern.
■ Siehe Frostspanner (S. 336).

5 Blätter eingerollt und klebrig
Auf der Unterseite eingerollter, verkrüppelter Blätter sitzen wahrscheinlich Blattläuse. Die Oberfläche ist klebrig, weil sie Honigtau absondern, und es kann sich ein rußgrauer Belag bilden. Viele Blattlausarten – grün, blau, rosa oder braun – befallen Apfelbäume.
■ Siehe Blattläuse (S. 335), Mehlige Apfelblattlaus (S. 338), Blut- oder Wollläuse (S. 336).

BAUMOBST

6 Kleine Löcher mit braunen Rändern in den Blättern
Die Verursacher rotbrauner Flecken auf jungen Blättern sind hellgrüne Blattwanzen, die an neuen Trieben saugen. Die Flecken entwickeln sich zu großen Löchern, wenn die Blätter wachsen.
■ Siehe **Blattwanzen** (S. 335).

7 Sich schlängelnde Linien auf den Blättern
Diese gelbbraunen Gänge, die an eine Schrift erinnern, stammen von winzigen Schmetterlingsraupen, die im Inneren der Blätter fressen und dabei »Minen« im Pflanzengewebe hinterlassen.
■ Siehe **Apfelblatt-Miniermotte** (S. 334).

8 Braune Flecken auf den Blättern
Unregelmäßige Flecken, die dunkelgrün oder braun sein können und sich möglicherweise in der Mitte grau oder schwarz färben, sind ein Anzeichen für Schorf. Befallene Blätter können gelb werden und abfallen. Auch Fruchtbefall kommt vor.
■ Siehe **Schorf** (S. 329).

9 Weiße wollige Stellen an Stängeln und Zweigen
Wollige Büschel an Zweigen und Trieben sind ein Zeichen für Befall mit Blut- oder Wollläusen. Oft befinden sie sich an alten Schnittstellen und Rissen in der Rinde.
■ Siehe **Blut- oder Wollläuse** (S. 336).

10 Aufgesprungene, schuppige Stellen auf der Rinde
Farblose, eingesunkene, aufgesprungene oder schuppige Stellen der Rinde können ein Anzeichen für Obstbaumkrebs sein. Wenn er sich ausbreitet, bilden sich aufgesprungene Ringe, die Umgebung kann anschwellen und ober- und unterhalb stagniert das Wachstum. Ganze Äste können absterben.
■ Siehe **Obstbaumkrebs** (S. 328).

Blätter fleckig und bronzefarben
Wenn die Oberfläche der Blätter fleckig wird, sich entfärbt und schließlich brüchig wird, suchen Sie auf der Unterseite mit einer Lupe nach winzigen Roten Spinnmilben. Bei schwerem Befall sind auch feine Seidennetze zu erkennen.
■ Siehe **Rote Spinnmilben** (S. 339).

Früchte

11 Hellbraune, korkige Stellen
Wenn Blattwanzen an jungen Früchten saugen, können diese verkrüppeln, zudem Narben und korkige Flecken entwickeln.
■ Siehe **Blattwanzen** (S. 335).

12 Brauner Schorf und aufgesprungene Schale
Schorfige Flecken erscheinen auf den Früchten. Wenn sie sich ausbreiten, trocknet die Schale aus und springt oft auf, sodass Krankheitserreger eindringen können.
■ Siehe **Schorf** (S. 329).

ÄPFEL 79

13 Braune, faule Flecken auf den Früchten
Die reifenden Früchte färben sich braun und können konzentrische Ringe weißer Pilzsporen aufweisen, manchmal um ein Loch in der Mitte. Sie fallen entweder auf den Boden oder bleiben am Baum hängen, verschrumpeln und mumifizieren.
■ Siehe **Monilia** (S. 328).

14 Ungleichmäßige Löcher in Früchten
Vögel, Wespen und Fliegen fressen an reifen Früchten, oft an Stellen, wo die Schale bereits beschädigt oder aufgesprungen ist.
■ Siehe **Vögel** (S. 341) und **Wespen** (S. 341).

15 Bandförmige Narben in der Schale
Solche sich schlängelnden, leicht erhabenen Narben entstehen, wenn die Larve einer Apfel-Sägewespe unter der Schale einen Gang gefressen hat. Überlebt die Larve, frisst sie sich womöglich in die Frucht, sodass diese unreif abfällt. Überlebt sie nicht, kann der Apfel ausreifen, die Narbe aber bleibt.
■ Siehe **Apfel-Sägewespe** (S. 334).

16 Dunkle, eingesunkene Flecken in der Schale
Kleine, runde konkave Flecken erscheinen in der Schale, besonders bei großen Kochäpfeln. Sie können sich bis ins Fruchtfleisch fortsetzen und der Apfel kann leicht bitter schmecken.
■ Siehe **Stippigkeit** (S. 330).

17 Löcher mit schwarzbraunen Krümeln
Die Löcher entstehen, wo eine Apfelwickler-Raupe die Frucht verlassen hat, nachdem sie im Inneren gefressen hat. Oft ist der Apfel zum großen Teil ausgehöhlt und mit den Exkrementen der Raupe gefüllt. Die Larven der Apfel-Sägewespe hinterlassen ähnliche Löcher.
■ Siehe **Apfelwickler** (S. 334) und **Apfel-Sägewespe** (S. 334).

Ein Blatt, das auf der Schale klebt
Ein Blatt, das mit Seide auf die Schale einer Frucht geheftet wurde, kann die Tarnung einer Wicklerraupe sein.
■ Siehe **Wickler** (S. 341).

Birnen

Warum pflanzen Gartenbesitzer seltener Birnbäume als Apfelbäume? Birnen sind genauso köstlich, wenn nicht sogar leckerer. Aber obwohl man sogar im kleinsten Garten häufig einen Apfelbaum entdeckt, sieht man Birnbäume viel seltener. Der Grund hat vielleicht mit einer Vermutung zu tun: Viele Menschen denken, dass Birnbäume größere Probleme bereiten können als Apfelbäume. Sie sind tatsächlich anspruchsvoller, was den Standort betrifft. Sie wollen nicht vom Wind durchgerüttelt werden und brauchen etwas mehr Sonne und Wärme. Aus diesem Grund werden sie oft als Kordons, Spaliere oder Fächer vor einer geschützten Mauer oder einem Zaun gepflanzt. Aber wenn Sie ihnen die Bedingungen bieten, die sie mögen, und sie vor den häufigsten Schädlingen und Krankheiten schützen, gedeihen sie meistens gut und tragen jedes Jahr viele Früchte. Das Schneiden ist bei Birnbäumen sogar einfacher als bei Apfelbäumen und die Bäume sind langlebiger.

Ernten Sie Birnen, wenn sie noch ein wenig hart sind, sich aber schon leicht vom Baum lösen. Die Früchte reifen im Haus weiter.

Welche Formen können Sie ziehen?

- **Buschbäume** Diese Formen mit offener Mitte oder zentralem Leittrieb sind eine gute Wahl. Vorsicht mit Hochstämmen und Halbstämmen: Sie werden wahrscheinlich zu groß.
- **Spindelbüsche und Pyramiden** Frei stehende Bäume mit einem zentralen Leittrieb.
- **Kordons** An Drähten erzogene einfache oder mehrfach verzweigte Stämme, die an kurzen Fruchtspießen tragen.
- **Säulenbäume** Kurze, einzelne senkrechte Stämme. Die Bäume kann man eng pflanzen, wenn der Platz begrenzt ist.
- **Spaliere und Fächer** Erzogene Formen, deren Arme vom Leittrieb waagerecht abzweigen oder vom kurzen Stamm ausstrahlen.

Beliebte Birnen

1 'Hochfeine Butterbirne'
Bestäubung Gruppe B
Eine französische Sorte aus dem 19. Jahrhundert mit köstlichem, aromatischem Geschmack. Braucht einen warmen, geschützten Standort, deshalb geeignet für an Mauern gezogene Spaliere und Kordons.
- **Ernte** September
- **Verzehr** September–Oktober

2 'Vereinsdechantsbirne'
Bestäubung Gruppe C
Gilt als eine der schmackhaftesten Birnen. Die reifen Früchte sind gelbgrün mit rostbraunen Stellen, das Fruchtfleisch ist süß und saftig. Die Sorte ist aber anfällig für Schorf. Sie braucht einen warmen, sonnigen geschützten Standort, sonst ist der Ertrag womöglich gering und die Früchte reifen nicht voll aus.
- **Ernte** Oktober
- **Verzehr** Oktober–Dezember

3 'Conference'
Bestäubung Gruppe B
Eine der am häufigsten angebauten Birnen, sowohl kommerziell als auch in Gärten. Winterhart, verlässlich, guter Ertrag. Die Früchte sind lang und schmal, das Fleisch ist süß und saftig.
- **Ernte** September
- **Verzehr** Oktober–November

4 'Großer Katzenkopf'
Bestäubung Gruppe C
Eine französische Kochbirne aus dem 17. Jahrhundert, die wahrscheinlich aus der Gegend um Bordeaux stammt. Sie muss lange gekocht werden, dann aber färbt sich das Fleisch rosa und hat einen wunderbaren, aromatischen Geschmack. Kann bis zum Frühjahr gelagert werden. Triploid.
- **Ernte** Oktober
- **Verzehr** Dezember–April

BIRNEN

5 'Gorham'
Bestäubung Gruppe C
Eine alte amerikanische Sorte mit süßem, etwas herbem Geschmack und gelbgrüner Schale. Verlässlich und leicht anzubauen, aber nicht immer ertragreich.
- **Ernte** September
- **Verzehr** September–November

6 'Williams' Christ'
Bestäubung Gruppe B
Eine frühe Dessertbirne, angeblich die weltweit am häufigsten angebaute Sorte. In den USA als 'Bartlett' bekannt, nach dem Mann, der sie im frühen 19. Jahrhundert dort vertrieb. Guter Geschmack, aber anfällig für Schorf. Lässt sich nur begrenzt lagern.
- **Ernte** September
- **Verzehr** Oktober

7 'Packhams Triumph'
Bestäubung Gruppe A
Ursprünglich zum Ende des 19. Jahrhunderts in Australien gezüchtet; 'Williams' Christ' gehört zu den Eltern. Wegen ihres guten Geschmacks bei kommerziellen Anbauern und Hobbygärtnern beliebt. Blüht aber früh und kann durch Frost geschädigt werden.
- **Ernte** Oktober
- **Verzehr** November–Dezember

8 'Pitmaston Duchess'
Bestäubung Gruppe C
Eine alte englische Birne. Einer der Eltern ist 'Glou Morceau' (siehe S. 84). Die großen gelbgrünen Früchte haben ein süßes, saftiges Fruchtfleisch. Die Bäume können groß werden und brauchen viel Platz. Triploid.
- **Ernte** September
- **Verzehr** Oktober–November

BAUMOBST

9 'Gute Louise'
Bestäubung Gruppe A
Alte französische Dessertbirne mit angenehm süßem, aromatischem Geschmack. Blüht zeitig im Frühjahr, nimmt aber nur bei sehr strengem Frost Schaden.
- **Ernte** September
- **Verzehr** Oktober

10 'Beth'
Bestäubung Gruppe C
Hervorragende frühe Dessertbirne. Etwas klein, aber mit außerordentlichem, intensivem, süßen Geschmack. Die Bäume tragen früh, der Ertrag ist meist gut.
- **Ernte** August–September
- **Verzehr** September

11 'Glou Morceau'
Bestäubung Gruppe C
Eine Winterbirne, gezüchtet in Belgien im 18. Jahrhundert. Große Früchte mit gutem Geschmack. Braucht Wärme und Sonne. Sorgfältig gelagert halten sich die Früchte bis in den Januar.
- **Ernte** Oktober
- **Verzehr** Dezember–Januar

12 'Onward'
Bestäubung Gruppe C
Kreuzung zwischen 'Vereinsdechantsbirne' und 'Laxtons Superb', mit ähnlich hervorragendem Geschmack. Leicht anzubauen, verlässlich, guter Ertrag. Geeignet für mittelgroße Gärten. Lässt sich schlecht lagern und sollte bald gegessen werden.
- **Ernte** September
- **Verzehr** September

13 'Gellerts Butterbirne'
Bestäubung Gruppe B
Geht ins frühe 19. Jahrhundert zurück. Große rostbraune Früchte, weißes Fruchtfleisch, guter Geschmack. Sollte etwas unreif gepflückt und vor dem Verzehr gelagert werden.
- **Ernte** September
- **Verzehr** September–Oktober

14 'Concorde'
Bestäubung Gruppe C
Eine Kreuzung aus der englischen 'Conference' und der französischen 'Vereinsdechantsbirne'. Hat deren hervorragenden Geschmack und ist genauso leicht anzubauen und ertragreich.
- **Ernte** September–Oktober
- **Verzehr** Oktober–Dezember

BIRNEN

'Invincible' (nicht abgebildet)
Bestäubung Gruppe B
Eine ungewöhnliche Sorte, die in jedem Frühjahr zweimal blüht. Erleiden die ersten Blüten Frostschäden, folgt eine zweite Blüte. Die Ernte kann im September und Oktober über vier Wochen dauern und die Früchte können bis zum Ende des Winters gelagert werden.
- **Ernte** September–Oktober
- **Verzehr** September–Februar

'Rote Williams Christbirne' (nicht abgebildet)
Bestäubung Gruppe C
Eine charakteristische und ungewöhnliche Varietät von 'Williams' Christ'. Struktur und Geschmack sind hervorragend, die Früchte sind früh in der Saison reif.
- **Ernte** August–September
- **Verzehr** September

'Moonglow' (nicht abgebildet)
Bestäubung Gruppe C
Eine amerikanische Birne, die mittelgroße bis große Früchte mit leuchtend gelber Schale trägt, die sich beim Reifen rot oder rosa färbt. Zartes, saftiges Fleisch mit mildem Geschmack.
- **Ernte** August
- **Verzehr** August–September

'Clapps Liebling' (nicht abgebildet)
Bestäubung Gruppe C
Amerikanische Birne aus dem 19. Jahrhundert, erstmals gezüchtet von Thaddeus Clapp aus Massachusetts und noch immer in Kultur. Die Früchte reifen von Hellgrün zu Gelb mit roten Flecken. Sie schmecken bald nach der Ernte am besten.
- **Ernte** August
- **Verzehr** August–September

'Madame Verté' (nicht abgebildet)
Bestäubung Gruppe B
Eine belgische Birne, die 200 Jahre bis ins frühe 19. Jahrhundert zurückgeht. Die Früchte sind goldgelb und rot, zur Reifezeit rostbraun überlaufen. Fruchtfleisch süß und von angenehmem Aroma. Schwacher bis mittelstarker Wuchs, widerstandsfähiger Baum.
- **Ernte** Oktober
- **Verzehr** Dezember–Februar

'Merton Pride' (nicht abgebildet)
Bestäubung Gruppe B
Eine klassische englische Dessertbirne, gezüchtet aus einer Kreuzung von 'Glou Morceau' und 'Double Williams'. Wird heute nicht mehr so häufig angebaut, es lohnt sich aber – obwohl sie eine Triploide ist und zwei andere Bestäubungspartner braucht. Die Früchte sind gelbgrün und rostbraun überlaufen, süß und saftig und schmecken hervorragend.
- **Ernte** September
- **Verzehr** September

'Robin' (nicht abgebildet)
Bestäubung Gruppe C
Diese alte Sorte stammt aus Norfolk, Großbritannien, wo sie früher häufig angebaut wurde. Heute ist sie nur noch selten erhältlich. Die Früchte schmecken aber hervorragend, sodass es sich lohnt, die Bäume in einer spezialisierten Baumschule zu kaufen. Der Name der Sorte kommt daher, dass die Früchte sich auf der Seite rot färben, auf der sie von der Sonne beschienen werden. Der Fleck erinnert an die Brust eines Rotkehlchens.
- **Ernte** September
- **Verzehr** September–Oktober

Birnbäume auswählen und kaufen

Dreierlei ist zu bedenken, bevor Sie einen Birnbaum kaufen. Erstens seine Form: Soll der Baum frei stehen oder an Drähten erzogen werden? Zweitens die Unterlage, denn sie bestimmt die erreichbare Größe des Baums. Und schließlich die Sorte und damit die Blütezeit sowie mögliche Bestäubungspartner.

Eine Baumform wählen

Allgemein gilt, dass Birnen einen geschützteren und sonnigeren Standort brauchen als Äpfel. Wenn Sie diesen bieten können, dann überlegen Sie, ob Sie einen Buschbaum, einen Spindelbusch oder eine Pyramide wollen – falls Sie ausreichend Platz haben. Wenn wenig Platz zur Verfügung steht, können Kordons, ein Spalier oder ein Fächer vor einer sonnigen Mauer die bessere Lösung sein. Halbstämme und Hochstämme werden oft zu hoch für einen durchschnittlichen Garten. Es dauert länger, bis sie tragen, und es ist mühsamer, sie zu schneiden und die Birnen zu ernten. Allerdings sind die Bäume langlebiger.

Die Auswahl einer Sorte

Die Auswahl an Sorten ist bei Birnen nicht so groß wie bei Äpfeln, aber dennoch beachtlich. Sie umfasst verlässliche, krankheitsresistente und ertragreiche moderne Sorten und die alten Sorten, deren Vorfahren zum Teil vor Jahrhunderten gezüchtet wurden.

Wie Äpfel unterteilt man Birnen in Dessert- und Kochbirnen. Letztere sind seltener und reifen nie so völlig aus, dass man sie direkt vom Baum essen kann.

Sehr wenige Birnen sind selbstfertil. Für eine erfolgreiche Befruchtung brauchen sie den Pollen eines anderen Baums. Alle Birnen sollte man deshalb neben Bäumen aus derselben Gruppe der Blütezeit pflanzen. Steht wenig Platz zur Verfügung, kann ein Familienbaum die Lösung sein: Verschiedene Sorten wurden derselben Unterlage aufgepfropft (siehe S. 53) und bestäuben sich gegenseitig.

(gegenüber, im Uhrzeigersinn) **Dieser Bogen** besteht aus Kordons, die senkrecht gezogen und gebogen wurden. **Bäume in Containern** wachsen am besten auf Quitte-C-Unterlagen. **Pyramiden** an traditionellen Metallgerüsten sind sehr attraktiv. **Alle Birnbäume** in einem Obsthain sollten zur selben Zeit im Frühjahr blühen.

DIE WAHL EINER UNTERLAGE

Birnen, die nicht auf einer fremden Unterlage wachsen, sind meistens sehr kräftig und werden sehr hoch. Das Schneiden und das Ernten dauern länger. In den meisten Baumschulen werden sie deshalb auf Quitten-Unterlagen gepfropft. Quitte C und Quitte A werden am häufigsten verwendet.

Quitte C   Quitte A

Quitte C
- WÜCHSIGKEIT Halb-zwergig.
- MERKMALE Die am wenigsten wuchskräftige Unterlage, deshalb am besten geeignet für kleine Gärten. Quitte-C-Bäume brauchen reicheren, fruchtbareren Boden als solche auf Quitte-A-Unterlagen, tragen aber nach dem Pflanzen früher.
- STÜTZEN Ständiges Stützen ist erforderlich.
- FORMEN Buschbaum, Spindelbusch, Pyramide, Kordon, Säulenbaum, Spalier, Fächer.
- HÖHE 2,5–5 m.

Quitte A
- WÜCHSIGKEIT Mäßig wuchskräftig.
- MERKMALE Wüchsiger und etwas weniger anspruchsvoll, was den Boden betrifft. Eine bessere Wahl für ärmere Böden und etwas größere Bäume.
- STÜTZEN Während der ersten beiden Jahre nötig.
- FORMEN Buschbaum, Spindelbusch, Pyramide, Kordon, Spalier, Fächer.
- HÖHE 3–6 m.

BAUMOBST

Fliegende Insekten übertragen den Pollen von einem Birnbaum zum anderen und sorgen meist für eine Fremdbestäubung. Achten Sie darauf, Bäume zu kaufen, die zur gleichen Zeit blühen und sich gegenseitig befruchten können.

GRUPPEN, DIE ZUR GLEICHEN ZEIT BLÜHEN

A	B	C
'Doyenné d'Eté'	'Conference'	'Beth'
'Emile d'Heyst'	'Fondante d'Automne'	'Bristol Cross'
'Gute Louise'	'Garden Pearl'	'Clapps Liebling'
'Packham's Triumph'	'Gellerts Butterbirne'	'Concorde'
'Seckle'	'Gieser Wildeman'	'Forelle'
	'Hessle'	'Glou Morceau'
	'Hochfeine Butterbirne'	'Gorham'
	'Invincible'	'Großer Katzenkopf'
	'Jargonelle'	'Improved Fertility'
	'Joséphine de Malines'	'Moonglow'
	'Madame Verté'	'Onward'
	'Merton Pride'	'Pitmaston Duchess'
	'Thompson's'	'Robin'
	'Williams' Christ'	'Rote Williams'
		'Sensation'
		'Vereinsdechantsbirne'
		'Winter Nelis'

'Packham's Triumph' blüht im zeitigen Frühjahr und muss mitunter vor Frost geschützt werden.

'Conference' ist eine beliebte, feste Birne, die verlässlich ist und im Frühherbst reift.

'Vereinsdechantsbirne' blüht im späten Frühjahr. Ihre Früchte schmecken hervorragend.

Zur gleichen Zeit blühende Sorten

Birnenblüten öffnen sich etwa zehn Tage früher als Apfelblüten, meistens im April. Die Gruppe, zu der die Sorte gehört, gibt einen Anhaltspunkt. Es ist wichtig, dass Sie mindestens zwei oder drei verschiedene Bäume aus derselben Gruppe pflanzen – oder zumindest aus benachbarten Gruppen, sodass ihre Blüten sich gleichzeitig öffnen und Insekten den Pollen von einem Baum zum nächsten übertragen können.

Einige Birnen sind jedoch ungeeignete Bestäuber: die triploiden Sorten, ihr Pollen ist nicht keimfähig. Pflanzen Sie sie daher mit mindestens zwei unterschiedlichen, untereinander kompatiblen Kultursorten zusammen, die keine Triploiden sind: Sie können sich dann auch untereinander bestäuben. Bekannte Triploide sind 'Jargonelle', 'Merton Pride' und 'Großer Katzenkopf'.

Einige Birnensorten bilden auch ohne Befruchtung samenlose Früchte, die sogenannte Jungfernfrüchtigkeit bewirkt das. Für reicheren Ertrag und sortentypische Form benötigen aber auch sie eine Bestäubersorte. Lassen Sie sich am besten in einer spezialisierten Baumschule beraten.

Birnen anbauen

Das Pflanzen von Birnbäumen unterscheidet sich kaum von dem der Apfelbäume. In mancher Hinsicht sind Birnen unkomplizierter, denn sie sind wüchsig, resistenter gegen Schädlinge und Krankheiten sowie einfacher zu schneiden. In einem Punkt sind sie jedoch etwas anspruchsvoller: Sie brauchen mehr Wärme und Sonne und müssen besser vor starkem Wind und Frost geschützt werden. Überlegen Sie deshalb genau, wohin Sie sie pflanzen und welche Form Sie wollen.

Das Jahr auf einen Blick

	Frühjahr			Sommer			Herbst			Winter		
	M	A	M	J	J	A	S	O	N	D	J	F
wurzelnackt									▬	▬	▬	▬
Containerware	▬	▬	▬	▬	▬	▬	▬	▬	▬	▬	▬	▬
Sommerschnitt				▬	▬	▬						
Winterschnitt	▬								▬	▬	▬	▬
Ernte					▬	▬	▬	▬				

Birnbäume pflanzen

Birnbäume werden entweder mit nackten Wurzeln oder im Container angeboten. Die Auswahl ist größer, wenn Sie wurzelnackte Bäume in einer spezialisierten Baumschule kaufen statt Containerware in einem Gartencenter. Wurzelnackte Bäume sind jedoch nur im Herbst und Winter erhältlich, etwa von November bis März.

Die Bäume werden meist ein-, zwei- oder dreijährig angeboten. Zwei- und dreijährige Bäume sind etwas teurer, denn in der Baumschule wurden sie bereits erzogen und geschnitten. Für einen Anfänger sind sie aber oft die beste Wahl.

Wann wird gepflanzt?

■ WURZELNACKTE BÄUME sollten Sie von November bis März pflanzen, in der Ruhezeit, es sei denn, der Boden ist staunass oder gefroren. Der November ist der ideale Monat.
■ CONTAINERWARE können Sie zu jeder Jahreszeit pflanzen, am besten im Herbst. Pflanzen Sie nicht im späten Frühjahr und Sommer, wenn es heiß ist.

ASIATISCHE BIRNE

Die Asiatische Birne oder Nashi-Birne ist eine andere Art als die bekannte europäische Birne. Ihre Früchte reifen nicht nur in den Ursprungsländern China, Japan und Korea. Sie brauchen aber einen sonnigen, geschützten Standort und Schutz vor Frost, denn sie blühen früh. Ihr Geschmack ist anders als der klassische Birnengeschmack.

Apfel-Birne ist ein anderer Name für die Asiatische Birne, denn sie ist rundlich und sieht eher wie ein Apfel aus. 'Nijisseiki' (hier abgebildet) ist eine von vielen Kultursorten, die häufig angeboten werden.

BAUMOBST

Wo wird gepflanzt?
Birnen brauchen einen warmen, windgeschützten Standort. Meiden Sie Frostsenken. Ziehen Sie Kordons, Spaliere und Fächer an einer sonnigen Mauer.

Boden
Am besten wachsen Birnen in tiefgründigem, durchlässigem Boden mit leicht saurem pH-Wert von etwa 6,5. Obwohl sie keine Staunässe mögen, tolerieren sie schwere Lehmböden offenbar besser als Apfelbäume. In sandigen Böden wie auch in alkalischen, kalkhaltigen Boden haben sie zu kämpfen.

Regelmäßige Pflege
- **WÄSSERN** Versorgen Sie vor allem junge, vor Kurzem gepflanzte Bäume und an Drähten gezogene Formen wie Fächer und Spaliere regelmäßig.
- **DÜNGEN** Verteilen Sie ab Februar verrotteten, reifen Kompost, organischen Volldünger ab März. Birnen brauchen mehr Stickstoff als Äpfel. Düngen Sie bei Bedarf einmal jährlich mit Ammoniumsulfat.
- **MULCHEN** Im März, nach dem Düngen, sollten Sie Unkraut jäten und organischen Mulch um die Basis junger und an Drähten erzogener Bäume sowie solcher in armen Böden verteilen. So hält sich die Feuchtigkeit besser und Unkräuter werden unterdrückt.
- **FROSTSCHUTZ** Birnenblüten sind anfällig für Frostschäden. Große Bäume können Sie nicht schützen,

---

PFLANZABSTÄNDE
Die empfohlenen Abstände variieren je nach Wüchsigkeit und Sorte, dem Boden und anderen Wachstumsbedingungen sowie der Form, zu der der Baum erzogen werden soll.

Buschbäume
Quitte C 3,5 m
Quitte A 4,5 m

Spindelbüsche
Quitte C 2 m
Quitte A 2,5 m

Zwergpyramiden
Quitte C 1,2 m
Quitte A 1,5 m

Fächer und Spaliere
Quitte C 3,5 m
Quitte A 4,5 m

Kordons
75 cm

Doppelkordons
1 m

Säulenbäume
60–75 cm

EINE REIHE BIRNENKORDONS PFLANZEN
Eine Südmauer bietet einen sonnigen, geschützten Standort, der ideal für Kordons, Spaliere und Fächer ist. Bereiten Sie die Stelle vor, indem Sie gut verrotteten Kompost oder Stallmist in den Boden einarbeiten. Bringen Sie waagrechte Drähte im Abstand von 30–45 cm an der Mauer an. Beginnen Sie für einen einfachen Kordon mit einer Veredelung mit Seitentrieben und schneiden Sie sie nach dem Pflanzen wie einen Apfelkordon (siehe S. 72). Beginnen Sie für einen Doppelkordon mit einer Veredelung ohne Seitentriebe (wie hier gezeigt).

BIRNEN 91

1. Pflanzen Sie die Bäume etwa 30 cm von der Mauer entfernt, nicht näher, sonst können die Wurzeln austrocknen. Lehnen Sie sie an der Mauer an. Pflanzen Sie die Kordons in einer Reihe und lassen Sie etwa 1 m Abstand zwischen den Bäumen.

2. Befestigen Sie den Hauptstamm am untersten der waagrechten Drähte.

3. Kappen Sie den zentralen Leittrieb in etwa 25 cm Höhe, direkt über dem untersten Draht. Beiderseits des Schnitts soll je eine kräftige Knospe sein.

DIE ARME DES KORDONS ERZIEHEN

Erziehen Sie im nächsten Sommer die Seitenäste, indem Sie sie an schräge Bambusrohre binden. Senken Sie diese allmählich ab, kappen Sie Seitentriebe bis auf ein Blatt.

1. Winterschnitt
NOVEMBER–MÄRZ

1. Sommerschnitt
JULI–AUGUST

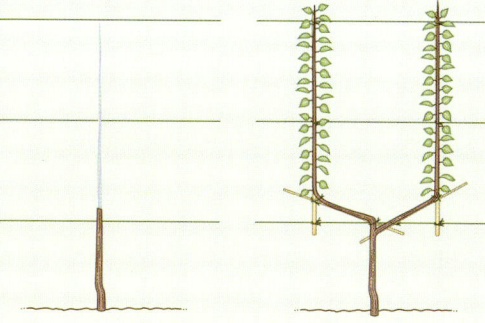

(links) **Doppelkordons** eignen sich hervorragend für Gärten mit wenig Platz. Sie sind dekorativ und ertragreich, wenn sie gut gestützt werden und einen sonnigen, geschützten Standort haben.

BAUMOBST

Beim »Junifruchtfall« im Frühsommer fällt ein Teil der jungen Früchte auf den Boden. Dies ist ein natürlicher Vorgang, der Baum entledigt sich so kranker oder schadhafter Früchte, sodass sichergestellt ist, dass der Baum später nicht überladen ist.

(unten) **Wenn Sie die Birnen** nach dem Junifruchtfall weiter ausdünnen, wachsen die übrigen mit größerer Wahrscheinlichkeit zu voller Größe heran. Sind die Früchte schwer, dann lassen Sie nur eine Birne pro Büschel hängen, sodass der Abstand etwa 10–15 cm beträgt. Sind sie leicht, lassen Sie zwei Birnen pro Büschel hängen.

junge Bäume, Säulenbäume, Kordons und kleine Spaliere oder Fächer aber nachts mit Vlies abdecken.

Birnen ernten und lagern

Es ist eine Kunst, Birnen zum richtigen Zeitpunkt zu ernten. Anders als die meisten Früchte pflückt man sie am besten, wenn sie noch ein wenig unreif sind. Am einfachsten können Sie bei frühen Birnen die Reife testen, indem Sie sie probieren. Die Früchte sind natürlich noch hart, aber wenn sie süß schmecken, sind sie reif. Lagern Sie sie im Haus, bis sich der Geschmack entfaltet hat und sie ein wenig weicher geworden sind. Wenn Sie Birnen zu lange am Baum lassen oder im Haus überreif werden lassen, werden sie unangenehm weich, körnig und womöglich in der Mitte braun.

Späte Birnen müssen gelagert werden. Ihr Geschmack verrät nicht, wann es Zeit ist, sie zu ernten. Am besten testen Sie dies aus, indem Sie eine Frucht in die Hand nehmen und vorsichtig drehen. Lässt sie sich leicht pflücken, ist es so weit. Lagern Sie die Birnen an einem dunklen, gut durchlüfteten, frostfreien Ort, aber nicht zu trocken. Breiten Sie sie in Span-, Latten- oder Kunststoffkisten so aus, dass sie sich nicht berühren. Wickeln Sie sie nicht in Papier ein. Entfernen Sie regelmäßig Früchte mit faulen Stellen. Zu den Sorten, die man gut lagern kann, gehören 'Vereinsdechantsbirne', 'Glou Morceau', 'Invincible' und die Kochbirne 'Großer Katzenkopf'.

Ertrag

Der Ertrag hängt von Sorte, Baumform, Unterlage, Standortbedingungen und anderen Variablen ab. Durchschnittliche Mengen sind:
- BUSCHBAUM 20–40 kg
- ZWERGBUSCH 15–20 kg
- SPINDELBUSCH 10–20 kg
- PYRAMIDE 10–20 kg
- FÄCHER 5,5–11 kg
- SPALIER 7–11 kg
- KORDON 2–3,5 kg

Monat für Monat

Januar
- Bis zum Ende der Ruhezeit, etwa im März, ist bei milder Witterung noch Zeit für den Winterschnitt.

Februar
- Verteilen Sie ab Februar gut verrotteten, reifen Kompost um die Bäume.

März
- Letzte Chance, wurzelnackte Bäume zu pflanzen.
- Düngen Sie eingewachsene Bäume bei Bedarf jetzt oder im nächsten Monat mit einem organischen Volldünger.
- Jäten Sie nach dem Düngen Unkraut um die Bäume und mulchen Sie.
- Die Blüten früh blühender Sorten öffnen sich manchmal schon Ende des Monats. Schützen Sie sie wenn möglich vor Frost.

April
- Die meisten Sorten blühen nun.
- Kontrollieren Sie und entfernen Sie Frostspannerraupen mit der Hand.

Mai
- Wässern Sie neu gepflanzte und an Drähten erzogene Bäume.
- Hängen Sie Pheromonfallen auf, um Apfelwickler-Männchen zu fangen, bevor sie sich paaren.
- Kontrollieren Sie auf Befall mit Echtem Mehltau und Schorf.

Juni
- Dünnen Sie junge Früchte weiter aus.
- Der Sommerschnitt junger Spaliere und Fächer beginnt jetzt und dauert bis in den September.

Juli
- Schneiden Sie eingewachsene Spaliere und Fächer sowie alle Arten von Kordons in diesem und im nächsten Monat. Kappen Sie neue Seitentriebe.

August
- Schneiden Sie an Drähten gezogene Bäume abermals.
- Entfernen und vernichten Sie alle Früchte mit Schorf oder Monilia.

September
- Ernten Sie frühe Birnen und verbrauchen Sie sie, sobald sie reif sind.

Oktober
- Ernten Sie späte Birnen und lagern Sie sie für den Winter.
- Umwickeln Sie die Stämme mit Leimringen gegen Frostspanner.

November
- Neue wurzelnackte Bäume sind nun in spezialisierten Baumschulen erhältlich. Kaufen Sie neue Bäume und pflanzen Sie sie. Der November ist der beste Monat, um wurzelnackte Bäume und Containerware zu pflanzen.
- Beginnen Sie in diesem Monat mit dem Winterschnitt.
- Entfernen Sie faule Früchte, die noch immer am Baum hängen.
- Rechen Sie kranke Blätter auf.
- Prüfen Sie, ob gelagerte Birnen faule Stellen haben.

(von oben nach unten) **Die Knospen** werden im Spätwinter dicker. **Die meisten Blüten** öffnen sich im April. **Beim Junifruchtfall** fallen einige Früchte ab. **Diese 'Gute Louise'-Birnen** sind reif.

Birnbäume schneiden und erziehen

Birnbäume werden im Grunde ebenso wie Äpfelbäume geschnitten und erzogen. Auch sie tragen Früchte an zweijährigem oder älterem Holz und müssen regelmäßig geschnitten werden. So erhält man ihre Form, dünnt aus, schneidet zu kräftig wachsende Triebe zurück und sorgt für gesunde Früchte. Die meisten Birnen tragen am Quirlholz, nur sehr wenige an endständigen Trieben (siehe S. 67).

Buschbäume schneiden

Neu gepflanzte sowie etablierte Bäume werden genauso geschnitten wie Apfelbäume. Ziel ist es, genügend Licht und Luft ins Bauminnere gelangen zu lassen. Die Leitäste sollten deutliche Abstände haben, sich ausbreiten und ein ausgeglichenes Astgerüst bilden (siehe S. 68). Schneiden Sie im Winter zwischen November und März in der Ruhezeit.

Prüfen Sie jedes Jahr, ob totes, beschädigtes oder krankes Holz vorhanden ist, und schneiden Sie es heraus. Entfernen Sie überkreuzte und zu dichte Äste und solche, die senkrecht nach oben wachsen und die Mitte des Baums zuwuchern. Schneiden Sie auf eine nach außen weisende Knospe.

Bei alten Bäumen ist das Quirlholz manchmal sehr dicht. Dünnen Sie regelmäßig aus und entfernen Sie alte Fruchtspieße.

Spindelbüsche schneiden

Spindelbüsche sind Bäume mit einem zentralen Leittrieb und einer annähernd konischen Form. Die Seitenäste sind unten lang und werden nach oben hin kürzer. Schneiden Sie sie zweimal im Jahr, im Winter und im Sommer, auf die gleiche Weise wie Apfel-Spindelbüsche (siehe S. 70).

Zwergpyramiden schneiden

Pyramiden sind kegelförmig wie Spindelbüsche. Auch sie müssen in den ersten Jahren sorgfältig geschnitten und erzogen werden, sodass sich die Grundform ausbildet. Danach sollten sie zweimal im Jahr geschnitten werden. Im Sommer schneidet man neues Holz zurück und im Winter dünnt man das Quirlholz aus. Zwergpyramiden sind kompakte Bäume, meistens nicht höher als 2,2 m, man pflanzt sie im Abstand von 1,2 m.

1. Winterschnitt
NOVEMBER–MÄRZ

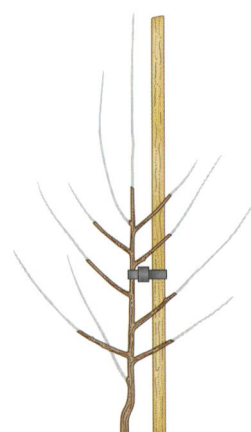

- Beginnen Sie mit einer Veredelung mit Seitentrieben. Schneiden Sie nach dem Pflanzen.
- Schneiden Sie den zentralen Leittrieb auf eine Knospe in 50–75 cm Höhe über dem Boden zurück.
- Schneiden Sie Seitentriebe auf etwa 15 cm Länge zurück, auf eine nach außen weisende Knospe.
- Entfernen Sie aufrechte, überkreuzte und zu nah an der Basis wachsende Seitentriebe.

1. Sommerschnitt
JULI–AUGUST

- Im ersten Sommer brauchen Sie kaum schneiden.
- Schneiden Sie alle neuen Triebe, die senkrecht nach oben wachsen, auf 1 Blatt zurück, vor allem in der Nähe der Baumspitze.
- Binden Sie den zentralen Leittrieb am Pfahl fest.

Pyramiden und Spindelbüsche sind bei kommerziellen Obstanbauern beliebt. Sie sind ertragreich und die Früchte können ohne Leitern geerntet werden.

2. Winterschnitt
NOVEMBER–MÄRZ

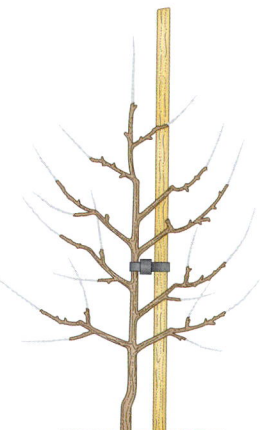

- Schneiden Sie den zentralen Leittrieb zurück, lassen Sie etwa 25 cm des Neuaustriebs vom letzten Jahr stehen. Schneiden Sie auf eine Knospe, die der letztjährigen gegenüberliegt.
- Kürzen Sie die Leitäste auf 15–20 cm des Neuaustriebs vom letzten Sommer. Schneiden Sie auf nach unten und außen weisende Knospen.
- Kürzen Sie Seitentriebe auf 2 oder 3 Knospen. Diese entwickeln sich zu Fruchtspießen.

Sommerschnitt einer etablierten Zwergpyramide
JULI–AUGUST

- Kürzen Sie die Seitenäste, die die Leitäste bilden, auf 5 oder 6 Blätter des Neuaustriebs vom Sommer.
- Schneiden Sie die Seitentriebe der Seitenäste auf 3 Blätter über dem Ansatz zurück.
- Schneiden Sie neue Seitentriebe auf 1 Blatt über dem Ansatz zurück.
- Kürzen Sie den zentralen Leittrieb nicht.

Winterschnitt einer etablierten Zwergpyramide
NOVEMBER–MÄRZ

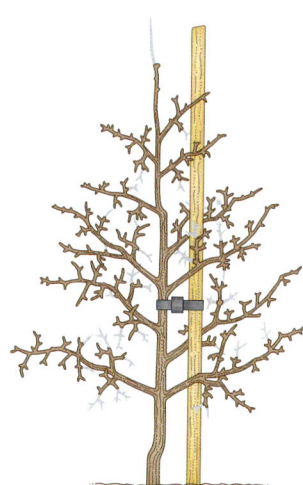

- Wenn der Baum seine volle Höhe erreicht hat, schneiden Sie den zentralen Leittrieb jeden Winter auf 1 Knospe über dem Neuaustrieb des letzten Jahres.
- Dünnen Sie zu dichte Spieße aus und solche, die nicht mehr tragen.
- Lassen Sie nur 2 oder 3 Blütenknospen an jedem Spieß stehen.

Birnenkordons schneiden

Birnbäume eignen sich gut für Kordons – senkrechte, schräge und Mehrfachkordons. Sie werden genauso geschnitten wie Apfelkordons (siehe S. 72). Schneiden Sie etablierte Kordons im Winter und im Sommer. Wenn Sie Seitentriebe regelmäßig zurückschneiden, bilden sich an ihnen Fruchtspieße.

(gegenüber, im Uhrzeigersinn von oben) **Eine Reihe** schräger Kordons mit kleinen Früchten im Frühsommer. **Ein Mehrfachkordon** – die vier Arme sind im Winter gut sichtbar. **Ein Doppelkordon** blüht im Frühjahr.

(rechts) **Im Sommer** ist der Neuaustrieb dieses schrägen Kordons sehr kräftig und muss geschnitten werden, damit Licht und Luft zu den jungen Früchten gelangen.

Ein Birnenspalier schneiden

Schneiden und erziehen Sie Birnenspaliere wie Apfelspaliere (siehe S. 74). Mit dem Sommerschnitt können Sie wahrscheinlich etwas früher beginnen, im Juli statt im August. Dünnen Sie das Quirlholz im Winter etwas stärker aus. Die meisten Birnen bringen mehr Fruchtspieße hervor als Äpfel und älteres Quirlholz kann zu dicht werden und nicht mehr tragen.

(unten) **Im Winter** kann man die Fruchtspieße an diesem professionell erzogenen erwachsenen Spalier deutlich sehen. Zu dichte Spieße wurden ausgedünnt, damit der Baum möglichst große Früchte trägt.

Birnenfächer schneiden

Birnenfächer werden genauso erzogen und geschnitten wie Apfelfächer. Anders als Spaliere haben Fächer keinen zentralen Leittrieb, die Seitenäste strahlen von einem kurzen Stamm aus. Fächer, Spaliere und alle an Drähten gezogenen Bäume brauchen zweimal im Jahr einen Schnitt, im Sommer und im Winter. Es sind auch vorgezogene Fächer erhältlich. Sie sind zwar nicht billig, der Baum ist aber ein oder zwei Jahre früher etabliert. Sie können auch mit einer einjährigen Veredelung ganz ohne Seitentriebe oder mit geeigneten Seitentrieben beginnen.

1. Winterschnitt
NOVEMBER–MÄRZ

- Bauen Sie ein Stützsystem, indem Sie waagrechte Drähte mit 30 cm Abstand an einer Mauer, einem Zaun oder senkrechten Pfosten spannen. Befestigen Sie 2 diagonale Rohre.
- Beginnen Sie mit einer Veredelung mit Seitentrieben. Pflanzen Sie sie und schneiden Sie sie gleich.
- Schneiden Sie den zentralen Leittrieb auf 2 kräftige, nach rechts und links weisende Seitentriebe in etwa 45 cm Höhe über dem Boden zurück, direkt unter dem niedrigsten Draht.
- Kürzen Sie die beiden Seitentriebe auf etwa 45 cm und binden Sie sie an die Rohre. Sie werden zu den beiden Hauptästen.
- Entfernen Sie alle niedrigeren Seitentriebe.

1. Sommerschnitt
JUNI–SEPTEMBER

- Wenn sich Seitentriebe an den beiden Hauptästen entwickeln, binden Sie sie an weitere Rohre und die Drähte (rechts), möglichst gleichmäßig angeordnet.
- Entfernen Sie alle unerwünschten neuen Triebe, die nicht im richtigen Winkel wachsen.

2. Winterschnitt
NOVEMBER

- Kürzen Sie die Spitzen der Seitentriebe um ein Viertel oder ein Drittel des Neuaustriebs vom letzten Jahr.
- Prüfen Sie am blattlosen Baum, ob alle Seitentriebe gut festgebunden sind.
- Entfernen Sie unerwünschte Triebe, die aus dem Stamm austreiben.

2. Sommerschnitt
JUNI–SEPTEMBER

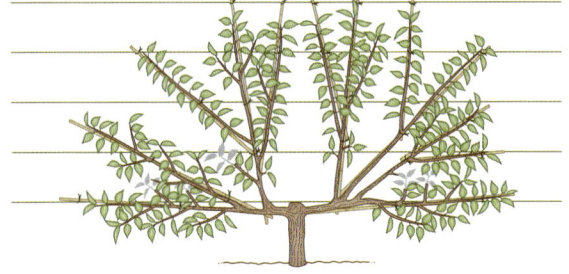

- Befestigen Sie so viele neue Rohre wie nötig und binden Sie die neuen Seitentriebe fest, die zusätzliche Arme des Fächers bilden sollen.
- Achten Sie auf eine ausgeglichene Form mit offener Mitte.
- Wenn die Triebe zu dicht werden, schneiden Sie Seitentriebe der Arme auf 3 Blätter über dem Ansatz zurück.

BIRNEN 99

Winterschnitt eines etablierten Fächers
NOVEMBER–MÄRZ

- Ausgewachsene Fächer müssen im Winter nur leicht geschnitten werden.
- Dünnen Sie zu dichtes Quirlholz aus. Entfernen Sie schwache, überlappende oder zu dichte Spieße.
- Entfernen Sie sehr altes Quirlholz, das nicht mehr trägt, völlig, sodass es durch neues ersetzt werden kann.
- Entfernen Sie totes, krankes und beschädigtes Holz.

(im Uhrzeigersinn von oben links) **Schneiden Sie lange Triebe** auf einen gesunden Spieß zurück, der nach außen weist. **Dünnen Sie** zu dichte Fruchtspieße aus. **Entfernen Sie** krankes Holz. **Ein etablierter Birnenfächer** trägt gut und behält seine Form, wenn er jeden Winter geschnitten wird.

Sommerschnitt eines etablierten Fächers
JULI–AUGUST

- Schneiden Sie die Hauptäste des Fächers wie die eines Kordons.
- Schneiden Sie neue Triebe, die aus den Hauptästen wachsen, auf 3 Blätter über dem Ansatz zurück – kappen Sie vor allem senkrechte Triebe.
- Schneiden Sie neue Seitentriebe der bestehenden Arme und Spieße auf 1 Blatt über dem Ansatz zurück.

(im Uhrzeigersinn von oben links) **Schneiden Sie Seitentriebe** der Seitenäste auf 1 Blatt zurück. **Schneiden Sie** alle Seitentriebe der Hauptäste auf 3 Blätter zurück. **Ein erwachsener** belaubter Birnenfächer muss im Sommer geschnitten werden, damit Licht und Luft zu den Früchten gelangen.

Mögliche Probleme

Knospen und Blüten

Blüten verfärben sich und sterben ab
Birnbäume blühen zeitig im Frühjahr, und Frost schädigt oft die jungen Blüten. Seltener sind die Verursacher Insekten, die Birnenblattsauger.
■ Siehe Frost (S. 316) und Birnenblattsauger (S. 335).

Blätter und Zweige

1 Blätter eingerollt und durchlöchert
Wahrscheinlich sind die Verursacher solcher Schäden Schmetterlingsraupen, die sich in die Blattränder einrollen und die Blätter fressen. Bei schwerem Befall kann der Baum völlig kahl sein.
■ Siehe Wickler (S. 341) und Frostspanner (S. 336).

2 Orangefarbene Flecken auf den Blättern
Die Flecken können gelb mit orangefarbener oder dunkelbrauner Mitte sein. Die Ursache ist Birnengitterrost.
■ Siehe Rost (S. 328).

3 Gelb-schwarze Blasen auf den Blättern
Auf den jungen Blättern erscheinen erhabene Bläschen oder Flecken. Sie sind zunächst gelblich oder rosa und färben sich im Lauf des Sommers schwarz. Birnenpockenmilben, die an den Blättern fressen, sind die Verursacher.
■ Siehe Birnenpockenmilbe (S. 335).

4 Braune Flecken auf den Blättern
Unregelmäßige dunkelbraune Flecken sind meistens ein Anzeichen für Schorf, eine Krankheit, die Birnen häufig befällt. Auch die Früchte können betroffen sein.
■ Siehe Schorf (S. 329).

5 Blätter dicht eingerollt und rot oder dunkel verfärbt
Wenn die Ränder junger Blätter zur Oberseite dicht eingerollt und rot oder dunkel verfärbt sind, sind wahrscheinlich Birnblattgallmücken die Verursacher.
■ Siehe Birnblattgallmücke (S. 335).

6 Blätter welken und sterben ab
Blätter und Triebe verkrüppeln und sterben ab. Entfernen Sie ein Stück Rinde, sehen Sie meist eine orangefarbene Verfärbung.
■ Siehe Feuerbrand (S. 326).

BIRNEN

7 Blätter eingerollt und klebrig
Befall mit Blattläusen oder Birnenblattsaugern führt dazu, dass sich die Blätter einrollen und verkrüppeln. Die Oberseiten sind klebrig vom Honigtau, ein grauer Belag kann sich entwickeln.
■ Siehe **Blattläuse** (S. 335) und **Birnenblattsauger** (S. 335).

Aufgesprungene Rinde, abgestorbene Äste
Eingesunkene, aufgesprungene oder schuppige Rinde kann ein Anzeichen für Obstbaumkrebs sein. Breitet er sich aus, bilden sich aufgesprungene Ringe. Die Umgebung schwillt oft an und ober- und unterhalb stagniert das Wachstum. Ganze Äste können absterben.
■ Siehe **Obstbaumkrebs** (S. 328).

Früchte

8 Brauner Schorf und aufgesprungene Schale
Schorfige Flecken erscheinen auf den Früchten. Breiten sie sich aus, trocknet die Schale aus und springt oft auf, sodass andere Krankheitserreger eindringen können. Die Früchte haben eingesunkene Stellen und sind missgebildet.
■ Siehe **Schorf** (S. 329).

9 Auf den Früchten bilden sich braune faulige Flecken
Die reifenden Früchte färben sich braun und es bilden sich konzentrische Ringe weißer Pusteln, manchmal um ein Loch in der Mitte. Sie fallen ab oder bleiben am Baum hängen, trocknen allmählich aus und verschrumpeln.
■ Siehe **Monilia** (S. 328).

10 Ungleichmäßige Löcher in den Früchten
Vögel, Wespen und Fliegen fressen an reifen Früchten, vor allem, wenn die Schale bereits beschädigt ist.
■ Siehe **Vögel** (S. 341) und **Wespen** (S. 341).

Löcher mit schwarzbraunen Krümeln
Die Raupen des Apfelwicklers fressen im Inneren der Frucht. Beim Verlassen hinterlassen sie ein Loch. Die Birne kann innen zu einem großen Teil ausgehöhlt und mit den Exkrementen der Raupe gefüllt sein.
■ Siehe **Apfelwickler** (S. 334).

Missgebildete schwärzliche junge Früchte fallen ab
Kleine junge Früchte schwellen an und die Schale färbt sich schwarz. Oft fallen sie unreif ab. Im Inneren können Sie wahrscheinlich die wohlgenährte Larve der Birnengallmücke finden, die den Schaden verursacht hat.
■ Siehe **Birnengallmücke** (S. 335).

Hellbraune korkige Flecken
Wenn Blattwanzen an den jungen Früchten fressen, können diese Narben oder korkige Stellen bekommen und missgebildet werden.
■ Siehe **Blattwanzen** (S. 335).

Früchte missgebildet und mit Dellen
Betroffene Birnen sind klumpig, können hart und verholzt sein und unangenehm schmecken. Ursache ist ein Virus, das sich ausbreiten kann, aber selten alle Früchte am Baum befällt.
■ Siehe **Steinfrüchtigkeit** (S. 330).

Pflaumen

Als Pflaumen werden verschiedene miteinander verwandte Früchte bezeichnet. Europäische Pflaumen und Renekloden – ihre Verwandten mit grüner oder gelber Schale – stammen aus dem Kaukasus und dem südlichen Zentralasien. Vielleicht sind sie eine Kreuzung aus Kirschpflaumen und wilden Schlehen. Zwetschgen, Haferpflaumen und Mirabellen sind gewöhnlich kleiner, saurer und eher zum Backen und Einkochen geeignet. Außerdem gibt es noch Chinesische Pflaumen. Sie sind süß und saftig, und da sie sehr früh im Jahr blühen, brauchen sie warmes Klima. In den USA wurden Chinesische Pflaumen mit einheimischen Arten und europäischen Sorten gekreuzt, sodass moderne Sorten entstanden, von denen einige auch nach Europa gelangt sind.

Es ist nicht schwierig, Pflaumen anzubauen, vor allem dank der modernen zwergigen Unterlagen. Pflaumenbäume müssen viel weniger geschnitten werden als Apfel- und Birnbäume. Die größte Herausforderung ist es meist, die reifen Früchte zu ernten, bevor Vögel und Insekten sie sich einverleibt haben.

Pflaumen reifen ab Juli. Es hängt jedoch von der Sorte und der Witterung ab, wann man sie pflücken sollte. Späte Sorten, darunter viele Zwetschgen und Haferpflaumen, müssen bis Anfang Oktober am Baum bleiben.

Welche Formen können Sie ziehen?

- **Buschbäume** Auf halb-zwergigen Unterlagen gezogen, bleiben sie am kleinsten.
- **Pyramiden** Praktische Formen, für die meisten Gärten und Schrebergärten eine gute Wahl.
- **Kordons** Zu empfehlen sind entweder Säulenbäumchen oder eine Reihe schräger Kordons.
- **Fächer** Ideal an einem geschützten, sonnigen Zaun oder einer Mauer.

Beliebte Pflaumen

1 'Early Laxton'
Bestäubung Gruppe B
Eine der ersten Sorten, die reif werden. Attraktive saftige, mittelgroße rot-gelbe Früchte mit akzeptablem, aber nicht sehr aufregendem Geschmack.
■ **Fruchtbarkeit** teilweise selbstfertil
■ **Ernte** Ende Juli–Anfang August

2 'Victoria'
Bestäubung Gruppe B
Gilt oft als die beste »Allround-Pflaume«. Guter Ertrag, Früchte mit hervorragendem Geschmack, sowohl zum Rohessen als auch zum Kochen.
■ **Fruchtbarkeit** selbstfertil
■ **Ernte** Ende August–Anfang September

3 'Opal'
Bestäubung Gruppe B
Eine relativ moderne Kochpflaume aus Skandinavien, die heute als eine der besten früh reifenden Pflaumen gilt. Guter Ertrag, die reifen Früchte sind rot und schmackhaft.
■ **Fruchtbarkeit** selbstfertil
■ **Ernte** Ende Juli–Anfang August

4 'Warwickshire Drooper'
Bestäubung Gruppe A
Eine alte Sorte mit großen gelben Früchten. Diese sind so schwer, dass sich die Äste unter ihnen biegen, daher der herrliche englische Name der Sorte.
■ **Fruchtbarkeit** selbstfertil
■ **Ernte** Mitte–Ende September

5 'Jubilee'
Bestäubung Gruppe B
Eine neue Sorte aus Schweden, die 'Victoria' übertreffen soll. Die Früchte sind größer und ebenso wohlschmeckend. Die Sorte ist winterhart und widerstandsfähig gegen Krankheiten, der Ertrag gut. Probieren Sie sie aus.
■ **Fruchtbarkeit** selbstfertil
■ **Ernte** Mitte–Ende August

6 'Marjorie's Seedling'
Bestäubung Gruppe C
Große, ovale, schmackhafte Früchte, die sich gut zum Kochen eignen und vollreif

PFLAUMEN

auch frisch gegessen werden können. Violette Schale und gelbes Fruchtfleisch.
■ **Fruchtbarkeit** selbstfertil
■ **Ernte** Ende September–Anfang Oktober

7 'Shiro'
Bestäubung Gruppe A
Eine Chinesische Pflaume mit mittelgroßen bis großen runden Früchten mit gelber Schale. Das Fleisch ist fast durchsichtig, süß und sehr saftig.
■ **Fruchtbarkeit** teilweise selbstfertil
■ **Ernte** August

8 'Giant Prune'
Bestäubung Gruppe C
Eine amerikanische Pflaume, auch als 'Burbank's Giant' bekannt. Sie trägt viele große ovale, rotviolette Früchte, die schmackhaft sind und gelagert werden können. Resistent gegen Frost und Krankheiten.
■ **Fruchtbarkeit** selbstfertil
■ **Ernte** Mitte–Ende September

'Elena' (nicht abgebildet)
Bestäubung Gruppe C
Eine neuere Züchtung aus Deutschland. Dunkelblau, stark bereift, mit angenehm süßem Aroma. Sowohl zum Rohessen als auch zum Kochen. Widerstandsfähig gegen Krankheiten und ertragreich.
■ **Fruchtbarkeit** selbstfertil
■ **Ernte** Mitte–Ende September

'Czar' (nicht abgebildet)
Bestäubung Gruppe B
Traditionelle Kochpflaume, die ins 19. Jahrhundert zurückgeht und noch immer häufig angebaut wird. Die Früchte haben eine dunkelviolette Schale und gelbgrünes Fleisch mit gutem Geschmack.
■ **Fruchtbarkeit** selbstfertil
■ **Ernte** Anfang August

'Guinevere' (nicht abgebildet)
Bestäubung Gruppe C
Eine vor Kurzem eingeführte moderne Sorte. Die großen, süßen dunkelvioletten Früchte halten sich im Kühlschrank lang.
■ **Fruchtbarkeit** selbstfertil
■ **Ernte** September

'Methley' (nicht abgebildet)
Bestäubung Gruppe A
Eine chinesische Pflaume mit rotvioletter Schale und blutrotem, sehr süßem, sehr saftigem Fleisch. Sie blüht früh und braucht wahrscheinlich Frostschutz.
■ **Fruchtbarkeit** selbstfertil
■ **Ernte** Juli

Renekloden

1 'Oullins Reneklode'
Bestäubung Gruppe C
Gelbgrüne Früchte mit blassgelbem Fleisch. Verlässlich, recht süß, wohlschmeckend und zum Kochen und Rohessen geeignet.
■ **Fruchtbarkeit** selbstfertil
■ **Ernte** Mitte August

2 'Große Grüne Reneklode'
Bestäubung Gruppe C
Wird auch als 'Reine Claude-Vraie' bezeichnet (die »wahre« Reneklode), da sie bis ins Frankreich des 16. Jahrhunderts zurückgeht. Große gelbgrüne Früchte mit dem charakteristischen, intensiven Renekloden-Geschmack.
■ **Fruchtbarkeit** nicht selbstfertil
■ **Ernte** Ende August–Anfang September

Zwetschgen & Haferpflaumen

1 'Shropshire Damson'
Bestäubung Gruppe C
Diese alte Sorte, manchmal 'Prune Damson' genannt, kann bis in den Oktober geerntet werden. Die kompakten Bäume sind winterhart.
■ **Fruchtbarkeit** selbstfertil
■ **Ernte** Ende September–Anfang Oktober

2 'Langley Bullace'
Bestäubung Gruppe B
Die kleinen, fast schwarzen Früchte sind zu sauer, um sie roh zu essen, ergeben aber vorzügliche Marmelade. Der Ertrag ist gut und zuverlässig. Die Bäume können groß werden.
■ **Fruchtbarkeit** selbstfertil
■ **Ernte** Ende September–Anfang Oktober

3 'Merryweather Damson'
Bestäubung Gruppe B
Eine alte Sorte mit klassisch blauschwarzen Früchten mit saftigem gelbem Fleisch. Verwenden Sie sie zum Kochen.
■ **Fruchtbarkeit** selbstfertil
■ **Ernte** Ende September

PFLAUMEN

3 'Cambridge Gage'
Bestäubung Gruppe C
Diese Sorte, gezüchtet aus der originalen 'Großen Grünen Reneklode', ist wüchsiger und trägt mehr Früchte. Sie schmeckt wie diese hervorragend.
- **Fruchtbarkeit** teilweise selbstfertil
- **Ernte** Ende August–Anfang September

'Denniston's Superb' (nicht abgebildet)
Bestäubung Gruppe B
Obwohl dies genau genommen eine Pflaume mit grün-gelber Schale ist, wird sie meist als Reneklode geführt – manchmal sogar unter dem Namen 'Imperial Gage'. Sie stammt aus Nordamerika und soll bis ins späte 18. Jahrhundert zurückgehen.
- **Fruchtbarkeit** selbstfertil
- **Ernte** Ende August

Mirabellen

1 'Golden Sphere'
Bestäubung Gruppe A
Goldgelbe Früchte, so groß wie Aprikosen. Eine Sorte, die vor Kurzem in der Ukraine aus Pflaumen und Mirabellen gezüchtet wurde. Winterhart.
- **Fruchtbarkeit** teilweise selbstfertil
- **Ernte** August

2 'Gypsy'
Bestäubung Gruppe A
Leuchtend rote Früchte mit kräftigem Mirabellengeschmack, ideal für Säfte und Marmeladen. Ebenfalls aus der Ukraine.
- **Fruchtbarkeit** teilweise selbstfertil
- **Ernte** August

Pflaumen anbauen

Traditionell waren Pflaumenbäume frei stehende Buschbäume oder Hochstämme – die Früchte älterer Bäume zu ernten und vor Vögeln zu schützen war schwierig. Glücklicherweise wird die moderne Unterlage Pixy nur etwa 2–2,2 Meter und St. Julien A nur etwa 2,2–2,7 Meter hoch. Wenn Sie eine warme und geschützte, sonnige Mauer oder einen solchen Zaun haben, dann können Sie dort einen Fächer oder vielleicht eine Reihe schräger Kordons erziehen.

Pflaumen blühen meist im April, je nachdem, für welche Sorte Sie sich entschieden haben. Damit die Blüten erfolgreich bestäubt werden, sollten Sie kompatible Sorten in der Nähe pflanzen, die außerdem zur gleichen Zeit blühen.

Das Jahr auf einen Blick

	Frühjahr			Sommer			Herbst			Winter		
	M	A	M	J	J	A	S	O	N	D	J	F
wurzelnackt	▬								▬	▬	▬	▬
Containerware	▬	▬	▬	▬	▬	▬	▬	▬	▬	▬	▬	▬
Sommerschnitt				▬	▬	▬	▬					
Ernte					▬	▬	▬	▬				

Blüte und Bestäubung

Wenn Sie Pflaumenbäume aussuchen, ist Folgendes entscheidend: 1. Ist die Sorte selbstfertil? 2. Wann blüht sie? Sorten, die selbstfertil sind, können sich mit ihrem eigenen Pollen bestäuben und Früchte bilden. Wenn Sie nur einen einzigen Baum pflanzen wollen, dann wählen Sie eine dieser Sorten. Andere sind entweder nur bedingt selbstfertil oder völlig selbststeril und brauchen eine geeignete Sorte zur Bestäubung. Das bedeutet in der Praxis, dass Sie zwei oder mehr kompatible Bäume in der Nähe pflanzen müssen. Sogar selbstfertile Sorten bringen mit höherer Wahrscheinlichkeit einen guten Ertrag, wenn sie auch von anderen Bäumen bestäubt werden.

Nicht alle Pflaumenbäume blühen zur gleichen Zeit. Zwischen einer früh blühenden und einer spät blühenden Sorte findet keine Bestäubung statt, da die Insekten den Pollen nur von Blüte zu Blüte übertragen können, wenn die Blüten geöffnet sind. Deshalb sollten Sie sichergehen, dass Sie Sorten einer Gruppe (siehe rechts) oder zumindest aus benachbarten Gruppen pflanzen. Pflaumen aus der Gruppe B zum Beispiel

PFLAUMEN

GRUPPEN, DIE ZUR GLEICHEN ZEIT BLÜHEN

A

Pflaumen
'Avalon'
'Blue Rock'
'Coe's Golden Drop'
'Mallard'
'Valor'
'Warwickshire Drooper'

Renekloden
'Jefferson'

Mirabellen
'Golden Sphere'
'Gypsy'

B

Pflaumen
'Cox' Emperor'
'Czar'
'Early Laxton'
'Edwards'
'Herman'
'Jubilee'
'Opal'
'Pershore'
'Rivers' Early Prolific'
'Sanctus Hubertus'
'Seneca'
'Victoria'

Renekloden
'Denniston's Superb'
'Golden Transparent'

Zwetschgen & Haferpflaumen
'Langley Bullace'
'Merryweather Damson'

C

Pflaumen
'Belle de Louvain'
'Elena'
'Giant Prune'
'Guinevere'
'Kirke's Blue'
'Marjorie's Seedling'

Renekloden
'Cambridge Gage'
'Early Transparent'
'Große Grüne Reneklode'
'Oullins Reneklode'

Zwetschgen
'Bradley's King'
'Farleigh'
'Shropshire'

(von oben nach unten) **'Jefferson'** und **'Golden Sphere'**.

(von oben nach unten) **'Opal'** und **'Merryweather'**.

(von oben nach unten) **'Giant Prune'** und **'Shropshire Damson'**.

'Early Laxton' gehört zur Gruppe B. Mit anderen Sorten aus derselben Gruppe findet eine erfolgreiche Bestäubung statt.

sollten sich gegenseitig bestäuben, denn sie blühen zur gleichen Zeit. Sind die Blüten lang genug geöffnet, kann es eine Überschneidung mit Bäumen aus der Gruppe A und der Gruppe B geben. Unwahrscheinlich ist das bei Bäumen aus den Gruppen A und C.

Manche Sorten bestäuben andere Sorten gar nicht. Wenn sie es doch tun, kann die Ernte enttäuschend ausfallen. Aus diesem Grund sollten Sie folgende Kombinationen vermeiden: 'Blue Rock' und 'Rivers' Early Prolific'; 'Coe's Golden Drop' und 'Jefferson'; 'Cambridge Gage' und 'Große Grüne Reneklode' oder andere Renekloden.

Wenn Sie unsicher sind, welche Pflaumensorten sie zusammenpflanzen können, fragen Sie in einer spezialisierten Baumschule nach oder wählen Sie eine selbstfertile Sorte wie 'Victoria' oder 'Elena'.

Pflaumenbäume in Kübeln

Pflaumenbäume auf der halb-zwergigen Unterlage Pixy kann man in großen Containern kultivieren. Sehr gut eignen sich kompakte Säulenbäume. Kaufen Sie junge ein- oder zweijährige Bäume. Der Container sollte mindestens 45 cm Durchmesser haben und ebenso hoch sein. Füllen Sie ihn mit Universalerde, gemischt mit Kompost, der Sie Sand oder Kies beigemischt haben, sodass sie durchlässiger ist. Düngen Sie im Frühjahr mit kalireichem Dünger und halten Sie den Kübel gut feucht. Pflanzen Sie nach zwei Jahren in einen Kübel mit 60 cm Durchmesser um.

Die Auswahl der Bäume

Pflaumenbäume sind entweder mit nackten Wurzeln oder als Containerware erhältlich. Spezialisierte Baumschulen haben eine größere Auswahl als Gartencenter, aber die Bäume haben wahrscheinlich nackte Wurzeln und es gibt sie nur im Herbst und Winter, etwa zwischen November und März.

Wo wird gepflanzt?

■ WURZELNACKTE BÄUME Pflanzen Sie von November bis März, wenn der Boden nicht staunass oder gefroren ist. Der November ist ideal.

Renekloden gehören zur selben Familie wie Pflaumen, haben aber eine gelbgrüne oder goldgelbe Schale.

PFLAUMEN

EINEN PFLAUMENBAUM PFLANZEN

Entfernen Sie mehrjährige Unkräuter. Arbeiten Sie gut verrotteten Kompost oder Mist in den Boden ein. Verwenden Sie für frei stehende Bäume einen Pfahl und für Kordons und Fächer stützende Drähte.

1. Graben Sie ein Loch, so tief und so breit, dass die Wurzeln der Pflanzen gut hineinpassen. Wenn Sie das nicht bereits getan haben, dann arbeiten Sie gut verrotteten Kompost oder Mist in den Boden ein.

2. Treiben Sie bei wurzelnackten Bäumen einen Pfahl 60 cm tief in den Boden, etwa 8 cm von der Mitte des Lochs entfernt. Für Containerware treiben Sie einen kürzeren Pfahl schräg in den Boden, sodass die Wurzeln nicht beschädigt werden (siehe S. 35).

3. Häufen Sie in der Mitte des Lochs einen kleinen Erdhügel an, breiten Sie die Wurzeln vorsichtig darüber. Prüfen Sie die Tiefe: Die Erdspuren am Stamm aus der Gärtnerei sollten danach 1 cm über dem frisch verfüllten Boden sein. Füllen Sie das Loch mit Erde, sodass keine Luft zwischen den Wurzeln bleibt.

4. Treten Sie die Erde vorsichtig fest: Verdichten Sie sie nicht zu stark. Wässern Sie in den nächsten Wochen großzügig und in regelmäßigen Abständen.

5. Befestigen Sie den Pflaumenbaum oben und unten mit einem Baumgurt am Pfahl.

6. Verteilen Sie organischen Mulch um die Pflanze, sodass die Feuchtigkeit gespeichert und Unkräuter unterdrückt werden. Lassen Sie um den Stamm frei.

■ **CONTAINERWARE** Theoretisch können Sie zu jeder Jahreszeit pflanzen. Der Herbst ist aber die beste Pflanzzeit. Meiden Sie Perioden im späten Frühjahr und Sommer, wenn es heiß und trocken ist.

Wo wird gepflanzt?
Wählen Sie eine warme, vor starkem Wind geschützte Stelle und meiden Sie Frostfallen. Eine Süd- oder Westmauer ist ideal für Fächer und Kordons.

Boden
Pflaumen sind tolerant, sie bevorzugen aber einen tiefgründigen, durchlässigen Boden mit leicht saurem pH-Wert von etwa 6,5. Wie die meisten Obstbäume mögen die Pflaumen keine Staunässe und bevorzugen Böden mit viel gut verrotteter organischer Substanz.

Pflanzabstände
■ HOCHSTÄMME 5,5–6,5 m.
■ BUSCHBÄUME Pixy 2,5–3,5 m, St. Julien A 3,5–4,5 m.
■ PYRAMIDEN Pixy 2,5–3 m, St. Julien A 3–3,5 m.
■ FÄCHER Pixy 3,5–4,5 m, St. Julien A 4,5–5,5 m.
■ KORDONS Pixy 75 cm–1 m.

(von links nach rechts) **Beginnen Sie ab Juni,** die jungen Früchte auszudünnen. Lassen Sie zwischen kleinen Früchten 5–8 cm Abstand und zwischen größeren 8–10 cm.

Regelmäßige Pflege

■ **WÄSSERN** Wässern Sie im Frühjahr und Sommer regelmäßig, besonders an Mauern erzogene Kordons und Fächer. Unregelmäßiges Wässern bei heißem, trockenem Wetter kann dazu führen, dass die Schalen der Früchte aufplatzen.

■ **DÜNGEN** Düngen Sie im März vor Beginn der Wachstumsperiode mit organischem Volldünger.

■ **MULCHEN** Im März nach dem Düngen sollten Sie Unkraut entfernen und organischen Mulch um die Basis der Bäume verteilen. So hält sich die Feuchtigkeit besser und neue Unkräuter werden unterdrückt.

■ **NETZE** Vögel können im Winter Probleme bereiten, da manche Arten junge Blütenknospen fressen. Im Sommer fressen sie die reifen Früchte. Es ist schwierig, große Bäume mit Netzen zu bedecken, bei Kordons und Fächern ist es jedoch einfacher.

■ **SCHUTZ VOR FROST** Pflaumenbäume gehören zu den ersten Obstbäumen, deren Blüten sich im Frühjahr öffnen – besonders Chinesische Pflaumen und Mirabellen. Sie müssen über Nacht womöglich mit einem Vlies bedeckt werden, wenn starker Frost droht.

Pflaumen ernten und lagern

In einem Jahr mit gutem Fruchtansatz bilden sich bei den meisten Pflaumenbäumen mehr Früchte, als die Äste tragen können. Einige der Früchte fallen beim sogenannten Junifruchtfall natürlicherweise vom Baum. Sie sollten jedoch weiter ausdünnen, um zu vermeiden, dass Äste unter der Last brechen. Schwer beladene Äste müssen dennoch womöglich mit Seilen oder gegabelten Pfosten gestützt werden.

Frühe Sorten reifen meistens im Spätsommer. Andere sind manchmal erst im Oktober reif. Da die Früchte eines Baums nicht alle gleichzeitig reifen, sollten Sie die Pflaumen mehrmals testen. Pflaumen zum Einkochen und Einfrieren können Sie ein wenig später pflücken. Lassen Sie ein Stück vom Stiel an der Frucht, sodass die Schale nicht einreißt. Verbrauchen Sie reife Pflaumen gleich. Etwas unreif gepflückte sollten Sie einige Wochen lagern.

Ertrag

Der Ertrag ist schwierig vorherzusagen, denn er variiert von Sorte zu Sorte und von Jahr zu Jahr. Diese Mengen können Sie im Durchschnitt erwarten:
■ BUSCHBAUM 14–27 kg.
■ PYRAMIDE 14–23 kg.
■ FÄCHER 7–11 kg.
■ KORDON 3,5–7 kg.

PFLAUMEN-APRIKOSEN-HYBRIDEN

Man hat Pflaumen und Aprikosen gekreuzt, die erste Hybride war die kalifornische »Plumcot«, halb Pflaume und halb Aprikose. Dann kam »Pluot«, etwa 75 % Pflaume und 25 % Aprikose und »Aprium«, etwa 75 % Aprikose und 25 % Pflaume.

Monat für Monat

(von links nach rechts) **Blütenknospen** brechen im zeitigen Frühjahr auf. **Zarte Blüten** müssen womöglich vor Frost geschützt werden. **Die Früchte** werden größer und müssen bald ausgedünnt werden.

Januar
■ Verteilen Sie jetzt oder in den nächsten Monaten gut verrotteten Kompost um die Bäume.

Februar
■ Pflanzen Sie wurzelnackte Bäume, wenn der Boden nicht gefroren ist.

März
■ Neue Knospen werden sichtbar dicker.
■ Düngen Sie bei Bedarf etablierte Bäume mit organischem Volldünger.
■ Jäten Sie Unkraut und mulchen Sie um die Bäume.
■ Letzte Chance, wurzelnackte Bäume zu pflanzen.

April
■ Die Blüten öffnen sich im Laufe des Monats. Schützen Sie sie wenn nötig vor Frost.
■ Schneiden Sie junge Bäume.
■ Kneifen Sie unerwünschte neue Knospen und Triebe von an Drähten erzogenen Bäumen aus.
■ Kontrollieren Sie auf Befall mit Frostspannerraupen und Mehligen Pflaumenläusen.

Mai
■ Früchte bilden sich und werden größer.
■ Jäten und wässern Sie regelmäßig.

Juni
■ Beginnen Sie, junge Früchte auszudünnen.
■ Wenn nötig, schneiden Sie ältere Buschbäume, Hochstämme und Pyramiden in diesem oder im nächsten Monat. Schneiden Sie totes, beschädigtes oder krankes Holz heraus und dünnen Sie zu dichte Stellen aus. Binden Sie neue Triebe auf und schneiden Sie Seitentriebe zurück.
■ Hängen Sie Pheromonfallen auf, um Pflaumenwickler-Männchen zu fangen.

Juli
■ Sie können die ersten Pflaumen der Saison ernten.
■ Schneiden Sie ältere Bäume auch in diesem Monat leicht.
■ Schneiden Sie bei jungen Pyramiden und an Drähten gezogenen Bäumen die Seitentriebe zurück.

August
■ Frühe und mittelspäte Sorten sind jetzt reif.

September
■ Ernten Sie mittelspäte und späte Sorten.
■ Schneiden Sie an Drähten erzogene Pflaumenbäume nach der Ernte.

Oktober
■ Ernten Sie späte Sorten.
■ In spezialisierten Gärtnereien sind jetzt neue wurzelnackte Bäume erhältlich. Sie können sie von jetzt an bis in den März pflanzen.
■ Bringen Sie zum Schutz vor Frostspannern Leimringe um die Stämme an.

November
■ Kaufen und pflanzen Sie wurzelnackte Bäume. Der November ist optimal: Der Boden ist noch warm und die Wurzeln können bis zum Frühjahr gut anwachsen.

Pflaumenbäume schneiden und erziehen

Am wichtigsten ist es, die Bäume nicht im Winter zu schneiden. Darin unterscheiden sich Pflaumen, Kirschen und andere Steinfrüchte von Äpfeln und Birnen. Die Bäume werden nach dem Neuaustrieb geschnitten, nicht in der Ruhezeit. Dann sind sie weniger anfällig für Bleiglanz (siehe S. 325) und Obstbaumkrebs (siehe S. 328), die die Pflanze über die Schnittstellen infizieren können. Nach den ersten Jahren der Erziehung müssen frei stehende Pflaumenbäume kaum geschnitten werden. Erzogene Formen, wie Kordons und Fächer, sollten im Sommer regelmäßig geschnitten werden, sodass die Form erhalten bleibt und sie gut tragen.

Buschbäume und Hochstämme schneiden

Ziel ist hier im Bild ein Baum mit offener Mitte und möglichst gleichmäßig angeordneten Leitästen. Der Stamm eines Buschbaums sollte sauber und bis zum untersten Ast etwa 60 cm hoch sein. Halb- und Hochstämme sind höher.

1. Frühjahrsschnitt
APRIL

2. Frühjahrsschnitt
APRIL

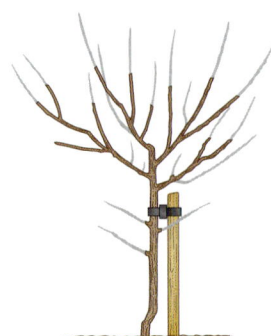

Sommerschnitt eines etablierten Baums
JUNI–JULI

- Egal, wann Sie pflanzen, schneiden Sie erst, wenn sich die Knospen öffnen.
- Wählen Sie 3 oder 4 Seitenäste aus und schneiden Sie sie zwei Drittel oder zur Hälfte zurück, wenn das nicht bereits in der Baumschule geschehen ist. Schneiden Sie auf nach außen weisende Knospen.
- Kappen Sie den zentralen Leittrieb direkt über dem obersten Seitenast.

- An den Seitenästen vom letzten Jahr sollten nun Seitentriebe erschienen sein. Wählen Sie 3 oder 4 an jedem Seitenast und schneiden Sie sie zur Hälfte zurück.
- Entfernen Sie alle anderen Triebe, darunter dichte oder überkreuzte Äste und neue Triebe am Hauptstamm.
- Der Baum hat nun ein Astgerüst, das die Grundlage für die spätere Form bildet.

- Schneiden Sie nur, wenn es nötig ist.
- Entfernen Sie totes, beschädigtes oder krankes Holz.
- Dünnen Sie zu dichte oder verfilzte Stellen aus, sodass Licht und Luft ins Zentrum des Baums gelangen.
- Entfernen Sie zu kräftige, neue senkrechte Triebe.

PFLAUMEN 115

Pyramiden schneiden

Eine Pyramide ist annähernd kegelförmig, ähnlich wie ein Weihnachtsbaum. Die Seitenäste treiben aus dem Hauptstamm aus. Pyramiden sollten höchstens 2–2,5 m hoch sein.

1. Frühjahrsschnitt
APRIL

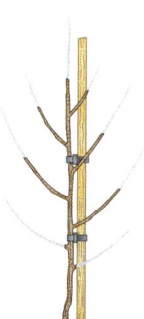

- Beginnen Sie mit einer Veredelung mit Seitentrieben. Schneiden Sie nicht vor April.
- Schneiden Sie den zentralen Leittrieb über einer Knospe in ca. 1,5 m Höhe.
- Entfernen Sie alle Seitentriebe bis in 45 cm Höhe über dem Boden.
- Schneiden Sie die übrigen Seitentriebe auf die Hälfte zurück, auf nach außen weisende Knospen.

1. Sommerschnitt
JULI

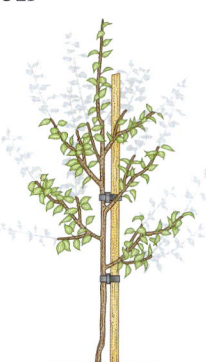

- Schneiden Sie die Leitäste auf etwa 20 cm vom diesjährigen Neuaustrieb zurück. Schneiden Sie auf nach unten weisende Knospen.
- Schneiden Sie neue Seitentriebe auf etwa 15 cm zurück.
- Schneiden Sie den zentralen Leittrieb nicht.

2. Frühjahrsschnitt
APRIL

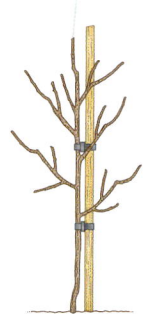

- Kürzen Sie den zentralen Leittrieb auf etwa ein Drittel des letztjährigen Neuaustriebs.
- Schneiden Sie danach jedes Jahr im April den zentralen Leittrieb. Entfernen Sie zwei Drittel des Neuaustriebs vom letzten Jahr, bis er die gewünschte Höhe erreicht hat.

Sommerschnitt eines etablierten Baums
JUNI–JULI

- Entfernen Sie totes, beschädigtes oder krankes Holz.
- Entfernen Sie altes Holz, das nicht mehr gut trägt, wo es zu dicht ist.
- Kürzen Sie den zentralen Leittrieb auf etwa 2,5 cm des Neuaustriebs vom letzten Sommer.
- Entfernen Sie zu lange Triebe der oberen Äste, um die Kegelform des Baums zu erhalten.

(von oben nach unten) **Kneifen Sie** die Spitzen neuer Triebe mit der Hand aus, bevor sie kräftiger werden und eine Gartenschere nötig ist. **Schneiden Sie Pflaumen** im Sommer, um das Risiko eines Befalls mit Bleiglanz zu vermindern. **Pflaumenbäume** tragen an Seitentrieben, die zwei Jahre alt oder älter sind, nicht am Quirlholz wie Apfel- und Birnbäume.

Fächer schneiden

Ziehen Sie Pflaumenfächer an einer geschützten Südmauer, einem Zaun oder an Holzpfosten, zwischen denen waagrechte Drähte mit 30 cm Abstand gespannt wurden. Für einen Fächer auf einer St. Julien A-Unterlage brauchen Sie ein 4 m breites und 2,5 m hohes Gerüst, für einen auf der Unterlage Pixy ein 3 m breites und 2 m hohes. Etablierte Fächer treiben jedes Jahr stark aus und erfordern daher regelmäßiges Schneiden.

(links und rechts) **Schneiden Sie** Seitentriebe zurück, die von der Mauer weg wachsen. Binden Sie die fest, die die Hauptäste bilden sollen.

1. Frühjahrsschnitt
APRIL

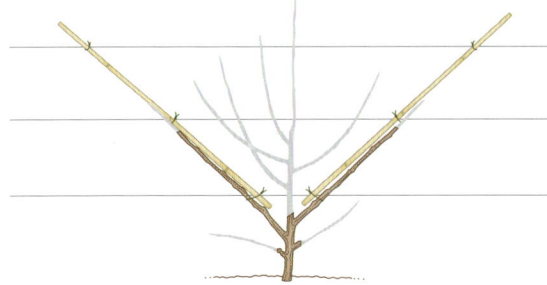

- Beginnen Sie mit einer Veredelung mit Seitentrieben. Pflanzen Sie sie 25 cm von einer Mauer oder einem Zaun entfernt. Schneiden Sie nicht vor April.
- Entfernen Sie die Seitentriebe bis auf 2 kräftige, gleich große beiderseits des zentralen Leittriebs etwa 25 cm über dem Boden.
- Schneiden Sie sie auf etwa 40 cm zurück, auf eine nach unten weisende Knospe. Binden Sie sie an Rohre.
- Kürzen Sie tiefere Seitentriebe als Reserve auf 1 Knospe.
- Schneiden Sie den zentralen Leittrieb über dem oberen der beiden Seitenäste.

1. Sommerschnitt
JULI

- Die beiden Seitenäste sollten nun länger sein. Binden Sie den Neuaustrieb an den Bambusrohren fest.
- Auch neue Seitentriebe sollten erschienen sein. Wählen Sie die aus, die Sie erhalten wollen. Binden Sie sie an die waagrechten Drähte.
- Schneiden Sie unerwünschte Seitentriebe auf 1 Blatt zurück.
- Entfernen Sie neue Triebe am Stamm unterhalb der beiden Hauptarme.
- Schneiden Sie im 2. und 3. Jahr wie bei einem Pfirsichfächer (siehe S. 153).

PFLAUMEN 117

Frühjahrsschnitt eines etablierten Baums
APRIL

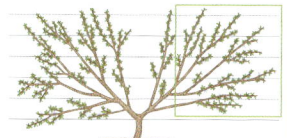 

Schneiden Sie erst, wenn die Wachstumsperiode begonnen hat, nicht in der Ruhezeit.

- Entfernen Sie neue Knospen und Triebe, die zur Mauer oder dem Zaun hin oder direkt nach außen wachsen.
- Kneifen Sie neue Triebe aus, die im »V« zwischen Seitenästen und Seitentrieben erscheinen (genau wie bei Tomatenpflanzen).
- Dünnen Sie die restlichen Seitentriebe aus, sodass sie mindestens 10 cm Abstand haben.

Sommerschnitt eines etablierten Baums
JUNI–JULI, dann wieder im SEPTEMBER

- Wählen Sie im Frühsommer neue Seitentriebe, die die Lücken im Astgerüst füllen können, und binden Sie sie fest.
- Schneiden Sie Neuaustrieb der Seitentriebe auf 5–6 Blätter zurück.
- Entfernen Sie altes, dichtes und unproduktives sowie krankes oder totes Holz.
- Schneiden Sie nach der Ernte alle Seitentriebe, die Sie in der Mitte des Sommers geschnitten haben, auf 3 Blätter zurück.

(unten, von ganz links nach rechts) **Neu gepflanzte Fächer** brauchen sorgfältige Erziehung, damit die Seitenäste gleichmäßige Abstände haben. **Nach einigen Jahren** sollte sich die Grundstruktur ausgebildet haben. **Erwachsene Fächer** verlieren schnell ihre Form, wenn sie nicht regelmäßig geschnitten werden. Hier müssen die senkrechten Triebe dringend gekappt werden.

Möglige Probleme

Knospen und Blüten

Vögel fressen neue Knospen
Vögel – besonders Gimpel – können die Knospen im Winter oder zeitigen Frühjahr beschädigen oder ganz fressen. Im Sommer picken sie manchmal reife Früchte an.
■ Siehe Vögel (S. 341).

Blüten verfärben sich und sterben ab
Da Pflaumenbäume früh im Jahr blühen, besteht immer die Gefahr, dass Frost junge Blätter und Blüten schädigt oder zerstört.
■ Siehe Frost (S. 316).

Blüten färben sich braun und welken
Erst färben sich die Blüten, dann die jungen Blätter braun und welken. Ursache ist derselbe Pilz, der Monilia hervorruft.
■ Siehe Blütenfäule (S. 325) und Monilia (S. 328).

Blätter, Stängel und Zweige

1 Klebrige Blätter, Triebe mit Blattläusen bedeckt
Klebriger Honigtau mit einem rußgrauen Belag ist ein Anzeichen für Blattlausbefall. Im Frühsommer handelt es sich oft um die Mehlige Pflaumenlaus. Die Blattläuse schlüpfen im Frühjahr aus den Eiern. Die Blattlaus ist grün und kann mit einer weißen, mehligen Schicht bedeckt sein.
■ Siehe Mehlige Pflaumenlaus (S. 338).

2 Neue Blätter eingerollt und verkrüppelt
An der Unterseite der dicht eingerollten Blätter sind wahrscheinlich kleine gelbgrüne Blattläuse zu sehen. Sie schlüpfen zeitig im Frühjahr aus Eiern, die am Baum überwintert haben. Die Insekten saugen den Saft des Blattgewebes.
■ Siehe Kleine Pflaumenblattlaus (S. 338).

3 In die Blätter sind Löcher gefressen
Frostspannerraupen sind wahrscheinlich die Missetäter. Bei schwerem Befall kann der Baum völlig entlaubt sein. Die Raupen sind hellgrün mit seitlichen Längsstreifen, werden bis 2,5 cm lang und haben einen schwarzen Kopf. Wenn sie nicht fressen, findet man sie oft in den eingerollten Blättern.
■ Siehe Frostspanner (S. 336).

4 Blätter erscheinen silbrig
Auf Blättern und Zweigen entwickelt sich ein silbriger Glanz, Triebe und Zweige können absterben. Tritt das Problem anfangs nur an einem oder zwei Zweigen auf und hat das Holz in der Mitte braune Flecken, handelt es sich wahrscheinlich um Bleiglanz. Färbt sich der ganze Baum silbrig, ist es wahrscheinlich eine Mangelerscheinung, die durch Wassermangel und andere Stressfaktoren hervorgerufen wird.
■ Siehe Bleiglanz (S. 325).

PFLAUMEN

5 Blätter welken, aus der Rinde tritt Gummi aus
Die Symptome von Bakterienbrand erscheinen auf Blättern und Rinde. Auf den Blättern entwickeln sich kleine braune Flecken mit hellen Rändern, die zu runden Löchern werden. Die Blätter können gelb werden und verwelken. Befallene Rinde stirbt ab und an den eingesunkenen Stellen tritt Gummifluss auf.
■ Siehe Bakterienbrand (S. 324).

Blätter werden fleckig und bronzefarben
Wird die Oberseite der Blätter matt und fleckig, trocknen sie aus und sterben ab, dann schauen Sie mit einer Lupe nach, ob Sie auf der Unterseite winzige Obstbaum-Spinnmilben entdecken. Bei schwerem Befall sehen Sie auch ein feines Seidengespinst.
■ Siehe Rote Spinnmilbe (S. 338).

Früchte

6 Ungleichmäßige Löcher oder aufgesprungene Früchte
Vögel, Wespen und Fliegen finden Pflaumen unwiderstehlich. Die beschädigten Früchte sehen unappetitlich aus und faulen bald.
■ Siehe Vögel (S. 341) und Wespen (S. 341).

7 Kleine Löcher mit dunklen Krümeln
Junge Früchte weisen ein kleines Loch auf, das mit schwarzem Insektenkot umgeben ist: ein sicheres Zeichen dafür, dass sich im Inneren eine weiße Sägewespenlarve befindet. Im Spätsommer kann es sich um eine Pflaumenwickler-Raupe handeln.
■ Siehe Pflaumensägewespe (S. 338) und Pflaumenwickler (S. 339).

8 Auf den Früchten bilden sich braune faule Stellen
Monilia Fruchtfäule wird von einem Pilz hervorgerufen, der meist über Löcher in der Schale eindringt. Die Früchte färben sich braun und es können sich konzentrische Ringe mit weißen Pilzsporen bilden. Die Pflaumen fallen ab oder verschrumpeln am Baum.
■ Siehe Monilia (S. 328).

Die Pflaumen reifen unnatürlich früh
Die rosa Raupen des Pflaumenwicklers schlüpfen zur Mitte des Sommers, fressen Gänge in die Frucht und das Fleisch um den Kern. Sind sie ausgewachsen, fressen sie sich heraus und hinterlassen in der Mitte der Pflaume ihre Exkremente und ein Loch in der Schale. Die Früchte reifen früh und können verfaulen.
■ Siehe Pflaumenwickler (S. 339).

Deformierte, hohle Früchte
Eine Pilzkrankheit, die Taschenkrankheit, kann dazu führen, dass die Früchte deformiert, hohl und steinlos sind. Wenn sie verschrumpeln, können sie mit weißen Flecken bedeckt sein.
■ Siehe Taschenkrankheit der Pflaume (S. 330).

Ledrige Flecken auf der Schale
Dunkelgrüne oder braune trockene, ledrige Flecken auf den Früchten und manchmal auch auf den Blättern sind eine Form von Schorf. Die Schale kann aufspringen und Gummi austreten.
■ Siehe Schorf (S. 329).

Kirschen

Seit einiger Zeit ist das Anbauen von Kirschen viel einfacher: Noch vor etwa einer Generation war es für Hobbygärtner eine echte Herausforderung. Die Bäume wurden so groß, dass man die Kirschen mit einer hohen Leiter ernten musste. Eine erfolgreiche Bestäubung war Glückssache: Selbst wenn die zarten Blüten die Fröste im Frühjahr überstanden, waren die meisten Sorten nicht selbstfertil, sodass man mehrere sorgfältig ausgewählte Bäume nahe beieinander pflanzen musste. Und wenn man die Bäume nicht mit riesigen Netzen schützte, beteiligten die Vögel sich merklich an der Ernte. Heute sind die meisten Sorten selbstfertil, deshalb können Sie auch einen einzelnen Kirschbaum pflanzen. Und Bäume auf modernen zwergigen Unterlagen sind viel kleiner, sodass man die Kirschen leicht mit Netzen bedecken und einfach ernten kann.

Es gibt zwei Hauptgruppen: süße Sorten, die man roh essen kann, und Sauerkirschen, die man erst verarbeiten muss. 'Morello' ist die bekannteste Sauerkirsche. Außerdem gibt es Bastardkirschen, eine Kreuzung aus Süß- und Sauerkirschen.

Kirschen haben unterschiedliche Farben, nicht alle Sorten sind rot. Manche sind hellrosa, andere fast schwarz. Sogenannte weiße Kirschen sind eigentlich hellgelb, manchmal mit orangefarbenen Flecken.

Welche Formen können Sie ziehen?

- **Buschbäume** Einzeln stehende Bäume mit offener Mitte oder zentralem Leittrieb. Vorsicht: Wenn die Unterlage nicht zwergig ist, werden sie sehr groß.
- **Pyramiden** Frei stehende Bäume mit zentralem Leittrieb.
- **Säulenbäume** Kurze, einzelne senkrechte Stämme, die man eng pflanzen kann.
- **Fächer** An Drähten erzogene Formen, meistens an einer Mauer oder einem Zaun.

Beliebte Kirschen

1 'Sweetheart'
Bestäubung Gruppe D
Eine empfehlenswerte Sorte, wenn Sie spät in der Saison ernten wollen. Die dunkelroten Früchte reifen nach und nach bis Ende August.
- **Fruchtbarkeit** selbstfertil
- **Ernte** Mitte–Ende August

2 'Nabella'
Bestäubung Gruppe C
Vor Kurzem eingeführte Konkurrenz zu 'Morello'. Die in Deutschland gezüchtete Sorte ist kompakter, aber ertragreicher.
- **Fruchtbarkeit** selbstfertil
- **Ernte** August

3 'Morello'
Bestäubung Gruppe D
Die bekannteste und am häufigsten angebaute Sauerkirsche. Ideal zum Kochen und Einmachen. Toleriert kühlere Bedingungen und einen schattigeren Standort als Süßkirschen.
- **Fruchtbarkeit** selbstfertil
- **Ernte** August–September

4 'Vega'
Bestäubung Gruppe B
Eine ungewöhnliche neue Sorte mit großen hellgelben Früchten. Vögel scheinen diese weniger attraktiv zu finden als rote.
- **Fruchtbarkeit** nicht selbstfertil
- **Ernte** Mitte–Ende Juli

5 'Napoleon Bigarreau'
Bestäubung Gruppe C
Große hellgelbe, rot überlaufene oder gefleckte Früchte. Andere 'Bigarreau'-Sorten schmecken ähnlich süß.
- **Fruchtbarkeit** nicht selbstfertil
- **Ernte** Ende Juli–Anfang August

6 'Stella'
Bestäubung Gruppe C
Als sie um 1960 in Kanada eingeführt wurde, war die Sorte sensationell: eine der ersten modernen selbstfertilen Süßkirschen. Die großen dunkelroten Früchte schmecken angenehm süßsäuerlich, sind aber nicht ganz platzfest.
- **Fruchtbarkeit** selbstfertil
- **Ernte** Mitte–Ende Juli

KIRSCHEN

7 'May Duke'
Bestäubung Gruppe B
Wenn Sie eine Bastardkirsche wollen, dann wählen Sie diese Sorte. Die Früchte sind säuerlicher als Süßkirschen.
■ **Fruchtbarkeit** teilweise selbstfertil
■ **Ernte** Mitte Juli

8 'Lapins'
Bestäubung Gruppe C
Diese spät reifende Süßkirsche, auch 'Cherokee' genannt, hat große Früchte, die reif tief dunkelrot sind.
■ **Fruchtbarkeit** selbstfertil
■ **Ernte** Ende Juli–Anfang August

'Celeste' (nicht abgebildet)
Bestäubung Gruppe C
Eine relativ moderne Süßkirsche mit dunkelroten, schmackhaften Früchten. Bleibt meist klein und eignet sich für Kübel.
■ **Fruchtbarkeit** selbstfertil
■ **Ernte** Mitte Juli

'Merton Glory' (nicht abgebildet)
Bestäubung Gruppe B
Die hellgelben bis weißen, rot überlaufenen Früchte schmecken harmonisch süß-feinsäuerlich und reifen früh.
■ **Fruchtbarkeit** nicht selbstfertil
■ **Ernte** Ende Juni–Anfang Juli

'Penny' (nicht abgebildet)
Bestäubung Gruppe C
Eine neue, ertragreiche Sorte, deren Früchte spät reifen. Sie sind besonders groß und reif fast schwarz.
■ **Fruchtbarkeit** nicht selbstfertil
■ **Ernte** Ende Juli–Anfang August

'Regina' (nicht abgebildet)
Bestäubung Gruppe C
Die großen Früchte dieser gesunden Sorte reifen viel später als die meisten Kirschen.
■ **Fruchtbarkeit** nicht selbstfertil
■ **Ernte** Mitte August

'Summer Sun' (nicht abgebildet)
Bestäubung Gruppe C
Eine moderne selbstfertile, ertragreiche Sorte, die verlässlich und leicht anzubauen ist, besonders in kühleren Gegenden.
■ **Fruchtbarkeit** selbstfertil
■ **Ernte** Mitte-Ende Juli

'Sunburst' (nicht abgebildet)
Bestäubung Gruppe C
Die erste dunkelrote selbstfertile Süßkirsche, perfekt für einen kleineren Garten.
■ **Fruchtbarkeit** selbstfertil
■ **Ernte** Anfang–Mitte Juli

Kirschbäume auswählen und kaufen

Mittlerweile sind die meisten der angebotenen Kirschbäume selbstfertil. Diese Sorten sind am einfachsten zu kultivieren. Wollen Sie eine der älteren Sorten ausprobieren, so achten Sie darauf, ob sie selbstfertil ist. Falls nicht und wenn auch kein kompatibler Baum in der Nähe steht, müssten Sie selbst einen pflanzen, damit die Blüten erfolgreich bestäubt werden. Kirschbäume sind von Natur aus wuchskräftig. Wenn Sie keinen ausreichend großen geschützten Standort haben, brauchen Sie einen Baum auf einer modernen zwergigen Unterlage.

DIE WAHL EINER UNTERLAGE

Die meisten der heute erhältlichen Kirschbäume wurden einer Colt- oder GiSelA5-Unterlage aufgepfropft. Die kleinen Bäume finden gut in Gärten und Schrebergärten Platz.

Colt   GiSelA5

Colt
- WÜCHSIGKEIT Halb-zwergig.
- MERKMALE Wüchsiger als die vor Kurzem eingeführte GiSelA5, die Bäume sind dennoch nur halb so hoch wie früher. Eine gute Wahl für Schrebergärten und größere Gärten.
- STÜTZEN Ständiges Stützen ist erforderlich.
- FORMEN Buschbaum, Pyramide, großer Fächer.
- HÖHE 4–5 m.

GiSelA5
- WÜCHSIGKEIT Zwergig.
- MERKMALE In Deutschland entwickelt, heute weltweit verwendet. Bäume auf GiSelA5 sind klein, winterhart, ertragreich und leichter vor Frost, Regen und Vögeln zu schützen. Sie brauchen aber gute Wachstumsbedingungen.
- STÜTZEN Ständiges Stützen ist erforderlich.
- FORMEN Zwergbuschbaum, Zwergpyramide, kleiner Fächer, Säulenbaum.
- HÖHE 2–3 m.

Eine Baumform wählen

Alle Süßkirschen brauchen einen geschützten, sonnigen Standort. Haben Sie diesen zur Verfügung, dann ziehen Sie einen Buschbaum oder eine Pyramide in Erwägung. Wenn nicht, werden Sie wahrscheinlich mehr Erfolg mit einem Fächer an einer geschützten Mauer oder einem Zaun haben. Auch Zwergsorten in Kübeln oder als Säulenbäume eignen sich. Sauerkirschen sind weniger anspruchsvoll: Man kann sie sogar als Fächer an Nordmauern oder -zäunen erziehen.

Die Auswahl einer Sorte

Die Auswahl ist bei Süßkirschen größer als bei Sauerkirschen. Bedenken Sie aber, dass viele Süßkirschen

Bienen und andere Insekten übertragen den Pollen von Baum zu Baum. So kann eine Befruchtung stattfinden und Früchte bilden sich. Insekten können den Pollen aber nur übertragen, wenn auch die Blüten des Nachbarbaums geöffnet sind. Wenn ein Baum früh und der andere spät blüht, findet keine Fremdbestäubung statt.

KIRSCHEN

GRUPPEN DER SORTEN, DIE ZUR GLEICHEN ZEIT BLÜHEN

A	B	C	D
'Early Rivers'	'Elton Heart'	'Amber Heart'	'Bradbourne Black'
'Mermat'	'Governor Wood'	'Celeste'	'Florence'
'Noir de Guben'	'Inga'	'Hertford'	'Gaucher Bigarreau'
	'May Duke'	'Lapins/Cherokee'	'Morello'
	'Merchant'	'Merton Bigarreau'	'Sweetheart'
	'Merton Favourite'	'Merton Crane'	
	'Merton Glory'	'Nabella'	
	'Roundel Heart'	'Bigarreau Napoléon'	
	'Starkrimson'	'Penny'	
	'Van'	'Regina'	
	'Vega'	'Roundel'	
		'Stella'	
		'Summer Sun'	
		'Sunburst'	

Die Zeit der Blüte bestimmt, welcher Gruppe eine Sorte zugeordnet wird. Kirschen der Gruppe A blühen im Frühjahr zuerst, die der Gruppe D zuletzt. Wenn sie kompatibel sind, sollten sich alle Sorten einer Gruppe gegenseitig bestäuben, da die Blüten gleichzeitig geöffnet sind und Insekten den Pollen von Baum zu Baum transportieren können. Da die Blütezeiten überlappen können, bestäuben sich oft auch Sorten benachbarter Gruppen.

'Van' ist nicht selbstfertil und braucht einen anderen früh blühenden Partner aus Gruppe B, ist für andere Sorten aber ein guter Bestäuber.

'Lapins' ist selbstfertil und braucht keinen Partner. Die Sorte wird aber oft als Bestäuber für andere Sorten gepflanzt.

'Morello' ist wie alle Sauerkirschen selbstfertil und zudem ein guter Bestäuber für spät blühende Sorten, die einen Partner brauchen.

anspruchsvoll sind: Sie brauchen einen wärmeren Standort und bessere Bedingungen. Auch sind viele nicht selbstfertil, sodass ein geeigneter Partner in der Nähe stehen muss. Das gilt vor allem für alte Sorten. Fast alle Sauerkirschen sind selbstfertil, die meisten kann man notfalls einzeln pflanzen. Süßkirschen bestäuben Sauerkirschen nicht, und obwohl Sauerkirschen theoretisch Süßkirschen bestäuben können, öffnen sich die Blüten selten zur gleichen Zeit.

Sorten, die zur gleichen Zeit blühen

Zwar blühen alle Kirschen mehr oder wenig zeitig im Frühjahr, aber nicht bei allen öffnen sich die Blüten zur gleichen Zeit. Wenn Sie Bäume pflanzen, die nicht selbstfertil sind und von einem oder mehreren kompatiblen Nachbarn bestäubt werden müssen, ist es wichtig, dass alle Sorten derselben Gruppe angehören. Ihre Blüten öffnen sich etwa zur gleichen Zeit und Insekten können den Pollen von einem Baum zum anderen übertragen.

Einige Kirschen sind jedoch nicht kompatibel und bestäuben sich nicht gegenseitig, zum Beispiel 'Merton Favourite' und 'Van'. Inkompatibilität ist bei modernen selbstfertilen Sorten glücklicherweise kein Thema. Wenn Sie aber alte Sorten pflanzen wollen, können Sie sich in einer Baumschule beraten lassen.

Kirschen anbauen

Durch die Züchtung der zahlreichen selbstfertilen Sorten sind Kirschbäume heute einfacher zu kultivieren denn je. Um gut zu tragen, brauchen die Bäume einen sonnigen, geschützten Standort. Schutz vor Frost, vor Vögeln, sogar vor Regen, wenn die Kirschen reifen, zahlt sich durch höhere Ernte aus. Es spricht deshalb viel dafür, einen Fächer an einer Mauer oder einem Zaun zu erziehen, den man, wenn nötig, abdecken kann. Ein bereits vorgezogener Fächer ist seinen höheren Preis wert.

Das Jahr auf einen Blick

	Frühjahr		Sommer			Herbst			Winter		
	M	A	M	J	J	A	S	O	N	D	J	F
wurzelnackt	▬								▬	▬	▬	▬
Containerware	▬	▬	▬	▬	▬	▬	▬	▬				
Frühjahrsschnitt	▬	▬										
Sommerschnitt				▬	▬	▬	▬					
Ernte				▬	▬	▬	▬					

Die Auswahl der Bäume

Kirschbäume werden wurzelnackt oder im Container angeboten. Die Auswahl an wurzelnackten Bäumen in einer spezialisierten Baumschule ist meist größer als bei Containerware aus dem Gartencenter. Wurzelnackte Bäume sind aber nur im Herbst und Winter erhältlich, etwa von November bis März.

Zum Fächer erzogene Kirschbäume gedeihen an einer sonnigen Mauer besonders gut und tragen an solch geschützten Stellen am besten. Auch ihre dekorative Form kommt hier zur Geltung.

KIRSCHEN

EINEN KIRSCHBAUM PFLANZEN

Bereiten Sie den Standort vorher vor, wenn möglich im Frühherbst. Entfernen Sie mehrjährige Unkräuter und arbeiten Sie viel gut verrotteten Kompost oder Mist in den Boden ein. Stützen Sie frei stehende Bäume mit einem Pfahl und befestigen Sie Fächer an Drähten.

1. Graben Sie ein Loch, das tief und breit genug ist, um die Wurzeln aufzunehmen. Die Erdspuren am Stamm sollten auf gleicher Höhe mit dem Erdboden sein.

2. Treiben Sie für einen wurzelnackten Baum einen Pfahl 60 cm tief in den Boden, etwa 8 cm von der Mitte des Lochs entfernt. Verwenden Sie für einen Baum im Container einen kürzeren Pfahl und treiben Sie ihn schräg ein, sodass der Wurzelballen nicht beschädigt wird (siehe S. 35).

3. Setzen Sie den Baum in das Loch und breiten Sie die Wurzeln aus. Füllen Sie das Loch mit Erde auf.

4. Drücken Sie die Erde vorsichtig an, sodass keine Luft zwischen den Wurzeln bleibt. Treten Sie die Erde fest, stampfen sie aber nicht. Wässern Sie großzügig.

5. Breiten Sie organischen Mulch um den Baum aus, sodass die Feuchtigkeit gehalten und Unkraut unterdrückt wird.

6. Binden Sie den Baum mit Baumgurten am Pfahl fest. Manchmal brauchen Sie je einen oben und unten.

7. Ihr Baum hat jetzt alles, was er braucht, um ein kräftiges Wurzelwerk und eine gesunde Krone zu entwickeln.

Kirschblüten öffnen sich früh im Jahr und sind anfällig für Frostschäden. Sind kalte Nächte angesagt, dann sollten Sie die Blüten mit einem feinen Netz oder Vlies schützen.

PFLANZ-ABSTÄNDE

Die empfohlenen Abstände hängen von der Wüchsigkeit der Unterlage, der Sorte, dem Boden und anderen Bedingungen ab, und auch die Form des Baums spielt eine entscheidende Rolle.

SÜSSKIRSCHEN

Buschbäume
GiSelA5   3 m
Colt   5 m

Pyramiden
GiSelA5   2,5 m
Colt   4–5 m

Fächer
GiSelA5   5 m
Colt   5,5 m

Säulenbäume
60–75 cm

SAUERKIRSCHEN

Buschbäume
GiSelA5   3–4 m
Colt   4–5 m

Pyramiden
GiSelA5   2,5–3 m
Colt   3–4 m

Fächer
GiSelA5   4 m
Colt   5 m

Säulenbäume
60–75 cm

Wann wird gepflanzt?

■ WURZELNACKTE BÄUME Pflanzen Sie von November bis März, aber nicht bei staunassem oder gefrorenem Boden. Der November ist ideal.

■ CONTAINERWARE Sie können zu jeder Jahreszeit pflanzen, am besten aber im Herbst. Meiden Sie heiße, trockene Perioden im Sommer.

Wo wird gepflanzt?

Wählen Sie eine warme, sonnige Stelle, wo die Bäume vor starkem Wind geschützt sind. Meiden Sie Frostsenken. Süd- oder Westmauern sind ideal für Süßkirsch-Fächer. Sauerkirschen sind weniger anspruchsvoll. Ein Sauerkirsch-Fächer trägt meistens sogar an einer Nordmauer.

Boden

Alle Kirschbäume gedeihen in tiefgründigem, durchlässigem Boden mit leicht saurem pH-Wert von etwa 6,5 am besten. Sie mögen keine Staunässe, in flachgründigen und sandigen Böden haben sie zu kämpfen.

Kirschbäume in Kübeln

Kirschbäume kann man in großen Kübeln kultivieren. Bedenken Sie aber, dass die Bäume von Natur aus wuchskräftig sind. Wählen Sie eine selbstfertile kompakte Sorte auf einer zwergigen Unterlage und ziehen Sie sie eventuell als Säulenbaum. Beginnen Sie mit einem Kübel, der mindestens 45 cm Durchmesser hat und ebenso tief ist. Füllen Sie ihn mit Universalerde, angereichert mit Kompost, der Sie etwas Sand oder Kies beigemischt haben, um die Dränage zu verbessern. Düngen Sie im Frühjahr mit kalireichem Dünger und wässern Sie gut. Pflanzen Sie den Baum nach zwei Jahren in einen Container mit 60 cm Durchmesser um.

KIRSCHEN 129

Regelmäßige Pflege

- **WÄSSERN** Wässern Sie vor Kurzem gepflanzte Bäume und an einer Mauer erzogene Fächer regelmäßig, besonders bei trockenen Bedingungen. Wenn Sie sie austrocknen lassen und dann plötzlich wässern, können die Schalen der Früchte aufplatzen.
- **DÜNGEN** Geben Sie ab Februar reifen Kompost um die Pflanzen, organischen Volldünger ab März.
- **MULCHEN** Jäten Sie im März nach dem Düngen Unkraut. Verteilen Sie organischen Mulch um die Basis junger Bäume, lassen Sie direkt um den Stamm frei.
- **AUSDÜNNEN** Ist bei Kirschen nicht nötig.
- **NETZE** Vögel können Probleme bereiten: Im Winter fressen manche Arten die Blütenknospen und im Sommer die reifen Früchte. Netze über kleinen Bäumen und Fächern sind unbedingt nötig.
- **SCHUTZ VOR FROST** Bedecken Sie blühende junge Bäume, Säulenbäume und kleine Fächer nachts mit Vlies oder einem feinen Gewebe.

Ernte und Lagerung

Lassen Sie Kirschen am Baum völlig ausreifen, bevor Sie sie ernten – es sei denn, die Schalen platzen auf, dann sollten Sie sie gleich pflücken und verbrauchen. Schneiden Sie sie mit einer Schere ab, sodass die Stiele an den Früchten bleiben. Essen oder verarbeiten Sie Kirschen nach der Ernte möglichst bald. Gewaschen und trocken halten sie sich im Kühlschrank einen oder zwei Tage. Rote und schwarze Kirschen können Sie einfrieren, weiße und gelbe Sorten verlieren oft ihre Farbe.

Ertrag

Der Ertrag ist schwierig vorherzusagen, denn er variiert stark. Dies hängt unter anderem auch davon ab, ob Sie Vögel von den Früchten fernhalten. Diese Durchschnittsmengen können Sie jedoch von etablierten Bäumen erwarten:

- **BUSCHBAUM** Süßkirschen 15–40 kg, Sauerkirschen 15–20 kg.
- **PYRAMIDE** Süßkirschen 15–25 kg, Sauerkirschen 15–20 kg.
- **FÄCHER** 5–15 kg.
- **SÄULENBAUM** 2,5–7 kg.

(unten, von links nach rechts) **Nur mit Netzen** können Sie verhindern, dass Vögel Ihre Ernte stark dezimieren. **Schneiden Sie** reife Kirschen ab, sodass die Stiele intakt bleiben. Bleiben die Stiele am Baum, kann das zu Krankheiten führen.

(von links nach rechts) **Blütenknospen** und junge Blätter bilden sich gleichzeitig. **Die Blüten** sind anfällig für Frostschäden. **Früchte** bilden sich im späten Frühjahr. **Die Kirschen** sind reif.

Monat für Monat

Februar
- Verteilen Sie jetzt oder in den nächsten Monaten gut verrotteten, reifen Kompost um die Bäume.

März
- Letzte Chance, wurzelnackte Bäume zu pflanzen.
- Düngen Sie eingewachsene Bäume bei Bedarf mit organischem Volldünger.
- Jäten Sie nach dem Düngen Unkraut und verteilen Sie Mulch. Lassen Sie um den Stamm 10 cm frei.

April
- Schneiden Sie Bäume nach der Ruhezeit.
- Die meisten Kirschbäume blühen in diesem Monat. Schützen Sie die Blüten wenn möglich vor Frost.

Mai
- Wässern Sie neu gepflanzte und an Drähten erzogene Bäume regelmäßig.

Juni
- Schneiden Sie Fächer in diesem oder im nächsten Monat: Dünnen Sie neue Triebe aus und schneiden Sie unerwünschte zurück.
- Schützen Sie die Bäume mit Netzen vor Vögeln.
- Ernten Sie früh reifende Kirschsorten zum Ende des Monats.

Juli
- Nun können Sie die meisten Süßkirschen ernten.

August
- In diesem oder im nächsten Monat sind die meisten Sauerkirschen reif.
- Schneiden Sie nach der Ernte ein zweites Mal im Sommer. Dünnen Sie aus und entfernen Sie einen Teil des Holzes, das soeben getragen hat. Schneiden Sie Triebe zurück, die im Sommer nachgewachsen sind.
- Entfernen und vernichten Sie alle mit Monilia infizierten Früchte.

September
- Letzte Chance, zu schneiden, bevor die Ruhezeit wieder beginnt und das Risiko der Übertragung von Krankheitserregern steigt.

Oktober
- Umwickeln Sie die Stämme mit Leimringen, um die Bäume vor Befall mit Frostspannern zu schützen.

November
- Nun sind in spezialisierten Baumschulen neue wurzelnackte Bäume erhältlich. Sie können von nun an bis in den März pflanzen. Der November ist die beste Pflanzzeit.
- Rechen Sie kranke Blätter auf und vernichten Sie sie anschließend.

Kirschbäume schneiden und erziehen

Süß- und Sauerkirschbäume tragen unterschiedlich und werden deshalb auch unterschiedlich geschnitten. Süßkirschen tragen an der Basis des Neuaustriebs vom letzten Jahr und meistens an zweijährigem oder älterem Holz, Sauerkirschen tragen nur an letztjährigen Trieben. Schneiden Sie Kirschbäume nie im Winter in der Ruhezeit, sonst riskieren Sie eine Infektion mit Bleiglanz (siehe S. 325) oder Bakterienbrand (siehe S. 324). Warten Sie bis zur Wachstumsperiode im Frühjahr oder Sommer.

(von links nach rechts)
Sauerkirschbäume tragen am einjährigen Holz.
Süßkirschen entwickeln sich in Büscheln an der Basis einjähriger Triebe und an älterem Holz.

Süßkirsch-Buschbäume oder Pyramiden

Schneiden und erziehen Sie genauso wie einen Pflaumenbaum (siehe S. 114–115). Ziel ist ein Buschbaum mit offener Mitte und einem ausgeglichenen Astgerüst oder eine kegelförmige Pyramide. Ist der Baum etabliert, ist nur noch wenig zu schneiden. Entfernen Sie im April oder Mai totes, beschädigtes oder krankes Holz und dünnen Sie zu dichte Stellen aus.

Sauerkirsch-Buschbäume oder Pyramiden

Erziehung und Schnitt des jungen Baums geschieht genauso wie bei einem Pflaumenbaum (siehe S. 114–115). Nach drei oder vier Jahren aber, wenn sich die Grundform ausgebildet hat, kann man den Baum eher wie einen Pfirsichbaum behandeln (siehe S. 156). Sauerkirschen wie auch Pfirsiche tragen nur am Neuaustrieb des letzten Jahres, deshalb sollten Sie altes Holz entfernen. So fördern Sie neue Triebe, die im nächsten Jahr tragen. Schneiden Sie zweimal im Jahr: einmal im April, um auszudünnen und längere ältere Zweige auf junge Seitentriebe oder Blattknospen zu schneiden, und nochmals im Sommer nach der Ernte.

Sommerschnitt eines etablierten Sauerkirschbaums
AUGUST

- Schneiden Sie nach der Ernte bis ein Viertel der Triebe zurück, die in diesem Jahr getragen haben. Schneiden Sie auf einen neuen Seitentrieb zurück, sodass sich die Früchte nächstes Jahr weiter in der Baummitte bilden.
- Entfernen Sie totes, beschädigtes und krankes Holz.
- Dünnen Sie einige alte Seitentriebe aus, die nicht mehr tragen, vor allem wenn der Baum zu dicht ist.

Süßkirschfächer schneiden

Ziehen Sie den Baum an einer Süd- oder Südwestmauer oder einem Zaun. Ein kleiner Fächer benötigt 4 m Breite und 2 m Höhe, eine wüchsigere Sorte auf einer Colt-Unterlage mehr. Beginnen Sie mit einer Veredelung mit Seitentrieben oder einem zwei- oder dreijährigen vorgezogenen Fächer. Erziehen und schneiden Sie wie bei einem Pflaumenfächer (siehe S. 116–117).

Wenn der Fächer etwa vier Jahre alt ist und sich sein Astgerüst ausgebildet hat, schneiden Sie ihn weiter regelmäßig, bis zu dreimal im Jahr: im April, um unerwünschte neue Triebe zu entfernen, dann wieder im Juni oder Anfang Juli, um neue Triebe zu kürzen, und schließlich im September, um den Neuaustrieb des Sommers zurückzuschneiden.

- Entfernen Sie neue Triebe, die direkt nach außen oder zur Mauer hin wachsen.
- Schneiden Sie totes, beschädigtes und krankes Holz zurück.
- Schneiden Sie ältere Zweige, die zu groß sind oder zu dicht stehen, auf neue Seitentriebe zurück.

Frühjahrsschnitt eines etablierten Süßkirschfächers
APRIL

(rechts, von oben nach unten) **Im Frühjahr,** wenn die Wachstumsperiode beginnt, wachsen meistens einige kräftige, neue Triebe direkt nach außen oder zur Mauer oder dem Zaun hin. Schneiden Sie sie gleich zurück, sonst beschatten sie die Früchte und der Fächer sieht struppig und ungepflegt aus.

(von ganz links nach rechts) **Tote oder beschädigte** Triebe sind nicht nur unansehnlich, sondern auch ein mögliches Risiko. Sie sind anfällig für Krankheiten, die sich ausbreiten und gesundes Holz infizieren können. Entfernen Sie sie völlig.

Sommerschnitt eines etablierten Süßkirschfächers
JUNI–JULI und wieder im SEPTEMBER

- Wählen Sie neue Seitentriebe aus, die die Lücken im Astgerüst füllen, und binden Sie sie an.
- Schneiden Sie andere Seitentriebe auf 5–6 Blätter über dem Ansatz zurück.
- Schneiden Sie alle senkrechten Triebe zurück oder biegen Sie sie und binden sie waagrecht an.
- Schneiden Sie im September nach der Ernte alle Seitentriebe, die Sie zur Mitte des Sommers auf 5–6 Blätter zurückgeschnitten haben, auf nur 3 Blätter zurück.

(rechts, von oben nach unten) **Binden Sie** neue Triebe an, die Sie erhalten wollen. Schneiden Sie die übrigen zurück.

KIRSCHEN

Sauerkirschfächer schneiden

Einen Sauerkirschfächer können Sie fast auf die gleiche Weise pflanzen, erziehen und schneiden wie einen Pfirsichfächer (siehe S. 153). Wenn er etabliert ist, sollten Sie ihn zweimal im Jahr schneiden. Entfernen Sie im April altes Holz, um Neuaustrieb anzuregen, und schneiden Sie alle nach außen oder innen weisenden Triebe zurück. Schneiden Sie im August oder September nach der Ernte zum zweiten Mal: Bringen Sie den Baum in Form und schneiden Sie das diesjährige Fruchtholz zurück, denn es wird kein zweites Mal tragen.

In den ersten Jahren sollten Sie sich darauf konzentrieren, kräftige Seitenäste zu ziehen, die die Leitäste des Fächers bilden. Eine Lücke in der Mitte ist kein Grund zur Sorge, sie wird sich später schließen.

Sommerschnitt eines etablierten Sauerkirschfächers
AUGUST–SEPTEMBER

1. Schneiden Sie Triebe, die in diesem Jahr getragen haben, auf einen weiter unten gelegenen Seitentrieb zurück. Er wird im nächsten Jahr das Fruchtholz bilden.

2. Breiten Sie Triebe aus, die die Lücken im Astgerüst des Fächers füllen, und binden Sie sie an Rohre oder Drähte.

3. Entfernen Sie neue Triebe, die zu dicht, überkreuz oder direkt nach außen wachsen. So bleibt der Fächer flach an der Mauer.

Möglige Probleme

Knospen und Blüten

Blüten verfärben sich und sterben ab
Kirschen blühen früh im Jahr und Frost schädigt häufig die jungen Blüten.
- Siehe **Frost** (S. 316).

Blüten färben sich braun und welken
Erst färben sich die Blüten und dann die jungen Blätter braun, welken und sterben ab. Am wahrscheinlichsten ist der Verursacher derselbe Pilz, der Monilia hervorruft.
- Siehe **Blütenfäule** (S. 325) und **Monilia** (S. 328).

Vögel fressen die neuen Knospen
Vögel beschädigen oder fressen im Winter und im zeitigen Frühjahr die neuen Knospen, im Sommer die Früchte.
- Siehe **Vögel** (S. 341).

Blätter und Zweige

1 Junge Blätter sind eingerollt, verkrüppelt und klebrig
Bei Blattlausbefall rollen sich junge Blätter ein und verkrüppeln. Die Oberseiten sind klebrig vom Honigtau, den die Insekten abgeben, und ein rußgrauer Belag kann sich entwickeln. Bei schwerem Befall werden junge Triebe geschädigt.
- Siehe **Blattläuse** (S. 335).

2 Kleine braune Flecken oder Löcher in den Blättern
In den Blättern entwickeln sich kleine braune Flecken mit hellen Rändern, die zu runden Löchern werden. Das Laub kann sich gelb färben und verwelken. Verschiedene Pilzinfektionen können die Ursache sein, möglicherweise auch Bakterienbrand, wenn auch die Rinde abstirbt und an den eingesunkenen Stellen Gummifluss auftritt.
- Siehe **Bakterienbrand** (S. 324), **Pilzliche Blattfleckenkrankheiten** (S. 328), **Schrotschusskrankheit** (S. 329).

3 Unregelmäßige Löcher sind in die Blätter gefressen
Schmetterlingsraupen, die an den Blättern fressen, sind höchstwahrscheinlich die Verursacher. Einige Arten weben Seidengespinste und rollen sich in die Blätter ein.
- Siehe **Frostspanner** (S. 336).

4 Gelbe Blätter mit grünen Adern
Dies kann ein Anzeichen für einen Eisen- oder Manganmangel (Kalkchlorose) oder Magnesiummangel sein.
- Siehe **Eisenmangel** (S. 320), **Manganmangel** (S. 321), **Magnesiummangel** (S. 321).

5 Sich schlängelnde Linien auf den Blättern
Diese gelbbraunen Spuren, die an eine Schrift erinnern,

KIRSCHEN

entstehen, wenn winzige Schmetterlingsraupen in den Blättern fressen. Dabei hinterlassen sie Minen im Pflanzengewebe.
■ Siehe **Apfelblatt-Miniermotte** (S. 334).

6 Die Rinde oder die Äste sondern Gummi ab
Orangefarbenes Harz oder Gummi, der aus Ästen austritt, ist bei Kirschen nicht ungewöhnlich. Dies kann bei einer Verletzung oder bei schlechten Wachstumsbedingungen der Fall sein, aber auch ein Anzeichen für Bakterienbrand sein.
■ Siehe **Bakterienbrand** (S. 324).

Die Blätter erscheinen silbrig
Ein silbriger Glanz entwickelt sich auf den Blättern und die Triebe können absterben. Tritt das Problem lokal auf, kann es Bleiglanz sein. Ist der ganze Baum betroffen, kann es sich auch um eine Mangelerscheinung handeln.
■ Siehe **Bleiglanz** (S. 325).

Die Blätter welken und sterben ab, fallen aber nicht ab
Ein Pilz lässt die Blätter braun werden und absterben. Im Winter bleiben sie am Baum hängen.
■ Siehe **Blattbräune** (S. 324).

Kleine nacktschneckenartige Larven auf den Blättern
Gelbe Blattwespenlarven, die sich mit schwarzem Schleim tarnen, erinnern an Nacktschnecken. Sie sind unansehnlich, richten aber selten Schäden an.
■ Siehe **Blattwespenlarven** (S. 336).

Früchte

7 Unregelmäßige Löcher in den Früchten
Wespen und Fliegen fressen an den reifen Früchten, besonders wenn die Schale bereits Löcher oder Risse hat. Vögel können die ganze Ernte vertilgen.
■ Siehe **Vögel** (S. 341) und **Wespen** (S. 341).

8 Auf den Früchten bilden sich braune faule Stellen
Die reifen Früchte färben sich braun und konzentrische Ringe aus weißen oder cremeweißen Pilzen können sich entwickeln, manchmal um ein Loch in der Mitte. Die Früchte fallen entweder auf den Boden oder bleiben am Baum hängen und mumifizieren mit der Zeit.
■ Siehe **Monilia** (S. 328).

Risse in der Schale der Früchte
Ein häufiges Problem, das weder von einem Schädling noch von einer Krankheit verursacht wird. Der Grund ist plötzlicher starker Regen oder unregelmäßiges Wässern. Das Fruchtfleisch der Kirschen schwillt an, nachdem die Schale das Wachstum eingestellt hat.
■ Siehe **Regelmäßige Pflege** (S. 129).

Aprikosen

Aprikosen haben viel mit Pfirsichen und Nektarinen gemeinsam: Sie sind genauso saftig, schmecken ebenfalls herrlich und es ist auch nicht einfach, sie in kühl-gemäßigtem Klima anzubauen. Aprikosenbäume überstehen kalte Winter meistens gut, aber sie blühen sehr zeitig im Frühjahr. Wollen Sie Frostschäden an den Blüten vermeiden, ist es erforderlich, die Bäume zu schützen. Deshalb werden sie oft als Fächer an Mauern, im Container im Gewächshaus oder Folientunnel gezogen. In den letzten Jahren sind jedoch einige neue Sorten auf den Markt gekommen, die in kühlem Klima gedeihen, sodass die Erfolgschancen gestiegen sind. Sie wurden in Nordamerika und Frankreich gezüchtet und blühen später und üppiger als traditionelle Sorten, sodass das Risiko von Frostschäden geringer ist und sich mit größerer Wahrscheinlichkeit Früchte entwickeln. Wenn Sie nur einen Baum pflanzen, sollten Sie den Standort sorgfältig auswählen. Der Sommer muss lang und heiß sein, damit die Früchte völlig ausreifen. Einen Versuch ist es aber sicherlich wert.

Aprikosenbäume sind robuste Pflanzen, bringen in kühlen Regionen aber nur dann nennenswerten Ertrag, wenn Sie sie an einer warmen Mauer ziehen. Die Früchte halten sich nicht sehr lang, verbrauchen Sie sie deshalb bald nach dem Pflücken. 'Flavorcot' (hier abgebildet) ist eine zuverlässige Spätsommersorte.

Welche Formen können Sie ziehen?

- **Buschbäume und Pyramiden** Geeignet nur für warmes Klima, es sei denn, Sie ziehen eine Zwergsorte im Kübel.
- **Fächer** An einer geschützten, sonnigen Mauer die beste Wahl für gemäßigtes Klima.

Beliebte Aprikosen

1 'Alfred'
Eine verlässliche Sorte mit attraktiv orangefarbenem Fleisch. Die Früchte sind süß, saftig und mittelgroß. Dünnen Sie sie aus, sonst trägt der Baum womöglich nur jedes zweite Jahr.
■ **Ernte** Ende Juli–Anfang August

2 'Tomcot'
Diese in Frankreich gezüchtete Sorte gedeiht in kühlerem Klima gut. Auch sie blüht spät und bringt mehr Blüten hervor als die meisten Aprikosen. Die Früchte schmecken herrlich, haben eine attraktive Farbe und können groß werden.
■ **Ernte** Ende Juli–Anfang August

3 'Petit Muscat'
Wie der Name vermuten lässt, sind die Früchte klein, aber mit intensivem Geschmack und sehr kleinem Stein.
■ **Ernte** August

4 'Moorpark'
Diese alte Sorte ist noch immer beliebt. Die großen, saftigen orangeroten Früchte reifen relativ spät. Die nah verwandte 'Early Moorpark' ist ähnlich, die Früchte sind aber früher reif.
■ **Ernte** Ende August

5 'Flavorcot'
Wie 'Tomcot' wurde diese moderne Sorte für kühleres Klima gezüchtet. Sie blüht relativ spät und üppig, deshalb ist eine gute Ernte wahrscheinlicher. Die großen Früchte schmecken hervorragend.
■ **Ernte** Ende Juli–Anfang August

'Hargrand' (nicht abgebildet)
Diese in Kanada gezüchtete Sorte ist sehr widerstandsfähig gegen Krankheiten und Blütenfröste. Sie trägt große, mattorange, sehr schmackhafte Früchte.
■ **Ernte** Ende Juli–Anfang August

'New Large Early' (nicht abgebildet)
Diese Sorte aus dem 19. Jahrhundert reift früh und hat einen guten Geschmack. Die großen ovalen Früchte haben eine dünne hellgelbe Schale.
■ **Ernte** Juli

Aprikosen anbauen

Es ist nicht schwierig, Aprikosen anzubauen – in mancher Hinsicht sind sie unkomplizierter als Pfirsiche und Nektarinen, da sie weniger anfällig für Schädlinge und Krankheiten sind. Die Kräuselkrankheit des Pfirsichs zum Beispiel befällt sie selten. Die beiden wichtigsten Bedürfnisse von Aprikosenbäumen sind ein sonniger, warmer Standort und Schutz vor Spätfrösten. Für beides können Sie sorgen, wenn Sie sie als Fächer an einer Mauer oder in einem Kübel ziehen.

Das Jahr auf einen Blick

	Frühjahr			Sommer			Herbst			Winter		
	M	A	M	J	J	A	S	O	N	D	J	F
wurzelnackt									▬	▬	▬	▬
Containerware	▬	▬	▬	▬	▬	▬	▬	▬	▬	▬	▬	▬
Frühjahrsschnitt	▬	▬										
Sommerschnitt					▬	▬						
Ernte					▬	▬						

Wann wird gepflanzt?
■ WURZELNACKTE BÄUME Pflanzen Sie von November bis März in der Ruhezeit, außer der Boden ist staunass oder gefroren. Der November ist der ideale Monat.

■ CONTAINERWARE Grundsätzlich können Sie zu jeder Jahreszeit pflanzen, am besten aber im Herbst. Meiden Sie heiße, trockene Wochen im späten Frühjahr und Sommer.

Blüte und Bestäubung
Aprikosenbäume blühen sehr früh im Jahr, meistens sogar früher als Pfirsiche und Nektarinen. Deshalb ist Schutz vor Frösten wichtig und eine Handbestäubung zu empfehlen (siehe S. 148). Die Bäume sind jedoch selbstfertil, auch ein einzelner Baum trägt Früchte.

Schutz der Blüten im zeitigen Frühjahr
Die Blüten brauchen Schutz vor Frösten und sollten nachts mit Vlies, Leinensäcken oder Folie bedeckt werden. Entfernen Sie die Abdeckung tagsüber oder lassen Sie sie an den Seiten offen, sodass bestäubende Insekten, die früh im Jahr aktiv sind, hineingelangen.

Bäume auswählen
Junge Bäume werden entweder wurzelnackt oder im Container angeboten. Bäume mit nackten Wurzeln sind nur im Herbst und Winter erhältlich, Containerware während des ganzen Jahres. Die meisten Bäume wurden den mittelstark wüchsigen Unterlagen St. Julien A oder Torinel oder der halbzwergigen Pixy aufgepfropft.

Schützen Sie die zarten Aprikosenblüten vor Frost und Regen. Dieser Schutz für an einer Mauer gezogene Aprikosenbäume ist mit wasserdichter Folie bespannt. Die Seiten sind offen, so gelangen bestäubende Insekten hinein.

BAUMOBST

Lassen Sie Aprikosen so lange wie möglich ausreifen. Pflücken Sie sie, wenn sie etwas weich und möglichst süß sind. Am besten verzehren Sie sie gleich.

Wo wird gepflanzt?
Frei stehende Buschbäume und Pyramiden brauchen einen sonnigen, geschützten Standort. Ein Hang kann geeignet sein, pflanzen Sie aber nicht in Frostsenken. Erziehen Sie in kühlem Klima einen Fächer an einer Süd- oder Südwestmauer oder ziehen Sie den Baum im Kübel oder unter Glas.

Boden
Aprikosenbäume mögen tiefgründigen, durchlässigen Boden mit neutralem oder leicht alkalischem pH-Wert von 6,7–7,5. Sandige oder kalkhaltige Böden sind nicht geeignet, es sei denn, sie wurden mit organischem Material angereichert.

Wie wird gepflanzt?
Arbeiten Sie ein bis zwei Monate vor dem Pflanzen viel gut verrotteten Kompost oder Mist ein. Befestigen Sie waagrechte Drähte mit etwa 30 cm Abstand an der Mauer oder dem Zaun, bevor Sie einen Fächer ziehen. Beim Pflanzen sollten die Erdspuren am Stamm auf gleicher Höhe mit der Bodenoberfläche sein.

Pflanzabstände
- BUSCHBÄUME 3–5,5 m.
- FÄCHER 4–5 m.

Bäume in Kübeln
Verschiedene Zwergsorten sind als kompakte Bäume erhältlich, die man im Kübel ziehen kann. Verwenden Sie Komposterde mit Lehmanteil, der etwas Sand oder Kies beigemischt wurde, um die Dränage zu verbessern. Düngen Sie im Frühjahr und Sommer mit einem Flüssigdünger und halten Sie den Kübel gut feucht. Füllen Sie einmal im Jahr frische Erde auf und pflanzen Sie alle zwei Jahre in einen größeren Kübel um. Stellen Sie die Bäume im Spätwinter und Frühjahr unter Glas, um sie vor Frost zu schützen und im Sommer an eine warme, sonnige Stelle.

Regelmäßige Pflege
- SCHUTZ VOR FROST Bäume im Freien müssen nachts abgedeckt werden, damit die Blüten bei Frost keinen Schaden nehmen.
- WÄSSERN Wässern Sie im Frühjahr und Sommer regelmäßig, besonders neu gepflanzte junge Bäume und an Mauern gezogene Fächer.
- DÜNGEN Verteilen Sie ab Februar reifen Kompost, bei Bedarf ab März organischen Volldünger.
- MULCHEN Jäten Sie im März nach dem Düngen Unkraut und mulchen Sie um die Bäume.
- FRÜCHTE AUSDÜNNEN Dünnen Sie in guten Jahren die Früchte so aus, dass sie etwa 8–10 cm Abstand haben.
- NETZE Vögel können im Sommer, wenn die Früchte reifen, Probleme bereiten. Decken Sie wenn nötig Fächer und Bäume in Kübeln ab. Bei großen Bäumen, die man nicht völlig mit Netzen bedecken kann, können Sie einzelne Äste einhüllen.

Ernte und Lagerung
In den meisten Regionen werden Aprikosen im Juli oder August geerntet. So können Sie prüfen, ob sie reif sind: Nehmen Sie eine Frucht in die Hand und drehen Sie sie vorsichtig. Lässt sie sich leicht pflücken, ist sie reif. Aprikosen halten sich je nach Reifegrad gekühlt mehrere Tage lang, am besten schmecken sie aber gleich nach dem Pflücken. Wollen Sie sie länger aufbewahren, so entsteinen Sie sie und kochen oder gefrieren sie ein.

Ertrag
Der Ertrag ist schwierig einzuschätzen, denn er variiert je nach Baum und Jahr. Diese Mengen können Sie im Schnitt erwarten:
- BUSCHBAUM 10–25 kg.
- FÄCHER 7–15 kg.

Monat für Monat

Februar
- Stellen Sie Bäume in Kübeln unter Glas.
- Verteilen Sie ab Februar reifen Kompost um die Bäume.

März
- Die letzte Chance, wurzelnackte Bäume zu pflanzen.
- Düngen Sie ältere Bäume mit organischem Volldünger.
- Jäten Sie Unkraut um die Bäume und mulchen Sie.
- In einem warmen Frühjahr können sich die Knospen bereits Ende des Monats öffnen.

April
- Die Blüten öffnen sich. Schützen Sie sie vor Frost und bestäuben Sie sie wenn nötig von Hand.
- Schneiden Sie neu gepflanzte Bäume und junge Fächer in diesem oder im nächsten Monat.
- Schneiden Sie etablierte Fächer in diesem und im nächsten Monat.
- Beginnen Sie, die Früchte auszudünnen, wenn sie sich bilden.

Mai
- Wässern Sie regelmäßig und jäten Sie Unkraut.
- Düngen Sie mit Flüssigdünger, während die Früchte sich von jetzt an bis zum August entwickeln.

Juni
- Schließen Sie das Ausdünnen der jungen Früchte ab.
- Beginnen Sie bei jungen, zu Fächern erzogenen Bäumen neue Seitentriebe anzubinden und schneiden Sie unerwünschte Triebe zurück.
- Schneiden Sie bei erwachsenen Buschbäumen alte Äste heraus, die kaum noch tragen, und entfernen Sie einige der Triebe, die im letzten Jahr getragen haben.

Juli
- Frühe Sorten sind reif und können geerntet werden.

August
- Ernten Sie mittelspäte und späte Sorten.
- Schneiden Sie erwachsene Fächer nach der Ernte.

September
- Schließen Sie den Schnitt ab, bevor die Ruhezeit beginnt.

November
- Dies ist der beste Monat, um neue wurzelnackte Bäume zu kaufen und zu pflanzen: Der Boden ist noch warm und die Bäume können einwachsen, bevor im nächsten Februar die Wachstumsperiode wieder beginnt.

(von oben nach unten) **Die Blütenknospen** können sich schon zum Ende des Winters öffnen. **Die Blätter** erscheinen, wenn die Blüten verwelken. **Die Früchte** brauchen viel Wärme und Sonne, um auszureifen.

Aprikosenbäume schneiden und erziehen

Aprikosen werden wie Pfirsiche, Kirschen und andere Steinfrüchte im Frühjahr oder Sommer geschnitten, nicht im Winter. Fließt der Saft im Baum – in der Vegetationszeit –, verheilen die Wunden schneller und Krankheitserreger können nicht an den Schnittstellen eindringen. Im Winter ist das Risiko einer Infektion mit Bleiglanz (siehe S. 325) und Bakterienbrand (siehe S. 324) hoch. Wie Pflaumen tragen Aprikosen am vorjährigen Holz sowie an älterem Quirlholz.

Buschbäume und Pyramiden schneiden

Schneiden und erziehen Sie Buschbäume und Pyramiden genauso wie Pflaumenbäume (siehe S. 114). Beim Buschbaum ist hier das Ziel eine offene Mitte und ein ausgeglichenes Grundgerüst, bei dem die Äste deutliche Abstände haben. Die Pyramide sollte kegelförmig sein, sodass das Licht zu allen Ästen gelangen kann. Wenn die Bäume etabliert sind, schneiden Sie sie nur einmal im Jahr im Frühsommer.

Einen Aprikosenfächer schneiden

Ein neu gepflanzter Fächer wird genauso erzogen und geschnitten wie ein Pfirsichfächer (siehe S. 152–153). Kürzen Sie die Mitteltriebe der Hauptäste im April leicht und dünnen Sie dann aus. Schneiden Sie neue Triebe von Juni bis September zurück oder binden Sie sie an. Ist der Fächer erwachsen, schneiden Sie ihn wie einen Pflaumenfächer (siehe S. 116).

1 Kneifen Sie im Frühjahr zu dichte neue Triebe aus. Sie sollten mindestens 20 cm Abstand haben.

2 Entfernen Sie alle neuen Triebe völlig, die nach unten, ganz zur Mauer hin oder direkt nach außen wachsen.

3 Wählen Sie neue Triebe aus, die Sie erhalten wollen, und binden Sie sie an, sodass sie alle Lücken füllen.

4 Kürzen Sie im Frühsommer die Triebe, die sich nicht stärker entwickeln sollen. Schneiden Sie sie auf 5 oder 6 Blätter über dem Ansatz zurück.

5 Schneiden Sie nach der Ernte die Triebe, die Sie im Frühsommer auf 5 oder 6 Blätter zurückgeschnitten haben, auf 3 Blätter zurück. Schneiden Sie deren neue Seitentriebe auf 1 Blatt zurück.

Mögliche Probleme

Knospen und Blüten

Blüten verfärben sich und sterben ab
Aprikosenbäume blühen früher im Jahr als die meisten anderen Obstbäume. Daher sind sie auch häufiger durch Fröste gefährdet.
■ Siehe Frost (S. 316).

Blüten färben sich braun und welken
Erst färben sich die Blüten, dann die jungen Blätter braun und verwelken. Blütenfäule wird von einem Pilz hervorgerufen, der nah mit dem Pilz verwandt ist, der Monilia hervorruft.
■ Siehe Blütenfäule (S. 325) und Monilia (S. 328).

Blätter und Zweige

1 Blätter und Zweige verwelken und färben sich braun
Triebsterben kommt bei Aprikosen recht häufig vor. Die jungen Triebe, Blätter und Zweige welken, werden braun und sterben ab. Ursache ist meist ein Pilz, die Schäden können sich verschlimmern, wenn der Baum bereits gestresst ist, etwa durch Frostschäden, Wassermangel oder Nährstoffmangel.
■ Siehe Triebsterben (S. 330).

2 Kleine Flecken und Löcher auf den Blättern
Auf den Blättern entwickeln sich kleine braune Flecken mit hellen Rändern, die zu runden Löchern werden. Das Laub kann sich gelb färben und verwelken. Verschiedene Pilzinfektionen können die Ursache sein, möglicherweise auch Bakterienbrand, wenn auch die Rinde abstirbt und hell- bis braunfarbener Gummi austritt.
■ Siehe Bakterienbrand (S. 324) und Schrotschusskrankheit (S. 329).

Blätter eingerollt und gelbgrün
Wenn Blattläuse an der Blattunterseite Saft saugen, können die Blätter sich einrollen oder verkrüppeln. Oft sind sie außerdem klebrig von Honigtau.
■ Siehe Blattläuse (S. 335).

Blätter fleckig und bronzefarben
Die Oberseiten der Blätter weisen hellgelb-bronzefarbene Flecken auf, dann beginnen sie auszutrocknen und abzusterben. Dies kann ein Anzeichen für Rote Spinnmilben sein. Bei schwerem Befall finden Sie oft ein feines Seidengespinst.
■ Siehe Rote Spinnmilbe (S. 339).

Blätter erscheinen silbrig
Ein silbriger Schimmer entwickelt sich auf den Blättern, die Triebe und Äste beginnen abzusterben. Tritt dies lokal auf, kann es sich um Bleiglanz handeln. Ist der ganze Baum betroffen, ist es wahrscheinlich eine Mangelerscheinung.
■ Siehe Bleiglanz (S. 325).

Kleine braune, muschelähnliche Insekten auf den Ästen
Schildläuse findet man auf Trieben und Zweigen, vor allem bei unter Glas gezogenen Pflanzen. Sie sind oval und mit einem gewölbten Panzer bedeckt.
■ Siehe Schildläuse (S. 340).

Früchte

3 Rotbraune Flecken auf Früchten
Masernartige Flecken, vor allem in Verbindung mit durchlöcherten Blättern, können ein Anzeichen für die sogenannte Schrotschusskrankheit sein.
■ Siehe Schrotschusskrankheit (S. 329).

4 Löcher in Früchten
Vögel, Wespen, Fliegen und andere Insekten fressen reife Früchte. Sie picken oder beißen Löcher in die Schale oder vergrößern bestehende Löcher, sodass die Früchte schneller verfaulen.
■ Siehe Vögel (S. 341) und Wespen (S. 341).

Früchte mit braunen faulen Stellen
Monilia wird von einem Pilz hervorgerufen, der Früchte durch Löcher in der Schale infiziert. Sie färben sich braun, und konzentrische Ringe mit weißen Pilzsporen können sich entwickeln.
■ Siehe Monilia (S. 328).

Pfirsiche und Nektarinen

Pfirsiche stammen vermutlich aus China. Konfuzius schrieb im 1. Jahrhundert v. Chr. über die Früchte und bereits Jahrhunderte zuvor stellte man sie in Gemälden dar. Die Griechen und Römer bauten sie an – aber erst im 16. Jahrhundert gelangten sie nach Mitteleuropa. In Nordamerika kultivierte man sie sogar noch später, im 17. Jahrhundert. Die Nektarinen mit ihrer glatten Schale, die ähnlich schmecken, sind vermutlich eine zufällige Mutation des Pfirsichs.

In kühlem Klima ist der Anbau von Pfirsichen oft eine Herausforderung. Überraschenderweise sind aber nicht die kalten Winter das Problem: Die Bäume sind recht winterhart und brauchen in der Ruhezeit eine Kälteperiode, um Früchte zu tragen. Fröste im Frühjahr schädigen jedoch die zarten Blüten, die sich früh öffnen. Bekommen die Früchte im Sommer zu wenig Wärme und Sonne, reifen sie nicht ganz aus. In warmen, sonnigen Regionen mit heißen Sommern können Sie Pfirsiche und Nektarinen problemlos anbauen. Anderswo sollten Sie sie geschützt, wie an einer Südmauer, im Kübel oder unter Glas kultivieren.

Damit Pfirsiche im Freien ausreifen, brauchen sie einen geschützten Standort und einen warmen Sommer. Nektarinen gedeihen unter ähnlichen Bedingungen. Wenn Sie diese nicht bieten können, dann ziehen Sie kompakte Sorten in Kübeln und bringen Sie sie an eine warme, sonnige Stelle, wenn sie die Wärme brauchen.

Welche Formen können Sie ziehen?

- **Buschbäume und Pyramiden** gedeihen am besten in warmem Klima oder als Zwergsorten in einem Kübel.
- **Fächer** Ein zum Fächer erzogener Baum an einer geschützten sonnigen Mauer ist die beste Wahl für gemäßigtes Klima.

Beliebte Pfirsiche und Nektarinen

1 'Fantasia'
Nektarine
Leicht anzubauen, resistent gegen Frost und Obstbaumkrebs. Große Früchte mit gelbem Fleisch und gutem Geschmack.
▪ **Ernte** August

2 'Garden Lady'
Pfirsich
Eine Zwergsorte, die kompakten Bäume eignen sich sehr gut für Container.
▪ **Ernte** Juli–August

3 'Bonanza'
Pfirsich
Eine Zwergsorte, die in Kalifornien zur Kultur im Container gezüchtet wurde. Eine gute Wahl für eine sonnige Terrasse oder einen Balkon.
▪ **Ernte** August

4 'Duke of York'
Pfirsich
Eine frühe, verlässliche Sorte, die häufig angebaut wird. Große, schmackhafte Früchte mit gelbem Fruchtfleisch.
▪ **Ernte** Juli

5 'Red Haven'
Pfirsich
Eine robuste Sorte, auch geeignet als Fächer. Die Früchte haben festes gelbes Fleisch, sind sehr aromatisch. Bedingt resistent gegen die Kräuselkrankheit.
▪ **Ernte** August

6 'Lord Napier'
Nektarine
Wahrscheinlich die bekannteste und am häufigsten angebaute Nektarine gemäßigter Regionen. Bei den richtigen Bedingungen trägt sie große, saftige Früchte mit weißem Fleisch.
▪ **Ernte** August

7 'Peregrine'
Pfirsich
Eine beliebte englische Sorte mit weißem Fruchtfleisch und ausgezeichnetem Geschmack. Verlässlich, ertragreich.
▪ **Ernte** August

PFIRSICHE UND NEKTARINEN 147

8 'Hale's Early'
Pfirsich
Eine frühe Sorte, die schon Mitte Juli reif sein kann. Die Früchte sind hellgelb mit roten Stellen. In guten Jahren ist ein Ausdünnen unbedingt notwendig.
■ **Ernte** Juli

'Avalon Pride' (nicht abgebildet)
Pfirsich
Eine moderne Sorte, resistent gegen die Kräuselkrankheit. Wurde zufällig als Sämling in Washington State, USA, entdeckt. Süß, saftig, gelbes Fleisch.
■ **Ernte** August

'Early Rivers' (nicht abgebildet)
Nektarine
Es lohnt sich, diese Nektarine bei einem spezialisierten Anbieter zu beziehen, denn die Früchte reifen früh, oft schon Mitte oder Ende Juli. Meist guter Ertrag, hellgelb-rote Schale und saftiges, gelbes Fleisch.
■ **Ernte** Juli

'Nectarella' (nicht abgebildet)
Nektarine
Eine Zwergsorte, die leicht anzubauen ist und selten höher als 1,5 m wird. Sie können sie im Freien oder im Kübel pflanzen. Ertragreich, große, schmackhafte Früchte.
■ **Ernte** August

'Nektarose' (nicht abgebildet)
Nektarine
Ein frostharter Baum, widerstandsfähig gegenüber der Kräuselkrankheit. Er trägt süße, weißfleischige Früchte mit hervorragendem Aroma. Ihre Schale ist fast ganz dunkelrot überzogen.
■ **Ernte** Ende August

'Redwing' (nicht abgebildet)
Pfirsich
Die großen Früchte färben sich tiefrot, wenn sie reifen, und entwickeln eine saftige Süße. 'Redwing' blüht spät und ist deshalb weniger anfällig für Blütenfröste. Nur für mildes Klima geeignet.
■ **Ernte** Mitte September

'Amsden' (nicht abgebildet)
Pfirsich
Eine der frühesten Pfirsichsorten. Ein widerstandsfähiger Baum, wenig anfällig für die Kräuselkrankheit, Blüten wenig anfällig für Nachtfröste.
■ **Ernte** August

'Saturne' (nicht abgebildet)
Pfirsich
Ein ungewöhnlich flacher Pfirsich, der aus China stammt. Hervorragender honigsüßer Geschmack. Frostverträglich, braucht aber einen warmen, sonnigen Standort, um völlig auszureifen.
■ **Ernte** August

Pfirsiche und Nektarinen anbauen

Pfirsiche sind etwas leichter anzubauen als Nektarinen und der Ertrag ist höher, zumindest in kühl-gemäßigten Regionen. Beide Bäume brauchen Wärme, Sonne und einen windgeschützten Standort. Können Sie dies nicht bieten, so überlegen Sie, statt eines frei stehenden Baums einen Fächer an einer Mauer zu erziehen oder pflanzen Sie einen Baum im Kübel, den Sie unter Glas bringen können.

Das Jahr auf einen Blick

	Frühjahr			Sommer			Herbst			Winter	
	M	A	M	J	J	A	S	O	N	D	J	F
wurzelnackt	▬	▬							▬	▬	▬	▬
Containerware	▬	▬	▬	▬	▬	▬	▬	▬	▬	▬	▬	▬
Frühjahrsschnitt	▬	▬										▬
Sommerschnitt				▬	▬	▬						
Ernte					▬	▬	▬					

Blüte und Bestäubung
Pfirsich- und Nektarinenbäume sind meist selbstfertil. Das bedeutet, dass ein einzeln gepflanzter Baum sich selbst bestäuben kann und keinen Pollen von benachbarten Bäumen braucht. Die Blüten öffnen sich jedoch früh im Jahr, wenn womöglich noch keine Insekten unterwegs sind. Dann ist Handbestäubung notwendig.

Bestäuben Sie Pfirsiche von Hand, wenn noch keine Insekten unterwegs sind. Übertragen Sie den Pollen mit einem weichen Pinsel von einer Blüte zur anderen.

Auswahl der Bäume
Die Bäume werden wurzelnackt oder als Containerware angeboten. Wurzelnackte Bäume sind meist nur im Winter erhältlich, Containerware kann man das ganze Jahr über kaufen. Die meisten Bäume werden als Veredelungen auf mittelstark wüchsigen St. Julien A-Unterlagen angeboten, ähnlich wie viele Pflaumen.

Wann wird gepflanzt?
■ WURZELNACKTE BÄUME Pflanzen Sie ab November bis ins Frühjahr, wenn der Boden nicht staunass oder gefroren ist.
■ CONTAINERWARE Theoretisch können Sie zu jeder Jahreszeit pflanzen, nicht in heißen und trockenen Perioden im Sommer.

Wo wird gepflanzt?
Wählen Sie eine warme, sonnige Stelle, wo die Bäume vor starkem Wind geschützt sind. Erziehen Sie in kühl-gemäßigten Regionen einen Fächer an einer Südmauer. Meiden Sie Frostsenken. Ziehen Sie die Bäume ansonsten in Kübeln oder unter Glas.

Boden
Die Bäume brauchen tiefgründigen, fruchtbaren durchlässigen Boden mit leicht saurem pH-Wert von 6,5–7,0 und mögen keine Staunässe.

Wie wird gepflanzt?
Bereiten Sie den Boden einen oder zwei Monate vorher vor: Arbeiten Sie viel gut verrotteten Kompost

(von links nach rechts) **Im Frühjahr öffnen sich** die Blüten sehr früh, meist im April. Im Freien müssen Pfirsiche und Nektarinen oft während der Blütezeit vor Frost geschützt werden. **Ein Regenschutz aus Plastik** über einem Fächer ist zwar nicht attraktiv, aber ohne Schutz ist das Risiko einer Infektion mit der Kräuselkrankheit, die vom Regen übertragen wird, hoch (siehe S. 327).

oder Stallmist ein. Bringen Sie waagrechte Drähte mit 30 cm Abstand an der Mauer oder dem Zaun an, bevor Sie einen Fächer ziehen.

Pflanzabstände
- BUSCHBÄUME und PYRAMIDEN 5–6 m.
- FÄCHER 4–5 m.

Pfirsiche und Nektarinen im Kübel
Kompakte Zwergsorten werden angeboten, die sich für Kübel gut eignen. Es hat Vorteile, Pfirsiche und Nektarinen in Kübeln zu kultivieren. Vor allem sind sie dann beweglich: Sie können sie nach drinnen bringen, um sie vor Frost und der Kräuselkrankheit zu schützen. Und Sie können sie in den wärmsten, sonnigsten Teil des Gartens oder der Terrasse stellen, wenn die Früchte reifen.

Beginnen Sie mit einem Kübel mit 38–45 cm Durchmesser und füllen Sie ihn mit lehmbasierter Komposterde, der Sie etwas Sand oder Kies beigemischt haben, um die Dränage zu verbessern. Düngen Sie im Frühjahr und Sommer mit kalireichem Dünger und halten Sie den Kübel gut feucht. Füllen Sie einmal im Jahr frisches Substrat auf und pflanzen Sie alle zwei Jahre in einen größeren Container um.

Kultur unter Glas
In kühl-gemäßigtem Klima sind die Sommer oft nicht so warm, dass Pfirsiche und Nektarinen im Freien reif werden. Es gibt jedoch eine lange Tradition, sie unter Glas zu ziehen. Wenn Sie Pfirsiche oder Nektarinen in einem Gewächshaus ziehen, sollte es nicht beheizt sein. Die Bäume brauchen eine Kälteperiode in der Ruhezeit. Sie benötigen nährstoffreichen, fruchtbaren Boden, viel Wasser und hohe Luftfeuchtigkeit, sowohl vor als auch nach der Blüte. Die Blüten müssen womöglich von Hand bestäubt werden.

Regelmäßige Pflege
- WÄSSERN Wässern Sie im Frühjahr und Sommer regelmäßig, besonders an Mauern erzogene Fächer, die schnell austrocknen.
- DÜNGEN Geben Sie ab Februar reifen Kompost. Wässern Sie die Bäume von Mai bis August, wenn

sich die Früchte entwickeln, mit einem verdünnten kalireichen Tomatendünger oder einem ähnlichen Flüssigdünger.
■ MULCHEN Jäten Sie im März nach dem Düngen Unkraut und mulchen Sie um die Basis junger Bäume.
■ NETZE Vögel können im Sommer Probleme bereiten. Große Bäume lassen sich kaum mit Netzen bedecken, bei Fächern ist es einfacher.
■ SCHUTZ VOR FROST Bäume im Freien müssen im Frühjahr nachts mit Vlies bedeckt werden, um die Blüten vor Frostschäden zu schützen.
■ REGENSCHUTZ Eine Plastikabdeckung hält Regen von Dezember bis Mai von Knospen und Blüten ab und vermindert das Risiko einer Infektion mit der Kräuselkrankheit (siehe S. 327).

Pfirsiche brauchen ausreichend Platz: Dünnen Sie sie bereits etwa im Mai aus, wenn sich die Früchte soeben gebildet haben. Je weniger am Baum sind, desto größer werden sie.

(von links nach rechts) **Dünnen Sie Pfirsiche und Nektarinen** in zwei Schritten aus: einmal im Mai und einmal im Juni. Lassen Sie beim ersten Mal eine Frucht pro Büschel hängen. Entfernen Sie beim zweiten Mal Früchte, die immer noch zu dicht hängen.

Ausdünnen von Pfirsichen
Pfirsiche sowie Nektarinen müssen ausgedünnt werden, sonst wachsen sie nicht zu ihrer vollen Größe heran. Dünnen Sie auf eine Frucht pro Büschel aus, wenn die Früchte noch sehr klein sind, und vergrößern Sie die Abstände, wenn sie größer sind. Pfirsiche sollten 20–25 cm Abstand haben, Nektarinen 15 cm.

Ernte und Lagerung
Die Früchte können geerntet werden, wenn sie oben um den Stiel ein wenig weich sind. Nehmen Sie eine in die Hand und drehen Sie sie vorsichtig. Löst sie sich nicht leicht ab, dann lassen Sie sie noch eine Weile am Baum. Kühl gelagert halten sich Pfirsiche und Nektarinen ein paar Tage lang. Wenn Sie sie jedoch länger lagern wollen, sollten Sie sie entsteinen und einkochen oder einfrieren.

Ertrag
Der Ertrag variiert von Baum zu Baum und ist schwierig vorherzusagen. Diese durchschnittlichen Mengen können Sie erwarten:
■ BUSCHBAUM 14–27 kg.
■ FÄCHER 4,5–11 kg.

Monat für Monat

Februar
- Stellen Sie Bäume im Container unter Glas.
- Verteilen Sie ab Februar reifen Kompost um die Bäume.

März
- Es ist noch Zeit, wurzelnackte Bäume zu pflanzen. Wenn Sie in einer sehr kalten Region leben, ist Frühjahrspflanzung günstig. Sonst kann das Holz des jungen Baums nach Herbstpflanzung Frostschäden erleiden.
- Besprühen Sie bei Bedarf die Bäume mit einem Fungizid auf Kupferbasis, um das Risiko einer Infektion mit der Kräuselkrankheit zu vermindern. Spritzen Sie beim Knospenschwellen, aber vor dem Öffnen der Knospen.
- Jäten Sie Unkraut und mulchen Sie um die Bäume.
- Schneiden Sie neu gepflanzte Bäume und junge Fächer in diesem oder im nächsten Monat.

April
- Die Blüten öffnen sich. Schützen Sie sie vor Frost und bestäuben Sie sie wenn nötig von Hand.
- Schneiden Sie erwachsene Fächer in diesem und im nächsten Monat.

Mai
- Beginnen Sie, die Früchte auszudünnen, wenn sie größer werden.
- Jäten Sie Unkraut und wässern Sie regelmäßig.
- Düngen Sie mit einem Flüssigdünger, wenn sich die Früchte von nun an bis in den August entwickeln.

Juni
- Schließen Sie das Ausdünnen der jungen Früchte ab.
- Beginnen Sie bei jungen zu Fächern erzogenen Bäumen, neue Seitentriebe anzubinden und schneiden Sie unerwünschte Triebe zurück.
- Schneiden Sie bei etablierten Bäumen alte, unproduktive Äste heraus und entfernen Sie Holz, das im letzten Jahr getragen hat.

Juli
- Frühe Sorten können Sie jetzt ernten.

August
- Ernten Sie mittelspäte und späte Sorten.
- Schneiden Sie eingewachsene Fächer nach der Ernte.

September
- Schließen Sie den Schnitt ab, bevor die Ruhezeit beginnt.

November
- Nun beginnt die Pflanzzeit für wurzelnackte Bäume.

Dezember
- Schützen Sie mit einer Plastikabdeckung vor der Kräuselkrankheit.

(von oben nach unten) **In einem warmen Frühjahr** öffnen sich die Knospen bereits ab Ende März. **Handbestäubung** ist oft nötig. **Die Früchte** an diesem Fächer wurden bis auf eine pro Büschel ausgedünnt. **Nektarinen** reifen im Hoch- oder Spätsommer.

Pfirsiche und Nektarinen schneiden und erziehen

Warten Sie wie bei Pflaumen, Kirschen und anderen Steinfrüchten bis zum Frühjahr, wenn die neue Wachstumsperiode begonnen hat. Schneiden Sie nicht im Winter, denn sonst riskieren Sie eine Infektion mit Bleiglanz (siehe S. 325) und Bakterienbrand (siehe S. 324). Pfirsiche und Nektarinen tragen am vorjährigen Holz. Ziel ist es deshalb, Triebe zu entfernen, die bereits getragen haben, sodass Neuaustrieb gefördert wird, der im folgenden Jahr trägt.

Pfirsiche brauchen viel Platz, dünnen Sie deshalb bereits etwa im Mai aus, wenn sich die Früchte gebildet haben und noch klein sind. Je weniger Früchte sich an einem Trieb entwickeln, desto größer werden sie.

Einen Fächer schneiden

Ziehen Sie den Fächer an einer Südwestmauer oder einem Zaun. Sie benötigen 4 m Breite und 2 m Höhe. Sie können mit einer geeigneten Veredelung mit Seitentrieben oder einem zwei- oder dreijährigen vorgezogenen Fächer beginnen, sodass der Baum früher erwachsen ist.

1. Frühjahrsschnitt
APRIL

- Bringen Sie waagrechte Drähte mit 30 cm Abstand an einer Mauer oder einem Zaun an. Befestigen Sie 2 diagonale Rohre.
- Wenn Sie mit einer Veredelung mit Seitentrieben beginnen, kappen Sie den zentralen Leittrieb über zwei kräftigen, nach links und rechts weisenden Seitentrieben 25–30 cm über dem Boden, direkt unter dem niedrigsten Draht.
- Schneiden Sie die beiden Seitentriebe auf etwa 35 cm zurück und binden Sie sie an die Rohre. Sie werden zu den Hauptarmen.
- Entfernen Sie unerwünschte Seitentriebe unterhalb.

PFIRSICHE UND NEKTARINEN 153

1. Sommerschnitt
JUNI–SEPTEMBER

- Wenn von den Hauptästen Seitenäste austreiben, wählen Sie 2 oben und 1 unten, die die Arme des Fächers bilden. Binden Sie sie an weitere Rohre.
- Schneiden Sie alle anderen Triebe auf 1 Blatt zurück.

2. Frühjahrsschnitt
APRIL

- Schneiden Sie alle Leittriebe um ein Viertel des Neuaustriebs vom letzten Jahr zurück.
- Schneiden Sie auf Knospen, die in die Richtung weisen, in die die Äste wachsen sollen.

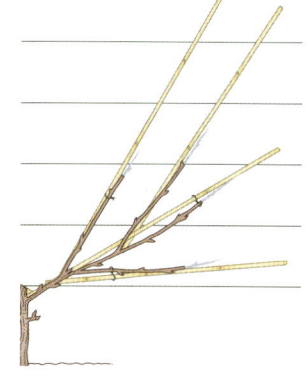

2. Sommerschnitt
JUNI–SEPTEMBER

- Befestigen Sie weitere Rohre und binden Sie neue Seitentriebe fest.
- Entfernen Sie alle neuen Knospen und Triebe, die zur Mauer oder von ihr weg wachsen.
- Entfernen Sie Triebe, die senkrecht in die Mitte oder unter den Hauptarmen wachsen.

3. Frühjahrsschnitt
APRIL

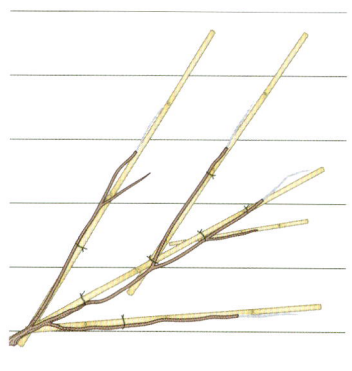

- Kappen Sie die Leittriebe der Hauptäste nochmals um ein Viertel des Neuaustriebs vom letzten Jahr.

3. Sommerschnitt
JUNI–SEPTEMBER

- Dünnen Sie im Frühsommer neue Seitentriebe der Hauptarme des Fächers aus. Lassen Sie nur alle 10–15 cm einen stehen.
- Schneiden Sie dann dichte, überkreuzte und nach außen wachsende Seitentriebe auf 2–4 Blätter über dem Ansatz zurück.
- Befestigen Sie weitere Rohre und binden Sie neue Seitentriebe fest.

154 BAUMOBST

Frühjahrsschnitt eines etablierten Fächers
APRIL–MAI

- Wählen Sie an jedem der Hauptäste und der Seitentriebe 2 neue Seitentriebe, die wachsen und im nächsten Jahr tragen sollen. Der 1. sollte unter der niedrigsten Blüte austreiben, der 2. ist die Reserve. Schneiden Sie alle anderen auf 1 Blatt zurück.
- Entfernen Sie alle neuen Knospen und Triebe, die direkt zur Mauer oder von ihr weg wachsen, und solche, die weniger als 10–15 cm Abstand voneinander haben.
- Schneiden Sie totes, beschädigtes und krankes Holz heraus.

(gegenüber) **Ein als Fächer gezogener Nektarinenbaum** kann sehr stark austreiben, wie bei diesem zur Hälfte geschnittenen erwachsenen Fächer in einem großen Gewächshaus zu sehen. Ein Schnitt im Frühjahr begrenzt den Neuaustrieb. Außerdem werden die Früchte weniger beschattet und die Luft kann gut zirkulieren.

(unten, links und Mitte) **Schneiden Sie neue Triebe zurück,** die nach außen wachsen. Sie fügen sich nicht in die Form des Fächers ein und beschatten die Früchte. (rechts) **Dünnen Sie** die Früchte aus und binden Sie neue, kräftige Seitentriebe fest.

Sommerschnitt eines etablierten Fächers
AUGUST–SEPTEMBER

- Schneiden Sie nach der Ernte die Triebe, die Früchte getragen haben, auf einen oder beide der neuen Seitentriebe zurück, die Sie ausgewählt haben, damit sie die alten Triebe ersetzen.
- Binden Sie neue Triebe an Rohre, sodass sie die Lücken füllen.

Buschbäume oder Pyramiden schneiden

Junge, neu gepflanzte Bäume werden anfangs geschnitten und erzogen wie Pflaumenbäume (siehe S. 114–115). Ziel ist ein Buschbaum mit offener Mitte und ausgeglichenem Astgerüst oder eine gut geformte kegelförmige Pyramide. Schneiden Sie dann eingewachsene Bäume einmal im Jahr im Frühsommer genauso wie einen Sauerkirschbaum.

Sommerschnitt eines etablierten Baums
JUNI–JULI

- Entfernen Sie bis zu ein Viertel der Triebe, die im letzten Jahr getragen haben.
- Schneiden Sie auf spitze Knospen zurück, nicht auf dicke Blütenknospen, um Neuaustrieb zu fördern.
- Schneiden Sie totes, beschädigtes und krankes Holz heraus.
- Dünnen Sie alte Seitentriebe aus, die nicht mehr tragen.

Mögliche Probleme

Knospen und Blüten

Blüten verfärben sich und sterben ab
Pfirsiche und Nektarinen blühen so früh im Jahr, dass das Risiko von Frostschäden groß ist.
■ Siehe **Frost** (S. 316).

Blüten färben sich braun und welken
Erst färben sich die Blüten und dann die jungen Blätter braun und welken. Verursacher ist ein Pilz, der nah mit dem Erreger der Monilia verwandt ist.
■ Siehe **Blütenfäule** (S. 325) und **Monilia** (S. 328).

Blätter und Zweige

1 Junge Blätter verkrüppelt mit Bläschen und färben sich rot
Kurz nachdem sie erscheinen, werden die jungen Blätter blasig aufgetrieben, färben sich rot oder violett. Ursache ist die Kräuselkrankheit des Pfirsichs, eine häufige und berüchtigte Pilzkrankheit.
■ Siehe **Kräuselkrankheit des Pfirsichs** (S. 327).

2 Blätter sind eingerollt und gelbgrün
Wenn grüne oder schwarze Blattläuse auf den Unterseiten der Blätter Saft saugen, können diese eingerollt oder verkrüppelt und klebrig vom Honigtau sein.
■ Siehe **Blattläuse** (S. 335).

3 Blätter sind fleckig und bronzefarben
Zeigen die Blattoberseiten hellgelb-bronzefarbene Flecken, trocknen aus und sterben ab, dann suchen Sie mit einer Lupe nach winzigen Roten Spinnmilben. Bei schwerem Befall können feine Seidengespinste zu sehen sein.
■ Siehe **Rote Spinnmilben** (S. 339).

4 Gelbe Blätter mit grünen Adern
Wenn junge Blätter zwischen den Adern gelb werden, kann dies einen Mangel an Eisen oder Mangan anzeigen. Die sogenannte Kalkchlorose ist in alkalischen Böden mit hohem pH-Wert häufig.
■ Siehe **Eisenmangel** (S. 320), **Manganmangel** (S. 321).

Blätter erscheinen silbrig
Ein silbriger Schimmer entwickelt sich auf den Blättern und Triebe sowie Zweige können absterben. Tritt dies lokal auf, kann es sich um Bleiglanz handeln. Ist der ganze Baum betroffen, so ist es möglicherweise eine Mangelerscheinung.
■ Siehe **Bleiglanz** (S. 325).

Löcher in den Blättern, Rinde sondert Gummi ab
Die Symptome von Bakterienbrand zeigen sich auf Blättern und Rinde. Auf den Blättern entwickeln sich kleine braune Flecken mit hellen Rändern, die zu runden Löchern werden. Sie können sich gelb färben und welken. Infizierte Rinde stirbt ab und durchsichtiger bis bräunlicher Gummi tritt an eingesunkenen Stellen aus.
■ Siehe **Bakterienbrand** (S. 324).

Kleine braune, muschelähnliche Insekten auf den Zweigen
Schildläuse findet man an Zweigen und Trieben, besonders unter Glas. Sie sind elliptisch mit gewölbtem Schild.
■ Siehe **Schildläuse** (S. 340).

Früchte

5 Auf den Früchten erscheinen braune faule Flecken
Monilia ist ein Pilz, der die Früchte über Löcher in der Schale infiziert. Sie färben sich braun, konzentrische Ringe weißer Pilzsporen können sich bilden. Schließlich fallen die Früchte ab oder bleiben am Baum hängen und verschrumpeln allmählich.
■ Siehe **Monilia** (S. 328).

Ungleichmäßige Löcher in den Früchten
Vögel, Wespen, Fliegen und andere Insekten fressen an den reifenden Früchten. Sie picken oder beißen Löcher in die Schale oder vergrößern bereits bestehende Löcher. Das führt dazu, dass die Früchte verfaulen.
■ Siehe **Vögel** (S. 341) und **Wespen** (S. 341).

1

2 3

4

5

Quitten

Quittenbäume sind klein bis mittelgroß. Am besten zieht man sie wie Apfel- und Birnbäume als Buschbäume. Sie als Fächer an einer Mauer zu erziehen, ist allerdings nicht einfach. Der Quittenbaum stammt aus Zentral- und Südwestasien, wo die Sommer heiß sind, sodass die Früchte ganz ausreifen und so weich und süß werden, dass man sie roh essen kann. Quittenfrüchte bei uns haben einen herben Geschmack und sehr hartes Fleisch, zum Rohessen sind sie nicht geeignet. Quitten lassen sich aber zu herrlichen Gelees und Marmeladen verarbeiten. Schmort man sie, z.B. mit Fleisch, wird das Fruchtfleisch rosa und aromatisch.

(oben und links) **Quitten** kann man zu Anfang oder zur Mitte des Herbsts ernten. Lassen Sie sie aber so lang wie möglich am Baum. Pflücken Sie sie erst, bevor sie abfallen und vor dem ersten Frost. Reife Früchte halten sich mitunter bis zum Ende des Winters. Lagern Sie sie an einem kühlen Ort und getrennt von Äpfeln oder Birnen, da diese sonst den Geruch annehmen.

Quitten anbauen

Quitten wachsen auf ihren eigenen Wurzeln – meistens Quitte A und Quitte C, die man häufig auch für Birnen verwendet (siehe S. 86). Die Bäume, die auf Quitte A wachsen, werden 3,5–4,5 m hoch, solche auf Quitte C 3–3,5 m hoch.

Das Jahr auf einen Blick

	Frühjahr			Sommer			Herbst			Winter		
	M	A	M	J	J	A	S	O	N	D	J	F
wurzelnackt												
Containerware												
Winterschnitt												
Ernte												

Die Auswahl einer Sorte

Es wird Sie kaum überraschen, dass die Auswahl an Sorten viel kleiner ist als die von Apfel- und Birnbäumen. Am häufigsten werden unter anderem 'Meech's Prolific', 'Champion', 'Vranja', 'Portugal' (manchmal unter dem Namen 'Lusitanica' im Handel) und 'Serbian Gold' gepflanzt.

Quitten sind selbstfertil, deshalb können Sie sie einzeln pflanzen.

Wann wird gepflanzt?

■ WURZELNACKTE BÄUME Pflanzen Sie von November bis März in der Ruhezeit, außer, der Boden ist staunass oder gefroren. Der November ist ideal.

■ CONTAINERWARE Sie können zu jeder Jahreszeit pflanzen, am besten aber im Herbst und nicht in heißen, trockenen Perioden im Sommer.

Wo wird gepflanzt?

Quittenbäume wachsen am besten in einer warmen geschützten Ecke oder nahe einer Mauer, wo sie vor Frost geschützt sind. Die Früchte brauchen Sonne, um voll auszureifen.

Pflanzen Sie die Bäume genauso wie Apfelbäume (siehe S. 58–59) und stützen Sie sie während der ersten Jahre.

Die Quittenblüte ist spektakulär. Es lohnt sich fast, die Bäume nur wegen ihrer Blüten zu pflanzen, die reinweiß oder rosa sind und den Blüten von Heckenrosen ähneln. Sie öffnen sich, nachdem sich die jungen hellgrünen Blätter entfaltet haben.

Boden

Quittenbäume sind recht tolerant, am besten gedeihen sie aber in tiefgründigem, fruchtbarem Boden, der die Feuchtigkeit gut speichert, mit leicht saurem pH-Wert von etwa 6,5.

Regelmäßige Pflege

■ WÄSSERN Junge, vor Kurzem gepflanzte Bäume sollten Sie regelmäßig wässern.

■ DÜNGEN und MULCHEN Geben Sie in den ersten Jahren vor allem bei leichten Böden jährlich reifen Kompost. Verteilen Sie im März organischen Volldünger und mulchen Sie.

■ SCHUTZ VOR FROST Quitten blühen im Frühjahr später als die meisten anderen Obstbäume. Außer in nördlichen Regionen sind sie deshalb weniger anfällig für Frostschäden.

Ernte und Lagerung

Am besten ist es, Quitten so lang wie möglich am Baum zu lassen – bis Ende Oktober oder sogar Anfang November, wenn kein Frost zu erwarten ist. Lagern Sie sie an einer kühlen, dunklen Stelle. Packen Sie sie nicht ein. Sie sollten sich nicht gegenseitig berühren, getrennt von anderen Früchten aufbewahrt werden und können je nach Sorte ein bis zwei Monate lagern.

Schnitt

Erwachsene Bäume müssen nicht stark geschnitten werden. Sie tragen vor allem an den Spitzen des Neuaustriebs vom letzten Sommer, schneiden Sie sie deshalb wie endständig fruchtende Apfelbäume (siehe S. 69). Schneiden Sie im Winter in der Ruhezeit.

(rechts) **Junge Früchte** sind oft mit einem weißen oder graubraunen Flaum bedeckt. Wenn sie reifen, verschwindet er und die Schale nimmt allmählich einen schönen, fast leuchtenden goldgelben Farbton an.

MÖGLICHE PROBLEME

Viele der Schädlinge und Krankheiten, für die Apfelbäume (siehe S. 77–79) und Birnbäume (siehe S. 100–101) anfällig sind, können auch Quittenbäume befallen. Zu den häufigsten gehören: Monilia (siehe S. 328), Echter Mehltau (siehe S. 325) und eine Pilzkrankheit, die Quittenblattbräune (siehe S. 328). Bei unregelmäßigem Wässern können die Früchte aufspringen.

(unten, von links nach rechts) **Quittenblattbräune** ist eine Pilzkrankheit. Auf den Blättern erscheinen rotbraune Flecken, dann werden sie gelb, welken und sterben ab. **Monilia** kann Quitten ebenfalls befallen, sowohl Früchte am Baum als auch gelagerte Quitten. **Die Früchte** springen manchmal auf, wenn auf eine trockene Periode plötzlich eine sehr nasse folgt. Dann faulen sie oft schnell.

Maulbeeren

Maulbeeren sehen nicht so aus, als ob sie zum Baumobst gehören würden, sondern eher, als würden sie an Sträuchern wachsen wie Brombeeren oder Loganbeeren. Doch sie sind die Früchte großer, attraktiver Bäume. Heute werden Maulbeerbäume nur noch selten gepflanzt, verdient hätten sie es jedoch! Die Früchte sind wunderbar: Eine reife Schwarze Maulbeere hat einen intensiven süßlich-würzigen Geschmack, der einzigartig ist. Wahrscheinlich werden Sie nie in den Genuss frischer Maulbeeren kommen, wenn Sie sie nicht selbst anbauen. Die Früchte sind schwierig zu transportieren, deshalb hat kein Supermarkt sie im Sortiment.

(oben und links) **Schwarze Maulbeeren** kann man essen. Die Weiße Maulbeere ist nah verwandt, ihre Früchte werden aber selten gegessen. Von den Blättern dieses Baums ernähren sich die Raupen des Seidenspinners.

Maulbeeren anbauen

Maulbeerbäume sind nicht schwierig zu kultivieren – aber es kann bis zu zehn Jahre dauern, bis Sie die ersten Beeren ernten. Die Bäume wachsen auf den eigenen Wurzeln, meistens als Buschbäume, Halbstämme oder Hochstämme oder an einer Mauer erzogene Spaliere. Frei stehende Bäume sind für kleine Gärten nicht geeignet: Ein ausgewachsener Maulbeerbaum ist bis zu zehn Meter hoch.

Das Jahr auf einen Blick

	Frühjahr			Sommer			Herbst			Winter		
	M	A	M	J	J	A	S	O	N	D	J	F
wurzelnackt	■								■	■	■	■
Containerware	■	■					■	■	■	■	■	■
Sommerschnitt				■	■	■						
Winterschnitt	■									■	■	■
Ernte					■	■	■					

Die Auswahl einer Sorte

Erhältliche Sorten sind 'Large Black', 'King James' oder 'Chelsea'. Diese Sorte soll von einem Baum abstammen, der im 17. Jahrhundert im heutigen Chelsea Physic Garden in London stand.

Maulbeerbäume sind selbstfertil, Sie können deshalb auch einen einzelnen Baum pflanzen.

Wann wird gepflanzt?

■ WURZELNACKTE BÄUME Pflanzen Sie von November bis März in der Ruhezeit, wenn der Boden nicht staunass oder gefroren ist.
■ CONTAINERWARE Sie können zu jeder Jahreszeit pflanzen, am besten aber im Herbst oder im zeitigen Frühjahr, nicht in Perioden im späten Frühjahr und Sommer, wenn es heiß und trocken ist.

Wo wird gepflanzt?

Die Bäume gedeihen an warmen, sonnigen geschützten Stellen am besten. Pflanzen Sie wie Apfelbäume (siehe S. 58–59). Stützen Sie sie in den ersten Jahren.

Boden

Maulbeerbäume gedeihen in den meisten Böden gut, sie bevorzugen aber fruchtbaren, durchlässigen Boden mit einem pH-Wert von 5,5–7,0. In sehr schweren, nassen Böden haben Maulbeerbäume zu kämpfen.

Regelmäßige Pflege

■ WÄSSERN Wässern Sie junge, vor Kurzem gepflanzte Bäume regelmäßig.
■ DÜNGEN und MULCHEN Düngen Sie in den ersten Jahren nach dem Pflanzen im März vor der Wachstumsperiode mit organischem Volldünger. Verteilen Sie zwei bis drei Wochen später organischen Mulch um die Basis der Stämme.
■ SCHUTZ VOR FROST Maulbeeren blühen spät im Frühjahr. Außer in nördlichen Regionen werden sie meist nicht von Frost geschädigt.

Ernte und Lagerung

Wenn sie reifen, verfärben sich Maulbeeren von Hellrot über Dunkelrot nach Schwarz. Um sie roh zu essen, sollten Sie sie so lang wie möglich am Baum lassen, möglichst bis Anfang September. Allerdings fallen sie dann bereits ab und hinterlassen dunkelviolette Flecken am Boden. Für Gelees und Marmeladen sollten Sie sie im August pflücken, wenn sie noch etwas unreif sind.

Schnitt

Schneiden Sie Maulbeerbäume genauso wie Apfelbäume: frei stehende Bäume im Winter in der Ruhezeit und erwachsene Spaliere im Sommer (siehe S. 74–75).

Mögliche Probleme

Maulbeerbäume werden kaum von Schädlingen und Krankheiten befallen. Vögel bereiten oft die größten Probleme, manchmal auch Maulbeerkrebs (siehe S. 327).

Mispeln

Mispeln sind in diesem Kapitel wohl die Früchte, die am merkwürdigsten aussehen. Reif erinnern sie an riesige braune Hagebutten, die etwa so groß sind wie Zieräpfel. Noch merkwürdiger ist die Weise, wie man sie isst: Man lässt sie so lang reifen, bis sie fast verfault sind und löffelt oder quetscht das Fruchtfleisch dann heraus, das sich zu einer süßen braunen Paste verwandelt hat. Mispelbäume, die mit Quitte und Weißdorn verwandt sind, sind attraktiv und haben eine ausladende Form. Der Geschmack der Früchte ist jedoch gewöhnungsbedürftig.

(oben) **Nach der Ernte** lagert man die Früchte, bis das Fruchtfleisch beginnt, sich zu zersetzen und eine weiche Konsistenz und einen karamellartigen Geschmack entwickelt. Wem das zu unappetitlich klingt, der kann Mispeln auch zu Marmeladen oder Gelees verarbeiten, genau wie Quitten.

(unten) **Mispelbäume tragen** im Frühjahr hübsche rosa Blüten und im Herbst verfärbt sich das Laub herrlich. Pflanzen Sie die Bäume an einen sonnigen Standort, sodass sie zuverlässig blühen und fruchten und ihr Laub eine schöne Färbung ausbildet.

Mispeln anbauen

Mispelbäume wachsen selten auf ihren eigenen Wurzeln. Meistens sind sie einer Quitte A-Unterlage aufgepfropft. Als Buschbäume oder Halbstämme werden sie mit großer Wahrscheinlichkeit vier bis sechs Meter hoch.

Das Jahr auf einen Blick

	Frühjahr			Sommer			Herbst			Winter		
	M	A	M	J	J	A	S	O	N	D	J	F
wurzelnackt									▬	▬	▬	▬
Containerware	▬	▬	▬	▬	▬	▬	▬	▬	▬	▬	▬	▬
Winterschnitt	▬									▬	▬	▬
Ernte								▬	▬			

Die Auswahl einer Sorte

Es sind nur wenige Sorten erhältlich. Die häufigsten sind 'Nottingham', 'Dutch', 'Royal' und 'Breda Giant'.

Mispeln sind selbstfertil und bestäuben sich selbst, Sie können also einen einzigen Baum pflanzen.

Wann wird gepflanzt?

■ WURZELNACKTE BÄUME Pflanzen Sie von November bis März, wenn der Boden nicht staunass oder gefroren ist. Der November ist ideal.

■ CONTAINERWARE Sie können zu jeder Jahreszeit pflanzen, am besten aber im Herbst. Meiden Sie heiße, trockene Perioden im späten Frühjahr und Sommer.

Wo wird gepflanzt?

Mispelbäume gedeihen an einem warmen, sonnigen geschützten Standort am besten. Sie tolerieren etwas Schatten. Pflanzen Sie den Baum wie einen Apfelbaum (siehe S. 58–59) und stützen Sie ihn während der ersten Jahre mit einem Pfahl.

Boden

Die Bäume sind unkompliziert, bevorzugen aber tiefgründigen, durchlässigen Boden mit einem pH-Wert von 6,5–7,5.

Regelmäßige Pflege

■ WÄSSERN Wässern Sie junge, vor Kurzem gepflanzte Bäume regelmäßig.

■ DÜNGEN und MULCHEN Verteilen Sie ab Februar reifen Kompost um die Pflanzen, vor allem in armen Böden. Düngen Sie bei Bedarf ab März vor Beginn der Wachstumssaison mit einem organischen Volldünger. Verteilen Sie etwas später organischen Mulch um die Basis der Stämme.

■ SCHUTZ VOR FROST Mispelbäume blühen später als die meisten anderen Obstbäume und sind außer in nördlichen Regionen weniger anfällig für Frostschäden.

Ernte und Lagerung

Wenn sie reifen, färben sich Mispeln von grün zu braun. Sie werden größer und die Schale färbt sich rostbraun. Lassen Sie sie so lang wie möglich am Baum, bis Ende Oktober oder Anfang November, wenn kein Frost zu erwarten ist. Wenn die Früchte reif genug sind, lassen sie sich leicht pflücken. Essen Sie sie nicht gleich. Tauchen Sie die Stiele stattdessen in eine konzentrierte Salzlösung und lagern Sie die Früchte mit den Stielen nach oben an einem kühlen, dunklen Ort. Nach zwei Wochen sollte das Fruchtfleisch weich und süß sein. Die Mispeln haben sich zersetzt, sind aber noch nicht verfault.

Schnitt

Schneiden Sie Mispelbäume wie Apfelbäume (siehe S. 68–69) im Winter in der Ruhezeit. Eingewachsene Bäume brauchen nicht geschnitten werden.

Mögliche Probleme

Mispelbäume sind meistens unkompliziert. Manchmal werden sie mit einer Form der Blattfleckenkrankheit infiziert (siehe S. 325) und zu bestimmten Jahreszeiten fressen Schmetterlingsraupen an den Blättern. Dann sind sie zwar unansehnlicher, aber selten ernsthaft geschädigt.

Feigen

Es gibt viele Vermutungen, was die Herkunft des Feigenbaums betrifft. Er gilt als eine der ältesten Kulturpflanzen und soll bereits im Neolithikum vor über 11 000 Jahren genutzt worden sein. Sicherlich wurden Feigenbäume schon vor Weizen und anderen Getreiden kultiviert: Es ist belegt, dass Feigen bereits im alten Ägypten, in Griechenland und Rom beliebt waren – ihres Geschmacks wegen und als Aphrodisiakum. Später bedeckte man mit dem Feigenblatt dann die Blöße antiker Statuen. Feigenbäume gedeihen in warmem Klima am besten. Man kann sie in kühl-gemäßigten Regionen im Freien kultivieren, es ist aber oft eine Herausforderung, sie dazu zu bringen, dass die Früchte zuverlässig reifen. Die Sommer sind kaum so lang und warm, dass sich die Feigen im selben Jahr entwickeln und ausreifen können. Stattdessen muss man die jungen Früchte den Winter über schützen und hoffen, dass sie sich im folgenden Jahr entwickeln. Unter Glas reifen Feigen verlässlicher und in einem beheizten Gewächshaus können die Bäume zwei- oder sogar dreimal im Jahr Früchte tragen.

Feigen mit hellgrüner, gelblich-grüner oder sogar grün-gelb gestreifter Schale haben meistens helles Fruchtfleisch, das der klassischen Sorten mit dunkelvioletter Schale hingegen ist meist tiefrot.

Welche Formen können Sie ziehen?

- **Buschbäume und Halbstämme** Probieren Sie diese Formen nur an warmen, geschützten Standorten oder im Container aus.
- **Fächer** An einer geschützten, sonnigen Mauer erzogene Fächer sind für kühl-gemäßigtes Klima die beste Wahl.

Beliebte Feigen

1 'Brunswick'
Eine winterharte Sorte, die außer in den kalten Regionen an einem geschützten Platz meist im Freien kultiviert werden kann. Große, birnenförmige Früchte mit hellgrüner, braun oder violett überlaufener Schale. Das rötlich-gelb gefärbte Fruchtfleisch schmeckt süß.
■ **Farbe** grün
■ **Ernte** Mitte August

2 'Ronde de Bordeaux'
Diese Sorte kann man nur an sehr geschützten, sonnigen Standorten oder unter Glas kultivieren. Sie gilt als eine der schmackhaftesten Feigen. Die kleinen bis mittelgroßen Früchte haben eine violette Schale, rotes Fleisch und einen herrlich aromatischen Geschmack.
■ **Farbe** violett
■ **Ernte** August–September

3 'Panachee'
Allein ihres Aussehens wegen lohnt es sich, diese Sorte anzubauen, die auf das 17. Jahrhundert zurückgeht. Die Früchte sind gelb und grün gestreift, das Fleisch ist leuchtend rot und süß. Am besten sollte man die Sorte als Fächer an einer warmen, geschützten Mauer oder im Kübel ziehen.
■ **Farbe** gelb und grün gestreift
■ **Ernte** Ende Juli–August

4 'Brown Turkey'
Die bewährte Lieblingssorte zur Kultur im Freien in kühl-gemäßigtem Klima. Sie ist winterhart und verlässlich, gedeiht am besten im Schutz einer Mauer und trägt viele süße, violettbraune Feigen mit rotem Fleisch. Die Sorte ist manchmal auch unter den Namen 'Brown Naples' oder 'Fleur de Rouge' im Handel.
■ **Farbe** violettbraun
■ **Ernte** August–September

5 'White Marseille'
Diese Sorte, manchmal auch unter den Namen 'White Genoa', 'White Naples' oder sogar 'Figue Blanche' im Handel, trägt große, hellgrüne Früchte mit süßem weißem, fast durchsichtigem Fleisch. Im Freien braucht sie einen warmen, geschützten Standort. Andernfalls sollte sie im Container unter Glas gezogen werden.
■ **Farbe** hellgrün
■ **Ernte** August–September

'Violetta' (nicht abgebildet)
Diese Sorte stammt aus Bayern und wird auch 'Bayernfeige Violetta' genannt. Die sehr winterharte Sorte toleriert niedrige Temperaturen und ist leicht anzubauen, verlangt jedoch auch den Schutz einer Mauer. Unter vorteilhaften Bedingungen kann sie auch in kalten Regionen zwei Ernten pro Jahr hervorbringen. Die großen Früchte mit rotem Fleisch sind schmackhaft.
■ **Farbe** grün-violett
■ **Ernte** Ende Juli–September

Feigen anbauen

Außer in kalten Regionen sind Feigenbäume einfach zu kultivieren. Am schwierigsten ist es in kühl-gemäßigten Zonen, sie zum Tragen einer lohnenden Menge reifer Früchte zu bringen. Sonne und Wärme sind entscheidend. Außerdem sollten Sie den jährlichen Zyklus der Fruchtbildung verstehen. In heißem, subtropischem Klima oder in einem beheizten Gewächshaus können die Bäume zwei- bis dreimal im Jahr Früchte tragen, in gemäßigtem Klima können Sie aber nur eine Ernte erwarten, wenn Sie sie im Freien ziehen. Die Früchte bilden sich im Spätsommer, überwintern als erbsengroße Embryos und reifen im folgenden Sommer aus.

Das Jahr auf einen Blick

	Frühjahr			Sommer			Herbst			Winter		
	M	A	M	J	J	A	S	O	N	D	J	F
pflanzen	▬	▬	▬				▬	▬	▬			
Frühjahrsschnitt		▬	▬									
Sommerschnitt				▬	▬	▬						
Ernte unter Glas			▬	▬	▬		▬	▬				
Ernte im Freien					▬	▬	▬					

Blüte und Bestäubung

Feigenbäume bringen in gemäßigten Regionen Jungfernfrüchte hervor: Ihre Blüten müssen nicht bestäubt werden, um Früchte zu bilden. Feigenbäume scheinen überhaupt keine Blüten zu tragen, zumindest keine sichtbaren. Die Blüten sind jedoch in den jungen Feigen verborgen. Die Früchte bilden auch keine Samen: Feigen werden mit Steckhölzern vermehrt.

Die Auswahl der Bäume

Junge Feigenbäume werden meist im Container angeboten und sind während des ganzen Jahres erhältlich. Sie wachsen auf ihren eigenen Wurzeln und werden keiner Unterlage aufgepfropft.

Wann wird gepflanzt?

Am günstigsten ist es, Feigenbäume im Frühjahr zu pflanzen. So hat die Feige genügend Zeit, sich einzugewöhnen, und geht eingewachsen in den nächsten Winter. Pflanzen Sie nicht im späten Frühjahr und im Sommer, wenn es heiß und trocken ist.

Feigenbäume tragen im Kübel besser, pflanzen Sie sie deshalb nicht in zu große Container um. Wässern Sie im Frühjahr und Sommer gut und düngen Sie mit kaliumreichen Tomatendünger, wenn die Früchte reifen.

FEIGEN UNTER GLAS ANBAUEN

In kühl-gemäßigtem Klima ist es häufig besser, Feigenbäume unter Glas zu kultivieren. Wenn Sie sie in einem Gewächshaus direkt in die Erde pflanzen, sind sie das ganze Jahr über unter Glas und Sie können empfindliche Sorten ziehen, die im Freien zu kämpfen hätten – 'Ronde de Bordeaux' zum Beispiel. Auch der Ertrag ist viel besser, vor allem, wenn das Gewächshaus beheizt ist.

Feigenbäume sind groß und ein an Drähten erzogener Fächer nimmt oft an der Wand oder unterm First viel Platz ein. In kleinen Gewächshäusern ist es meist viel praktischer, die Bäume in Containern zu pflanzen. Im Sommer kann man sie dann an einen warmen, sonnigen Platz ins Freie stellen.

Im Herbst fallen Feigen, die in diesem Jahr nicht mehr ausreifen werden, oft ab. Dies ist ein natürlicher Prozess und kein Anzeichen dafür, dass der Baum nicht gesund ist.

Wo wird gepflanzt?

Wählen Sie eine warme, sonnige Stelle, die vor starkem Wind geschützt ist. Ziehen Sie in kühl-gemäßigtem Klima einen Fächer an einer Süd- oder Südwestmauer oder einem Zaun. Pflanzen Sie nicht in Frostfallen. Ziehen Sie den Baum sonst im Container oder unter Glas.

Boden

Feigenbäume wachsen fast in jedem durchlässigen Boden, auch in flachgründigen, sandigen und leicht alkalischen kalkhaltigen Böden. In sehr fruchtbaren, frischen Böden wachsen sie meistens zu kräftig und bringen zu viel Laub und zu wenige Früchte hervor.

Wie wird gepflanzt?

Da Feigenbäume von Natur aus wuchskräftig sind, pflanzt man sie traditionell in versenkten Containern oder Pflanzgruben, um das Wachstum der Wurzeln zu begrenzen. So wächst der Baum nur zu einer bestimmten Größe heran und trägt mehr Früchte statt Laub. Frei stehende Feigenbäume müssen im ersten Jahr nach dem Pflanzen gestützt werden.

FEIGEN

Pflanzabstände
- BUSCHBÄUME und HALBSTÄMME im Wachstum begrenzt 4–6 m, unbegrenzt 6–8 m.
- FÄCHER im Wachstum begrenzt 2,5–4 m, unbegrenzt 4–5 m.

Feigenbäume im Kübel
Feigenbäume eignen sich hervorragend zur Kultur im Kübel. Dieser beschränkt das Wurzelwachstum, sodass der Baum nicht zu groß wird. Wenn der Kübel nicht zu groß und schwer ist, kann man ihn im Winter in einen kalten Wintergarten oder ein unbeheiztes Gewächshaus bringen oder die ganze Pflanze mit Vlies vor Frost schützen. Im Sommer, wenn die Feigen reifen, können Sie ihn dann in den wärmsten, sonnigsten Teil Ihres Gartens stellen.

Bäume in Containern zieht man am besten als Zwerg-Halbstämme mit einem etwa 40–75 cm hohen Stamm und einer buschigen Krone mit offener Mitte. Auch ein Zwerg-Buschbaum mit mehreren Stämmen ist geeignet. Pflanzen Sie junge Bäume in Container mit 25–35 cm Durchmesser und füllen Sie diese mit Komposterde auf Lehmbasis, der Sie etwas Sand oder Kies beigemischt haben, um die Dränage zu verbessern. Bedecken Sie den Boden vorher mit Kieseln oder Bruchsteinen. Wässern Sie gut und füllen Sie jedes Frühjahr frisches Substrat mit Depotdünger auf. Pflanzen Sie alle zwei bis drei Jahre in einen etwas größeren Container um.

Regelmäßige Pflege
- **WÄSSERN** Wässern Sie im Frühjahr und Sommer regelmäßig. Das ist vor allem für junge Bäume, Fächer und Bäume in Kübeln oder Pflanzgruben sehr wichtig. Wenn sie austrocknen, fallen die Früchte ab.
- **DÜNGEN** Düngen Sie Ende März zu Beginn der Wachstumssaison mit Universaldünger. Von Mai bis August, wenn sich die Früchte entwickeln, ist eine

---

BAU EINER PFLANZGRUBE

Eine Pflanzgrube wird mit in der Erde versenkten Betonplatten ausgelegt und der Boden mit einer Schicht aus Bruchsteinen bedeckt. So soll das Wachstum der Wurzeln eingeschränkt werden. Eine solche Grube eignet sich für frei stehende Bäume und an Mauern erzogene Fächer.

1. Graben Sie ein Loch und begrenzen Sie es mit 60 x 60 cm großen Wegplatten. Die Platten sollten etwa 5 cm aus dem Erdboden ragen. Füllen Sie die Grube mit einer 20 cm dicken, dichten Schicht aus zerbrochenen Ziegeln oder Bruchsteinen, um die Dränage zu verbessern.

2. Füllen Sie mit Komposterde auf Lehmbasis auf, der Sie gut verrottete organische Substanz und einen Depotdünger (bei Frühjahrspflanzung) beigemischt haben. Pflanzen Sie den jungen Baum in die Mitte der Grube.

3. Die Erdspuren am Stamm aus der Baumschule sollten in derselben Höhe sein wie die Erdoberfläche. Drücken Sie die Erde an und wässern Sie gut. Wenn Sie im Winter pflanzen, schneiden Sie den Stamm auf eine gesunde Knospe in etwa 45 cm Höhe über dem Erdboden zurück.

wöchentliche Gabe eines verdünnten kaliumreichen Tomatendüngers oder eines ähnlichen Flüssigdüngers zu empfehlen.

■ MULCHEN Entfernen Sie im März nach dem Düngen alle Unkräuter und verteilen Sie Mulch aus gut verrottetem Kompost oder Mist um die Basis frei stehender und an Mauern erzogener Bäume.

■ NETZE Vögel können im Sommer, wenn die Früchte reifen, Probleme bereiten. Große Bäume mit Netzen zu bedecken ist umständlich, bei Fächern und Bäumen in Kübeln ist es jedoch einfacher.

■ UNREIFE FRÜCHTE AUSDÜNNEN Entfernen Sie im November alle grünen Früchte, die nicht reif geworden sind. Nun ist es zu spät und sie werden den Winter nicht überstehen. Lassen Sie jedoch die kleinen Embryo-Feigen am Baum, die sich vor Kurzem gebildet haben. Sie reifen im nächsten Jahr aus.

■ SCHUTZ VOR FROST Feigen blühen nicht auf die übliche Weise, deshalb müssen Sie sich um die Blüten keine Sorgen machen. Die jungen Früchte, die den Winter über am Baum bleiben, und die jungen Triebe können aber durch Frost geschädigt werden. Bringen Sie Bäume in Containern unter Glas und schützen Sie an Mauern erzogene Fächer mit Vlies oder einer isolierenden Schicht aus Stroh oder Koniferenreisig. Verteilen Sie eine dünne Lage an der Wand und Bündel zwischen den Ästen und befestigen Sie diese mit einem weitmaschigen Netz. Entfernen Sie den Schutz im Mai.

Ernte und Lagerung

Die Früchte können Sie pflücken, wenn sie ausgefärbt und etwas weich sind und die Stiele sich biegen, sodass die Frucht nach unten hängt. Ein überdeutliches Zeichen ist es, wenn die Schale unten aufspringt und ein Tropfen Nektar austritt. Feigen halten sich nach der Ernte eine Weile. Wenn sie wirklich reif sind, schmecken sie direkt vom Baum aber am besten. Widerstehen Sie der Versuchung, sie zu früh zu pflücken: Wenn sie schon geerntet sind, reifen sie nicht weiter aus.

Ertrag

Der Ertrag kann so stark variieren, dass er nicht vorherzusagen ist.

(unten, von links nach rechts) **Entfernen Sie unreife Feigen**, die größer als eine Erbse sind, im November. Auch die größten reifen in diesem Jahr nicht mehr aus und überstehen den Winter nicht. **Ausgewachsene reife Feigen** und kleinere Embryofrüchte hängen oft gleichzeitig am Baum.

Monat für Monat

(oben, von links nach rechts) **Neue Knospen** brechen auf und die Früchte bilden sich bald nach dem Ende der Winterruhe. **Die jungen Blätter** entfalten sich auf spektakuläre Weise. **Früchte, die als** Embryos überwintert haben, werden dicker und reifen.
(unten) **Reife Feigen** halten sich nicht lang, essen Sie sie bald.

März
■ Am besten pflanzen Sie Feigen im Frühjahr, wenn der Boden wärmer wird. Dann sind sie bis zum nächsten Herbst gut eingewöhnt und angewachsen.
■ Düngen Sie mit Universaldünger, jäten Sie Unkraut und mulchen Sie um die Bäume.

April
■ Eine erste Welle junger Früchte beginnt sich zu bilden. In warmen Regionen und unter Glas reifen sie im Spätsommer. In kühlem Klima reifen sie im Freien wahrscheinlich überhaupt nicht ganz aus.
■ Schneiden Sie etablierte Bäume und Fächer in diesem oder im nächsten Monat. Schneiden Sie unerwünschte Triebe zurück, sodass neues Fruchtholz austreibt.

Mai
■ Entfernen Sie Stroh oder Koniferenreisig, mit dem Sie Fächer den Winter über geschützt haben.
■ Beginnnen Sie, regelmäßig zu wässern.
■ Düngen Sie von jetzt an bis August mit Flüssigdünger, wenn sich die Früchte entwickeln.

Juni
■ In heißem Klima und unter Glas können Sie womöglich einige der Früchte ernten, die sich am Neuaustrieb vom letzten Jahr entwickelt haben.
■ Schneiden Sie erwachsene Bäume und Fächer in diesem und im nächsten Monat. Kneifen Sie Triebe aus, um die Bildung neuer Früchte anzuregen und binden Sie bei Fächern neue Triebe an.

Juli
■ Frühe Sorten sind vielleicht Ende Juli reif.

August
■ Ernten Sie mittelspäte Sorten.

■ Eine zweite Welle junger Früchte bildet sich. Sie überwintern als winzige Embryos. In warmem Klima und unter Glas reifen sie im Frühsommer des folgenden Jahres. In kühlem Klima reifen sie im Freien zur Mitte oder zum Ende des nächsten Sommers.

September
■ Ernten Sie späte Sorten.

Oktober
■ Bringen Sie Feigenbäume in Containern vor den ersten Frösten unter eine Abdeckung.
■ Schützen Sie an Mauern gezogene Fächer mit einer Schicht aus Stroh oder Koniferenreisig.
■ Grundsätzlich können Sie Feigen auch im Herbst und Winter pflanzen.

November
■ Entfernen Sie alle Früchte, die größer sind als eine Erbse, aber in diesem Jahr nicht reif geworden sind.

Feigenbäume schneiden und erziehen

Die meisten Feigenbäume bringen zweimal im Jahr neue Früchte hervor. Die erste Welle bildet sich im Frühjahr an neuen Trieben, die Früchte werden während des Sommers größer. In warmem Klima und in beheizten Gewächshäusern reifen sie und können im Frühherbst geerntet werden. In kühl-gemäßigtem Klima reifen sie im Freien jedoch kaum aus und man sollte sie entfernen. Die zweite Welle erscheint im August und September: An den Spitzen des diesjährigen Neuaustriebs bilden sich winzige erbsengroße Feigen. Sie überwintern am Baum und können im nächsten Jahr geerntet werden – in warmem Klima und unter Glas im Frühjahr, in kühl-gemäßigten Regionen im Sommer.

Sowohl frei stehende Bäume als auch etablierte als Fächer erzogene Feigen sollten zweimal im Jahr leicht geschnitten werden: einmal im Frühjahr, um altes und beschädigtes Holz auszudünnen und die Form zu erhalten. Ein zweites Mal im Frühsommer, um die Bildung junger Früchte zu stimulieren, die im nächsten Jahr reifen.

Der Saft kann die Haut reizen. Tragen Sie beim Schneiden Handschuhe und achten Sie darauf, keinen Saft auf die Haut zu bekommen.

Buschbäume oder Halbstämme schneiden

Anfangs werden neu gepflanzte Bäume ähnlich geschnitten und erzogen wie Apfelbäume (siehe S. 68). Ziel ist ein Buschbaum mit offener Krone und einem ausgeglichenen Grundgerüst. Ältere Bäume sollten Sie im Frühjahr und Frühsommer schneiden.

Frühjahrsschnitt eines etablierten Baums
APRIL

- Schneiden Sie einige der Seitentriebe, die nur an der Spitze tragen, auf eine 5–8 cm vom Stamm oder Leitast entfernte Knospe zurück. Dies fördert Neuaustrieb in der Mitte des Baums.
- Schneiden Sie vom Frost geschädigte Triebe auf Holz zurück, das keinen Schaden genommen hat.
- Dünnen Sie zu dichte Stellen in der Mitte des Baums aus.
- Schneiden Sie totes, beschädigtes oder krankes Holz aus.

Sommerschnitt eines etablierten Baums
JUNI oder JULI

- Kneifen Sie die Spitze jedes neuen Triebs aus, sobald 5–6 Blätter erschienen sind. Dies stimuliert die Bildung von Embryofrüchten. Außerdem kann das Sonnenlicht die Früchte besser erreichen, die bereits reifen.

FEIGEN

Fächer schneiden

Ziehen Sie einen Fächer an einer Süd- oder Südwestmauer oder einem Zaun. Er braucht 4 m Platz und wird 2,2 m hoch. Beginnen Sie mit einem ein- oder zweijährigen Baum. Schneiden und erziehen Sie ihn anfangs ähnlich wie einen Pfirsichbaum (siehe S. 152–153), die Arme müssen jedoch größere Abstände haben.

(unten, von links nach rechts) **Im Frühjahr** ist die Struktur des Fächers deutlich zu erkennen. **Im Frühsommer** trägt der Fächer üppiges Laub.

Frühjahrsschnitt eines etablierten Fächers
APRIL–MAI

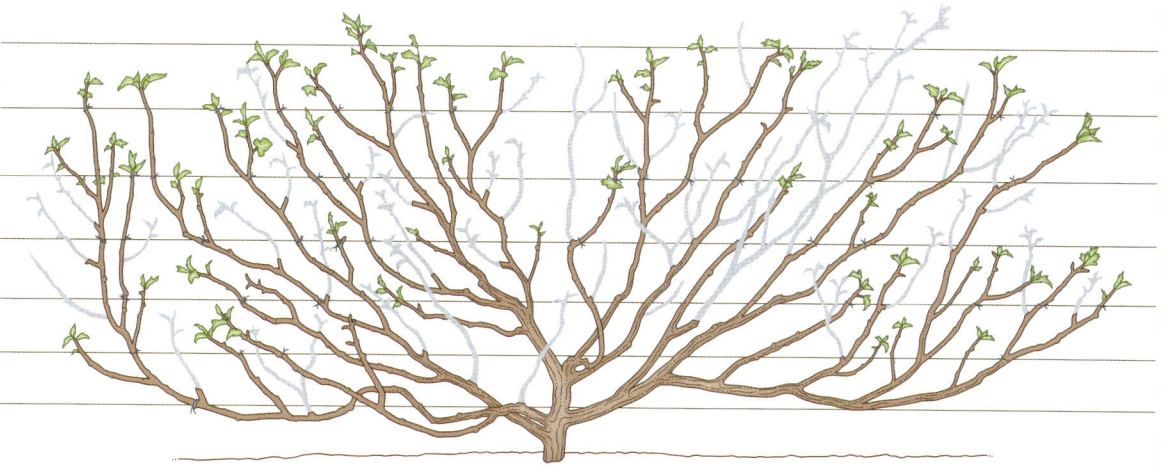

- Wählen Sie einige der ältesten, am wenigsten produktiven Hauptäste aus und schneiden Sie sie auf eine einzige Knospe zurück. So dünnen Sie zu dichte Stellen aus.
- Schneiden Sie etwa die Hälfte der Seitentriebe, die an den Armen des Fächers austreiben, auf eine Knospe oder ein Blatt zurück. Dies fördert den Austrieb von neuem Fruchtholz.
- Entfernen Sie alle neuen Knospen und Triebe, die zur Mauer oder dem Zaun hin oder direkt nach außen wachsen.
- Schneiden Sie totes, beschädigtes und krankes Holz heraus, auch alle Triebe, die im Winter vom Frost geschädigt wurden.
- Binden Sie neue Triebe an, die geeignet sind, das Astgerüst des Fächers zu vervollständigen.

(von links nach rechts) **Kappen Sie alte Äste** an der Basis, um neuen, kräftigeren Wuchs zu fördern. **Schneiden Sie Seitentriebe** des Fächers im Frühjahr auf eine Knospe zurück.

BAUMOBST

Sommerschnitt eines etablierten Fächers
JUNI oder JULI

- Kneifen Sie die Spitzen neuer Triebe aus, wenn sie 5–6 Blätter haben. Dies fördert die Bildung junger Früchte und das Sonnenlicht kann besser zu reifenden Früchten gelangen.
- Suchen Sie Feigen, die in diesem Jahr nicht ausreifen werden, wenn Ihnen das möglich ist. Entfernen Sie die Triebe, die diese Früchte tragen. Am Neuaustrieb der Stümpfe sollten sich neue Embryos bilden. Wenn Sie damit Schwierigkeiten haben, macht das nichts. Entfernen Sie im Herbst die unreifen Früchte.
- Binden Sie neue Triebe weiterhin an.

(rechts) **Entfernen Sie Triebe**, die kleine unreife Feigen tragen, mit einer scharfen Gartenschere.

Im Gewächshaus kann man Feigen senkrecht nach oben erziehen und die Äste dann an waagrecht unter dem First gespannten Drähten auffächern.

Biegen Sie neue Seitentriebe in die richtige Position und binden Sie sie an. Befestigen Sie die Triebe aber nicht zu dicht am Draht.

Das Ziel ist ein Gerüst mit gleichmäßig aufgefächerten Ästen, sodass die Luft zirkulieren kann und das Sonnenlicht die reifenden Früchte erreicht.

Mögliche Probleme

Blätter und Zweige

1 Blätter fleckig und bronzefarben
Wenn die Oberseiten der Blätter fleckig werden oder hellgelb-bronzefarbene Verfärbungen auftreten, die Blätter dann austrocknen und absterben, suchen Sie an der Unterseite mit einer Lupe nach winzigen Roten Spinnmilben. Bei schwerem Befall finden Sie vielleicht auch feine Seidengespinste. Bei Kultur unter Glas treten Spinnmilben häufiger auf.
■ Siehe **Rote Spinnmilbe** (S. 339).

2 Kleine weiße, wachsbedeckte Insekten an Zweigen
Schmierläuse saugen an den Trieben und Zweigen Saft. Man erkennt sie an ihrer pelzigen weißen Wachsbedeckung.
■ Siehe **Schmierläuse** (S. 340).

3 Kleine braune, muschelähnliche Insekten an Zweigen
Schildläuse kann man an den Zweigen finden, vor allem wenn die Bäume unter Glas kultiviert werden. Sie sind elliptisch und mit einem gewölbten Panzer bedeckt. Sind die Blätter zudem von Honigtau klebrig, handelt es sich wahrscheinlich um die Weiche Schildlaus.
■ Siehe **Schildläuse** (S. 340).

Rosa Flecken auf den Zweigen
Wenn kleine rosa oder orangefarbene Pusteln auf abgestorbenen Trieben erscheinen, ist das ein Anzeichen der Rotpustelkrankheit, einer Pilzerkrankung. Unter feuchten Bedingungen tritt das Problem stärker auf.
■ Siehe **Rotpustelkrankheit** (S. 329).

Früchte

4 Unreife Feigen fallen vom Baum
Im Sommer kann das am Wassermangel liegen. Im Herbst und Winter fallen Feigen, die nicht ausgereift sind, natürlicherweise herunter oder sterben bei Frost ab.
■ Siehe **Regelmäßige Pflege** (S. 171–172).

5 Früchte teilweise oder ganz aufgefressen
Leider sind Feigen für Vögel, Wespen, Fliegen und andere Insekten umso unwiderstehlicher, je reifer sie sind. Die Tiere fressen an den Früchten und hinterlassen Löcher oder vergrößern bereits vorhandene Löcher.
■ Siehe **Vögel** (S. 341) und **Wespen** (S 341).

Beerenobst

Der Begriff »Beerenobst« ist eine Sammelbezeichnung für alle Früchte, die nicht an Bäumen wachsen. Die Hauptgruppen sind Beeren an Sträuchern – Johannisbeeren, Stachelbeeren, Heidelbeeren und Cranberrys –, an Ruten – Himbeeren, Brombeeren und deren Hybriden – sowie eine eigenständige Gruppe, die Erdbeeren. Genau genommen sind auch Weintrauben Beerenobst, in diesem Buch ist ihnen aber ein eigenes Kapitel gewidmet. Viele der Früchte, die man als empfindlich und exotisch bezeichnet (Melonen, Kapstachelbeeren, Kiwis und andere) gehören ebenfalls zum Beerenobst. Ihrer besonderen klimatischen Ansprüche wegen werden sie aber gemeinsam in einem späteren Kapitel behandelt.

Beerenobst selbst anzubauen ist besonders reizvoll. Fast alle Sorten schmecken ganz ohne Zweifel am besten, wenn man sie an der Pflanze reifen lässt. Dann sind sie jedoch sehr empfindlich und überstehen den Transport bis in die Regale eines Supermarkts höchstwahrscheinlich nicht. Kommerziell angebaute Beeren werden deshalb meist geerntet, bevor sie reif sind, denn dann sind sie fester. Mit welchem Ergebnis? Sie sind niemals genauso süß, saftig und aromatisch wie Früchte, die Sie selbst angebaut und gepflückt haben.

Brombeeren im eigenen Garten anzubauen, mag manchen vielleicht merkwürdig erscheinen, denn man kann sie auch in freier Natur pflücken. Kultursorten sind jedoch ertragreicher, und manche haben glücklicherweise keine Stacheln.

Beerenobst anbauen

Wenn Sie verschiedene Beeren anbauen wollen, müssen Sie über längere Zeiträume planen als beim Anbau einjährigen Gemüses. Es ist eine längerfristige Angelegenheit – aber natürlich nicht ganz so langfristig wie das Pflanzen eines Obstbaums. Abgesehen von Erdbeeren leben und tragen die meisten Sträucher und Ruten mehrere Jahre. Es ist deshalb entscheidend, dass Sie einen geeigneten Standort wählen und Ihren Pflanzen die richtigen Wachstumsbedingungen bieten.

Rote Johannisbeeren kann man als senkrechte Kordons ziehen. Sie sind platzsparend, die Beeren sind leicht zu ernten und an einer geschützten Mauer ist das Mikroklima für die Sträucher perfekt.

Kauf der Pflanzen

Wie Obstbäume kann man die Pflanzen entweder wurzelnackt oder als Containerware kaufen. Spezialisierte Baumschulen verkaufen meistens von November bis März in der Ruhezeit wurzelnackte Pflanzen. Gartencenter bieten hingegen häufig Containerware an, die das ganze Jahr über erhältlich ist. Die Auswahl ist jedoch begrenzter.

Kaufen Sie die Pflanzen bei einem Anbieter, der garantiert, dass sie als krankheitsfrei zertifiziert sind.

Das Pflanzen

Die meisten Sorten sind Pflanzen kühler Klimazonen und tolerant, was den Standort betrifft. Alle bevorzugen jedoch eine geschützte Stelle ohne starken Wind und reifen in der Sonne schneller. Die Ansprüche an den Boden sind unterschiedlich, aber fruchtbarer, durchlässiger Boden ist immer vorteilhaft. Keine Sorte gedeiht in schwerem, staunassem Boden gut. Bereiten Sie die Pflanzstelle vor, indem Sie viel gut verrotteten Mist oder Gartenkompost einarbeiten. Gleichen Sie den Boden-pH-Wert wenn nötig aus.

Die beste Pflanzzeit ist der November, wenn der Boden noch so warm ist, dass die Wurzeln einwachsen können, oder der März, wenn es wieder warm wird. Ungünstig sind tiefer Winter, wenn der Boden staunass oder gefroren ist, sodass Sie nur mit Schwierigkeiten das Pflanzloch graben können, und die Monate Juli und August, wenn es heiß und trocken ist.

Die Sträucher schneiden und erziehen

Stachelbeer-, Johannisbeer- und Heidelbeerbüsche wachsen meistens gut ohne Stütze. Aber Himbeeren,

Brombeeren und Hybriden sowie alle als Kordons oder Fächer erzogene Pflanzen müssen an einem Zaun, einer Mauer oder einem Gerüst mit Pfählen und Drähten erzogen werden. Stachelbeer- und Johannisbeer-Hochstämme brauchen eine Stütze.

Ein regelmäßiger Schnitt hält die Pflanze gesund und produktiv. Die Technik des Schneidens hängt von der Obstsorte ab, hier sind jedoch einige allgemeine Richtlinien:

- **ENTFERNEN SIE GLEICH** alle Triebe, die tot, beschädigt oder krank sind.
- **DÜNNEN SIE** zu dichte Stellen aus, sodass Licht in die Pflanze kommt und die Luft zirkulieren kann.
- **BINDEN SIE** alle Triebe auf, die zu weit auf den Boden herabhängen, oder schneiden Sie sie zurück.
- **SCHNEIDEN SIE NACH DER ERNTE** bei Himbeeren, Brombeeren und Hybriden die Ruten zurück, die getragen haben, denn sie tragen kein zweites Mal.
- **ENTFERNEN SIE JEDEN WINTER** bei älteren Stachelbeer-, Johannisbeer- und Heidelbeersträuchern einige der älteren Triebe. So können neue austreiben.
- **SCHNEIDEN SIE DIE SEITENTRIEBE** bei Stachelbeeren, Roten und Weißen Johannisbeeren jeweils im Winter und im Sommer zurück, damit sie viel Fruchtholz bilden. Unterlassen Sie es aber bei Schwarzen Johannisbeeren: Sie tragen unterschiedlich.
- **ENTFERNEN SIE REGELMÄSSIG** die Ausläufer von Erdbeeren. Unterlassen Sie es, wenn Sie neue Jungpflanzen ziehen wollen.

Beerenobst schützen

Abgesehen von den üblichen Krankheiten und Schädlingen sind Vögel die größte »Bedrohung« für Ihre Beerenernte. Vielleicht können Sie sie für eine Weile vertreiben, aber Vögel sind schlau und lernen schnell, die Vogelscheuchen zu ignorieren. Nur Netze garantieren wirklich Schutz und ein Fruchtkäfig zum Betreten ist die optimale Lösung.

(rechts, von oben nach unten) **Doppelter Schutz** sichert die perfekte Erdbeerernte: Eine dicke Lage Stroh hebt die Früchte über den Erdboden, sodass sie sauber bleiben und ein Netz schützt sie vor Vögeln. **Stachelbeeren** treiben im Sommer stark aus. Schneiden Sie die Seitentriebe zurück, damit Licht und Luft in die Pflanze gelangen.

Erdbeeren

Erdbeeren sind unwiderstehlich. Wenige andere Früchte können mit dem köstlichen Geschmack reifer, süßer und frisch gepflückter Erdbeeren mithalten. Früher war die Erdbeersaison nur kurz. Die Früchte traditioneller, im Sommer tragender Sorten konnte man nur während ein paar Wochen im Juni und Juli ernten. Kommerzielle Anbauer und Züchter waren deshalb lange Zeit auf der Suche nach einer Erdbeere, die das ganze Jahr über zur Verfügung steht. Sie haben einiges erreicht. Es gibt nun auch im Herbst tragende Sorten, die auch als mehrmals tragend oder remontierend bezeichnet werden. Sie bringen ungefähr im Juni eine kleine Ernte hervor und tragen dann vom Spätsommer bis in den Herbst, auch während der ersten Fröste, und sogar länger, wenn man sie unter einer Abdeckung zieht. Außerdem gibt es tagneutrale Erdbeeren, eine relativ junge Neueinführung aus Amerika. Diese Sorten wurden so gezüchtet, dass sie nicht auf die Länge der Tage reagieren. Wenn es nicht zu kalt oder zu heiß ist, sollten sie etwa zwölf Wochen nach dem Pflanzen tragen, egal, welche Jahreszeit dann herrscht. Zumindest theoretisch können Sie für Weihnachten oder Ostern Ihre eigenen Erdbeeren anbauen.

Traditionelle, im Sommer tragende Sorten haben noch immer den besten Geschmack, die Saison ist jedoch kurz. Moderne mehrmals tragende Sorten können Sie bis in den Herbst oder sogar länger ernten, wenn Sie sie vor Frost schützen.

Beliebte Erdbeeren

1 'Flamenco'
mehrmals tragend
Sehr hoher Ertrag, bis 1 kg pro Pflanze. Größe und Geschmack hervorragend. Kann im Freien, im Container oder unter einer Abdeckung gezogen werden.
■ **Ernte** Juli–Oktober

2 'Korona'
sommertragend
Moderne niederländische Sorte mit großen, sehr schmackhaften Beeren. Ertragreich, leicht anzubauen und widerstandsfähig gegen die meisten Krankheiten.
■ **Ernte** Anfang Juni–Anfang Juli

3 'Cambridge Favourite'
sommertragend
Eine langlebige beliebte Sorte, die noch immer häufig angebaut wird. Verlässlich und mit gutem Geschmack.
■ **Ernte** Mitte Juni–Mitte Juli

4 'Symphony'
sommertragend
Die Sorte wurde vor Kurzem in Schottland aus 'Rhapsody' gezüchtet. Guter Ertrag, feste, schmackhafte wohlgeformte Beeren.
■ **Ernte** Anfang Juli–Anfang August

5 'Honeoye'
sommertragend
Eine der besten frühen Sorten. Guter Ertrag, mittelgroße bis große, rot glänzende feste, saftige Beeren. Recht widerstandsfähig gegen Krankheiten.
■ **Ernte** Anfang Juni–Anfang Juli

6 'Florence'
sommertragend
Recht große dunkelrote Beeren mit festem, saftigem Fleisch. Leicht anzubauen und widerstandsfähig gegen viele Schädlinge und Krankheiten.
■ **Ernte** Anfang Juli–Anfang August

7 'Pegasus'
sommertragend
Große, glänzende Beeren mit süßem, saftigem Fleisch. Gute Widerstandsfähigkeit gegen Verticillium-Welke.
■ **Ernte** Mitte Juni–Mitte Juli

ERDBEEREN 185

8 'Elsanta'
sommertragend
Eine niederländische Sorte mit gutem Geschmack, die oft kommerziell angebaut wird. Die festen Beeren verlieren ihre Form nicht. Leider nicht die krankheitsresistenteste Sorte.
■ **Ernte** Mitte Juni–Mitte Juli

9 'Mignonette'
Monatserdbeere
Eine der schmackhaftesten Monatserdbeersorten mit Namen. Kleine tiefrote Beeren mit typischem intensivem Geschmack. Meist sind Samen im Handel.
■ **Ernte** Juli–Oktober

'Alexandria' (nicht abgebildet)
Monatserdbeere
Kleine Früchte mit klassischem Monatserdbeergeschmack. Ebenfalls im Handel ist 'Golden Alexandria' mit goldgelben Blättern beim Austrieb. Die Samen brauchen Wärme, um zu keimen. Säen Sie deshalb im Haus oder im Anzuchtkasten aus und pflanzen Sie die Sämlinge im späten Frühjahr nach dem Abhärten ins Freie.
■ **Ernte** Juli–Oktober

'Alice' (nicht abgebildet)
sommertragend
Neue Sorte mit glänzend orangeroten Beeren, die gut schmecken. Ertragreich und resistent gegen Krankheiten.
■ **Ernte** Mitte Juni–Mitte Juli

'Aromel' (nicht abgebildet)
mehrmals tragend
Eine der ersten modernen, mehrmals tragenden Sorten, noch immer eine der schmackhaftesten und beliebtesten. Kann aber anfällig für Mehltau sein.
■ **Ernte** Juni und August–Oktober

'Fern' (nicht abgebildet)
tagneutral
Große, leuchtend rote Beeren mit gutem Geschmack. Sie sind so fest, dass sie sich recht gut einfrieren lassen.
■ **Ernte** Frühjahr–Herbst, zwölf Wochen nach dem Pflanzen

'Gariguette' (nicht abgebildet)
sommertragend
Eine alte französische Sorte mit sehr süßen, aromatischen tiefroten Beeren.
■ **Ernte** Anfang Juni–Anfang Juli

'Hapil' (nicht abgebildet)
sommertragend
Verlässlich guter Ertrag, kegelförmige Früchte. Eine gute Wahl bei sandigem, leichtem Boden, denn sie toleriert trockene Bedingungen besser als die meisten anderen Sorten. Geeignet für Standorte mit spätem Frost, da sie spät blüht.
■ **Ernte** Mitte Juni–Mitte Juli

'Mae' (nicht abgebildet)
sommertragend
Eine neue Sorte, die gute Chancen hat, zur beliebtesten frühen Erdbeere zu werden. Man kann der Meinung sein, dass sie besser ist als 'Honeoye' – ertragreicher und mit traditionellem Erdbeergeschmack.
■ **Ernte** Ende Mai–Ende Juni

'Mara des Bois' (nicht abgebildet)
mehrmals tragend
Außerordentlicher Geschmack, süß und aromatisch. Die Sorte, deren Geschmack dem einer Walderdbeere am nächsten kommt. Sie ist zu empfindlich, um im Supermarkt angeboten zu werden, deshalb definitiv eine Sorte, die Sie selbst anbauen sollten.
■ **Ernte** Juni und August–Oktober

'Rhapsody' (nicht abgebildet)
sommertragend
Gezüchtet in Schottland, stammt von 'Cambridge Favourite' ab. Ertragreich, mittelgroße Früchte mit gutem Geschmack.
■ **Ernte** Anfang Juli–Anfang August

'Royal Sovereign' (nicht abgebildet)
sommertragend
Eine Sorte aus dem 19. Jahrhundert mit herrlichem, altmodischem Geschmack. Nicht ganz einfach anzubauen, denn sie ist anfällig für verschiedene Krankheiten, aber noch immer beliebt.
■ **Ernte** Anfang Juni–Anfang Juli

'Selva' (nicht abgebildet)
tagneutral
Sehr guter Ertrag, große, feste Beeren. Vielleicht nicht der beste Geschmack, aber zufriedenstellend, trägt außerhalb der Saison.
■ **Ernte** Frühjahr–Herbst, zwölf Wochen nach dem Pflanzen

Erdbeeren anbauen

Die meisten Menschen werden Ihnen erzählen, dass Erdbeeren einfach anzubauen sind – in vieler Hinsicht stimmt das auch. Man muss sie nicht kompliziert erziehen oder schneiden. Aber ganz so einfach ist es doch nicht: Sie sind anfällig für viele Schädlinge und Krankheiten. Um einen guten Ertrag schmackhafter und ausreichend großer Früchte hervorzubringen, braucht es einige Pflege. Es ist also leicht, sie anzubauen, aber nicht so leicht, sie gut anzubauen.

Das Jahr auf einen Blick

	Frühjahr			Sommer			Herbst			Winter		
	M	A	M	J	J	A	S	O	N	D	J	F
sommer-/mehrm. Tragende pflanzen		▬	▬									
Frigopflanzen pflanzen				▬	▬	▬						
Ernte sommertragende Sorten				▬	▬							
Ernte mehrmals tragende Sorten				▬	▬	▬	▬	▬				
Ernte unter einer Abdeckung		▬	▬					▬	▬			

Erdbeeren blühen meistens zur Mitte des Frühjahrs. Je mehr Blüten sie bilden, desto besser ist die Ernte.

ERDBEEREN DIREKT IN DEN ERDBODEN PFLANZEN

Bereiten Sie den Boden gründlich vor, indem Sie viel gut verrotteten Stallmist oder Kompost einarbeiten und mehrjährige Unkräuter gründlich entfernen. Arbeiten Sie Universaldünger ein. Ebnen Sie den Boden mit einer Harke.

1 Messen Sie die Positionen Ihrer Pflanzlöcher aus: Sie sollten etwa 45 cm Abstand haben.

2 Kürzen Sie überlange, verfilzte Wurzeln jedes Ausläufers und breiten Sie die Wurzeln über eine kleine Erhöhung in der Mitte des Pflanzlochs aus.

3 Sorgen Sie dafür, dass der Wurzelhals der Pflanze in derselben Höhe ist wie die Erdoberfläche und die Herzknospe frei ist von Erde. Füllen Sie das Pflanzloch und drücken Sie die Erde mit den Händen vorsichtig fest.

4 Wässern Sie junge Pflanzen gründlich, jetzt und während der nächsten Wochen in regelmäßigen Abständen, besonders bei trockenem Wetter.

Die Auswahl der Pflanzen

Wenn Sie Ihre Erdbeeren nicht selbst vermehren (siehe S. 190), dann kaufen Sie als krankheitsfrei zertifizierte Pflanzen, denn die Stauden aus Samen zu ziehen ist schwierig. Sie sind wurzelnackt oder als Containerware erhältlich. Gartencenter bieten meist Pflanzen in Containern an. Wurzelnackte Pflanzen sind preisgünstiger, meistens werden sie von spezialisierten Gärtnereien im Internet angeboten. Wahrscheinlich sind es Ausläuferpflanzen, die kurz vor dem Versand ausgegraben werden. Die ersten Jungpflanzen der neuen Saison sind meist ab Juli erhältlich. Als Alternative werden Frigopflanzen angeboten: Sie werden nach dem Ausgraben knapp unter dem Gefrierpunkt gelagert, etwa von Mai bis Juli, bis sie verkauft werden. Wurzelnackte Jungpflanzen sollten Sie setzen, sobald sie eintreffen.

Wann wird gepflanzt?

Die Pflanzzeit hängt davon ab, welche Sorten erhältlich sind und in welcher Form Sie sie kaufen. Pflanzen Sie nicht im Winter zwischen Dezember und Februar und nicht, wenn der Boden staunass oder gefroren ist.

■ SOMMERTRAGENDE und MEHRMALS TRAGENDE SORTEN Am besten pflanzen Sie, sobald die ersten neuen Pflanzen erhältlich sind – meist im Juli oder August. So haben Sie gute Chancen auf eine zufriedenstellende Ernte im folgenden Jahr. Können Sie bis zum Herbst oder gar bis zum folgenden März oder April keine wurzelnackten Ausläuferpflanzen setzen, ist das keine Katastrophe: Das bedeutet nur, dass Sie im ersten Jahr keine Früchte ernten können. Ausreichend große Stauden in Töpfen tragen im ersten Jahr oft gut, egal, wann Sie sie pflanzen.

■ FRIGOPFLANZEN Pflanzen Sie im Mai, Juni oder Juli. Wenn alles gut geht, werden diese vor Kurzem aufgetauten, nicht sehr vielversprechend aussehenden Pflänzchen innerhalb von acht bis zwölf Wochen zum Leben erwachen, wachsen und tragen.

■ TAGNEUTRALE SORTEN Pflanzen Sie von April bis Mai im Freien, sodass Sie etwa zwölf Wochen später, im Juli bis September, und im August bis Oktober des folgenden Sommers ernten können. Pflanzen Sie für die Herbst- und Winterernte unter Glas im Juni bis September in Töpfen.

ERDBEEREN DURCH EINE FOLIE PFLANZEN

Es ist in mancher Hinsicht vorteilhaft, wenn Sie durch Schlitze in einer Kunststofffolie über einem erhöhten Beet pflanzen. Unter der Folie wärmt sich der Boden auf und sie unterdrückt wie eine Mulchschicht Unkräuter. Auch die Feuchtigkeit wird besser gehalten und die Beeren bleiben sauber. Sie können einen Sickerschlauch installieren, um die Pflanzen feucht zu halten, oder jede einzelne mit der Gießkanne oder dem Schlauch gießen.

1 Häufen Sie die Erde in einem 1 m breiten Beet in der Mitte leicht an. Bedecken Sie es mit einer 1,2 m breiten Folie. Durchsichtige Folien wärmen den Boden am stärksten auf, denn sie wirken wie das Glas eines Gewächshauses. Undurchsichtige schwarze Folien unterdrücken jedoch Unkraut.

2 Graben Sie die Ränder der Folie an den Seiten des Beets ein und befestigen Sie sie.

3 Schneiden Sie die Folie mit einem scharfen Messer oder einer Schere im Abstand von 45 cm kreuzweise ein.

4 Pflanzen Sie die Erdbeeren in die Schlitze und drücken Sie die Erde rundum an. Klappen Sie die Folienränder zurück und gießen Sie. Das Wasser fließt ab, da das Beet erhöht ist.

Wo wird gepflanzt?
Erdbeeren gedeihen in voller Sonne am besten, aber sie tolerieren tagsüber einige Stunden Schatten. Wählen Sie einen vor starkem Wind geschützten Platz und meiden Sie Frostsenken. Pflanzen Sie nicht dort, wo vor Kurzem Tomaten oder Kartoffeln waren.

Boden
Erdbeeren stellen an den Boden keine großen Ansprüche, solange er durchlässig ist. Hohe Feuchtigkeit und Staunässe führen zu Wurzelfäule und anderen Krankheiten. Ein pH-Wert von 6–6,5 ist ideal.

Pflanzabstände
- JUNGPFLANZEN 45 cm.
- REIHEN 75 cm.

Regelmäßige Pflege
- WÄSSERN Neu gepflanzte Erdbeeren müssen regelmäßig gewässert werden, ältere bei heißem und trockenem Wetter. Die reifenden Früchte sollten jedoch nicht nass werden, denn das kann zu Grauschimmel führen (siehe S. 326). Gießen Sie wenn möglich den Boden, nicht die Pflanzen. Wässern Sie morgens, sodass Spritzwasser auf den Früchten bis zum Abend verdunstet ist.
- DÜNGEN Düngen Sie im März oder April, besonders bei armen Böden. Versprenkeln Sie ein wenig Universaldünger um die Pflanzen und achten Sie darauf, dass er nicht auf die Blätter gerät. Düngen Sie die Pflanze nach der Ernte oder zu Beginn der Wachstumsperiode im März mit kalireichem Dünger.
- NETZE Vögel müssen Sie unbedingt mit Netzen abhalten, vor allem im Sommer, wenn die Früchte reifen.
- SCHUTZ VOR FROST Früh blühende Sorten müssen bei Frostgefahr nachts mit Vlies oder Hauben abgedeckt werden. Nehmen Sie den Schutz tagsüber ab, sodass Insekten die Blüten bestäuben können.
- MULCHEN Eine Mulchschicht ist unerlässlich, nicht nur, um die Feuchtigkeit zu halten und Unkraut zu unterdrücken, sondern auch, damit die

(links) **Schützen Sie Erdbeeren** mit einer Strohschicht, wenn sie blühen oder sobald die Früchte sich bilden.

ERDBEEREN

Beeren sauber bleiben. Ohne Mulch liegen sie der Erde auf und sind bald schmutzig. Eine Schicht aus Stroh ist die traditionelle Methode, sie zu schützen (siehe gegenüber). Mit einer Kunststofffolie oder einer speziellen Erdbeermatte können Sie das Gleiche erreichen. Egal, wofür Sie sich entscheiden, jäten Sie vor dem Mulchen Unkräuter.

Strohmulch
Breiten Sie um jede Pflanze eine großzügige Strohschicht aus. Drücken Sie sie sorgfältig fest, sodass die Blätter und Beeren über dem Erdboden sind und die Luft darunter zirkulieren kann. Gerstenstroh eignet sich am besten, Weizenstroh ist gut, Haferstroh jedoch kann Älchen enthalten (siehe S. 334).

Erdbeermatten
Diese Fasermatten haben ein Loch in der Mitte und einen Schlitz am Rand, sodass man sie über die einzelne Pflanze ziehen kann wie einen Kragen. Sie sind hygienisch und leichter anzubringen als Stroh, werden mit der Zeit jedoch schmutzig.

Kunststofffolie
Die Folie muss gut befestigt und gespannt sein, damit Wasser abfließt und sich nicht in Pfützen sammelt, sodass die Früchte faulen.

Erdbeermatten bringt man an, bevor die Früchte reifen. Sie schützen die Beeren.

(unten, von links nach rechts) **Entfernen Sie überschüssige Ausläufer,** die sich an fruchtenden Pflanzen bilden, sobald sie erscheinen. Schneiden Sie sie mit einer scharfen Gartenschere nahe an der Elternpflanze ab. Sie können sie einpflanzen (siehe S. 190). **Netze** halten hungrige Vögel von den reifenden Früchten ab.

Ernte und Lagerung

Erdbeeren reifen schnell und Sie sollten jeden Tag ernten. Wenn Sie sie frisch essen wollen, sollten Sie sie pflücken, wenn sie ganz rot, aber noch nicht weich sind. Pflücken Sie sie morgens, nachdem sie in der Sonne getrocknet sind, dann haben sie am meisten Aroma, und essen Sie sie gleich. Zum Lagern sollten Sie sie pflücken, wenn sie an der Spitze noch ein wenig weiß sind. Sie halten sich im Kühlschrank einige Tage.

Erdbeeren lassen sich nicht gut einfrieren, sie werden beim Auftauen fast immer matschig. Dann kann man sie zwar einkochen, zum Rohessen sind sie aber zu unansehnlich.

Ertrag

Der Ertrag variiert je nach Sorte, eine gesunde Pflanze liefert aber etwa 225–450 g Früchte.

Arbeiten zum Ende der Saison

Obwohl Erdbeeren nicht geschnitten werden müssen, sollten Sie sie nach dem Abernten der letzten Früchte ausdünnen, wenn die Stauden im nächsten Jahr wieder tragen sollen. Entfernen Sie altes Stroh, Erdbeermatten und jäten Sie Unkraut. Schneiden Sie alle alten Erdbeerblätter sowie unerwünschte Ausläufer zurück. Lassen Sie aber mindestens 8 cm der Staude und die Herzknospe unberührt, denn hier bilden sich schon die Triebe für das nächste Jahr.

Lebenszyklus der Erdbeerpflanze

Erdbeerpflanzen leben nicht unbegrenzt. Meist werden sie mit der Zeit von Viren befallen oder bekommen andere Krankheiten. Der Ertrag geht im Lauf der Jahre oft zurück. Mehrmals tragende und tagneutrale Erdbeeren sollten nach zwei Jahren ersetzt oder noch besser jedes Jahr neu gepflanzt und als Einjährige gezogen werden. Sommertragende Sorten sollten Sie nach drei oder vier Jahren ersetzen. Eine Fruchtfolge ist vorteilhaft, genau wie beim Anbau von Gemüse.

Erdbeeren in Kübeln

Erdbeeren lassen sich sehr gut im Kübel ziehen. Aus verschiedenen Gründen ist das sogar die günstigste Methode: Erstens sind Töpfe, Türme, hängende

---

ERDBEEREN VERMEHREN

Wenn man sie sich selbst überlässt, vermehren sich Erdbeeren meistens natürlicherweise. An Ausläufern bilden sich junge Pflänzchen, die Wurzeln schlagen, wenn sie in Kontakt mit dem Erdboden kommen. Sind sie unerwünscht, können Sie sie abschneiden und wegwerfen. Aber Sie können sie auch in Töpfe pflanzen und später anderswo setzen. Zur Vorsicht sei erwähnt, dass Erdbeeren nicht unsterblich sind. Damit sich keine Viren und andere Krankheiten ansammeln, sollten Sie nur von jungen, gesunden Pflanzen vermehren.

1 Wenn sich Ausläufer gebildet haben und die jungen Pflänzchen bewurzelt sind und zu wachsen beginnen, dann graben Sie sie vorsichtig aus dem Boden – höchstens vier bis fünf pro Pflanze. Trennen Sie sie noch nicht ab.

2 Versenken Sie einen kleinen Topf mit Komposterde im Boden. Pflanzen Sie den Ausläufer ein und fixieren Sie ihn mit einer Krampe aus Draht. Wässern Sie regelmäßig. Trennen Sie ihn nach 4–6 Wochen von der Elternpflanze ab, wenn er eingewachsen ist. Jetzt können Sie ihn umpflanzen.

(von links nach rechts) **Hängende Körbe** eignen sich für die meisten Erdbeersorten und sehen attraktiv aus – und nur so lassen sich Schnecken wirklich von den Pflanzen fernhalten. Vögel werden nicht abgeschreckt, bedecken Sie deshalb die Pflanzen womöglich mit Netzen. **Ernten Sie Erdbeeren,** wenn es trocken ist, denn so halten sie sich länger.

Körbe und Erdkultursäcke platzsparend. Zweitens sind die Pflanzen beweglich und man kann sie an eine sonnige, geschützte Stelle oder unter eine Abdeckung bringen, um sie vor Kälte zu schützen. Drittens sind sie über dem Erdboden vor Schnecken sicher. Und viertens sind sie weniger anfällig für bodenbürtige Krankheiten.

Fast jeder Container ist geeignet, wenn er tief genug ist und Abflusslöcher hat. Spezielle Erdbeertöpfe aus Terracotta oder Plastik haben Abteilungen am Rand, in denen die einzelnen Pflanzen wachsen. Einige haben ein Rohr für Wasser in der Mitte, sodass die Pflanzen unten nicht austrocknen. Türme sind ähnlich, bestehen aber aus mehreren Einheiten, die man zusammenstecken kann. Erdkultursäcke sind besonders effektiv. Am besten bepflanzt man sie im Frühjahr oder Frühsommer mit Frigopflanzen oder jungen Containerpflanzen. Sie können sie auch auf Kisten oder spezielle Gerüste legen.

Jeden Container sollte man regelmäßig wässern. Dabei gilt: »wenig, aber oft«, sodass die Pflanzen immer feucht, aber nie staunass sind und nie austrocknen. Sobald sie blühen, sollten Sie sie wöchentlich mit kalireichem und nitratarmem Flüssigdünger (zum Beispiel Tomatendünger) düngen. Düngen Sie nach der Ernte, wenn Sie alle alten Blätter entfernt haben, ein letztes Mal mit Kalidünger und Kompost, dann nicht mehr bis zum nächsten Frühjahr. Ersetzen Sie die Pflanzen nach zwei oder drei Jahren.

Erdbeeren unter einer Abdeckung ziehen

»Unter einer Abdeckung« kann in diesem Fall alles bedeuten – von einer Haube bis zu einem Gewächshaus. Egal wofür Sie sich entscheiden: Immer geht es darum, die Saison zu verlängern, sodass Sie die Früchte früher oder später ernten können als bei der Kultur im Freien.

Eine frühe Ernte im Freien erzielen

Frühe Sorten, die im Freien wachsen, kann man dazu bringen, drei Wochen früher als gewöhnlich zu tragen, indem man die Pflanzen mit Glas oder Hauben abdeckt oder von Februar bis März in einem niedrigen Folientunnel zieht. Sobald sich die Blüten öffnen, können Sie die Abdeckung an warmen Tagen entfernen, sodass Insekten die Blüten bestäuben. Pflanzen unter einer Abdeckung müssen Sie von Hand gießen.

Im Gewächshaus gezogene Erdbeeren tragen früher als solche, die im Freien unter einer Abdeckung gezogen werden. Manchmal sind sie allerdings nicht so schmackhaft.

Eine frühe Ernte im Gewächshaus erzielen

Auch Pflanzen im Container, die im Winter unter einer Abdeckung waren, kann man dazu bringen, früher zu tragen. Am besten pflanzt man neue Ausläuferpflanzen im Sommer und lässt sie im Freien, sodass sie kaltem Wetter ausgesetzt sind, aber vor strengen Frösten im Spätherbst und Winter sowie vor starkem Regen geschützt. Dann kann man sie entweder Mitte Dezember in ein beheiztes Gewächshaus oder im Januar in ein unbeheiztes Gewächshaus stellen. Die Pflanzen sollten im März blühen. Da im Gewächshaus keine Insekten unterwegs sind, sollten Sie sie am besten täglich mit einem kleinen weichen Pinsel von Hand bestäuben. Findet eine erfolgreiche Bestäubung statt und bilden sich Früchte, dann gießen Sie regelmäßig und düngen Sie mit einem Flüssigdünger oder einem kalireichen Dünger. Öffnen Sie an warmen Tagen die Türen oder Fenster, sodass die Temperatur etwa 20–24 °C beträgt. In einem beheizten Gewächshaus können Sie womöglich schon im März oder April Erdbeeren ernten, in einem unbeheizten Anfang Mai.

Erdbeeren im Winter unter einer Abdeckung ziehen

Bauen Sie tagneutrale Erdbeeren an, wenn Sie die Saison wirklich verlängern wollen. Sie bilden unabhängig von der Länge der Tage Früchte, wenn die Temperatur nicht unter 10 °C sinkt. Pflanzen Sie sie zwischen Juni und September in Töpfe und stellen Sie sie im Herbst in ein unbeheiztes Gewächshaus, dann tragen sie bis Weihnachten Früchte. Diese sind zwar vielleicht nicht so köstlich wie im Freien gezogene Erdbeeren, im Winter aber dennoch ein willkommenes Obst.

MONATSERDBEEREN

Monatserdbeeren, die wie Miniaturausgaben normaler Erdbeeren aussehen (rechts), sind näher mit den wilden Vorfahren der Kultursorten verwandt. Sie tragen während der Sommermonate winzige Früchte, nicht viel größer als Erbsen. Diese haben einen intensiven, ganz charakteristischen Geschmack, ähnlich Walderdbeeren, deshalb sind sie sehr geschätzt. Monatserdbeeren sind einfach anzubauen: Man kann sie als kleine Pflanzen im Topf kaufen oder aus Samen ziehen. Säen Sie im zeitigen Frühjahr unter einer Abdeckung aus und pflanzen Sie im Mai ins Freie, in Gegenden mit sehr warmen Sommern in den Halbschatten. Im ersten Sommer können Sie wahrscheinlich nur wenige Beeren ernten, im zweiten schon viel mehr. Erwachsene Pflanzen säen sich selbst aus und verbreiten sich meistens gut.

Monat für Monat

(von links nach rechts) **Die ersten Blüten** öffnen sich zur Mitte des Frühjahrs. **Bald bilden sich** kleine grüne Früchte. **Reife Beeren** sind für Vögel und Schnecken besonders attraktiv.

März
- Decken Sie Pflanzen im Freien mit Hauben oder einem Folientunnel ab, sodass sie früh tragen.
- Düngen Sie die Pflanzen mit Kompost oder einem Universaldünger.
- Pflanzen Sie wurzelnackte Ausläuferpflanzen oder neue, im Topf gezogene Stauden in diesem oder im nächsten Monat ins Freie – erwarten Sie aber in diesem Jahr keinen Ertrag.
- Pflanzen Sie tagneutrale Sorten in diesem oder im nächsten Monat ins Freie – sie sollten im Juli bis September tragen.

April
- Die meisten Sorten blühen in diesem oder im nächsten Monat. Schützen Sie sie wenn nötig vor Frost, entfernen Sie die Abdeckung aber wieder, damit sie bestäubt werden können.
- Wenn die Früchte erscheinen, dann sollten Sie Erdbeermatten anbringen oder eine Strohschicht unter den Pflanzen verteilen.
- Ernten Sie im Gewächshaus gezogene Erdbeeren.

Mai
- Wässern Sie regelmäßig, wenn die Beeren größer werden und reifen.
- Schützen Sie die Pflanzen vor Schnecken und halten Sie mit Netzen Vögel ab.
- Pflanzen Sie Frigopflanzen von jetzt an bis Juli im Freien. Sie tragen meist nach 8–12 Wochen.

Juni
- Ernten Sie frühe und mittelfrühe sommertragende Sorten.
- Pflanzen Sie von jetzt an bis zum September tagneutrale Sorten in Töpfen. Unter einer Abdeckung tragen sie vom Herbst bis in den frühen Winter.
- Vermehren Sie: Pflanzen Sie Ausläuferpflanzen von jetzt bis August in Töpfe.

Juli
- Ernten Sie mittelspäte und späte sommertragende Sorten und die ersten mehrmals tragenden Sorten.
- Neue wurzelnackte Pflanzen sind jetzt erhältlich.
- Setzen Sie neue Pflanzen in diesem oder im nächsten Monat im Freien. Sie tragen im nächsten Jahr.

August
- Pflanzen Sie tagneutrale Sorten von jetzt bis Oktober im Freien – sie tragen im nächsten Sommer.
- Schneiden Sie alle Pflanzen zurück, die keine Früchte mehr tragen.

September
- Pflanzen Sie wurzelnackte Ausläuferpflanzen oder in Töpfen gezogene Stauden von jetzt bis November – allerdings ist es zu spät für eine gute Ernte im nächsten Jahr.

Oktober
- Ernten Sie die letzten mehrmals tragenden Sorten vor dem ersten Frost – es sei denn, Sie bedecken sie mit Hauben, um die Saison zu verlängern.

November
- Letzte Chance bis zum nächsten Frühjahr, im Freien neue Stauden zu pflanzen.

Dezember
- Stellen Sie Stauden in Töpfen in ein beheiztes Gewächshaus, damit sie im nächsten April tragen.

Mögliche Probleme

Blüten

Die Blütenknospen hängen herab und öffnen sich nicht
Winzige Larven fressen in jungen Blütenknospen, die Blüten öffnen sich nicht. Sie können die Stiele anfressen, sodass die Knospen herabhängen und abfallen.
■ Siehe Erdbeerblütenstecher (S. 336).

Grüne Blütenblätter
Die Blüten sind kleiner als üblich, die Blütenblätter grün statt weiß oder rosa. Die Blätter färben sich gelb oder rot, die Früchte können missgebildet sein oder sich überhaupt nicht entwickeln. Ein Virus ist wahrscheinlich die Ursache.
■ Siehe Vergrünung der Erdbeere (S. 330).

Blätter und Triebe

1 Gelb-rote Flecken mit grauer Mitte
Unregelmäßige dunkelrote Flecken auf den Blättern werden zu großen Stellen mit grauer Mitte, rot und gelb gefärbtem Rand. Die Flecken können zu Löchern werden, ein weißlicher Belag kann erscheinen.
■ Siehe Pilzliche Blattfleckenkrankheiten (S. 328).

2 Gelbe Blätter mit grünen Adern
Die Blätter verfärben sich gelb, die Adern treten grün hervor und die ganze Pflanze wächst kümmerlich: Das ist meistens ein Anzeichen dafür, dass der Boden zu alkalisch ist und die Pflanze unter Kalkchlorose leidet. Sie kann nicht ausreichend Eisen und Mangan aufnehmen.
■ Siehe Eisenmangel (S. 320), Manganmangel (S. 321).

Verfärbte, welke Blätter und feine Seidengespinste
Grüne Blätter werden fleckig und bronzefarben oder hellgelb, welken und sterben ab. Ein feines Seidengespinst über der Pflanze ist ein verräterisches Zeichen, dass sie mit Spinnmilben befallen ist. Das Problem kann sowohl im Freien als auch unter einer Abdeckung auftreten.
■ Siehe Rote Spinnmilben (S. 339).

Eingerollte, klebrige Blätter
Wahrscheinlich sind Blattläuse die Ursache. Der Befall ist im Frühjahr am schlimmsten. Die Insekten saugen an neuen Trieben, vor allem bei Kultur unter einer Abdeckung. Blattläuse verbreiten Viren.
■ Siehe Blattläuse (S. 335).

Verkrüppelte, gelb gemusterte Blätter
Verkrüppelte oder verkümmerte Blätter mit gelben Rändern, gelben Flecken oder einem gelben Mosaikmuster sind die Symptome verschiedener Viren, die Erdbeerpflanzen befallen können.
■ Siehe Viruserkrankungen der Erdbeere (S. 331).

Dunkle Flecken mit weißem, mehligem Belag
Auf den Blattoberseiten entwickeln sich rot-violette Flecken, unterseits ein gräulich weißer mehliger Belag. Die Blätter rollen sich an den Rändern nach oben. Echter Mehltau wird von einem Pilz hervorgerufen und tritt meist am stärksten auf, wenn es heiß und trocken ist. Auch Blüten und Früchte können betroffen sein.
■ Siehe Echter Mehltau (S. 325).

ERDBEEREN 195

Die Blätter entfärben sich und welken
Im Sommer sind ältere Blätter rot oder braun und junge gelb. Die Blattstiele können schwarze Streifen aufweisen und die ganze Pflanze absterben. Der Grund ist wahrscheinlich Verticillium-Welke.
■ Siehe Verticillium-Welke (S. 331).

Die Blätter welken und die Basis der Stängel verfault
Die Blätter färben sich gelb, welken und die Pflanze kann absterben. Die Symptome sind ähnlich wie bei Verticillium-Welke, aber in diesem Fall ist die Staude braun und verwelkt.
■ Siehe Wurzelhalsfäule der Erdbeere (S. 331).

Verkümmerter Wuchs und rotbraune Blätter
Die Pflanzen sind kleiner als normalerweise. Ihre inneren Blätter sind rot oder orangefarben, die äußeren braun und trocken. Die Zentralzylinder der Wurzeln sind rot statt weiß. Ursache ist ein Pilz.
■ Siehe Erdbeerwurzelfäule (S. 326).

Schwaches Wachstum und verkrüppelte braune Blätter
Die Symptome treten meistens im Spätsommer auf, vor allem bei heißem, trockenem Wetter. Die Pflanzen sind klein, die jungen Blätter braun und verkrüppelt. Winzige hellbraune Erdbeermilben können die Missetäter sein.
■ Siehe Erdbeermilbe (S. 336).

Verkrüppelte Blätter mit dicken Stielen
Die ganze Pflanze ist verkümmert. Die Blätter sind schlecht entwickelt oder verkrüppelt, die Stiele kürzer und dicker oder länger und rot gefärbt. Ursache kann ein Befall mit Älchen sein.
■ Siehe Älchen (S. 334).

Blätter sind angeknabbert und Wurzeln abgefressen
Erwachsene Dickmaulrüssler fressen Kerben in die Blattränder, ihre Larven fressen die Wurzeln in der Erde. Bei schwerem Befall kann die Pflanze verwelken und absterben.
■ Siehe Dickmaulrüssler (S. 336).

Früchte

3 Grauer oder brauner pelziger Schimmel
In nassen Sommern, unter feuchten Bedingungen können die Früchte verschimmeln und verfaulen. Der Verursacher ist ein Pilz, *Botrytis cinerea*.
■ Siehe Grauschimmel (S. 326).

4 Die Früchte sind teilweise oder völlig aufgefressen
Sowohl Vögel als auch Schnecken finden reife Erdbeeren absolut unwiderstehlich und fressen sie ständig an.
■ Siehe Vögel (S. 341), Schnecken (S. 340).

Die Samen der Erdbeeren sind abgefressen
Wenn die Früchte angeknabbert aussehen und ihre Samen abgefressen wurden, vor allem unten, waren wahrscheinlich Käfer hungrig. Tagsüber verstecken sie sich unter Blättern oder Stroh.
■ Siehe Käfer an Erdbeeren (S. 338).

Die Früchte sind glanzlos
Die Beeren, die matt und vielleicht zudem kümmerlich oder missgebildet sind, können mit Echtem Mehltau befallen sein.
■ Siehe Echter Mehltau (S. 325).

Himbeeren

Der Duft und Geschmack reifer Himbeeren im Hochsommer ist herrlich. Früher war die Himbeersaison nur kurz: Die meisten Sommerhimbeeren konnte man nur etwa drei Wochen lang ernten und dann erst wieder im nächsten Jahr. Zugegeben, es waren auch Sorten erhältlich, die später reif wurden. Ihr Ertrag war jedoch niedrig und die Beeren nicht sehr schmackhaft. Die modernen Herbsthimbeeren wurden jedoch deutlich verbessert, sodass man – zumindest theoretisch – von Mitte Juni bis zu den ersten Frösten im Herbst frische Früchte ernten kann.

Wenn die Himbeerruten eingewachsen sind und Sie wissen, wie man sie schneidet, sind Himbeeren ziemlich leicht anzubauen. Die Pflanzen sind wuchskräftig: Besonders die im Sommer fruchtenden Sorten müssen gestützt und vor hungrigen Vögeln geschützt werden. Für eine gute Ernte brauchen Sie eine zwei bis drei Meter lange Reihe von Ruten. Wenn Sie sowohl Sommer- als auch Herbsthimbeeren kultivieren wollen, so pflanzen Sie sie völlig getrennt.

Es ist ein unbeschreibliches Vergnügen, an einem trockenen Sommertag reife Himbeeren zu pflücken. Sie können die Beeren auch ernten, wenn es regnerisch ist, aber sie halten sich dann nicht lange. Rote Sorten können im Sommer oder Herbst tragen, die gelben Sorten reifen meist im Herbst.

Welche Formen können Sie ziehen?

■ **Ruten** Die Ruten von Sommerhimbeeren werden hoch und müssen gestützt werden. Die von Herbsthimbeeren sind kürzer, man kann sie ohne Stütze ziehen. Besser gedeihen aber auch sie an einem Gerüst aus Holzpfählen und Drähten.

Beliebte Himbeeren

1 'Glen Ample'
Sommerhimbeere
Moderne Sorte mit sehr hohem Ertrag, längere Erntesaison als die meisten Sorten. Ruten ohne Stacheln, gute Resistenz gegen Schädlinge und Krankheiten. In Schottland gezüchteter Abkömmling von 'Glen Prosen'.
■ **Ernte** Ende Juni–Anfang August

2 'Tulameen'
Sommerhimbeere
Große Beeren mit hervorragendem Geschmack. Trägt gut und oft 4–6 Wochen lang. In Kanada gezüchtet, winterhart, wenig krankheitsanfällig.
■ **Ernte** Anfang Juli–Mitte August

3 'Octavia'
Sommerhimbeere
Eine späte Sommerhimbeere, die im ganzen August viele große, wohlschmeckende Beeren trägt, bevor die ersten Herbsthimbeeren reifen.
■ **Ernte** Ende Juli–Ende August

4 'Glen Moy'
Sommerhimbeere
Eine der frühesten Sommerhimbeeren. In einem guten Jahr können die Früchte schon Mitte Juni reif sein. Guter Geschmack, Ruten ohne Stacheln, widerstandsfähig gegen Blattläuse.
■ **Ernte** Mitte Juni–Ende Juli

5 'Malling Admiral'
Sommerhimbeere
Eine beliebte Sorte, die große dunkelrote, schmackhafte Beeren trägt. Krankheitsresistent und einfach anzubauen. Ertrag durchschnittlich.
■ **Ernte** Mitte Juli–Mitte August

6 'All Gold'
Herbsthimbeere
Vielleicht die beste gelbe Himbeere. Ähnlicher Wuchs wie 'Autumn Bliss', trägt aber süßere, saftigere Beeren. Wird manchmal mit der ähnlichen 'Fallgold' verwechselt.
■ **Ernte** Anfang September–Anfang Oktober

HIMBEEREN 199

7 'Glen Coe'
Sommerhimbeere
Neue Sorte mit ungewöhnlichen violetten Beeren, intensiver Geschmack und hoher Ertrag. Ruten ohne Stacheln, die dazu neigen, dicht zu wachsen, und weniger gestützt werden müssen als die meisten Sorten.
■ **Ernte** Juli–August

8 'Autumn Bliss'
Herbsthimbeere
Die Sorte leitet eine neue Generation von Herbsthimbeeren mit hohem Ertrag ein. Große, feste schmackhafte Beeren an kurzen, kräftigen Ruten. Wenig anfällig, empfehlenswert.
■ **Ernte** Mitte August–Anfang Oktober

9 'Joan J.'
Herbsthimbeere
Gesunder Wuchs, bringt sehr viele süße, saftige Früchte hervor und trägt über zwei Monate lang ununterbrochen, Ruten ohne Stacheln. Die Beeren sind größer als die von 'Autumn Bliss'.
■ **Ernte** Anfang August–Anfang Oktober

10 'Polka'
Herbsthimbeere
Eine vor Kurzem eingeführte polnische Sorte, aus 'Autumn Bliss' gezüchtet, die aber den doppelten Ertrag bringen kann. Große, aromatische, recht haltbare Beeren. Gute Krankheitsresistenz.
■ **Ernte** Mitte August–Anfang Oktober

'Autumn Treasure' (nicht abgebildet)
Herbsthimbeere
Eine moderne englische Sorte, die große, kegelförmige Beeren an kräftigen Ruten ohne Stacheln trägt. Gute Resistenz gegen Schädlinge und Krankheiten, deshalb eine gute Wahl für Gärtner, die keine Chemie einsetzen wollen. Trägt etwas später als 'Autumn Bliss'.
■ **Ernte** Ende August–Mitte September

'Belle de Malicorne' (nicht abgebildet)
Herbsthimbeere
Eine französische Sorte, die große, leuchtend rote Beeren trägt. Unter den richtigen Bedingungen kann sie zweimal im Jahr tragen, einmal im Hochsommer und einmal im Herbst – recht lang, wenn die Früchte vor Frost geschützt werden.
■ **Ernte** Mitte Juni–Ende Juli und wieder Mitte September–Mitte November

'Cascade Delight' (nicht abgebildet)
Sommerhimbeere
Diese Himbeere, die ursprünglich im pazifischen Nordwesten Nordamerikas gezüchtet wurde, ist in Deutschland immer öfter erhältlich. Sie ist resistent gegen Wurzelfäule und deshalb für feuchte Standorte gut geeignet. Sehr guter Ertrag und große Früchte mit hervorragendem Geschmack.
■ **Ernte** Anfang Juli–Mitte August

'Glen Fyne' (nicht abgebildet)
Sommerhimbeere
Die jüngste der schottischen 'Glen'-Sorten wurde 2008 eingeführt. Die stachellosen Ruten tragen früh große, leuchtend rote Beeren mit herausragendem Geschmack.
■ **Ernte** Mitte Juni–Ende Juli

'Glen Prosen' (nicht abgebildet)
Sommerhimbeere
Glatte, stachellose Ruten und ein guter Ertrag, feste Beeren mit hervorragendem Geschmack. Resistent gegen Viren.
■ **Ernte** Mitte Juli–Mitte August

'Leo' (nicht abgebildet)
Sommerhimbeere
Nicht die ertragreichste Sorte, aber die späteste der Sommerhimbeeren: Oft kann man die Beeren noch bis Ende August pflücken.
■ **Ernte** Ende Juli–Ende August

'Malling Jewel' (nicht abgebildet)
Sommerhimbeere
Eine beliebte alte Sorte, die etwas früher trägt als 'Malling Admiral'. Sie ist wenig krankheitsanfällig, mit großen hellroten, aromatischen Früchten. Die Pflanzen sind recht kompakt und wachsen nicht so zügellos.
■ **Ernte** Anfang–Ende Juli

Himbeeren anbauen

Sommer- und Herbsthimbeeren tragen unterschiedlich. Sommersorten fruchten an vorjährigen Ruten und Herbstsorten an diesjährigen – deshalb werden sie auch unterschiedlich geschnitten. Merken Sie sich, welche Sorten Sie ausgewählt haben, und pflanzen Sie sie getrennt: Wenn sie sich ausbreiten und ineinander wachsen, wissen Sie sonst womöglich nicht mehr, welche Ruten Sie schneiden müssen und welche bis zum nächsten Jahr stehen bleiben sollen.

Das Jahr auf einen Blick

	Frühjahr			Sommer			Herbst			Winter		
	M	A	M	J	J	A	S	O	N	D	J	F
wurzelnackt	▬	▬						▬	▬	▬	▬	▬
Containerware	▬	▬	▬	▬	▬	▬	▬	▬	▬	▬	▬	▬
Schnitt	▬	▬										
Ernte				▬	▬	▬	▬	▬				

Die Auswahl der Pflanzen

Die Ruten können Sie wurzelnackt oder als Containerware kaufen, wurzelnackte Ruten sind aber meist nur im Herbst und Winter erhältlich. Jede Pflanze ist eine einzelne Rute, nicht viel dicker als ein Bleistift, mit eigenem Wurzelsystem. Achten Sie auf kleine weiße Knospen an den Wurzeln, aus denen neue Triebe oder Ausläufer austreiben. Kaufen Sie nur zertifiziert virusfreie Pflanzen.

Wann wird gepflanzt?

■ WURZELNACKTE RUTEN Zwischen November und März, wenn der Boden nicht gefroren ist.
■ CONTAINERWARE Sie können zu jeder Jahreszeit pflanzen, am besten aber von November bis Dezember oder im März und nicht während heißer, trockener Perioden im Sommer.

(links) **Wurzelnackte Ruten** werden in spezialisierten Baumschulen und Gartencentern oft in Bündeln angeboten. Man pflanzt sie im Spätherbst oder zeitigen Frühjahr. Containerware ist oft das ganze Jahr über erhältlich, am besten pflanzt man aber auch sie im Spätherbst oder im zeitigen Frühjahr: Wenn der Boden warm wird, wachsen die Pflanzen schneller an.

HIMBEEREN

Wo wird gepflanzt?
Wählen Sie einen geschützten Standort, an dem kein starker Wind weht. Himbeeren tolerieren ein wenig Schatten, am besten reifen sie aber in voller Sonne, vor allem Herbsthimbeeren.

Boden
Die Pflanzen brauchen viel Wasser, müssen aber in durchlässigen Boden gepflanzt werden. Ist er staunass, auch nur für kurze Zeit, sterben die Wurzeln meistens ab. Ist die Erde in Ihrem Garten schwer, sollten Sie sie eventuell in einem Hochbeet pflanzen.

Himbeeren mögen leicht sauren Boden mit einem pH-Wert von etwa 6,0–6,5. Ist Ihr Boden alkalisch (pH-Wert über 7,5), sollten Sie ihn saurer machen, um Kalkchlorose vorzubeugen (siehe S. 320). Ist er trocken und sandig, dann arbeiten Sie viel organische Substanz ein, die die Feuchtigkeit speichert. Wässern Sie regelmäßig.

Wie wird gepflanzt?
Bereiten Sie den Boden vorher gründlich vor und stellen Sie eine Stütze mit Pfählen und Drähten auf. Jäten Sie gründlich. Graben Sie einen Pflanzgraben, füllen Sie ihn mit gut verrottetem Kompost oder Mist und mischen Sie diesen mit der Erde. Die Ruten brauchen nicht sehr tief gepflanzt werden. Breiten Sie die Wurzeln in etwa 8 cm Tiefe aus. Drücken Sie den Boden an und schneiden Sie jede Rute auf eine Knospe in etwa 25 cm Höhe über dem Erdboden zurück. Wenn im Frühjahr neue Triebe aus der Erde sprießen, wachsen sie kräftiger, wenn Sie die ursprüngliche Rute bis zum Boden zurückschneiden.

Pflanzabstände
- RUTEN 40–45 cm.
- REIHEN 2 m.

Himbeeren in Kübeln
Man kann Himbeeren im Kübel ziehen, der Ertrag ist aber oft nicht üppig. Kürzere Ruten von Herbsthimbeeren eignen sich oft besser. Pflanzen Sie zwei oder drei Ruten zusammen in einen Container mit etwa 30 cm Durchmesser. Wahrscheinlich müssen Sie sie stützen, vielleicht an einem Zaun oder einer Pergola. Das richtige Wässern ist entscheidend: Die Ruten dürfen nicht staunass sein und nie austrocknen.

(unten, von links nach rechts) **Neu gepflanzte Ruten** haben gute Bedingungen, wenn Sie gut verrotteten Kompost in den Pflanzgraben einarbeiten. **Neue Triebe** erscheinen im Frühjahr. Mulchen Sie großzügig, damit die Feuchtigkeit im Boden gehalten wird, vor allem nach dem Düngen. **Schneiden Sie** die ursprüngliche Rute auf Erdbodenniveau zurück, gehen Sie dabei mit den neuen Trieben vorsichtig um. So bildet die Pflanze mehr Ruten und ein kräftiges Wurzelsystem aus.

Regelmäßige Pflege

■ WÄSSERN Wässern Sie regelmäßig, in trockenen Sommern ein- oder zweimal pro Woche, vor allem wenn die Beeren größer werden. Vermeiden Sie dabei, die Ruten nass zu spritzen, sonst können sich Pilzinfektionen besser ausbreiten.

■ DÜNGEN Himbeeren müssen gedüngt werden. Düngen Sie im März mit einem Universaldünger, damit ausreichend Stickstoff, Phosphat und Kalium zur Verfügung stehen.

■ MULCHEN Wässern Sie nach dem Düngen gründlich. Breiten Sie dann eine 5 bis 8 cm dicke Mulchschicht aus gut verrottetem Kompost oder Mist um die Pflanzen aus, die die Ruten aber nicht berühren sollte.

■ NETZE Sommerhimbeeren müssen mit Netzen oder einem Fruchtkäfig vor Vögeln geschützt werden. Herbsthimbeeren erregen bei Vögeln weniger Aufsehen, Netze sind nicht nötig.

■ SCHUTZ VOR FROST Himbeeren blühen später im Frühjahr als die meisten Beerensträucher und sind weniger anfällig für Frostschäden.

Ernte und Lagerung

Die meisten Sommerhimbeeren reifen im Juli, einige bis in den August. Herbsthimbeeren tragen ab August und manchmal bis in den Oktober. Anders als bei Brombeeren bleibt der Zapfen am Strauch, wenn Sie die Frucht pflücken. Lösen sich die Beeren nicht leicht, sind sie nicht reif. Reife Himbeeren halten sich im Kühlschrank ein bis zwei Tage. Wenn Sie sie jedoch nicht gleich essen, sollten Sie sie bald nach dem Pflücken einfrieren. Lassen Sie reife Früchte nicht am Strauch: Sie verfaulen und spätere Früchte wachsen nicht zu ihrer vollen Größe heran.

Ertrag

Sommerhimbeeren sind ertragreicher als Herbsthimbeeren. Eine 1 m lange Reihe mit Ruten liefert ungefähr 2–3 kg Sommerhimbeeren und 1–1,5 kg Herbsthimbeeren.

Vermehrung

Junge Ruten kann man ausgraben und so sehr einfach neue Pflanzen ziehen. Graben Sie vorsichtig einen gesund aussehenden Ausläufer mit einer Grabgabel aus, sodass an der Basis einige Wurzeln sind. Schneiden Sie ihn vom Hauptwurzelballen ab. Pflanzen Sie ihn in einen Container oder an einer anderen Stelle in die Erde. Vermehren Sie nicht von alten oder nicht gesunden Ruten. Kaufen Sie stattdessen neue Pflanzen, die keine Krankheiten haben.

(von oben nach unten) **Das richtige Wässern** ist wichtig, wenn die Beeren reifen. Entfernen Sie die Brause der Gießkanne, damit Sie die Blätter nicht benetzen und unbeabsichtigt Pilzinfektionen verbreiten. **Pflücken Sie Himbeeren,** wenn es trocken ist – bei regnerischem Wetter haben Sie allerdings einen guten Grund, sie gleich zu essen, denn sie halten sich nicht lange. Zum Einfrieren und Einmachen eignen sich ein wenig unreife Beeren besser.

(von links nach rechts) **Binden Sie neue Ruten** mit weichem Bast oder Schnur an. **Neue Blätter** treiben im Frühjahr aus. **Die Blüten** erscheinen relativ spät und müssen selten geschützt werden. **Die Beeren** lassen sich am leichtesten pflücken, wenn sie vollreif sind.

Monat für Monat

Februar
- Pflanzen Sie wurzelnackte Ruten.
- Schneiden Sie die Spitzen der Ruten von Sommerhimbeeren, die überwintert haben.
- Entfernen Sie alle letztjährigen Ruten von Herbsthimbeeren.

März
- Neue Blätter erscheinen an den letztjährigen Ruten der Sommerhimbeeren.
- Bei Herbsthimbeeren treiben jetzt neue Ruten aus dem Boden aus.
- Düngen Sie mit organischem Volldünger oder Universaldünger und mulchen Sie um die Pflanzen.
- Letzte Chance, wurzelnackte Ruten zu pflanzen.

Mai
- Die Blütenknospen bilden sich und die Blüten öffnen sich.
- Beginnen Sie, zu jäten und zu wässern.
- Schützen Sie Sommersorten vor Vögeln.

Juni
- Wässern Sie großzügig, mindestens einmal in der Woche oder öfter, wenn es trocken ist.
- Binden Sie neue Triebe an.

Juli
- Ernten Sie Sommerhimbeeren.
- Wässern Sie regelmäßig, wenn die Früchte reifen.

August
- Ernten Sie die letzten Sommerhimbeeren und die ersten Herbsthimbeeren.
- Schneiden Sie Sommerhimbeer-Ruten zurück, die nicht mehr tragen. Binden Sie die neuen Ruten fürs nächste Jahr an oder biegen Sie sie über die Stütze.

September
- Ernten Sie Herbsthimbeeren.

Oktober
- Bis zum ersten Frost können Sie ernten.
- Nun sind neue wurzelnackte Ruten in spezialisierten Baumschulen erhältlich.

November
- Der beste Monat, um wurzelnackte Ruten oder Containerware zu pflanzen.

Himbeeren schneiden und erziehen

Sommer- und Herbsthimbeeren werden unterschiedlich geschnitten. Beide Typen müssen einmal im Jahr geschnitten werden, aber Sie sollten wissen, wann der richtige Zeitpunkt ist – sonst fällt die Ernte enttäuschend aus. Herbstsorten tragen an diesjährigen Ruten und werden nach der Ernte im folgenden Winter bis zum Boden zurückgeschnitten. Sie wachsen im nächsten Jahr wieder nach. Sommerhimbeeren hingegen tragen an Ruten vom letzten Jahr: Diese können Sie natürlich entfernen, wenn Sie alle Beeren abgeerntet haben. Die neuen Ruten, die noch nicht getragen haben, lassen Sie aber stehen, denn sie tragen im nächsten Jahr.

Stützsysteme mit Pfosten und Drähten

Himbeeren können Sie am besten mit einem System aus aufrechten Pfosten und Drähten stützen, vor allem Sommerhimbeeren, die hoch werden. Verwenden Sie 8 x 8 cm dicke imprägnierte 2,5 m lange Holzpfosten. Versenken Sie sie 60 cm tief im Boden und spannen Sie dazwischen dicke, verzinkte waagrechte Drähte. Sie können jeweils entweder einen Draht oder je zwei parallele Drähte an Querstreben spannen.

Einfache Drähte

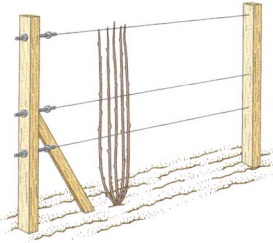

- Bringen Sie drei waagrechte Drähte in etwa 75 cm, 1,1 m und 1,5 m Höhe an.
- Spannen Sie sie mit Spannbolzen.
- Binden Sie neue Ruten an den Drähten fest.

Doppelte Drähte

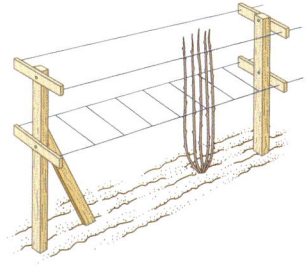

- Bringen Sie an jedem Holzpfosten eine Querstrebe in etwa 60 cm Höhe und eine in etwa 1 m Höhe an.
- Spannen Sie waagrechte parallele Drähte und dazwischen ein Netz aus Drähten oder Schnüren mit regelmäßigen Abständen.
- Die Ruten wachsen durch das Netz nach oben.

Sommerhimbeeren werden hoch und müssen gestützt werden. Herbsthimbeeren sind niedriger und können ohne Stütze wachsen. Besser gedeihen sie aber mit einem Gerüst.

Sommerhimbeeren schneiden

Im Spätsommer nach der Ernte wird am stärksten geschnitten. Neue Ruten, die im nächsten Jahr tragen, werden angebunden und im Winter nur leicht an der Spitze geschnitten.

1 Schneiden Sie im Spätsommer nach der Ernte alle Ruten, die in diesem Jahr getragen haben, bis zur Basis zurück. So gelangen Licht und Luft zu den Pflanzen und Krankheiten können sich nicht so leicht verbreiten.

2 Binden Sie zur selben Zeit die diesjährigen Ruten mit etwa 10 cm Abstand fest. Sind sie überlang, biegen Sie sie über das Gerüst und binden sie in großen Schlaufen an. So nehmen sie bei Wind weniger Schaden.

3 Schneiden Sie im Februar die in Schlaufen angebundenen Ruten auf etwa 15 cm über dem höchsten Draht zurück. Sie werden in diesem Sommer Früchte tragen.

Herbsthimbeeren schneiden

Lassen Sie nach der Ernte die Ruten, die getragen haben, den Winter über in der Erde. Schneiden Sie erst im Februar alles alte Holz völlig zurück. Neue Ruten treiben im Frühjahr aus und wachsen im Sommer heran. Ab August, manchmal bis zu den ersten Frösten, tragen sie.

1 Himbeeren sind winterhart und brauchen den Winter über nicht geschützt werden.

2 Schneiden Sie im Februar alle Ruten, die letztes Jahr gewachsen sind, bis zur Basis zurück.

3 Neue Ruten müssen manchmal gestützt werden, bevor sie zu den ersten Drähten emporgewachsen sind. Binden Sie sie locker mit Bast zusammen, sodass sie sich gegenseitig stützen.

4 Schneiden Sie im Frühsommer alle neuen Ruten zurück, die offensichtlich schwach sind oder in einem ungünstigen Winkel wachsen.

Mögliche Probleme

Blätter und Ruten

1 Gelbe Blätter mit grünen Adern
Färben sich junge Blätter gelb, kann das Eisenmangel anzeigen. Sind ältere Blätter betroffen, spricht es für Manganmangel. Diese sogenannte Kalkchlorose kommt in alkalischen Böden häufig vor.
■ Siehe Eisenmangel (S. 320), Manganmangel (S. 321).

2 Die Blätter sind eingerollt, braun und sterben ab
Dies kann ein Zeichen für Trockenheit oder Kaliummangel sein, der oft gleichzeitig mit Eisenmangel auftritt.
■ Siehe Kaliummangel (S. 320).

3 Violette Flecken mit weißer oder grauer Mitte
Diese Flecken erscheinen an Ruten sowie auf Blättern. Bei einer schweren Infektion kann die Pflanze völlig absterben.
■ Siehe Blattfleckenkrankheit der Himbeere (S. 325).

Weißer, mehliger Belag der Blätter
Echter Mehltau wird von einem Pilz verursacht und tritt bei heißem, trockenem Wetter meistens stärker auf. Die Blätter können gelb werden, absterben und die Ruten welken.
■ Siehe Echter Mehltau (S. 325).

Verkrüppelte, klebrige Blätter
Bei Blattlausbefall können die Blätter verkrüppelt und klebrig sein.
■ Siehe Blattläuse (S. 335).

Blätter gefleckt oder mosaikartig gemustert
Gelbgrüne Flecken auf den Blättern, die kümmerlich wachsen und deren Ränder manchmal nach unten eingerollt sind, können Symptom einer Viruskrankheit sein.
■ Siehe Viruserkrankungen der Himbeere (S. 331).

Hellgelbe Flecken auf den Blättern
Oft ist eine Milbe verantwortlich, die Saft saugt. Auch ein Virus, das ähnliche Symptome hervorruft, kann die Ursache sein.
■ Siehe Himbeerblattmilbe (S. 337).

Kleine Löcher in den Blättern
Kleine rotbraune Flecken und Löcher mit braunen Rändern können von einem Befall mit Blattwanzen herrühren, die Saft saugen.
■ Siehe Blattwanzen (S. 335).

Rostorange Flecken auf Blättern
Rostpilze befallen viele Beerenobstsorten. Der Schaden ist selten gravierend.
■ Siehe Rost (S. 328).

Violette Flecken auf den Ruten um neue Knospen
Die Flecken färben sich im Herbst von violettbraun nach silbergrau, womöglich sind kleine, schwarze Pilzsporen zu sehen. Neue Triebe infizierter Ruten können im folgenden Frühjahr absterben.
■ Siehe Rutensterben der Himbeere (S. 329).

Ruten platzen auf und brechen ab
Eine Pilzinfektion an der Basis der Ruten lässt sie dunkelbraun und spröde werden und abbrechen.
■ Siehe Himbeerrutenkrankheit (S. 327).

Schmetterlingsraupen oder Larven
Rote Schmetterlingsraupen, die in neuen Trieben fressen, sind wahrscheinlich die Raupen der Himbeermotte. Kleine rosa Larven unter der Rinde der Ruten sind die Larven der Himbeerrutengallmücke.
■ Siehe Himbeermotte (S. 337), Himbeerrutengallmücke (S. 337).

Früchte

4 Grauer, pelziger Schimmel
Befallene Früchte sind mit Schimmel bedeckt und verfaulen.
■ Siehe Grauschimmel (S. 326).

5 Die Früchte sind angefressen
Vögel finden vor allem Sommerhimbeeren unwiderstehlich. Wespen und andere Insekten werden ebenfalls angelockt.
■ Siehe Vögel (S. 341) und Wespen (S. 341).

Larven in den Früchten
Die reifenden Beeren verschrumpeln, verfärben sich und faulen am Stielansatz. In der Frucht können Sie eine hell beigebraune Larve des Himbeerkäfers finden.
■ Siehe Himbeerkäfer (S. 337).

Brombeeren und Hybriden

All diese Beerensträucher stammen von wilden Brombeersträuchern ab. Wenn Sie die richtigen Stellen kennen, dann können Sie noch immer an Hecken, Waldrändern und am Straßenrand jede Menge wilder Brombeeren pflücken. In einem Garten oder Schrebergarten kann man jedoch gezüchtete Kultursorten anbauen. Deren Früchte sind größer und schmackhafter, der Ertrag ist höher und die neuen Pflanzen haben meistens keine Krankheiten.

Zu den Hybriden gehören Loganbeeren, Taybeeren und einige weniger bekannte Beeren: Sie sind Kreuzungen von Brombeeren und Himbeeren – und einige stammen aus dem 19. Jahrhundert. Auch heute wird natürlich noch gezüchtet, aber man konzentriert sich darauf, kompaktere, weniger zügellos wachsende Sorten ohne Stacheln zu züchten, die größere, süßere Beeren tragen. Hobbygärtner profitieren von diesen Bemühungen.

Bei den meisten Brombeeren dauert die Saison lang. Die ersten Früchte können schon im Juli reif sein. Weitere reifen bis in den Herbst hinein – obwohl sie oft später im Jahr immer körniger werden.

Beliebte Brombeeren

1 'Loch Ness'
Robuste, gesunde Sorte ohne Stacheln, recht große Früchte mit sehr gutem Aroma. Ertragreich.
■ **Ernte** ab Anfang August

2 'Black Butte'
Stammt aus dem Westen der USA. Die Beeren sind bis doppelt so groß und so schwer wie traditionelle Brombeeren. Eignen sich zum Rohessen und Einkochen.
■ **Ernte** ab Mitte Juli

3 'Silvan'
Eine australische Sorte, manchmal auch 'Sylvan' geschrieben, mit länglichen blauschwarzen Beeren, die früh reifen. Gute Resistenz gegen Krankheiten.
■ **Ernte** ab Anfang Juli

4 'Oregon Thornless'
Ursprünglich aus einer wilden europäischen Brombeere gezüchtet, mit charakteristischem, sehr attraktivem Laub. Die aromatischen Beeren können oft noch im Oktober geerntet werden.
■ **Ernte** ab Ende August

5 'Waldo'
Eine früh reifende moderne Sorte mit großen, außerordentlich schmackhaften Beeren. Sie ist kompakt und stachellos und deshalb ideal für kleine Gärten.
■ **Ernte** ab Mitte–Ende Juli

'Navaho' (nicht abgebildet)
Mäßig stark wachsend, stachellos, aufrecht, kann ohne Gerüst gezogen werden. Robust und gesund, süße, aromatische Früchte.
■ **Ernte** ab Mitte August

'Helen' (nicht abgebildet)
Junge kompakte, stachellose Sorte, die sehr früh reift und krankheitsresistent ist.
■ **Ernte** ab Anfang Juli

'Karaka Black' (nicht abgebildet)
Eine neuseeländische Sorte mit langen, walzenförmigen schmackhaften Früchten. Sie reift ab Juli bis Ende September.
■ **Ernte** ab Mitte Juli

BROMBEEREN

Beliebte Hybriden

1 Loganbeere
Hybride aus Himbeere × Brombeere. Ursprünglich im 19. Jahrhundert in Kalifornien gezüchtet. Die Beeren schmecken würzig und eignen sich eher zum Einkochen als zum Rohessen.
■ **Ernte** ab Mitte Juli

2 Boysenbeere
Hybride aus Loganbeere × Brombeere. Große, saftige violettrote Früchte mit typischem Brombeergeschmack.
■ **Ernte** ab Ende Juli

3 Taybeere
Hybride aus Himbeere × Brombeere. Erstmals in Schottland um 1960 gezüchtet. Die Beeren sind violettrot, schmackhaft und größer und süßer als Loganbeeren.
■ **Ernte** ab Mitte Juli

4 Japanische Weinbeere
Eine eigene Spezies. Kleine, rote, ungewöhnliche Beeren, süß, saftig, reifen nach und nach. Auch im Halbschatten.
■ **Ernte** ab Juli

Kalifornische Brombeere (nicht abgebildet)
Ebenfalls eine eigene Spezies, keine Hybride. Wird in Europa bisher seltener angebaut, auch für Halbschatten geeignet.
■ **Ernte** August

Marionbeere (nicht abgebildet)
Manchmal als Hybride, manchmal als echte 'Marion' Brombeere bezeichnet. Die Loganbeere gehört zu den Eltern. Sehr lange, herabhängende Ruten, stark bedornt, Beeren mit herrlichem Geschmack.
■ **Ernte** ab Ende Juli

Tummelbeere (nicht abgebildet)
Eine in Schottland gezüchtete Variante der Taybeere. Winterhärter, aber nicht so süß. Der Geschmack ähnelt einer Loganbeere.
■ **Ernte** ab Mitte Juli

Andere Hybriden, die in spezialisierten Baumschulen erhältlich sind:
King's Acre-Beere
Veitchbeere
Youngbeere

Brombeeren anbauen

Die meisten Brombeeren und Hybriden sind wüchsig, sie brauchen nicht viel Aufmerksamkeit: Wenn überhaupt, dann müssen sie eher gezähmt als ermutigt werden. Es ist wichtig, dass Sie sie einmal im Jahr nach der Ernte schneiden, um alte Ruten zu entfernen, die nicht mehr tragen. So schaffen Sie Platz für neue Triebe, die im folgenden Jahr fruchten.

Das Jahr auf einen Blick

	Frühjahr			Sommer			Herbst			Winter		
	M	A	M	J	J	A	S	O	N	D	J	F
wurzelnackt	▬	▬	▬					▬	▬	▬	▬	▬
Containerware	▬	▬	▬	▬	▬	▬	▬	▬	▬	▬	▬	▬
Schnitt						▬	▬	▬				
Ernte					▬	▬	▬					

Brombeerbüsche sind ertragreicher, wenn Sie die neuen Ruten an waagrechten Drähten erziehen und die langen tragenden Triebe aufbinden. Einige der besten Sorten sind stachellos, sodass man die Beeren viel leichter ernten kann.

Auswahl der Pflanzen

Ruten von Brombeeren und Hybriden sind wurzelnackt erhältlich, häufig werden sie jedoch in Containern angeboten. Sie sehen nicht sehr beeindruckend aus: Meistens bekommen Sie einzelne Ruten, nicht viel dicker als ein Bleistift. Kaufen Sie anerkannte Sorten, die zertifiziert virenfrei sind.

Wann wird gepflanzt?

■ WURZELNACKTE PFLANZEN Pflanzen Sie Brombeeren zwischen Oktober und März. Achten

BROMBEEREN 213

EINE BROMBEERRUTE PFLANZEN

Diese Brombeerrute im Container soll an einem Holzzaun erzogen werden. Wenn Sie ein Gerüst aus Pfosten und Drähten nutzen wollen, sollten Sie es vor dem Pflanzen bauen. Arbeiten Sie wenn möglich ein oder zwei Monate vorher gut verrotteten Kompost oder Mist in den Boden ein. Entfernen Sie alle mehrjährigen Unkräuter.

1 Graben Sie ein Loch, das so tief und so breit ist, dass der Wurzelballen hineinpasst und rundherum noch 10 cm Platz ist.

2 Wässern Sie die Pflanze gut, nehmen Sie sie aus dem Container und stellen Sie sie in das Loch.

3 Der Wurzelballen sollte oben auf gleicher Höhe oder etwas unterhalb der Bodenoberfläche sein.

4 Drücken Sie den Boden fest. Wässern Sie gut und verteilen Sie organischen Mulch so um die Pflanze, dass er die Rute nicht berührt. Kürzen Sie die Rute wenn nötig auf eine Knospe in etwa 22–25 cm Höhe. Schneiden Sie sie im Hochsommer völlig zurück, wenn neue Ruten erscheinen.

Sie darauf, dass der Boden nicht staunass oder gefroren ist.
■ CONTAINERWARE Sie können zu jeder Jahreszeit pflanzen, am besten aber im November oder März und nicht in heißen, trockenen Perioden im Sommer.

Wo wird gepflanzt?
Wählen Sie einen geschützten Standort, an dem kein starker Wind weht. Hybriden brauchen volle Sonne, damit die Beeren im Sommer ausreifen. Die meisten Brombeeren reifen auch im Halbschatten.

Boden
Brombeeren tolerieren die meisten Böden, wenn diese durchlässig sind. Hybriden sind etwas anspruchsvoller: Sie schätzen tiefgründigen, fruchtbaren Boden. Alle Sorten gedeihen am besten, wenn viel organische Substanz eingearbeitet wurde. Kalken Sie, wenn der pH-Wert des Bodens weniger als 5,5 beträgt.

Pflanzabstände
■ WENIG WUCHSKRÄFTIG 2,5–3 m.
■ RECHT WUCHSKRÄFTIG 3–4,5 m.
■ SEHR WUCHSKRÄFTIG 4,5–5 m.
■ REIHEN mit 2 m.

Regelmäßige Pflege
■ WÄSSERN Wässern Sie in trockenen Sommern großzügig, mindestens einmal in der Woche, besonders wenn die Beeren sich von rot zu schwarz verfärben. Versuchen Sie, Früchte und Ruten dabei nicht nass zu spritzen, um Pilzinfektionen zu vermeiden.
■ DÜNGEN Düngen Sie im März den Boden um die Pflanzen mit einem organischen Volldünger.
■ MULCHEN Zupfen Sie nach dem Düngen Unkräuter mit der Hand aus und wässern Sie gut. Verteilen Sie dann eine 5–8 cm dicke Mulchschicht aus gut verrottetem Mist oder Kompost so um die Pflanzen, dass sie die Ruten nicht berühren.

VERMEHRUNG DURCH ABSENKER

Brombeeren und Hybriden können Sie leicht vermehren. Junge Triebe bewurzeln schnell, wenn sie in Kontakt mit dem Erdreich kommen. Bei zu dichten Sträuchern passiert das oft unbeabsichtigt.

1 Biegen Sie zwischen Juli und September die Spitze eines neuen Triebs herab und vergraben Sie sie etwa 10 cm tief in der Erde. Wässern Sie.

2 Zum Ende des Jahres sollten sich Wurzeln gebildet haben. Schneiden Sie den Trieb von der Elternpflanze. Pflanzen Sie ihn in einen Topf oder lassen Sie ihn an Ort und Stelle, und pflanzen Sie im Frühjahr um.

■ **NETZE** Hybriden müssen eher mit Netzen vor Vögeln geschützt werden als Brombeeren.
■ **SCHUTZ VOR FROST** Brombeeren und Hybriden blühen später im Frühjahr und sind daher kaum Spätfrösten ausgesetzt.

Ernte und Lagerung

Brombeeren können Sie pflücken, wenn sie dick sind und schwarz glänzen. Sie lassen sich leicht abpflücken, der Zapfen bleibt dabei in der Frucht. Lösen sie sich nicht, sind sie noch nicht reif. Platzen sie schnell auf, sind sie überreif. Reife Brombeeren halten sich im Kühlschrank einige Tage lang. Frieren Sie sie ein, wenn Sie sie nicht gleich verbrauchen.

Hybriden sollten Sie so lang wie möglich reifen lassen, damit sie möglichst aromatisch und süß werden. Die Versuchung, sie zu früh zu pflücken, ist groß. Die besten Erntezeiten sind der Morgen, wenn der Tau getrocknet ist und bevor es zu heiß ist, sowie der Abend. Nasse Beeren halten sich nicht lang.

Ertrag

Es ist schwierig, den Ertrag vorherzusagen, denn die Größe und Wuchskraft der Ruten variiert stark. Sie können etwa 5–15 kg erwarten.

(unten, von links nach rechts) **Pflücken Sie reife Früchte,** wenn sie noch fest sind. Sie sollten sich leicht ablösen lassen, der essbare Zapfen bleibt in der Frucht. **Wenn Sie zu viele** reife Beeren haben, können Sie sie einfrieren und erst im Winter einkochen.

Monat für Monat

Februar
- Pflanzen Sie wurzelnackte Ruten, wenn der Boden nicht gefroren ist.
- Breiten Sie neue Ruten vom letzten Jahr aus und binden Sie sie an, wenn Sie es nicht bereits im Herbst getan haben.

März
- Düngen Sie mit Universaldünger, verteilen Sie Kompost.
- Die Blattknospen springen auf und junge Blätter erscheinen.
- Jäten und mulchen Sie um die Pflanzen, um Unkraut zu unterdrücken.
- Der März und der November sind die besten Monate, um zu pflanzen.

Mai
- Die Blüten sind nun geöffnet und Insekten bestäuben sie fleißig.
- Die ersten jungen Früchte bilden sich, wenn die Blütenblätter abfallen.
- Jäten und wässern Sie, wenn nötig.

Juni
- Wässern Sie bei trockenem Wetter großzügiger – einmal pro Woche oder öfter.
- Schützen Sie Hybriden mit Netzen vor Vögeln.
- Binden Sie neue Triebe getrennt von fruchtenden Ruten an. Sie tragen im nächsten Jahr.

Juli
- Ernten Sie frühe Sorten.
- Wässern Sie bei warmem Wetter weiter regelmäßig, wenn die Früchte reifen.
- Vermehren Sie während der nächsten drei Monate durch Absenker.

August
- Ernten Sie mittelspäte Sorten.

September
- Ernten Sie späte Sorten.
- Schneiden Sie Ruten zurück, die in diesem Sommer getragen haben – entweder jetzt oder bis zum Ende des Jahres.
- Breiten Sie diesjährige Ruten aus. Binden Sie sie dort an, wo Sie Ruten entfernt haben, die bereits getragen haben. Sie tragen im nächsten Jahr.

Oktober
- Ende des Monats sind in spezialisierten Baumschulen neue wurzelnackte Ruten erhältlich.

November
- Der November und der März sind die besten Monate, um wurzelnackte oder in Containern gezogene Ruten zu pflanzen.
- Pflanzen Sie neue Pflanzen um, die Sie durch Absenker vermehrt haben.

(von oben nach unten) **Junge Knospen** erscheinen zeitig im Frühjahr. **Die Blüten** öffnen sich einige Monate später, wenn die Fröste meistens vorüber sind. **Aus bestäubten Blüten** bilden sich Früchte. **Die Beeren** beginnen bald zu reifen.

Brombeeren schneiden und erziehen

Brombeeren und Hybriden tragen an einjährigen Ruten vom letzten Sommer. Beim Erziehen werden die Ruten des letzten Jahres (die diesen Sommer tragen werden) von den diesjährigen (die im nächsten Sommer fruchten) getrennt. Nach der Ernte werden alle alten Ruten entfernt, die bereits getragen haben.

Erziehung an Drähten
Verwenden Sie 8 x 8 cm dicke und 2,5 m lange imprägnierte Holzpfosten. Versenken Sie sie 60 cm tief im Boden. Spannen Sie dazwischen vier waagrechte, dicke verzinkte Drähte mit 35–45 cm Abstand.

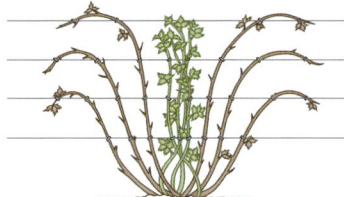

Aufrechter Fächer Die einjährigen tragenden Ruten werden ausgebreitet, die neuen wachsen in der Mitte. Im Herbst werden die Ruten, die getragen haben, zurückgeschnitten.

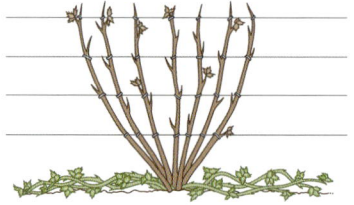

Hängender Fächer Neue Ruten breiten sich beidseits des Fächers am Boden aus. Werden die alten Ruten zurückgeschnitten, dann werden die jungen an ihrer Stelle aufgebunden.

Palmette Die Fruchtruten werden auf einer Seite aufgebunden, alle neuen Triebe auf der anderen Seite. So trägt nur eine Seite. Im nächsten Jahr ist es dann die andere Seite.

Etablierte Sträucher erziehen und schneiden
Der Schnitt erfolgt im Herbst: Alle Ruten, die getragen haben, werden zurückgeschnitten. Binden Sie danach neue Triebe so an, dass neue und alte Ruten getrennt sind.

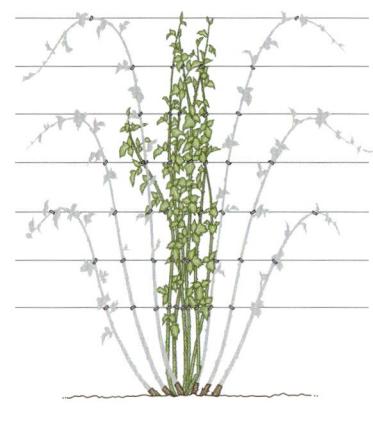

1 Schneiden Sie im Herbst nach der Ernte alle Ruten, die in diesem Jahr getragen haben, bis zum Grund zurück.

2 Binden Sie im Winter oder im nächsten Frühjahr alle neuen Ruten des letzten Jahres dort an, wo sie in der kommenden Saison tragen sollen.

3 Wenn die neuen Triebe erscheinen und neue Ruten bilden, binden Sie sie ebenfalls an, sodass sie von den in diesem Jahr tragenden Ruten getrennt sind. Sie tragen im nächsten Jahr.

Mögliche Probleme

Blätter und Ruten

1 Violette Flecken mit weißer oder grauer Mitte
Die Flecken erscheinen an Blättern oder Ruten, die Pflanze kann völlig absterben. Sowohl Brombeeren als auch Hybriden (vor allem Loganbeeren) können betroffen sein.
■ Siehe **Blattfleckenkrankheit der Brombeere** (S. 325) oder **Blattfleckenkrankheit der Himbeere** (S. 325).

2 Braune Flecken auf den Blättern
Kleine unregelmäßige braune Flecken, von gelben Verfärbungen umgeben, erscheinen auf den Blättern. Diese können absterben.
■ Siehe **Pilzliche Blattfleckenkrankheiten** (S. 328).

Violette Flecken um neue Knospen auf den Ruten
Im Herbst färben sich die Flecken silbergrau, und manchmal sind kleine schwarze Pilzsporen zu sehen. Hybriden wie Loganbeeren sind am anfälligsten.
■ Siehe **Rutensterben der Himbeere** (S. 329).

Gelbes Mosaikmuster auf den Blättern
Nach unten gerollte Blätter und kümmerlicher Wuchs können Anzeichen für Virenbefall sein.
■ Siehe **Viruserkrankungen der Himbeere** (S. 331).

Weißer, mehliger Belag auf den Blättern
Echter Mehltau wird von einem Pilz verursacht und tritt bei heißem, trockenem Wetter meist am stärksten auf. Die Blätter können gelb werden, absterben und die Ruten verwelken. Manchmal sind auch die Früchte betroffen.
■ Siehe **Echter Mehltau** (S. 325).

Orangerote rostähnliche Flecken
Rostpilze befallen viele Beerenobstsorten. Meist ist der Befall nicht gravierend, man sollte aber infizierte Blätter abpflücken und vernichten.
■ Siehe **Rost** (S. 328).

Kleine Löcher in den Blättern
Kleine rotbraune Flecken und Löcher mit unregelmäßigen braunen Rändern können ein Anzeichen für den Befall mit Blattwanzen sein.
■ Siehe **Blattwanzen** (S. 335).

Früchte

3 Die Beeren reifen nicht voll aus
Teile der Beeren bleiben hart und rot, vor allem im Spätsommer. Kleine Gliederfüßer, die Brombeermilben, sind die Verursacher.
■ Siehe **Brombeermilbe** (S. 336).

4 Larven in den Früchten
Die gelblich-weißen Larven des Himbeerkäfers fressen in den reifenden Beeren. Manchmal schädigen sie die Früchte sichtbar.
■ Siehe **Himbeerkäfer** (S. 337).

5 Grauer, pelziger Schimmel
Die Früchte sind mit Schimmel bedeckt und verfaulen.
■ Siehe **Grauschimmel** (S. 326).

Stachelbeeren

Nur wenn Sie Ihre eigenen Stachelbeeren anbauen, werden Sie den süßen, etwas herben Geschmack der reifen, frisch gepflückten Beeren erleben. Früchte, die im Laden angeboten werden, sind oft hart und unreif. Zum Einkochen eignen sie sich gut, zum Rohessen sind sie aber zu sauer.

Bei Stachelbeeren unterscheidet man Koch- und Dessertsorten. Kochsorten sind sauer, mit Zucker eingekocht ergeben sie aber herrliche Marmeladen, Gelees, Kuchen und Kompotte. Dessertstachelbeeren sind so süß, dass man sie direkt vom Strauch essen kann. Manche Sorten bieten die Vorteile beider Typen: Pflücken Sie die Hälfte der Beeren früher, kochen Sie sie ein und lassen Sie die andere Hälfte zum Rohessen ausreifen. Reif können Stachelbeeren grün, gelb oder rot sein, ihre Schale ist glatt oder leicht behaart. Die Größe variiert stark: Riesige Beeren, die traditionell für Wettbewerbe angebaut werden, können so groß wie Hühnereier werden.

Die meisten Stachelbeersträucher sind sehr wüchsig und müssen regelmäßig geschnitten werden. Wenn Sie sie als Kordons an einer Mauer erziehen, können Sie auf engem Raum zwei oder drei verschiedene Sorten anbauen.

Welche Formen können Sie ziehen?

- **Büsche** Wahrscheinlich die am einfachsten zu ziehende Form, sie können aber zwei Meter hoch und ebenso breit werden.
- **Kordons** Müssen regelmäßig geschnitten werden, sind aber platzsparend und die Beeren leicht zu ernten.
- **Hochstamm** Mit hohem Stamm gezogene Stachelbeeren müssen gestützt werden.
- **Fächer** Wenig üblich, für eine geschützte, sonnige Mauer oder einen Zaun aber ideal.

Beliebte Stachelbeeren

1 'Greenfinch'
Koch-/Dessertsorte
Die Sträucher werden nicht zu groß, eine gute Wahl bei wenig Platz. Weniger anfällig für Mehltau und Blattfleckenkrankheiten als die meisten Sorten. Guter Geschmack.
■ **Ernte** Juli

2 'Lancashire Lad'
Koch-/Dessertsorte
Diese traditionelle Sorte aus dem 19. Jahrhundert mit dunkelroten Beeren hat eine treue Anhängerschaft. Bedingt resistent gegen Mehltau, braucht aber fruchtbaren Boden.
■ **Ernte** Juli–August

3 'Leveller'
Koch-/Dessertsorte
Große gelbe Beeren mit herrlichem Geschmack; wird oft für Wettbewerbe angebaut. Der Ertrag ist aber nur in fruchtbarem, durchlässigem Boden gut. Anfällig für Mehltau.
■ **Ernte** Juni–Juli

4 'Hinnonmäki rot'
Koch-/Dessertsorte
Diese Sorte, manchmal 'Hino Red' genannt, ist leicht anzubauen und resistent gegen Mehltau. Die roten Beeren sind süß und aromatisch.
■ **Ernte** Ende Juni –Juli

5 'Hinnonmäki gelb'
Koch-/Dessertsorte
Wie die rote stammt die gelbe Sorte ursprünglich aus Finnland. Sie übersteht kalte Winter und ist resistent gegen Mehltau. Die Früchte sind süß und aromatisch mit leichtem Aprikosengeschmack.
■ **Ernte** Juli

6 'Careless'
Koch-/Dessertsorte
Eine der am frühesten reifenden Sorten, die ins 19. Jahrhundert zurückgeht. Der Geschmack und der Ertrag sind gut, die Sträucher sind aber anfällig für Mehltau.
■ **Ernte** Juli

STACHELBEEREN

7 'Invicta'
Koch-/Dessertsorte
Die wuchskräftigen Sträucher tragen jede Menge feste Beeren mit glatter Schale, die ideal zum Backen und Einmachen sind. Gute Resistenz gegen Mehltau.
■ **Ernte** Juni–Juli

8 'Langley Gage'
Dessertsorte
Eine süße, aromatische alte Sorte, die man vollreif direkt vom Strauch essen kann. Es lohnt sich, sie in einer spezialisierten Baumschule zu kaufen.
■ **Ernte** Juli–August

9 'Whinham's Industry'
Koch-/Dessertsorte
Eine alte Sorte, die in Nordengland gezüchtet wurde. Sie gedeiht auch im Halbschatten gut, ist aber anfällig für Mehltau. Grüne Beeren kann man einkochen, reife dunkelrote roh essen.
■ **Ernte** Juli

'Captivator' (nicht abgebildet)
Dessertsorte
Eine ertragreiche europäisch-amerikanische Sorte. Die süß-aromatischen Beeren schmecken vollreif roh wunderbar. Fast stachellos und resistent gegen Mehltau.
■ **Ernte** Juli–August

'Redeva' (nicht abgebildet)
Koch-/Dessertsorte
Eine wohlschmeckende, ertragreiche Sorte mit guter Resistenz gegen Mehltau. Große, süße, aromatische purpurrote Beeren, die roh gegessen und eingekocht werden können.
■ **Ernte** Juli

'Remarka' (nicht abgebildet)
Koch-/Dessertsorte
Eine früh reifende rote, schmackhafte Sorte, bedingt resistent gegen Mehltau.
■ **Ernte** Juli

'Pax' (nicht abgebildet)
Koch-/Dessertsorte
Eine vor Kurzem eingeführte rote Sorte mit großen, schmackhaften Beeren, wenig bestachelt. Leicht anzubauen und recht resistent gegen Mehltau.
■ **Ernte** Juli

'Xenia' (nicht abgebildet)
Koch-/Dessertsorte
Eine neue Sorte aus der Schweiz. Große rote, süße Beeren, die sehr früh reifen. Wüchsig und resistent gegen Mehltau.
■ **Ernte** Juni

Stachelbeeren anbauen

Stachelbeeren sind ziemlich einfach anzubauen. Die Sträucher tolerieren die meisten Böden sowie Klimaverhältnisse und sind wahre Überlebenskünstler. Nur mit sehr viel Pech gehen sie Ihnen tatsächlich ein. Es ist jedoch ein großer Unterschied, ob die Pflanze eine Handvoll kleiner Beeren trägt oder üppig mit schmackhaften Früchten beladen ist. Das Geheimnis reichen Ertrags ist liebevolle Pflege: Dazu gehören Düngen, Wässern und Schneiden, das Fernhalten von Vögeln sowie ein wachsames Auge auf Larven der Stachelbeerblattwespe und Mehltau.

STACHELBEERSTRÄUCHER PFLANZEN

Stachelbeersträucher wachsen entweder auf einem kurzen Stamm, von dem die Seitenäste ausgehen, oder als becherförmige Büsche, bei denen die Äste direkt am Wurzelstock austreiben. Bei Sträuchern mit kurzem Stamm sollte dieser ohne Triebe und 10–15 cm hoch sein. Hochstämme, die einen 60–90 cm hohen Stamm haben, brauchen einen stützenden Pfahl.

1 Graben Sie ein Loch, das so tief und breit ist, dass alle Wurzeln gut hineinpassen. Arbeiten Sie gut verrotteten Kompost oder Mist in den Boden ein. Häufeln Sie in der Mitte des Lochs einen kleinen Erdhügel an und breiten Sie die Wurzeln darüber aus. Die Erdspuren am Stamm aus der Baumschule sollten in derselben Höhe sein wie der Erdboden.

2 Füllen Sie das Loch vorsichtig mit Erde, drücken Sie diese fest. Wässern Sie großzügig und während der nächsten Wochen regelmäßig. Auf S. 226 können Sie nachlesen, wie Sie anfangs schneiden müssen. Verteilen Sie organischen Mulch um die Pflanze, sodass die Feuchtigkeit gehalten und Unkraut unterdrückt wird.

Das Jahr auf einen Blick

	Frühjahr			Sommer			Herbst			Winter		
	M	A	M	J	J	A	S	O	N	D	J	F
wurzelnackt	▬							▬	▬	▬	▬	▬
Containerware	▬	▬	▬	▬	▬	▬	▬	▬	▬	▬	▬	▬
Winterschnitt	▬								▬	▬	▬	▬
Sommerschnitt				▬	▬							
Ernte				▬	▬	▬						

Die Auswahl der Pflanzen

Stachelbeersträucher werden wurzelnackt oder als Containerware angeboten. Wenn Sie sie in einer spezialisierten Baumschule kaufen, sind sie meist wurzelnackt und nur im Herbst und Winter erhältlich, etwa von Oktober bis März. Stachelbeeren sind selbstfertil.

Wann wird gepflanzt?

■ WURZELNACKTE STRÄUCHER Pflanzen Sie im Oktober bis November oder Februar bis März. Im Dezember und Januar ist der Boden meist zu kalt.

■ CONTAINERWARE Sie können zu jeder Jahreszeit pflanzen, am besten aber im Herbst, nicht während heißer, trockener Perioden im Sommer.

Wo wird gepflanzt?

Stachelbeersträucher sind Pflanzen kühler Klimazonen. Sie gedeihen im Halbschatten gut, sollten aber windgeschützt stehen. Pflanzen Sie nicht in Frostsenken: Stachelbeeren überstehen strenge Winter, da die neuen Blätter und Blüten aber zeitig im Frühjahr erscheinen, können sie anfällig für Frostschäden sein.

(von links nach rechts) **Stachelbeerkordons** haben dieselben Ansprüche an den Standort und Boden, können aber viel enger gepflanzt werden. **Ein Hochstamm** hat einen einzigen Stamm, er braucht einen stützenden Pfahl.

Boden
Stachelbeersträucher sind ziemlich tolerant, der Boden kann auch leicht alkalisch sein. Ein etwas saurer pH-Wert von 6–6,5 ist jedoch ideal. Sie mögen keine Staunässe, sind wüchsiger und ertragreicher, wenn der Boden durchlässig ist, und Sie viel gut verrotteten Kompost oder Mist eingearbeitet haben.

Pflanzabstände
- BÜSCHE 1,2–1,5 m.
- KORDONS 30–45 cm.
- REIHEN 1,5 m.

Stachelbeersträucher im Kübel
Sie können Stachelbeeren auch im Kübel kultivieren. Da sich ihre Wurzeln aber weit ausbreiten, gedeihen sie im Erdboden besser. Ein Hochstamm oder Doppelkordon, den Sie mit einem Pfahl stützen, ist eine bessere Wahl als ein Busch. Füllen Sie einen Container von mindestens 30 cm Durchmesser mit Komposterde auf Lehmbasis, der Sie etwas Sand oder Kies beigemischt haben, um die Dränage zu verbessern. Düngen Sie im Frühjahr mit kalireichem Dünger, und vor allem: Wässern Sie gut.

Regelmäßige Pflege
- WÄSSERN Stachelbeeren brauchen in der Wachstumssaison viel Wasser. Achten Sie darauf, bei heißem, trockenem Wetter regelmäßig zu wässern, sonst kann die Schale der Früchte aufplatzen.
- DÜNGEN Stachelbeeren brauchen Kalium. Es sollte ausreichen, wenn Sie im März mit etwa 15 g/m^2 schwefelsaurem Kali düngen. Düngen Sie gleichzeitig mit organischem Volldünger, wie Blut-, Fisch- und

Knochenmehl. Verwenden Sie keine stickstoffreichen Dünger: Sie fördern das Wachstum der Blätter, sodass die Pflanzen anfälliger für Mehltau sind.

■ **MULCHEN** Verteilen Sie nach dem Düngen Mulch um die Pflanzen, lassen Sie direkt um den Stamm frei. Zupfen Sie Unkräuter mit der Hand aus. Mit einer Hacke könnten Sie die Wurzeln beschädigen.

■ **NETZE** Halten Sie Vögel mit Netzen fern. Besonders Gimpel fressen im Winter die Blütenknospen, Amseln und andere Vögel im Sommer die Beeren.

■ **SCHUTZ VOR FROST** Stachelbeersträucher blühen früh im Jahr und müssen nachts mit Vlies bedeckt werden, wenn Frost zu erwarten ist.

Ernte und Lagerung

Die Beeren werden größer, wenn Sie die Früchte ausdünnen. Pflücken Sie je nach Behang ab Ende Mai die Hälfte der Beeren und dünnen Sie dabei gleichmäßig aus. Die Beeren können Sie einkochen. Die verbliebenen Früchte werden dann größer.

Reife Dessertstachelbeeren schmecken bald nach dem Pflücken am besten. Sie halten sich im Kühlschrank aber bis zu zehn Tage lang und lassen sich auch gut einfrieren.

Ertrag

Der Ertrag kann stark variieren, sowohl je nach Sorte und individuellem Strauch, als auch von Jahr zu Jahr, je nach Wetter. Mit etwas Glück können Sie ungefähr diese Mengen erwarten:
■ BUSCH 3,5–4,5 kg.
■ KORDON 0,9–1,4 kg.

Pflücken Sie jeden Strauch zwei- oder dreimal zum Teil ab: Nehmen Sie jedes Mal die Beeren, die ein wenig weich sind. Lassen Sie ein kurzes Stück des Stiels an der Frucht, damit die Schale nicht einreißt.

JOSTABEEREN UND WORCESTERBEEREN

Es lohnt sich, in spezialisierten Baumschulen nach diesen ungewöhnlichen Beerensträuchern zu suchen. Die Jostabeere ist eine Hybride aus Stachelbeere und Schwarzer Johannisbeere, die in Deutschland entwickelt wurde. Die Worcesterbeere ist eine eigene Spezies, die aus Amerika stammt. Beide Sträucher werden genauso kultiviert wie Stachelbeeren.

■ **Jostabeeren** (ganz links) tragen violettschwarze Früchte, die etwas größer sind als Schwarze Johannisbeeren, aber etwas kleiner als Stachelbeeren. Sie schmecken wie eine Mischung aus beiden und können eingekocht oder vollreif roh gegessen werden. Die Pflanzen sind wüchsig, resistent gegen die meisten Schädlinge sowie Krankheiten und haben keine spitzen Stacheln.

■ **Worcesterbeeren** (links) sind Früchte mit glatter Schale, die von grün zu schwärzlich-rot reifen. Meistens werden sie nicht so süß, dass man sie roh essen kann, sie lassen sich aber gut einkochen. Beim Pflücken ist Vorsicht geboten: Die Pflanze trägt spitze Stacheln.

Monat für Monat

(von links nach rechts) **Schneiden Sie die Büsche** im Winter. **Die Blüten** brauchen manchmal Schutz. **Reife Beeren,** die gepflückt werden können. (unten) **Die Sträucher** sind völlig winterhart.

Februar
- Pflanzen Sie wurzelnackte Sträucher, wenn der Boden nicht gefroren ist.
- Schneiden Sie neu gepflanzte und ältere Stachelbeersträucher.

März
- Düngen Sie mit organischem Volldünger und schwefelsaurem Kali um etablierte Pflanzen.
- Die neuen Knospen werden nun dicker.
- Mulchen Sie um die Pflanze, um Unkraut zu unterdrücken, lassen Sie in Stammnähe frei.
- Letzte Chance, wurzelnackte Sträucher zu pflanzen.
- Letzte Chance zum Winterschnitt.
- Schneiden Sie neu gepflanzte Sträucher.
- Zum Monatsende können schon die Knospen aufbrechen und junge Blätter erscheinen.

April
- Die Blüten öffnen sich. Schützen Sie sie vor Frost.
- Sprühen Sie nach dem Verblühen wenn nötig gegen Blattwanzen.

Mai
- Die Früchte werden größer.
- Dünnen Sie zum Ende des Monats unreife Früchte aus: Pflücken Sie jede zweite Beere und kochen Sie sie ein.
- Jäten und wässern Sie regelmäßig.
- Suchen Sie in der Strauchmitte nach Blattwespenlarven. Sammeln Sie sie mit der Hand ab.

Juni
- Ernten Sie frühe Sorten.
- Schneiden Sie in diesem und im nächsten Monat.
- Achten Sie auf Anzeichen von Mehltau, Blattfleckenkrankheiten, Rost oder Triebsterben.

Juli
- Ernten Sie mittelspäte Sorten.
- Schließen Sie den Sommerschnitt Mitte Juli ab.

August
- Ernten Sie späte Sorten.

Oktober
- Schneiden Sie Steckhölzer zur Vermehrung.
- Nun sind neue wurzelnackte Sträucher in spezialisierten Baumschulen erhältlich. Pflanzen Sie in diesem oder im nächsten Monat.

November
- Kaufen und pflanzen Sie wurzelnackte Sträucher.
- Sie können mit dem Winterschnitt beginnen, besser aber erst im Februar oder März.

Stachelbeeren schneiden und erziehen

Das Hauptziel beim Schnitt von Stachelbeersträuchern ist es, zuerst eine offene Struktur zu schaffen: Licht und Luft sollen zirkulieren können und das Risiko der Krankheitsausbreitung gering halten. Dann werden Zweige und Seitentriebe zurückgeschnitten. Stachelbeeren tragen an älterem Holz. Rote und Weiße Johannisbeeren schneidet man auf die gleiche Weise wie Stachelbeeren.

Stachelbeersträucher schneiden

In den ersten zwei oder drei Jahren ihres Lebens sollten neu gepflanzte Stachelbeersträucher einen Formschnitt erhalten.

Winterschnitt eines etablierten Strauchs
NOVEMBER–MÄRZ

1. Winterschnitt
FEBRUAR–MÄRZ

2. Winterschnitt
FEBRUAR–MÄRZ

- Egal, wann Sie pflanzen, beginnen Sie am besten im Februar oder März mit dem Schnitt.
- Wählen Sie 4–5 Hauptäste aus und schneiden Sie sie um die Hälfte oder drei Viertel zurück, wenn dies nicht schon in der Baumschule geschehen ist. Schneiden Sie auf eine nach außen und oben weisende Knospe.
- Entfernen Sie andere Triebe, vor allem dichte in der Mitte. Wenn der Strauch einen kurzen Stamm hat, auch alle, die tiefer als 10–15 cm über dem Boden entspringen.

- Schneiden Sie die Hauptäste etwa um ein Viertel oder die Hälfte des Neuaustriebs vom letzten Jahr zurück.
- Wählen Sie so viele neue Triebe aus, dass 8–10 kräftige, gesunde Triebe mit gleichmäßigen Abständen bleiben. Schneiden Sie auch diese um ein Viertel zurück.
- Schneiden Sie unerwünschte Triebe auf 4 Knospen oder etwa 5 cm Länge zurück.

- Ist der Strauch zu dicht, dann schneiden Sie bis zu ein Viertel der ältesten Äste zurück. Entfernen Sie zu dichte Triebe aus der Mitte: Schneiden Sie sie bis zur Basis zurück.
- Schneiden Sie lange Äste auf die Hälfte des Neuaustriebs vom letzten Jahr zurück. Schneiden Sie für einen aufrechten Strauch auf nach außen weisende Knospen. Wollen Sie einen herabhängenden, schneiden Sie auf nach innen weisende Knospen.
- Schneiden Sie zu dichte Triebe zurück. Wächst der Strauch auf einem kurzen Stamm, dann halten Sie diesen frei.
- Ist die Pflanze nicht zu dicht, dann kappen Sie die Hauptäste nur an der Spitze. Schneiden Sie neue Seitentriebe stark auf 1–4 Knospen zurück.

Sommerschnitt eines etablierten Strauchs
JUNI–JULI

- Schneiden Sie alle neuen Seitentriebe so zurück, dass jeweils nur 5 Blätter bleiben.

STACHELBEEREN 227

Stachelbeer-kordons schneiden

Kordons müssen regelmäßig sowohl im Sommer als auch im Winter geschnitten werden, damit die Form erhalten bleibt. Wenn Sie sie regelmäßig stark schneiden, tragen sie gut, und Sie können die Beeren leicht ernten.

1. Winterschnitt
NACH DEM PFLANZEN

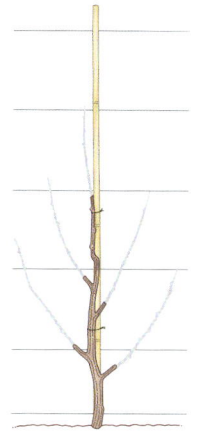

- Pflanzen Sie im Winter und schneiden Sie gleich.
- Schneiden Sie den Leittrieb auf die Hälfte des Neuaustriebs vom letzten Sommer zurück.
- Schneiden Sie die Seitentriebe auf 1 oder 2 Knospen zurück.

1. Sommerschnitt
JUNI–JULI

- Schneiden Sie alle neuen Seitentriebe so, dass nur 5 Blätter übrig bleiben.

Winterschnitt eines etablierten Kordons
NOVEMBER–MÄRZ

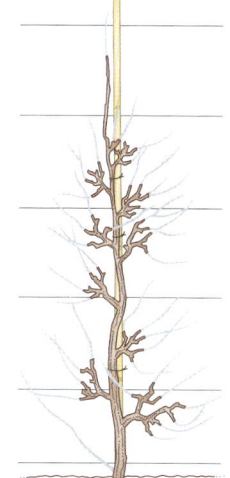

- Schneiden Sie den Leittrieb um ein Viertel des Neuaustriebs vom letzten Sommer zurück. Binden Sie den Leittrieb an, wenn er wächst. Wenn er das Ende des Rohrs erreicht hat, schneiden Sie ihn jedes Jahr auf nur 1 Knospe zurück.
- Schneiden Sie alle neuen Seitentriebe so, dass nur 5 Knospen übrig bleiben.
- Entfernen Sie alle Triebe an der Basis des Stamms.

Sommerschnitt eines etablierten Kordons
Ende JUNI–JULI

- Schneiden Sie alle neuen Seitentriebe auf 5 Blätter zurück.

(von oben nach unten) **Kürzen** Sie im Spätwinter bei etablierten Büschen alle langen Äste mit einer scharfen Gartenschere. **Schneiden** Sie auf eine nach außen weisende Knospe. **Schwache Triebe** sollten Sie an der Basis entfernen und zu dichte Triebe herausschneiden, sodass die Mitte licht bleibt.

Mögliche Probleme

Knospen und Blüten

Vögel fressen die neuen Knospen
Vögel sind immer recht lästig, was Stachelbeeren betrifft. Vor allem Gimpel fressen im Winter die Knospen, im Sommer gemeinsam mit Amseln die Früchte. Die Verwendung von Netzen oder einem Fruchtkäfig löst das Problem.
■ Siehe Vögel (S. 341).

Die Blüten sterben ab
Stachelbeeren sind winterhart, sie blühen früh im Jahr. Deshalb besteht immer die Gefahr, dass Frost die jungen Blätter schädigt und die Blüten zerstört.
■ Siehe Frost (S. 316).

Blätter

1 Die Blätter färben sich braun und fallen ab
Das können die ersten Anzeichen für Triebsterben der Stachelbeere sein, das meistens von einem Pilz verursacht wird, dem Grauschimmelerreger. Manifestiert sich der Befall, können ganze Äste absterben. Schneiden Sie sie gleich heraus und vernichten Sie sie, sonst können Sie die ganze Pflanze verlieren.
■ Siehe Triebsterben der Stachelbeere (S. 330).

2 Verkrüppelte, eingerollte Blätter
Stachelbeerblattläuse schlüpfen im Frühjahr aus Eiern, die an den Sträuchern überwintert haben. Die kleinen Blattläuse saugen an den neuen Trieben. Befallene Blätter sind eingerollt und verkrüppelt.
■ Siehe Blattläuse (S. 335).

3 Die Blätter sind abgefressen
Meistens sind Larven der Stachelbeerblattwespe die Missetäter – sie ähneln Schmetterlingsraupen. Ihr bis 20 mm langer Körper ist hellgrün, oft mit kleinen schwarzen Flecken, sie haben einen schwarzen Kopf. Bei schwerem Befall können sie den ganzen Strauch in wenigen Tagen entlauben. Halten Sie nach winzigen hellgrünen Eiern an den Blattunterseiten Ausschau.
■ Siehe Stachelbeerblattwespe (S. 340).

4 Weißer oder grauer mehliger Belag
Wahrscheinlich handelt es sich um Amerikanischen Stachelbeermehltau, eine Pilzkrankheit, die Stachelbeeren regelmäßig befällt. Einige Sorten besitzen jedoch eine gewisse Resistenz. Wird die Infektion schlimmer, färbt sich der mehlige Belag braun.
■ Siehe Amerikanischer Stachelbeermehltau (S. 324).

Braune Flecken auf den Blättern
Kleine unregelmäßige, braune Flecken, umgeben von gelben Stellen, erscheinen zuerst auf älteren Blättern weiter unten am Strauch. Die betroffenen Blätter sterben ab, die Krankheit breitet sich nach oben hin zu neuen Trieben aus. Ursache ist ein Pilz.
■ Siehe Pilzliche Blattfleckenkrankheiten (S. 328).

STACHELBEEREN

Braune, eingerollte Blattränder
Eingerollte, an den Rändern gelb oder braun verfärbte Blätter können Kaliummangel anzeigen, vor allem wenn sich an den Unterseiten violettbraune Flecken bilden.
■ Siehe Kaliummangel (S. 320).

Blätter färben sich zwischen den Adern braun
Eisen- oder Manganmangel kann diese charakteristische Verfärbung hervorrufen. Diese Elemente sind meistens im Boden vorhanden, bei sehr alkalischen Böden (pH-Wert von über 7,0) kann die Pflanze sie aber womöglich nicht aufnehmen – man spricht dann von einer Kalkchlorose.
■ Siehe Eisenmangel (S. 320) oder Manganmangel (S. 321).

Orangefarbene oder rote Bläschen auf den Blättern
Bläschen oder Pusteln, die häufiger nach einem trockenen Frühjahr erscheinen, treten bei einer Pilzinfektion auf: der Rost der Stachelbeere. Er kann sich auf Früchte und Äste ausbreiten.
■ Siehe Rost der Stachelbeere (S. 329).

Kleine Löcher in den Blättern
Kleine rotbraune Flecken und Löcher mit unregelmäßigen braunen Rändern sind Anzeichen für Blattwanzen. Die Insekten saugen den Saft junger Blätter und infizieren das Pflanzengewebe mit ihrem Speichel. Sie sind schwierig zu entdecken und oft schon verschwunden, wenn Sie den Schaden bemerken.
■ Siehe Blattwanzen (S. 335).

Früchte

5 Ausgetrocknete, verschrumpelte Früchte
Schweres Triebsterben betrifft Früchte wie auch Blätter. Die Beeren trocknen aus und verschrumpeln.
■ Siehe Triebsterben der Stachelbeere (S. 330).

6 Aufgeplatzte Schale
Vögel picken manchmal die Schale auf. Auch Blattwanzen können die Übeltäter sein, besonders wenn die Blätter durchlöchert sind.
■ Siehe Vögel (S. 341) oder Blattwanzen (S. 335).

7 Braune, filzige Flecken
Der braune Belag wird von einem Pilz verursacht, dem Amerikanischen Stachelbeermehltau. Die Beeren sind eigentlich noch essbar, meistens jedoch unappetitlich und wenig schmackhaft. Schneiden Sie alle befallenen Pflanzenteile heraus und vernichten Sie sie. Schneiden Sie den Strauch regelmäßig, damit die Luft zirkulieren kann und sich Feuchtigkeit nicht lange hält.
■ Siehe Amerikanischer Stachelbeermehltau (S. 324).

Grauer, pelziger Schimmel
Die betroffenen Früchte sind mit grauweißem oder graubraunem Schimmel bedeckt und verfaulen. Die Ursache ist Grauschimmel, derselbe Pilz, der Triebsterben verursachen kann.
■ Siehe Grauschimmel (S. 326).

Rote und Weiße Johannisbeeren

Roten und Weißen Johannisbeeren gebührt mehr Aufmerksamkeit! In Obstläden werden sie selten angeboten – wahrscheinlich, weil die Saison nur kurz ist, die Beeren schwierig zu transportieren sind und sich vollreif nur kurze Zeit halten. Können Sie die Beeren tatsächlich in einem Laden entdecken, sind sie wahrscheinlich teuer und manchmal von schlechter Qualität. Es spricht also einiges dafür, Johannisbeeren selbst anzubauen. Wenn sie eingewachsen sind, sind die Sträucher sehr ertragreich und weder Büsche noch Kordons erfordern viel Aufmerksamkeit: Düngen im Frühjahr, ein einfacher Schnitt zweimal im Jahr – im Sommer und im Winter –, Wässern, Unkraut jäten und die Beeren vor Vögeln schützen.

Rote Johannisbeeren schmecken säuerlicher und würziger als Weiße Johannisbeeren. Weiße Johannisbeeren, die eigentlich cremegelb oder hellrosa sind, sehen weniger spektakulär aus, sie sind aber meistens milder und süßer.

Vollreife Früchte sind oft so süß, dass man sie roh essen kann. Zum Backen und für Gelees sollten Sie die Beeren jedoch etwas unreif ernten. Wollen Sie frische Johannisbeeren so lang wie möglich aufheben, dann pflücken Sie sie nur, wenn sie trocken sind.

Welche Formen können Sie ziehen?

- **Büsche** sind am einfachsten zu ziehen und bringen den größten Ertrag. Sie können 2 m hoch und ebenso breit werden.
- **Hochstämme** Eine gute Wahl für Johannisbeersträucher in Kübeln.
- **Kordons** müssen regelmäßig geschnitten werden, sind aber platzsparend. Die Beeren sind leicht zu pflücken.
- **Fächer** Weniger üblich, an einer geschützten Mauer lohnt es sich aber, sie auszuprobieren.

Rote & Weiße Johannisbeeren

1 'White Versailles'
Weiße Johannisbeere
Beliebt, langlebig und häufig im Handel. Die früh reifenden süßen, hellgelben Beeren schmecken vollreif roh hervorragend.
■ **Ernte** Anfang Juli

2 'Stanza'
Rote Johannisbeere
Eine spät blühende Sorte, deshalb eine gute Wahl für Regionen mit späten Frösten. Die dunkelroten Beeren sind würzig und schmackhaft.
■ **Ernte** Ende Juli

3 'Rovada'
Rote Johannisbeere
Diese moderne niederländische Sorte kann außerordentlich ertragreich sein und trägt lange Trauben mit attraktiven Beeren.
■ **Ernte** Ende Juli–August

4 'Red Lake'
Rote Johannisbeere
Eine verlässliche, häufig angebaute und krankheitsresistente Sorte mit hohem Ertrag. Wie bei 'Rovada' hängen die Früchte in langen Trauben, reifen aber früher.
■ **Ernte** Ende Juli

5 'Blanka'
Weiße Johannisbeere
Diese neue Sorte, manchmal auch 'Blanca', geschrieben, könnte 'White Versailles' Konkurrenz machen. Die gelblich-weißen Früchte sind genauso süß, reifen aber etwas später und der Ertrag ist höher.
■ **Ernte** Ende Juli–August

6 'Jonkheer van Tets'
Rote Johannisbeere
Eine beliebte und bewährte ertragreiche niederländische Sorte. Die früh reifenden Beeren schmecken hervorragend. Wüchsig, bei wenig Platz geeignet als Kordon.
■ **Ernte** Anfang Juli

'Junifer' (nicht abgebildet)
Rote Johannisbeere
Eine vor Kurzem eingeführte französische Sorte, die zu den frühesten und ertragreichsten gehört.
■ **Ernte** Anfang Juli

Rote und Weiße Johannisbeeren anbauen

Obwohl Rote und Weiße Johannisbeeren nah mit Schwarzen Johannisbeeren verwandt sind, werden sie eher wie Stachelbeeren kultiviert. Diese Pflanzen kühler Klimazonen gedeihen in nördlichen Regionen gut und tolerieren Halbschatten. Die Beeren reifen aber in der Sonne schneller und schmecken dann süßer.

Das Jahr auf einen Blick

	Frühjahr			Sommer			Herbst			Winter		
	M	A	M	J	J	A	S	O	N	D	J	F
wurzelnackt								▬	▬	▬	▬	▬
Containerware	▬	▬	▬	▬	▬	▬	▬	▬	▬	▬	▬	▬
Winterschnitt	▬	▬							▬	▬	▬	▬
Sommerschnitt				▬	▬							
Ernte				▬	▬	▬						

Die Auswahl der Pflanzen

Rote und Weiße Johannisbeeren werden wurzelnackt oder im Container angeboten. In einer spezialisierten Baumschule haben Sie eine größere Auswahl. Die Pflanzen sind dort jedoch meistens wurzelnackt und nur im Herbst und Winter erhältlich.

Wann wird gepflanzt?

■ WURZELNACKTE STRÄUCHER Pflanzen Sie zwischen Oktober und März, aber nicht, wenn der Boden staunass oder gefroren ist.

■ CONTAINERWARE Sie können zu jeder Jahreszeit pflanzen, am besten aber im Herbst und nicht in heißen, trockenen Perioden im Sommer.

Wo wird gepflanzt?

Wählen Sie einen geschützten Standort, wo kein starker Wind weht, und pflanzen Sie nicht in Frostsenken. Arbeiten Sie vor dem Pflanzen gut verrottetes organisches Material in den Boden ein. Rote Johannisbeeren sind winterhart, und obwohl sie recht früh im Jahr blühen, sind die Blüten ziemlich frostresistent. Sie gehören zu den wenigen Obstsorten, die man an einer schattigen Nordmauer ziehen kann. Ein Standort in der Sonne sollte nicht zu heiß sein.

EINEN STRAUCH PFLANZEN

Rote und Weiße Johannisbeeren gedeihen sehr gut auf einem kurzen Stamm, an dem die Äste seitlich abzweigen. Er sollte bis in 10–15 cm Höhe über dem Erdboden keine Seitentriebe haben. Hochstämme haben einen 60–90 cm langen Stamm.

1 Prüfen Sie die Tiefe Ihres Pflanzlochs: Die Erdspuren am Stamm aus der Baumschule sollten in gleicher Höhe mit dem Erdboden sein.

2 Mischen Sie gut verrotteten Kompost oder Stallmist unter den Erdaushub und füllen Sie das Pflanzloch damit auf.

3 Drücken Sie die Erde um die Pflanze fest.

4 Wässern Sie großzügig (und während der nächsten Wochen in regelmäßigen Abständen) und verteilen Sie dann organischen Mulch um die Pflanze.

Boden
Rote und Weiße Johannisbeeren gedeihen in fruchtbarem Boden mit einem pH-Wert von 6,5–7 am besten. Er muss aber durchlässig sein, denn sie mögen keine Staunässe.

Pflanzabstände
- BÜSCHE 1,5 m.
- EINFACHKORDONS 40–45 cm.
- REIHEN 1,5 m.

Johannisbeersträucher in Kübeln
Johannisbeeren gedeihen in Kübeln gut, denn sie wurzeln recht flach und die Beschränkung macht ihnen offenbar nichts aus. Füllen Sie einen Container von mindestens 30 cm Durchmesser mit Komposterde auf Lehmbasis, der etwas Sand oder Kies beigemischt ist, um die Dränage zu verbessern. Düngen Sie im Frühjahr mit Universaldünger. Wässern Sie regelmäßig, vor allem bei trockenem Wetter.

Regelmäßige Pflege
- WÄSSERN Lassen Sie die Pflanzen bei heißem und trockenem Wetter nicht austrocknen.
- DÜNGEN Düngen Sie im März mit einem organischen Volldünger wie Blut-, Fisch- und Knochenmehl. Für ausreichende Kalizufuhr verteilen Sie etwa 15 g/m^2 schwefelsaures Kali auf dem Boden. Verwenden Sie keine stickstoffreichen Dünger: Pflanzen mit kräftigem Laubwuchs sind für Mehltau anfälliger.
- MULCHEN Wässern Sie nach dem Düngen den Boden gut und verteilen Sie Mulch um die Pflanze. Zupfen Sie alle Unkräuter mit der Hand aus.
- NETZE Halten Sie Vögel wenn nötig mit Netzen ab – sowohl im Winter (dann fressen sie die Knospen) als auch im Sommer, wenn die Beeren reif werden. Ein Fruchtkäfig ist empfehlenswert.
- SCHUTZ VOR FROST Die Pflanzen sind winterhart, es kann aber notwendig sein, ihre Blüten mit Vlies vor Spätfrösten zu schützen.

Ernte und Lagerung
Die Beeren können meist im Juli und August geerntet werden. Johannisbeeren reifen nicht gleichzeitig, deshalb müssen Sie jede Pflanze mehrmals abernten. Es ist viel einfacher, ganze Trauben abzuschneiden. Vollreife Früchte können Sie roh essen, weniger reife, festere einkochen. Reife Johannisbeeren halten sich nicht lang, lassen sich aber gut einfrieren.

Ertrag
Der Ertrag variiert je nach Sorte und von Jahr zu Jahr, abhängig vom Wetter. Diese Mengen können Sie in etwa erwarten:
- BUSCH 4–5 kg.
- KORDON 1 kg.

ROTE UND WEISSE JOHANNISBEEREN

(von ganz links nach rechts) **Mit Einfach-, Doppel- und Mehrfachkordons** können Sie viele Beeren auf relativ kleinem Platz anbauen. Die Sträucher müssen regelmäßig geschnitten und aufgebunden werden. **Binden Sie die Kordons** an 1,5–2 m lange Bambusrohre, die von einem Gerüst aus Pfosten und Drähten gestützt werden, oder an eine Mauer oder einen Zaun. Sie brauchen mindestens zwei waagrechte Drähte, einen in 60 cm und einen in 1,2 m Höhe. **Nur mit einem Fruchtkäfig** oder Netzen können Sie die Beeren vor Vögeln schützen. **Rote Johannisbeeren** sind reif, wenn sie dick und leuchtend rot sind. Bei Weißen Johannisbeeren ist es schwieriger zu erkennen, die Farbe verändert sich unauffälliger. Probieren Sie sie am besten.

Monat für Monat

Februar
■ Pflanzen Sie wurzelnackte Sträucher, wenn der Boden nicht gefroren ist.
■ Schneiden Sie neu gepflanzte und ältere Sträucher.

März
■ Düngen Sie mit einem organischen Volldünger und mit schwefelsaurem Kali.
■ Mulchen Sie um die Pflanze, um Unkraut zu unterdrücken.
■ Letzte Chance, um wurzelnackte Sträucher zu pflanzen.
■ Letzte Chance für den Winterschnitt.
■ Nun erscheinen die jungen Blätter und Blüten. Schützen Sie sie wenn nötig vor Frost.

April
■ Die Blüten sind geöffnet und werden von Insekten bestäubt.
■ Spritzen Sie wenn nötig nach der Blüte gegen Blattwanzen.

Mai
■ Die Beeren werden nun dicker. Wässern und jäten Sie regelmäßig.

Juni
■ Der Sommerschnitt steht in diesem und im nächsten Monat an.
■ Prüfen Sie auf Anzeichen für Blattfleckenkrankheiten, Grauschimmel und Triebsterben.

Juli
■ Ernten Sie frühe und mittelspäte Sorten.
■ Schließen Sie zur Mitte des Monats den Sommerschnitt ab.

August
■ Ernten Sie spät reifende Früchte.

Oktober
■ Schneiden Sie Stecklinge für die Vermehrung der Sträucher.
■ Nun sind in Baumschulen neue wurzelnackte Pflanzen erhältlich.

November
■ Kaufen und pflanzen Sie wurzelnackte Johannisbeersträucher.

(von links nach rechts) **Neue Knospen** bilden sich an der Basis der Äste vom letzten Jahr. **Lange Blütenstände** erscheinen meistens zur Mitte des Frühjahrs. Die Pflanzen sind selbstfertil und brauchen keinen Bestäubungspartner. **Probieren Sie die Beeren,** um zu testen, ob sie reif sind.

Rote und Weiße Johannisbeeren schneiden und erziehen

Schneiden Sie Rote und Weiße Johannisbeeren genauso wie Stachelbeeren (siehe S. 226–227). Sie tragen sowohl an letztjährigen Trieben als auch an älterem Holz. Büsche und Kordons müssen jeden Winter ausgelichtet werden, damit sich neue Triebe bilden. Im Sommer sollte Neuaustrieb der Seitentriebe zurückgeschnitten werden.

Winterschnitt eines etablierten Buschs

Schneiden Sie zwischen November und März. Wenn die Mitte des Buschs zu dicht ist, sollten Sie sie öffnen, damit Licht und Luft hineingelangen. Entfernen Sie alte, unproduktive und überkreuzte Triebe und schneiden Sie Seitentriebe zurück, um die Entwicklung kurzer Spieße zu fördern, die die Beeren tragen.

1 Schneiden Sie bis zu ein Viertel der ältesten Äste und zu dichte Triebe bis zur Basis zurück. Benutzen Sie bei Ästen, die dicker als ein Bleistift sind, eine Baumsäge.

2 Schneiden Sie schwache, niedrig wachsende Äste an der Basis des Buschs heraus. Wenn der Busch auf einem kurzen Stamm wächst, dann halten Sie diesen sauber.

3 Entfernen Sie an den Spitzen der Hauptäste etwa die Hälfte des Neuaustriebs vom letzten Jahr. Schneiden Sie auf nach außen weisende Knospen.

4 Schneiden Sie Seitentriebe auf eine Knospe zurück. So bilden sich Spieße, die später Beeren tragen.

(von oben nach unten) **Kürzen Sie im Sommer** die neuen Seitentriebe. **Schneiden Sie ab Spätherbst** die im Sommer gekürzten Triebe auf eine Knospe zurück.

Kordons schneiden

Erwachsene Kordons müssen im Sommer und Winter geschnitten werden. – Schneiden Sie im Juni oder Juli alle neuen Seitentriebe auf fünf Blätter zurück. – Schneiden Sie zwischen November und März den Leittrieb auf eine Knospe des Neuaustriebs vom letzten Jahr zurück. – Kürzen Sie alle Seitentriebe auf eine oder zwei Knospen, damit sich Fruchtspieße bilden.

Mögliche Probleme

Knospen und Blüten

Vögel fressen neue Knospen
Vögel fressen die Knospen im Winter und kehren im Sommer zurück, um die Früchte zu fressen.
- Siehe Vögel (S. 341).

Die Blüten sterben ab
Johannisbeersträucher blühen früh im Jahr. Frost kann die Blüten zerstören und die jungen Blätter schädigen.
- Siehe Frost (S. 316).

Blätter und Zweige

1 Die Blätter sind abgefressen
Wahrscheinlich sind die Larven der Stachelbeerblattwespe die Schuldigen. Sie ähneln Schmetterlingsraupen mit hellgrünem Körper, schwarzem Kopf und oft kleinen schwarzen Punkten.
- Siehe Stachelbeerblattwespe (S. 340).

2 Rosa Flecken an Zweigen und Ästen
Kleine rosa oder orangefarbene Pusteln an abgestorbenen Zweigen sind Anzeichen für die Rotpustelkrankheit, eine Pilzerkrankung. Bei feuchtem Wetter ist das Problem meistens stärker.
- Siehe Rotpustelkrankheit (S. 329).

3 Ganze Äste sterben ab
Die Blätter färben sich braun und ganze Äste sterben ab: Das kann ein Anzeichen für Triebsterben der Stachelbeere sein, das auch Johannisbeeren befällt. Meistens wird es von einem Pilz verursacht, Botrytis oder Eutypa.
- Siehe Triebsterben der Stachelbeere (S. 330).

4 Eingerollte Blätter mit Bläschen
Johannisbeerblasenläuse sind hellgelb und meistens gut zu erkennen, wenn sie an neuen Trieben saugen. Befallene Blätter sind verkrüppelt, auf ihnen bilden sich rote oder gelbe Bläschen. Auch andere Blattlausarten befallen die Blätter.
- Siehe Johannisbeerblasenlaus (S. 337).

5 Braune Flecken auf den Blättern
Kleine unregelmäßige braune Flecken, die von gelben Verfärbungen umgeben sind, erscheinen auf den Blättern. Die Blätter können absterben.
- Siehe Pilzliche Blattfleckenkrankheiten (S. 328).

Kleine Löcher in den Blättern
Kleine rotbraune Flecken und Löcher mit unregelmäßigen braunen Rändern können ein Anzeichen für Befall mit Blattwanzen sein.
- Siehe Blattwanzen (S. 335).

Früchte

Grauer, pelziger Schimmel
Die betroffenen Früchte sind mit grauweißem oder graubraunem Schimmel bedeckt und verfaulen.
- Siehe Grauschimmel (S. 326).

Schwarze Johannisbeeren

Schwarze Johannisbeersträucher sind robust und brauchen wenig Pflege. Meistens gedeihen sie auch, wenn sie nachlässiger behandelt werden. Ein wenig zusätzliche Mühe zahlt sich aber immer aus: Wässern und düngen Sie die Sträucher, jäten Sie Unkraut. Und wenn Sie dann noch lernen, wie Sie sie richtig schneiden, bilden sie ständig neue gesunde Triebe, die im darauffolgenden Jahr Beeren tragen. So können Sie größere, schmackhaftere Johannisbeeren ernten, und vor allem – viel mehr!

In den letzten Jahren hat man moderne Sorten gezüchtet (deren Namen mit 'Ben' beginnen), die weniger anfällig oder resistent sind gegen Frostschäden, Mehltau sowie andere Krankheiten und Schädlinge. Außerdem geht die Tendenz hin zu größeren, süßeren Beeren. Ihr Geschmack ist nicht so intensiv, dass sie die besten Gelees und Marmeladen ergeben, aber direkt vom Strauch schmecken sie herrlich.

Reife Schwarze Johannisbeeren halten sich einige Tage, wenn sie beim Pflücken noch etwas fest sind. Man kann aus ihnen hervorragende Desserts, Marmeladen, Gelees und Säfte herstellen. Die Beeren sind wegen ihres hohen Vitamin-C-Gehalts beliebt und werden in großem Maßstab kommerziell angebaut.

Welche Formen können Sie ziehen?

■ **Büsche** Schwarze Johannisbeersträucher werden immer als vasenförmige Büsche gezogen. Die Äste entspringen direkt am Erdboden, nicht an einem kurzen Stamm. Die Büsche können 2 m hoch und ebenso breit werden.

Schwarze Johannisbeeren

1 'Ebony'
Vielleicht die süßeste Sorte und eine der am frühesten reifenden. Die überdurchschnittlich großen Beeren schmecken direkt vom Strauch herrlich.
■ **Ernte** Anfang–Mitte Juli

2 'Ben Lomond'
Die 1975 in Schottland gezüchtete Sorte war die erste, die 'Ben' im Namen trägt. Sie wurde mit skandinavischen Sorten gekreuzt, blüht daher später, ist weniger anfällig für Frost und Mehltau.
■ **Ernte** Ende Juli

3 'Ben Sarek'
Kompakte, mittelstarke Sträucher, die man dicht pflanzen kann. Der Ertrag kann so hoch sein, dass die Äste herabhängen und gestützt werden müssen. Blüht früh, daher spätfrostgefährdet.
■ **Ernte** Ende Juni–Mitte Juli

4 'Big Ben'
Eine neue Sorte, gezüchtet in Schottland. Die Beeren können doppelt so groß wie bei durchschnittlichen Sorten werden, harmonischer süß-saurer Geschmack, resistent gegen Mehltau und Blattflecken.
■ **Ernte** ab Mitte Juli

5 'Ben Connan'
Trägt früh reifende große, süße und saftige Beeren. Bedingt resistent gegen Frost, Mehltau und Blattfleckenkrankheiten.
■ **Ernte** ab Mitte Juli

6 'Baldwin'
Eine schon lang etablierte Sorte mit mittelgroßen Beeren, die recht sauer sind und sich am besten zum Einkochen eignen. Der Wuchs ist kompakt und die Beeren platzen selten auf.
■ **Ernte** Ende Juli

'Titania' (nicht abgebildet)
Die Sorte stammt aus Skandinavien. Gute Resistenz gegen Frost, Mehltau, Rost und Johannisbeerblattmilbe. Hohe ertragreiche Sträucher, große, feste Beeren.
■ **Ernte** Mitte Juli

Schwarze Johannisbeeren anbauen

Schwarze Johannisbeeren sind Pflanzen kühler Klimazonen und gedeihen in nördlichen Regionen gut, wenn sie einen sonnigen Standort haben und zur Blütezeit vor starkem Frost geschützt sind. Sie tragen nicht unbegrenzt lang, deshalb sollten Sie ältere Sträucher nach acht bis zehn Jahren womöglich ersetzen.

Das Jahr auf einen Blick

	Frühjahr			Sommer			Herbst			Winter		
	M	A	M	J	J	A	S	O	N	D	J	F
wurzelnackt								▬	▬	▬	▬	▬
Containerware	▬	▬	▬	▬	▬	▬	▬	▬	▬	▬	▬	▬
Winterschnitt	▬								▬	▬	▬	▬
Sommerschnitt				▬	▬	▬						
Ernte				▬	▬	▬						

Die Auswahl der Pflanzen
Die Sträucher werden wurzelnackt oder als Containerware angeboten. Bei zertifiziert krankheitsfreien zweijährigen Pflanzen ist das Risiko von Brennnesselblättrigkeit minimal (siehe S. 325). Spezialisierte Baumschulen haben die größte Auswahl, die Pflanzen sind aber nur im Herbst und Winter erhältlich.

Wann wird gepflanzt?
■ WURZELNACKTE PFLANZEN Pflanzen Sie zwischen Oktober und März, wenn der Boden nicht gefroren oder staunass ist. Der November ist ideal.
■ CONTAINERWARE Sie können zu jeder Jahreszeit pflanzen, am besten aber im Herbst und nicht in heißen, trockenen Perioden im Sommer.

Wo wird gepflanzt?
Wählen Sie einen geschützten Standort, wo kein starker Wind weht und meiden Sie Frostfallen: Schwarze Johannisbeeren sind winterhart, blühen aber zeitig im Frühjahr und sind anfällig für Frostschäden.

Boden
Die Sträucher tolerieren die meisten Böden, ein pH-Wert von 6,5–7 ist ideal. Die Pflanzen sind

EINEN STRAUCH PFLANZEN
Pflanzen Sie tief, mindestens 5 cm tiefer als die Erdspuren aus der Baumschule an den Ästen, damit unter der Erde neue Triebe austreiben.

1 Graben Sie ein Loch, das so tief und breit ist, dass die Wurzeln gut hineinpassen. Wenn Sie es nicht bereits getan haben, dann arbeiten Sie gut verrotteten Kompost oder Stallmist in den Boden ein.

2 Prüfen Sie die Tiefe: Die Erdspuren an den Ästen aus der Baumschule sollten jetzt unter der Erdoberfläche sein.

3 Füllen Sie das Loch vorsichtig mit Erde auf, sodass keine Luft zwischen den Wurzeln bleibt.

4 Drücken Sie den Boden an. Wässern Sie großzügig und mulchen Sie um die Pflanze. Schneiden Sie neu gepflanzte Sträucher gleich (siehe S. 244).

hungrig und durstig, sie schätzen fruchtbaren Boden mit viel organischer Substanz, die Nährstoffe liefert und Feuchtigkeit speichert.

Pflanzabstände
- BÜSCHE 1,5 m.
- REIHEN 1,5 m.

Schwarze Johannisbeeren in Kübeln
Die Sträucher gedeihen in Kübeln meist gut und man kann sie nachts unter Glas stellen, um sie vor Frost zu schützen. Pflanzen Sie sie in einen Topf mit 30–45 cm Durchmesser, füllen sie diesen mit Komposterde auf Lehmbasis, der Sie etwas Sand oder Kies beigemischt haben, um die Dränage zu verbessern. Düngen Sie im Frühjahr mit Universaldünger und wässern sie regelmäßig, vor allem bei trockenem Wetter. Pflanzen Sie mindestens alle drei Jahre um und ersetzen Sie einen Teil des alten Substrats durch neues.

Regelmäßige Pflege
- WÄSSERN Die Sträucher brauchen viel Wasser, vor allem wenn die Früchte dicker werden. Wässern Sie oft und spritzen Sie möglichst kein Wasser auf die Zweige, denn so werden Pilzinfektionen verbreitet.
- DÜNGEN Im März einen organischen Volldünger geben, bei hohem Bedarf zusätzlich Stickstoff, etwa 25 g/m² Ammoniumsulfat über den Boden verteilen.
- MULCHEN Wässern Sie nach dem Düngen gut und verteilen Sie eine dicke organische Mulchschicht um die Pflanzen. Zupfen Sie Unkräuter von Hand aus.
- NETZE Möglicherweise müssen Sie Vögel mit Netzen abhalten, vor allem im Sommer, wenn die Beeren reifen. Auch ein Käfig ist empfehlenswert.
- SCHUTZ VOR FROST Die Pflanzen sind winterhart, sie müssen aber nachts mit Vlies abgedeckt werden, wenn während der Blüte Gefahr von Frost besteht.

Ernte und Lagerung
Je nach Sorte kann man die Früchte meist von Ende Juni bis Ende August pflücken. Bei alten Sorten reifen die Beeren oben an den Trauben zuerst, deshalb müssen Sie die einzelnen Beeren pflücken, wenn sie reif sind. Moderne Sorten sind so gezüchtet, dass die Beeren gleichzeitig reifen, sodass Sie die gesamte Traube pflücken können. Reife Schwarze Johannisbeeren halten sich nicht lang – in einem verschließbaren Gefäß im Kühlschrank nur ein paar Tage –, aber man kann sie einfrieren.

Ertrag
Der Ertrag variiert je nach Sorte und von Jahr zu Jahr, von einem durchschnittlichen Strauch können Sie aber 4,5–5,5 kg Beeren erwarten.

(unten, von links nach rechts) **Nach dem Düngen** sollten Sie den Boden gut wässern und eine dicke Mulchschicht um die Pflanzen verteilen. **Stützen Sie Sorten,** die viele Beeren tragen, mit Bambusrohren und dicken Schnüren. **Schwarze Johannisbeeren** können Sie pflücken, wenn sie dick und glänzend blauschwarz sind. Passen Sie den richtigen Moment ab, denn je länger sie am Strauch bleiben, desto süßer sind sie.

Monat für Monat

(von links nach rechts) **Die Knospen** brechen im Frühjahr auf. **Die Blüten** sind anfällig für Frostschäden. **Das Ausdünnen** der Früchte ist nicht nötig. (unten) **Die Sträucher** sind winterhart.

Februar
■ Halten Sie nach unnatürlich dicken Knospen Ausschau, die Anzeichen für Gallmilben und Brennnesselblättrigkeit sein können. Vernichten Sie sie.
■ Pflanzen Sie wurzelnackte Sträucher, wenn der Boden nicht gefroren ist.
■ Schneiden Sie ältere Sträucher.

März
■ Düngen Sie mit Volldünger und Ammoniumsulfat.
■ Mulchen Sie um die Pflanzen.
■ Letzte Chance, wurzelnackte Büsche zu pflanzen.
■ Letzte Chance für den Winterschnitt.
■ Neue Blätter und Blüten erscheinen. Schützen Sie sie wenn nötig vor Frost.

April
■ Die Blüten sind geöffnet und bestäubende Insekten verrichten ihre Arbeit.

Mai
■ Die Früchte bilden sich und werden dicker.
■ Jäten und wässern Sie gründlich.
■ Suchen Sie die Sträucher nach Blattwespenlarven ab und entfernen Sie die, die sie finden können.

Juni
■ Achten Sie auf Anzeichen für Blattfleckenkrankheit oder Mehltau.
■ Wässern und jäten Sie, wenn die Früchte reifen.
■ Schützen Sie die Beeren mit Netzen vor Vögeln.

Juli
■ Ernten Sie frühe und mittelfrühe Sorten.
■ Schneiden Sie eingewachsene Sträucher, wenn sie zu dicht sind und die Früchte beschattet werden.

August
■ Ernten Sie mittelspäte und späte Sorten.

Oktober
■ Schneiden Sie Steckhölzer zur Vermehrung.
■ Pflanzen Sie Sträucher jetzt oder im November.

November
■ Nun sind neue wurzelnackte Pflanzen in spezialisierten Baumschulen erhältlich.
■ Der beste Monat, um wurzelnackte Sträucher oder Containerware zu pflanzen.
■ Schneiden Sie die Sträucher nach dem Pflanzen.
■ Schneiden Sie eingewachsene Sträucher von jetzt an bis März.

Schwarze Johannisbeeren schneiden und erziehen

Schwarze Johannisbeeren tragen nur an Trieben des letzten Sommers – mit anderen Worten: am einjährigen Holz. Neue Triebe tragen erst im nächsten Jahr. Dreijähriges und älteres Holz ist weniger produktiv, es sollte herausgeschnitten werden. Ziel ist, den gesamten Strauch so alle drei oder vier Jahre völlig zu erneuern.

Neu gepflanzte Sträucher schneiden

Wichtigstes Ziel des Schnitts ist es jetzt, die Wurzeln zum Anwachsen zu ermutigen, sodass im Frühjahr neue Triebe austreiben. Sobald Sie einen neuen Strauch gepflanzt haben, sollten Sie die Äste deshalb fast bis zum Grund zurückschneiden. Das klingt vielleicht drastisch, ist aber sinnvoll.

Einen etablierten Strauch schneiden

Der Strauch muss geöffnet werden, damit Licht und Luft in die Pflanze gelangen. Sie sollten auch einige der älteren, dunkleren Triebe entfernen, damit sie von neuem hellerem Fruchtholz ersetzt werden können. Dies können Sie auch erst im Herbst oder Winter tun oder bereits im Juli beginnen, sodass Sonnenlicht zu den Beeren gelangt.

1. Winterschnitt
OKTOBER–MÄRZ

WURZELNACKT
- Wenn Sie im Dezember–März pflanzen, dann schneiden Sie alle Äste auf etwa 2,5 cm über dem Erdboden zurück. Es sollten nur 1 oder 2 Knospen an jedem Ast bleiben.

CONTAINERWARE
- Sie brauchen nicht zu schneiden, wenn das Wurzelsystem intakt ist.

2. Winterschnitt
NOVEMBER–MÄRZ

- Sie brauchen nur sehr wenig zu schneiden. Wenn einige der neuen Triebe schwach sind oder parallel zum Erdboden wachsen, dann schneiden Sie sie ganz zurück.

Sommer-/Winterschnitt
JULI und NOVEMBER–MÄRZ

- Schneiden Sie bis zu ein Drittel der dreijährigen oder älteren Triebe auf 1 Knospe über dem Boden zurück.
- Entfernen Sie schwache, überkreuzte, beschädigte oder kranke Triebe und solche, die zu nah am Boden wachsen.
- Schneiden Sie gesunde ein- oder zweijährige Triebe nicht, sie werden im nächsten Jahr tragen.

Schneiden Sie bis zu ein Drittel des alten, unproduktiven Holzes im Winter zurück. So öffnen Sie den Strauch und können die reifen Beeren im nächsten Sommer leichter pflücken.

Mögliche Probleme

Knospen und Blüten

Die Blüten sterben ab
Schwarze Johannisbeeren blühen zeitig im Frühjahr, Frost kann die Blüten zerstören und junge Blätter schädigen.
■ **Frost** (S. 316).

Unnatürlich verdickte Knospen
Ungewöhnlich große, runde Knospen, aus denen sich keine Blätter oder Blüten entfalten, sind ein klassisches Zeichen für Johannisbeergallmilben, die die Brennnesselblättrigkeit verbreiten.
■ **Johannisbeergallmilbe** (S. 337) und **Brennnesselblättrigkeit** (S. 325).

Blätter und Zweige

1 Weißer oder grauer mehliger Belag auf den Blättern
Dies ist ein Anzeichen für Stachelbeermehltau. Meist sind zuerst die Blätter und dann die Früchte befallen.
■ **Amerikanischer Stachelbeermehltau** (S. 324).

2 Eingerollte Blätter mit Bläschen
Verkrüppelte Blätter, auf denen sich rote oder gelbe Bläschen bilden, sind meistens mit Johannisbeerblasenläusen befallen. Die Insekten sind zu erkennen, wenn sie an neuen Trieben saugen.
■ **Johannisbeerblasenlaus** (S. 337).

3 Klebrige Blätter, die mit Blattläusen bedeckt sind
Blattläuse überziehen die Blätter mit klebrigem Honigtau, der sich zu einem grauen Belag entwickeln kann. Sie sitzen auf der Unterseite der Blätter.
■ **Blattläuse** (S. 335).

4 Ganze Äste sterben ab
Wenn die Blätter braun werden und ganze Äste absterben, kann es sich um Triebsterben der Stachelbeere handeln, das auch Johannisbeeren befallen kann. Ursache ist ein Pilz, *Botrytis* oder *Eutypa*.
■ **Triebsterben der Stachelbeere** (S. 330).

5 Gelbe Blätter mit grünen Adern
Dies ist meist ein Anzeichen für Eisen- oder Manganmangel. Kalkchlorose kommt bei alkalischen Böden mit hohem pH-Wert häufig vor.
■ **Eisenmangel** (S. 320), **Manganmangel** (S. 321).

Nicht entfaltete, verkrüppelte Blätter
Wenn sich junge Blätter nicht richtig entfalten, verschrumpeln und absterben, kann die Ursache ein Befall mit den weißen Larven winziger Gallmücken sein.
■ **Johannisbeergallmücke** (S. 338).

Braune Flecken auf den Blättern
Kleine, unregelmäßige braune Flecken, umgeben von gelben Stellen, erscheinen auf den Blättern. Diese können absterben.
■ **Pilzliche Blattfleckenkrankheiten** (S. 328).

Kleine Löcher in den Blättern
Kleine rotbraune Flecken und Löcher mit ausgefransten braunen Rändern können Anzeichen für Blattwanzenbefall sein.
■ **Blattwanzen** (S. 335).

Die Blätter sind abgefressen
Wahrscheinlich sind die Schuldigen die Larven der Stachelbeerblattwespe.
■ **Stachelbeerblattwespe** (S. 340).

Kleine, leicht missgebildete Blätter
Wenn sich die Blätter gelblich färben, kleiner sind und möglicherweise weniger Adern und Lappen haben, kann das ein Anzeichen für Brennnesselblättrigkeit sein. Die Diagnose ist schwierig. Der Ertrag kann geringer ausfallen.
■ **Brennnesselblättrigkeit** (S. 325).

Früchte

Grauer oder brauner pelziger Schimmel
Die betroffenen Beeren sind mit Schimmel bedeckt und verfaulen.
■ **Grauschimmel** (S. 326), **Amerikanischer Stachelbeermehltau** (S. 324).

Vögel fressen die Beeren
Vögel lieben die reifen Früchte.
■ **Vögel** (S. 341).

Heidelbeeren

Die Kulturheidelbeere stammt aus Nordamerika: Sorten, die in Deutschland und anderswo in Europa angebaut werden, sind durch komplizierte Züchtungen aus ihr hervorgegangen. Die häufigste Form ist der »Northern Highbush«, eine hohe, aufrechte Pflanze, die an kalte Winter angepasst ist. Es kann Ihnen auch der »Southern Highbush« begegnen, der für die Südstaaten der USA gezüchtet wurde, wo die Sommer heiß sind. Seltener sind halbhohe Formen, eine Kreuzung aus »Northern Highbush« und wilden amerikanischen Heidelbeeren. Es lohnt sich jedoch, nach ihnen Ausschau zu halten: Sie sind winterhart und relativ niedrigwüchsig.

Solange Sie sie in sauren Boden pflanzen, sind Heidelbeeren ziemlich einfach anzubauen. Da sie in Europa nicht einheimisch sind, kommen viele der Krankheiten und Schädlinge, die die Pflanzen in Nordamerika befallen, bei uns gar nicht vor.

Ihr wunderbar süßer, aromatischer Geschmack ist schon Grund genug, sie anzubauen – aber Heidelbeeren sind zudem reich an Antioxidantien, die den Alterungsprozess verlangsamen und Gedächtnis sowie Koordinationsvermögen verbessern sollen.

Lassen Sie Heidelbeeren ganz reif werden – dann sind sie so süß, dass Sie sie roh essen können. Sie lösen sich dann leicht vom Stiel. Ernten Sie die Sträucher mehrmals ab, denn die Beeren reifen nicht alle gleichzeitig. Heidelbeeren halten sich länger als andere Beeren und lassen sich gut einfrieren.

Welche Formen können Sie ziehen?

■ **Büsche** Heidelbeeren werden immer als vielstämmige Büsche gezogen wie Schwarze Johannisbeeren. Die Sträucher können 2 m hoch und ebenso breit werden. Probieren Sie nicht, einen Kordon, Fächer oder Hochstamm zu ziehen.

Beliebte Heidelbeeren

1 'Berkeley' An den hohen Büschen entwickeln sich viele hell bereifte Beeren. Sie springen seltener auf als einige andere Sorten.
■ Ernte August

2 'Spartan' Blüht spät, trägt aber früh und ist deshalb ideal für Regionen, in denen Frost Probleme bereiten kann. Große blassblaue Beeren mit gutem Geschmack.
■ Ernte Juli

3 'Earliblue' Eine der am frühesten reifenden Sorten mit großen, hellen süßen Beeren, die Mitte Juli geerntet werden können.
■ Ernte Juli

4 'Coville' Guter Ertrag und große, etwas säuerliche Beeren. Wertvolle, etwas spätere Sorte. Benannt nach einem amerikanischen Botaniker, der erstmals Heidelbeeren im Garten kultivierte.
■ Ernte August

5 'Jersey' Winterharte Sorte, für kühlere Regionen geeignet. Mittelgroße bis große saftige, süße Beeren. Nicht selbstfertil, braucht einen Bestäubungspartner.
■ Ernte August

6 'Bluetta' Kompakt, kleiner als andere Sorten und früh reifend. Viele mittelgroße Früchte von gutem Geschmack.
■ Ernte Juli

7 'Brigitta' Hohe, aufrechte Sorte, ursprünglich gezüchtet in Australien. Hellblaue feste Beeren mit hervorragendem Geschmack, die sich im Kühlschrank lange halten.
■ Ernte August–September

8 'Herbert' Wenn 'Earliblue' am frühesten reift, hat 'Herbert' die Auszeichnung als schmackhafteste Sorte verdient. Große Früchte mit herrlichem Geschmack.
■ Ernte August

HEIDELBEEREN 249

9 'Chandler'
Sehr große blauschwarze Beeren, die fast so groß werden wie Kirschen. Die Ernteperiode kann bis zu sechs Wochen dauern.
■ **Ernte** August–September

10 'Bluecrop'
Beliebte und häufig angebaute Sorte mit kräftigem, aufrechtem Wuchs, die große, schmackhafte Beeren trägt. Sie sollten bei der Ernte vollreif sein.
■ **Ernte** Juli–August

11 'Top Hat'
Eine Zwergsorte, sogar kleiner als 'Sunshine Blue': im Schnitt nur 40–60 cm hoch und breit. Perfekt für Kübel und begrenzten Platz. Mittelgroße violette Beeren mit hervorragendem Geschmack.
■ **Ernte** Juli–August

'Duke' (nicht abgebildet)
Mild schmeckende, mittelgroße Beeren, die sich recht lang halten. Attraktives orangegelbes Herbstlaub. Heute ist die Sorte nicht mehr so leicht zu finden wie früher, aber dennoch geschätzt, da sie spät blüht und früh reift.
■ **Ernte** Juli

'Northsky' (nicht abgebildet)
Eine halbhohe Sorte, ursprünglich eine Kreuzung aus einem »Northern Highbush« und einer wilden amerikanischen Heidelbeere. Wird nur 30–45 cm hoch und 60–90 cm breit und übersteht sehr kalte Winter. Kleine, himmelblau bereifte Früchte mit dem typischen Geschmack wilder Heidelbeeren.
■ **Ernte** August

'Ozarkblue' (nicht abgebildet)
Ein sogenannter »Southern Highbush«, der kalte Winter übersteht, aber heißere Sommer toleriert als die meisten Sorten. Eine gute Wahl für wärmere Regionen.
■ **Ernte** August–September

'Sunshine Blue' (nicht abgebildet)
Kompakte Büsche, kleiner als die meisten Sorten und selten höher als 1 m. Geeignet für kleine Gärten und Kübel, ist mit weniger sauren Böden zufrieden. Rote Knospen und hellrosa Blüten.
■ **Ernte** August

Heidelbeeren anbauen

Heidelbeeren sind sehr leicht anzubauen, leichter als die meisten Beeren. Sie brauchen allerdings sehr sauren Boden – nur dort gedeihen sie. Dann benötigen sie kaum Pflege, müssen nicht erzogen und nur wenig geschnitten werden. Bei jungen Pflanzen kann es eine Weile dauern, bis sie tragen, aber wenn sie eingewachsen sind, sind sie produktiv und langlebig. Die Sträucher können 20 Jahre alt oder sogar älter werden.

Das Jahr auf einen Blick

	Frühjahr			Sommer			Herbst			Winter		
	M	A	M	J	J	A	S	O	N	D	J	F
pflanzen									▬	▬	▬	▬
schneiden									▬	▬	▬	▬
ernten				▬	▬	▬	▬					

Die Auswahl der Pflanzen
Heidelbeeren werden manchmal wurzelnackt angeboten, meistens aber als Containerware, die vor dem Pflanzen nicht so leicht austrocknen kann. Kaufen Sie wenn möglich zwei- oder dreijährige, zertifiziert krankheitsfreie Pflanzen in Kübeln. Sie wachsen schneller an als wurzelnackte Pflanzen.

Blüte und Bestäubung
Die meisten Heidelbeeren sind selbstfertil. Das bedeutet, dass ihre Blüten sich selbst bestäuben und Früchte bilden können. Es ist aber ratsam, mehrere Sträucher zu pflanzen, die sich gegenseitig bestäuben. Dies verbessert den Ertrag. Wenn Sie mindestens drei verschiedene Sorten pflanzen, sollte eine optimale Bestäubung stattfinden.

Wann wird gepflanzt?
■ IM ERDBODEN Pflanzen Sie wurzelnackte Pflanzen und Containerware zwischen November und März, wenn die Blätter abgefallen sind und bevor die Winterruhe im Frühjahr endet. Pflanzen Sie nicht in staunassem oder gefrorenem Boden.
■ IM CONTAINER Sträucher in Containern können Sie zu jeder Jahreszeit kaufen und pflanzen. Am besten ist es jedoch, sie im Frühjahr in einen neuen Container umzupflanzen. Pflanzen Sie nicht zur Mitte des Winters und in heißen, trockenen Sommermonaten um.

Nicht alle Sorten blühen zur gleichen Zeit. Einige blühen bereits im April, andere erst im Mai. Um eine erfolgreiche Bestäubung zu gewährleisten, sollten Sie Sorten kaufen, die mehr oder weniger gleichzeitig blühen.

HEIDELBEEREN 251

EINEN HEIDELBEERBUSCH PFLANZEN

Pflanzen Sie Heidelbeersträucher nur in saurem Boden. Ist Ihr Boden natürlicherweise neutral oder alkalisch, dann denken Sie darüber nach, ein Hochbeet anzulegen. Dies können Sie mit Erde füllen, die sauer genug ist. Bereiten Sie den Boden einige Monate zuvor vor: Arbeiten Sie kompostiertes Sägemehl, kompostierte Kiefernrinde oder Azaleensubstrat ein.

1. Markieren Sie die Pflanzstelle. Rundum sollte etwa 1,5 m Platz sein.

2. Wässern Sie die Pflanze gut mit Regenwasser und nehmen Sie sie aus dem Container.

3. Graben Sie ein Loch, so tief und breit, dass der Wurzelballen Platz findet und um ihn herum noch 10 cm Platz ist. Prüfen Sie die Tiefe: Die Oberseite des Wurzelballens sollte in Höhe der Bodenoberfläche oder ein wenig tiefer liegen.

4. Drücken Sie die Erde vorsichtig fest. Zwischen den Wurzeln sollte keine Luft sein.

5. Wässern Sie großzügig. Verwenden Sie wenn möglich Regenwasser, kein alkalisches Wasser aus der Leitung.

6. Verteilen Sie Mulch aus kompostiertem Sägemehl, Laub oder Kiefernrinde um die Pflanze.

Wo wird gepflanzt?

Wählen Sie einen geschützten Standort, an dem kein starker Wind weht. Die meisten Heidelbeersträucher sind winterhart und relativ widerstandsfähig gegen Frostschäden. Die, die sehr zeitig im Frühjahr blühen, müssen aber womöglich geschützt werden. Im Sommer lieben alle Sorten viel Sonne, die meisten tolerieren aber einige Stunden Halbschatten täglich.

Boden

Am wichtigsten ist der Boden. Die Sträucher gedeihen nur in sehr sauren Böden mit einem pH-Wert von 4–5,5. Wenn Sie mit Rhododendren, Azaleen, Heidekraut und anderen Pflanzen erfolgreich sind, die sauren Boden brauchen, haben Sie sicher auch mit Heidelbeeren eine glückliche Hand. Wenn nicht, pflanzen Sie sie in Hochbeeten oder Containern, wo Sie leichter für sauren Boden sorgen können.

Neutralen oder alkalischen Böden mischte man früher Torf bei, sodass sie saurer wurden. Umweltfreundliche Alternativen sind kompostiertes Sägemehl, Kiefernrinde oder -nadeln, Schwefelblüte und Azaleensubstrat. Verwenden Sie keinen Torfersatz: Er könnte zu alkalisch sein. Die Sträucher brauchen außerdem durchlässigen Boden. In schweren Lehmböden gedeihen sie nicht gut.

Pflanzabstände
- BÜSCHE 1,2–1,5 m.
- REIHEN 1,8 m.

Regelmäßige Pflege
- WÄSSERN Heidelbeersträucher brauchen viel Wasser. Wässern Sie regelmäßig und oft. Verwenden Sie möglichst Regenwasser. Wenn Sie nur Leitungswasser zur Verfügung haben, sollten Sie möglicherweise sauren Mulch oder speziellen Dünger für Moorbeetpflanzen zugeben, um den pH-Wert niedrig zu halten.
- DÜNGEN Düngen Sie im März nach dem Schnitt mit einem kalkfreien Volldünger. Verwenden Sie keine Tomatendünger und keinen anderen Gemüsedünger. Für eine zusätzliche Stickstoffgabe können Sie Ammoniumsulfat auf dem Boden verteilen, etwa 15 g/m^2.
- MULCHEN Eine dicke organische Mulchschicht, die Sie nach dem Düngen um die Pflanze verteilen, hält die Feuchtigkeit und unterdrückt Unkraut. Verwenden Sie nur saures Material: kompostiertes Sägemehl, Kiefernrinde, Kiefernnadeln oder Laub, keinen Stallmist oder normalen Kompost.
- NETZE Vögel müssen Sie wahrscheinlich mit Netzen fernhalten, vor allem im Sommer, wenn die Früchte reifen. Ein Fruchtkäfig ist empfehlenswert.
- SCHUTZ VOR FROST Die Pflanzen sind winterhart, früh blühende Sorten müssen aber nachts mit Vlies abgedeckt werden, wenn Frostgefahr besteht, nachdem sich die Knospen geöffnet haben.

Ernte und Lagerung
Die Ernteperiode ist bei Heidelbeeren relativ lang. Frühe Sorten sind meistens im Juli reif, späte im August bis September. Nicht alle Beeren reifen gleichzeitig, ernten Sie deshalb jeden Busch mehrmals ab.

Heidelbeeren halten sich länger als die meisten Beeren – im Kühlschrank bis zu einer Woche. Sie lassen sich auch gut einfrieren.

Ertrag
Der Ertrag hängt vom Alter des Strauchs, der Sorte und natürlich der Witterung ab. Von einem vierjährigen Strauch können Sie aber etwa 1,5–2,5 kg erwarten, von einem älteren, gut eingewachsenen Strauch sogar bis zu 5 kg oder mehr.

HEIDELBEEREN IN KÜBELN
Die Sträucher gedeihen in Pflanzgefäßen oder Containern meistens gut, besonders wenn Sie dafür sorgen, dass der Boden den richtigen pH-Wert hat. Der Trick ist es, spezielles kalkfreies Azaleensubstrat zu verwenden, das für Pflanzen wie Rhododendren und Kamelien entwickelt wurde, die in saurem Boden wachsen. Mischen Sie die Erde mit grobem Kies, um die Dränage zu verbessern, und mulchen Sie mit saurem organischem Material. Düngen Sie im Frühjahr mit einem kalkfreien Universaldünger und wässern Sie regelmäßig, vor allem bei trockenem Wetter. Die Sträucher dürfen nie austrocknen, aber auch nicht im Wasser stehen.

Beginnen Sie bei jungen Pflanzen mit einem Kübel von 30–35 cm Durchmesser. Prüfen Sie den Wurzelballen. Wahrscheinlich müssen Sie jeweils nach einigen Jahren in einen größeren Container umpflanzen. Ausgepflanzt können Heidelbeerbüsche bis zu 2 m hoch werden. Falls Sie keine kompakte Sorte auswählen, brauchen Sie schließlich oft einen Container mit 60 cm Durchmesser oder mehr.

VERMEHRUNG

Heidelbeeren können Sie mit Stecklingen aus weichen Trieben vermehren, die Sie zur Mitte des Sommers schneiden. Setzen Sie sie in Azaleensubstrat.

1 Schneiden Sie einen gesunden Trieb direkt über einem Blattansatz so ab, dass der Steckling 10 cm lang ist.

2 Setzen Sie die Stecklinge in Löcher im Substrat am Rand des Topfs. Wässern Sie. Stellen Sie den Topf in einen Anzuchtkasten.

(rechts) **Pflücken Sie die Beeren** nicht gleich, sobald sie sich blau färben. Warten Sie, bis die Schale weißlich bereift ist und sie ein wenig weich sind. Sie lassen sich dann leicht mit Zeigefinger und Daumen abpflücken, sodass der Stiel am Strauch bleibt.

Monat für Monat

(oben, von links nach rechts) **Die Knospen** brechen im Frühjahr auf. **Glockenförmige Blüten** erscheinen zeitig im Frühjahr und müssen womöglich vor Frost geschützt werden. **Kleine Früchte** beginnen sich zu entwickeln, sobald die Blüten abgefallen sind. Wässern Sie von nun an mit Regenwasser. (rechts) **Nicht alle Beeren** reifen gleichzeitig.

Februar
- Pflanzen Sie neue Büsche, wenn der Boden nicht gefroren ist.
- Schneiden Sie die Sträucher jetzt oder im März.

März
- Die Blütenknospen werden sichtbar dicker.
- Beenden Sie den Winterschnitt zum Monatsende.
- Bei früh blühenden Sorten können Ende des Monats bereits junge Blätter und Blüten erscheinen.
- Schützen Sie sie wenn nötig vor Frost.
- Düngen Sie mit kalkfreiem Volldünger und Ammoniumsulfat.
- Verteilen Sie sauren organischen Mulch um die Pflanzen, sodass Unkraut unterdrückt wird.
- Letzte Chance, neue Sträucher zu pflanzen.

April
- Bei den meisten Sorten öffnen sich die Blüten, und bestäubende Insekten werden angelockt.
- Pflanzen Sie Heidelbeersträucher in Kübeln wenn nötig um.

Mai
- Jetzt blühen spät blühende Sorten.
- Wenn die Blüten abfallen, bilden sich kleine grüne Beeren und werden allmählich größer.
- Jäten und wässern Sie regelmäßig.

Juni
- Wässern und jäten Sie weiterhin regelmäßig.
- Schützen Sie die Sträucher mit Netzen vor Vögeln.

Juli
- Ernten Sie früh und mittelspät reifende Beeren.
- Schneiden Sie zur Vermehrung Stecklinge aus weichen Trieben.

August
- Ernten Sie mittelspäte und späte Sorten.

September
- Wahrscheinlich können Sie noch immer Beeren ernten.

November
- Pflanzen Sie jetzt bis zum März neue Sträucher.

Heidelbeeren schneiden

Die meisten Beeren entwickeln sich an ein- bis dreijährigen Trieben. Außerdem können junge Triebe, die ab etwa Juli aus dem Boden austreiben, eine zweite Ernte zum Saisonende hervorbringen. Diese Beeren können sogar größer sein als die erste Ernte. Holz, das älter als drei Jahre ist, trägt nicht mehr so gut. Schneiden Sie es nach und nach heraus.

Einen Busch schneiden

Heidelbeeren werden im Winter in der Ruhezeit geschnitten. Sie können zwischen November und Ende März schneiden. Wenn Sie aber bis zum März warten, sind die Blütenknospen schon sichtbar dicker. Dann sehen Sie, welche Zweige gut tragen und nicht geschnitten werden sollten.

1. und 2. Winterschnitt
NOVEMBER–MÄRZ

- Während der ersten beiden Jahre muss kaum geschnitten werden.
- Entfernen Sie beschädigte und kranke Triebe.
- Dünnen Sie schwache oder überkreuzte Triebe in der Mitte des Strauchs aus.
- Schneiden Sie dünne Triebe zurück, die parallel zum Boden oder bodennah wachsen.

Winterschnitt eines etablierten Buschs
NOVEMBER–MÄRZ

- Ist der Busch zu dicht, dann öffnen Sie die Mitte, sodass Licht und Luft hineingelangen.
- Entfernen Sie tote, beschädigte und kranke Triebe.
- Schneiden Sie 1 oder 2 der ältesten unproduktivsten Zweige bis zur Basis zurück. 4–6 Hauptäste sollten übrig bleiben.
- Entfernen Sie Seitentriebe, die zu nah an der Basis der Hauptäste austreiben.
- Schneiden Sie Triebe, die im letzten Jahr getragen haben, an der Spitze zurück. Schneiden Sie auf 1 kräftigen Seitentrieb oder 1 nach oben weisende Knospe.
- Schneiden Sie nicht mehr als ein Viertel des Strauchs auf einmal heraus.

(von oben nach unten)
Schneiden Sie im Winter mit einer Gartenschere alte, unproduktive Triebe bis zur Basis zurück.
Schneiden Sie kranke und beschädigte Triebe auf einen kräftigen, gesunden Trieb zurück.

Mögliche Probleme

Blätter und Zweige

1 Verbrannte Blattränder
Wenn sich die Blätter braun färben, an den Rändern einrollen und die Spitzen junger Triebe absterben, dann ist das ein klassisches Anzeichen für Trockenheit. Ist das nicht der Fall, könnte die Pflanze Kalium brauchen. Ein jährliches Düngen mit kalkfreiem Volldünger schafft Abhilfe.
■ Siehe Kaliummangel (S. 320).

2 Kleine braune, muschelartige Insekten auf Zweigen
Schildläuse findet man manchmal auf den Zweigen. Sie sind mit einem elliptischen gewölbten Panzer bedeckt. Einige Arten sondern ein weißes Wachs oder eine pelzige Substanz ab, auf der sich ein rußgrauer Belag entwickeln kann.
■ Siehe Schildläuse (S. 340).

3 Vielfarbig gefleckte Blätter
Unregelmäßige hellgrüne, gelbe und rote fleckige Verfärbungen sind oft Anzeichen für eine der Viruserkrankungen der Heidelbeere. Sie können auch ein Anzeichen für Magnesiummangel sein.
■ Siehe Viruserkrankungen der Heidelbeere (S. 331) und Magnesiummangel (S. 321).

Gelbe Blätter mit grünen Adern
Wenn sich die Blätter gelb verfärben, sodass die Blattadern grün hervortreten und die Pflanze schwach wächst, ist dies meistens ein Zeichen dafür, dass der Boden zu alkalisch ist. Die Pflanze entwickelt eine Kalkchlorose, denn sie kann nicht ausreichend Eisen und Mangan aus dem Boden aufnehmen.
■ Siehe Eisenmangel (S. 320), Manganmangel (S. 321).

Abgestorbene braune Blätter bleiben an den Trieben
Büschel von Blättern färben sich braun, sterben ab und bleiben am sonst grün belaubten Strauch hängen. Wenn sie schließlich abfallen, haben sich die toten Zweige wahrscheinlich fast schwarz verfärbt.
■ Siehe Triebsterben der Heidelbeere (S. 330).

Früchte

4 Die Beeren sind angefressen oder geklaut
Vögel fressen die reifenden Früchte, sobald sie sich blau färben. Beeren mit aufgepickter Schale locken Wespen und Fliegen an.
■ Siehe Vögel (S. 341), Wespen (S. 341).

Grauer, pelziger Schimmel oder brauner, filziger Belag
In nassen Sommern oder an feuchten Standorten können die Früchte mit Schimmel bedeckt sein und verfaulen. Manchmal passiert das erst nach der Ernte. Die Blüten, Blätter und Zweige sind ebenfalls betroffen. Die Ursache ist wahrscheinlich eine Infektion mit Grauschimmel.
■ Siehe Grauschimmel (S. 326).

Cranberrys und Preiselbeeren

Kultivierte Cranberrys oder Großfrüchtige Moosbeeren stammen aus Nordamerika, wo sie natürlicherweise in Mooren vorkommen. Es ist nicht besonders schwierig, diese niedrigwüchsigen immergrünen Pflanzen selbst anzubauen – vorausgesetzt, Sie können ihnen ihre natürlichen Wachstumsbedingungen bieten.

Die Gewöhnliche Moosbeere, die in Europa und Nordasien vorkommt, ist eine nahe Verwandte der Cranberry: Die Beeren sind kleiner und werden nicht kommerziell angebaut.

Cranberrys reifen im Herbst, später als Heidelbeeren. Obwohl die tiefroten Früchte appetitlich aussehen, sind sie viel zu sauer zum Rohessen. Mit Zucker kann man aus ihnen jedoch Säfte, Gelees, Kuchen und Cranberrysoße zubereiten, die in England und den USA zum weihnachtlichen Truthahnbraten nicht fehlen darf.

Reife Cranberrys können Sie am Strauch lassen. Pflücken Sie sie erst, wenn Sie sie brauchen. Den ersten Frost überstehen die Beeren aber nicht, deshalb sollten Sie vorher ernten.

Cranberrys anbauen

Cranberrys sind nicht schwierig anzubauen, wenn Sie ihnen die richtigen Bedingungen bieten. Die sind allerdings Voraussetzung für eine reiche Ernte. Am wichtigsten sind saurer Boden und viel Wasser – mit anderen Worten: eine Umgebung, die ihrem natürlichen Lebensraum weitgehend entspricht.

Das Jahr auf einen Blick

	Frühjahr			Sommer			Herbst			Winter		
	M	A	M	J	J	A	S	O	N	D	J	F
pflanzen												
schneiden												
Cranberrys ernten												
Preiselbeeren ernten												

Cranberrys pflanzen
Da sie so spezielle Anforderungen an ihren Lebensraum haben, baut man Cranberrys am besten in Containern oder speziellen Beeten an. Sie werden im Container angeboten, nicht wurzelnackt. Anders als Heidelbeeren sind sie alle selbstfertil, eine Pflanze reicht aus, um die Bestäubung zu gewährleisten.

Wo wird gepflanzt?
Sie können zu jeder Zeit im Jahr pflanzen, außer in kalten Wintermonaten und im heißen Hochsommer.

Beliebte Cranberrys

1 'Pilgrim'
Eine der beliebtesten und am häufigsten angebauten Sorten. Ihre attraktiven Beeren reifen spät. Sie sind hellrot, mit dunklem, pudrigem Belag und können so groß wie Kirschen werden.

2 'Early Black'
Die Sorte trägt viele mittelgroße, tief dunkelviolette Beeren, die früher reifen als die der meisten Sorten, manchmal schon im August. Besonders gut für Saft- und Kompottherstellung geeignet.

PROBIEREN SIE AUCH AUS:

'CN'
Eine wüchsige, ertragreiche Sorte, die große rote Beeren trägt. Sie wird häufig kommerziell angebaut.

'Franklin'
Eine Kreuzung aus 'Early Black' und einer anderen seit Langem bewährten amerikanischen Sorte, 'Howes'. Da sie kompakt ist, ist sie für Kübel ideal. Sie ist etwas ertragreicher als 'Early Black' und reift fast genauso früh.

(von links nach rechts) **Cranberryblüten** sind sehr klein und öffnen sich im Frühsommer, wenn viele bestäubende Insekten unterwegs sind. **Ein Beet** aus einem alten Keramikwaschbecken, das in den Boden eingelassen wurde, ist ideal für Cranberrys. Es wurde mit Azaleensubstrat gefüllt und muss feucht gehalten werden.

Wo wird gepflanzt?

Wählen Sie einen sonnigen Standort, aber keinen nach Süden ausgerichteten, an dem es zu warm wird. Cranberrys gedeihen am besten in einem Hochbeet oder einem im Boden eingelassenen Spezialbeet, wo Sie den pH-Wert des Bodens und die Dränage kontrollieren können.

Boden

Cranberrys gedeihen wie Blaubeeren nur in sehr sauren Böden mit einem pH-Wert von 4–5,5 oder weniger. Sie müssen ständig feucht gehalten werden, vertragen aber keine Staunässe.

Pflanzabstände

- PFLANZEN 30 cm.
- REIHEN 30 cm.

Cranberrys in Kübeln

Füllen Sie ein Pflanzgefäß (38–45 cm Durchmesser) mit einer Mischung aus Azaleensubstrat und grobem, kalkfreiem Kies. Stellen Sie das Gefäß in einen Untersetzer, den Sie immer mit Regenwasser füllen.

Kultur in speziellen Beeten

Cranberrys können in Hochbeeten oder im Boden eingelassenen Beeten kultiviert werden, die man 15–20 cm tief mit saurer Erde füllt. Legen Sie das Beet wenn möglich mit einem feinen Kunststoffnetz oder einer Plastikfolie aus, die viele Dränagelöcher aufweist. Füllen Sie es mit kalkfreiem Azaleensubstrat oder einem geeigneten leichten Substrat mit niedrigem pH-Wert. Bedecken Sie die Oberfläche mit einer Schicht aus kalkfreiem Kies oder Sand, der als Mulch fungiert. Die eingewachsenen Pflanzen breiten sich aus und bedecken später den Boden.

Regelmäßige Pflege

■ WÄSSERN Cranberrys brauchen viel Wasser. Halten Sie sie ständig feucht, möglichst mit Regenwasser.
■ DÜNGEN Meistens nicht nötig. Ist der Ertrag gering, dann düngen Sie etwa im April mit ein wenig kalkfreiem Flüssigdünger.
■ MULCHEN Eine Schicht aus Kies oder Sand hält die Feuchtigkeit und unterdrückt Unkräuter.

Ernte und Lagerung

Cranberrys reifen meistens ab Ende September, Sie brauchen sie aber nicht gleich zu pflücken, sie können noch ein oder zwei Monate am Strauch bleiben. Vor den ersten Frösten sollten sie geerntet werden. In den USA, wo man Cranberrys kommerziell anbaut, flutet man bei der Ernte ganze Felder, sodass die Beeren auf dem Wasser schwimmen. Mit einer Maschine können sie dann abgeschöpft werden. Cranberrys halten sich gut, im Kühlschrank zwei bis drei Monate lang. Sie lassen sich auch gut einfrieren.

Schnitt

Cranberrys müssen kaum geschnitten werden. Es ist allerdings vorteilhaft, gleich nach der Ernte oder im Frühjahr verfilzte Triebe oder Ausläufer zu entfernen.

Mögliche Probleme

Krankheiten sind selten. Wenn der Boden jedoch nicht sauer genug ist, können die Pflanzen an Kalkchlorose leiden (siehe S. 320). Nur wenige Schädlinge befallen Cranberrys und weder Vögel noch Schnecken finden Geschmack an den Beeren.

PREISELBEEREN ANBAUEN

Wie Cranberrys sind Preiselbeeren niedrige immergrüne Sträucher, die sich schnell ausbreiten. Ihre hellrosa und weißen Blüten erscheinen im Mai oder Juni, und meist bringen sie zwei Ernten kleiner roter Beeren hervor, die erste Ende Juli, die zweite im September bis Oktober. Preiselbeersträucher brauchen ebenfalls sauren Boden und gedeihen deshalb am besten in Containern mit speziellem kalkfreiem Azaleensubstrat. Sie lieben keine so sumpfigen Bedingungen wie Cranberrys, müssen aber dennoch gut gewässert werden.

Ungewöhnliche Beeren

Diese Beeren werden bei uns viel seltener angebaut und gegessen. Probieren Sie sie aus, wenn Sie neugierig sind und genügend Platz haben.

1 Gemeiner Bocksdorn
Die als Goji-Beeren bekannten Früchte dieses Strauchs, der wahrscheinlich aus der Himalayaregion stammt, enthalten jede Menge Mineralien, Vitamine und Antioxidantien. Die Pflanzen überstehen sowohl strenge Winter als auch heiße, trockene Sommer. Pflanzen Sie sie an einer geschützten, sonnigen Stelle. Wenn sie eingewachsen sind, entwickeln sich aus den violetten und weißen Blüten im Herbst kleine, längliche rote Beeren. Sie werden wie Rosinen getrocknet oder zu Saft verarbeitet.

2 Apfelbeere
Diese Beeren werden auch als Aroniabeeren bezeichnet. In freier Natur wachsen sie in feuchten, sauren Böden, oft an Waldrändern. In Gärten pflanzt man sie ihrer weißen Blüten und des bunten Herbstlaubs wegen auch als Ziersträucher. Die kleinen roten, schwarzen oder violetten Früchte sind so groß wie Johannisbeeren und essbar. Verzehren Sie roh nur kleine Mengen. Man kann sie zu Säften oder Marmeladen verarbeiten, sie sind sehr reich an Antioxidantien.

3 Kulturnachtschatten
Die Beeren des Kulturnachtschatten sind gekocht essbar, obwohl die Pflanze zu den Nachtschattengewächsen gehört, von denen viele giftig sind. Säen Sie im März Samen in Töpfen oder im Mai unter einer Abdeckung aus. Ziehen Sie die Pflanzen wie Tomaten oder Auberginen. Pflücken Sie die Beeren, wenn sie schwarz werden, und verwenden Sie sie für Kuchen und Marmeladen.

UNGEWÖHNLICHE BEEREN

4 Honigbeere
Honigbeeren, auch Maibeeren genannt, sind die essbaren Beeren der Blauen Heckenkirsche. Die Sträucher sind in Nordeuropa, Asien und Amerika heimisch, werden 1–1,5 m hoch und tragen ab Ende Mai/Mitte Juni violettblaue Beeren. Ihr Geschmack erinnert an wilde Heidelbeeren. Der Strauch ist leicht anzubauen, es lohnt sich, ihn bei spezialisierten Baumschulen zu kaufen. Sie müssen mindestens zwei Sträucher pflanzen, denn sie brauchen einen Bestäubungspartner. Die Sträucher sind winterhart, stellen keine besonderen Standortansprüche, vertragen aber keine Trockenheit.

5 Gewöhnliche Mahonie
Diese Mahonie (*Mahonia aquifolium*) wird in Gärten oft als Zierstrauch gepflanzt. Sie ist nah mit der einst beliebten, heute aber aus der Mode gekommenen Echten Berberitze (Sauerdorn) verwandt. Die Gewöhnliche Mahonie trägt im Frühjahr gelbe Blüten, aus denen sich bis Juli oder August kleine blauschwarze Beeren entwickeln. Man kann sie roh essen, meist werden sie aber gesüßt und eingekocht.

6 Heidelbeere (eurasische Wildform)
In Europa und Nordasien pflückt man Heidelbeeren, die mancherorts auch Blaubeeren genannt werden, traditionell in freier Natur. Die Sträucher wachsen in sauren, oft sumpfigen Böden in Mooren oder lichten Kiefernwäldern. Die Beeren schmecken wie die nordamerikanischen Kulturheidelbeeren, sind aber kleiner mit violettem Fruchtfleisch. Leider ist der Anbau schwierig, und nur selten werden sie im Laden angeboten.

7 Schwarzer Holunder
Die Blütendolden des Schwarzen Holunders entwickeln sich zu Dolden mit schwarzen Beeren. Der Strauch oder kleine Baum kommt in freier Natur vor und wird selten kultiviert. Wenn Sie aber viel Platz haben, lohnt es sich, einen Holunderbaum zu pflanzen. Wenn Sie ihn jeden Winter schneiden, wird er nicht zu groß. Aus den süß duftenden Blütendolden können Sie Likör und andere Getränke herstellen und die Beeren für Kuchen, Marmeladen, Gelees und selbst gemachten Holunderwein verwenden.

Weintrauben

Vor nicht allzu langer Zeit musste man sich beim Anbau von Wein an strenge Regeln halten, vor allem in kühlem Klima. Trauben zur Weinherstellung baute man im Freien an, Desserttrauben, die so süß sind, dass man sie roh essen kann, in einem Gewächshaus. Die modernen Sorten kann man oft zu beiden Zwecken verwenden, und je nach Standort und Mikroklima können Sie heute beide Typen sowohl im Freien als auch unter Glas anbauen.

Der Schnitt der Reben steht im Ruf, zu den besonderen Künsten zu gehören. Die verschiedenen Techniken sind kompliziert und werden heftig diskutiert. Aber genau gesehen ist das Ganze nicht so schwierig, wie gerne behauptet wird. Sie können einen Weinstock auch einfach über ein Gerüst oder eine Pergola ranken lassen. Höchstwahrscheinlich wird er ein paar Trauben tragen, vielleicht nicht so viele, wie Sie sich erhofft haben. Wenn Sie den Stock richtig ziehen wollen – wie auf Weinbergen oder in Gewächshäusern üblich – dann sollten Sie verstehen, wie man einen Kordon oder Flachbogen erzieht. Und glauben Sie mir: Beides ist einfacher, als es zunächst vielleicht scheint.

Nicht alle Früchte der Traube reifen gleichzeitig: Es kommt darauf an, wie sehr sie der Sonne ausgesetzt sind. Warten Sie, bis es so weit ist, und schneiden Sie dann die ganze Traube mit einer Gartenschere ab.

Beliebte Weintrauben

1 'Buckland Sweetwater'
Desserttraube
Eine Gewächshaussorte, die meist früh und verlässlich trägt, wenn sie regelmäßig gewässert und gedüngt wird. Pflücken Sie die Trauben, sobald sie bernsteinfarben werden.
- **Kultur** unter Glas
- **Farbe** weiß-bernsteinfarben
- **Ernte** September–Oktober

2 'Dornfelder'
Weinherstellung und Desserttraube
Eine deutsche Hybride, die roh gegessen oder zur Weinherstellung verwendet werden kann. Eine der wenigen roten Sorten, die in kühlem Klima gedeihen.
- **Kultur** im Freien
- **Farbe** rotviolett
- **Ernte** Anfang Oktober

3 'Brandt'
Desserttraube
Eine attraktive, unkomplizierte Sorte, die nicht kompliziert geschnitten werden muss. Eine gute Wahl, um sie an einer Pergola oder einer Mauer zu erziehen. Die Trauben sind süß und schmackhaft.
- **Kultur** im Freien
- **Farbe** violett
- **Ernte** Mitte Oktober

4 'Müller-Thurgau'
Weinherstellung und Desserttraube
Aus dieser ausdauernden, beliebten Traube kann man selbst Wein herstellen. Die Sorte ist ertragreich, allerdings krankheitsanfällig. Die Trauben reifen an einem geschützten Standort meist aus.
- **Kultur** im Freien
- **Farbe** hell gelbgrün
- **Ernte** Mitte Oktober

5 'Flame'
Desserttraube
Diese rote, kernlose Sorte wird in Supermärkten oft angeboten. Sie kann unter Glas oder an einer geschützten Stelle im Freien angebaut werden und schmeckt selbst angebaut viel besser.
- **Kultur** im Freien oder unter Glas
- **Farbe** rot
- **Ernte** September–Anfang Oktober

WEINTRAUBEN 267

6 'Lakemont'
Desserttraube
Eine relativ moderne weiße, kernlose Traube, die an warmen geschützten Standorten im Freien oder in kühleren Regionen im Gewächshaus angebaut werden kann. Sie hat einen herrlichen süßen, aromatischen Geschmack.
- **Kultur** im Freien oder unter Glas
- **Farbe** goldgelb
- **Ernte** Ende September–Anfang Oktober

7 'Perlette'
Desserttraube
Eine französische Sorte, die meistens im Freien angebaut werden kann. Sie trägt viele süße, saftige kernlose Trauben.
- **Kultur** im Freien oder unter Glas
- **Farbe** gelbgrün
- **Ernte** Ende September

8 'Muscat of Alexandria'
Desserttraube
Nicht ganz einfach anzubauen, denn die Trauben gedeihen in einem beheizten Gewächshaus am besten und müssen lang am Stock bleiben, um ganz auszureifen. Ein Versuch lohnt sich jedoch, denn der Geschmack ist herausragend.
- **Kultur** unter Glas
- **Farbe** goldgelb
- **Ernte** November–Dezember

9 'Black Hamburgh'
Desserttraube
Die Sorte, auch als 'Schiava Grossa' und 'Trollinger' bekannt, ist eine seit Langem bewährte und beliebte Gewächshaustraube. Sie ist süß, saftig und schmackhaft. Die Stöcke tragen verlässlich und sind leicht zu kultivieren. Die Sorte ist anfällig für Echten Mehltau.
- **Kultur** unter Glas
- **Farbe** schwarzviolett
- **Ernte** September–Oktober

'Boskoop Glory' (nicht abgebildet)
Desserttraube
Diese Sorte trägt verlässlich und gut, am besten an einer sonnigen Mauer. Eine der wenigen süßen schwarzen Trauben, die man in kühlem Klima auch im Freien anbauen kann. Robuste Sorte mit frosthartem Holz, die früh reift.
- **Kultur** im Freien
- **Farbe** blauschwarz
- **Ernte** Mitte–Ende September

'Regent' (nicht abgebildet)
Weinherstellung und Desserttraube
Diese Sorte zur Rotweinherstellung wurde in Deutschland für kühl-gemäßigtes Klima gezüchtet. Sie ist ertragreich und widerstandsfähig gegen Pilzkrankheiten. Vollreif sind die Trauben so süß, dass man sie roh essen kann.
- **Kultur** im Freien
- **Farbe** blauschwarz
- **Ernte** Anfang Oktober

'Phoenix' (nicht abgebildet)
Weinherstellung und Desserttraube
Eine gute Wahl für biologischen Anbau, denn die Sorte ist recht resistent gegen Mehltau, Spritzen ist oft nicht nötig. Die Trauben haben einen leichten Muskatgeschmack und können roh gegessen oder zu Wein verarbeitet werden.
- **Kultur** im Freien
- **Farbe** hellgrün
- **Ernte** Mitte–Ende September

'Siegerrebe' (nicht abgebildet)
Weinherstellung und Desserttraube
Süße, goldgelbe Trauben, die früh reifen. Roh haben sie einen leichten Muskatgeschmack und sie können auch zur Weinherstellung verwendet werden. Die Stöcke sind meistens ertragreich, gedeihen in kalkhaltigen, alkalischen Böden allerdings oft nicht gut.
- **Kultur** im Freien
- **Farbe** golden-bernsteinfarben
- **Ernte** Ende August–Anfang September

Wein im Freien anbauen

Damit sie reichlich tragen, brauchen Weinstöcke folgendes: eine Kälteperiode im Winter (aber nicht so kalt, dass sie erfrieren), Wärme im Frühjahr während des Fruchtansatzes sowie Sonne und Wärme im Sommer, um auszureifen. Es überrascht deshalb nicht, dass ein erfolgreicher Anbau im Freien in kühlen Regionen immer ein wenig Glückssache ist. Aber es ist nicht unmöglich und wegen der Klimaerwärmung könnte es sogar einfacher werden. Wählen Sie den Standort und die Sorten sorgfältig aus – und hoffen Sie auf gutes Wetter.

Die hochwertigsten Pflanzen bekommen Sie bei spezialisierten Anbietern, die Sie auch beraten können, welche Sorten für Ihren Garten am besten geeignet sind.

Das Jahr auf einen Blick – im Freien

	Frühjahr			Sommer			Herbst			Winter		
	M	A	M	J	J	A	S	O	N	D	J	F
wurzelnackt	▬								▬	▬	▬	▬
Containerware	▬	▬	▬	▬	▬	▬	▬	▬	▬	▬	▬	▬
Sommerschnitt	▬	▬	▬	▬	▬	▬						
Winterschnitt	▬								▬	▬	▬	▬
Ernte							▬	▬				

Blüte und Bestäubung
Die meisten Sorten sind selbstfertil. Die Blüten werden vom Wind bestäubt, nicht von Insekten.

Die Auswahl einer Sorte
Junge Pflanzen sind in einigen spezialisierten Baumschulen wurzelnackt erhältlich, häufiger wird jedoch Containerware angeboten, die das ganze Jahr über erhältlich ist. Entweder wurden die Pflanzen aus Steckhölzern gezogen oder auf krankheitsresistente Unterlagen aufgepfropft.

Wann wird gepflanzt?
■ WURZELNACKTE PFLANZEN November bis März in der Ruhezeit, wenn der Boden nicht staunass oder gefroren ist. November und Dezember sind am güns-

tigsten, denn dann können Sie gleich schneiden (siehe rechts). Auch der März ist eine gute Pflanzzeit, da die kälteste Zeit des Jahres vorüber ist.

■ CONTAINERWARE Theoretisch können Sie zu jeder Zeit des Jahres pflanzen, am besten aber Ende April oder im Mai, wenn keine starken Fröste mehr drohen, und nicht in den heißen, trockenen Sommermonaten.

Wo wird gepflanzt?

Die Trauben brauchen volle Sonne. Wenn Sie sie an einem Gerüst aus Pfosten und Drähten erziehen, wählen Sie einen windgeschützten Süd-, Südwest- oder Südosthang und pflanzen Sie die Reihen in Nord-Süd-Richtung. Alternativ können Sie sie an einer sonnigen, geschützten Mauer oder einem Zaun erziehen. Pflanzen Sie nicht in Frostsenken.

Boden

Die Wurzeln von Weinreben sind sehr lang, reichen tief in die Erde und breiten sich weit aus. Aus diesem Grund gedeihen die Stöcke in den meisten Böden, auch in sehr trockenen und steinigen. Am besten sind Böden mit einem pH-Wert von 6,0–7,5. Nur in flachgründigen und in schweren Böden mit schlechter Dränage, die zu Staunässe neigen, haben die Pflanzen zu kämpfen. In sehr nährstoffreichen Böden neigen die Stöcke dazu, zu viel Laub und zu wenige Trauben zu bilden.

(oben) **Weintrauben im Freien** brauchen zwei gute Sommer hintereinander: Im ersten wachsen neue Triebe heran und Knospen bilden sich, im zweiten entwickeln sich die Früchte und reifen.

(unten) **Schneiden Sie neue Reben,** die Sie im Winter gepflanzt haben, gleich auf eine kräftige, gesunde Knospe etwa 30 cm über dem Erdboden. Pflanzen Sie zu einer anderen Zeit, dann schneiden Sie erst im Herbst, sonst fließt zu viel Saft.

270 WEINTRAUBEN

Schneiden Sie einen Teil des Laubs im Sommer von Zeit zu Zeit zurück, damit die Luft gut zirkulieren kann und die Sonne zu den reifenden Trauben gelangt.

Wie wird gepflanzt?
Bereiten Sie den Standort einen Monat vorher vor: Jäten Sie Unkraut und arbeiten Sie viel gut verrotteten Kompost oder Mist in den Boden ein. Bauen Sie für einen Kordon (siehe S. 276) oder Flachbogen (siehe S. 278) ein Gerüst aus Pfosten und Drähten. Wenn Sie die Reben an einer Mauer oder einem Zaun ziehen, bringen Sie die notwendigen Drähte an.

Graben Sie ein Loch und pflanzen Sie die Rebe so, dass die Erdspuren am Stamm aus der Baumschule auf gleicher Höhe mit der Erdoberfläche sind. Stecken Sie ein Rohr oder einen dünnen Pfahl in das Loch und binden Sie die Rebe an. Ist sie in der Ruhezeit, dann schneiden Sie sie gleich (siehe S. 269).

Pflanzabstände im Freien
- KORDONS 1–1,2 m.
- FLACHBOGEN, 1 Bogrebe: 1 m.
- FLACHBOGEN, 2 Bogreben: 1,5–2 m.

Regelmäßige Pflege
- **WÄSSERN** Wässern Sie sowohl neu gepflanzte als auch an Mauern gezogene Reben im Frühjahr und Sommer regelmäßig.
- **DÜNGEN** Düngen Sie etwa im März vor der Wachstumsperiode mit Universaldünger. Düngen Sie Desserttrauben zwischen Mai und August im Abstand einiger Wochen mit einem verdünnten kalibetonten Flüssigdünger. Zeigen sie Anzeichen von Magnesiummangel (siehe S. 321), dann spritzen Sie mit einer Lösung aus Magnesiumsulfat.
- **MULCHEN** Entfernen Sie im März nach dem Düngen Unkraut und mulchen Sie um die Basis an Mauern gezogener Reben.
- **NETZE** Vögel können im Sommer, wenn die Trauben reifen, Probleme bereiten. Dann sind Netze nötig.
- **AUSDÜNNEN** Desserttrauben tragen besser, wenn sie ausgedünnt werden (siehe S. 272), bei Trauben zur Weinherstellung ist das nicht nötig. Entfernen Sie im Sommer einige Blätter, dann reifen die Früchte besser.

Ernte und Lagerung
Damit sie ihren Geschmack voll ausbilden und süß werden, sollten Sie die Weintrauben an der Rebe lassen, bis sie ganz reif sind. Diesen Punkt erreichen sie mitunter erst einige Wochen, nachdem sie ihre Farbe voll ausgebildet haben. Probieren Sie sie, um es herauszufinden. Sind sie reif, dann schneiden Sie die ganze Traube mit einer scharfen Schere ab (siehe S. 273). Wenn sie beim Pflücken trocken sind, halten sich Trauben an einem kühlen Ort ein paar Tage lang, frisch schmecken sie aber viel besser.

Ertrag
Der Ertrag lässt sich nur schwierig schätzen. Er variiert abhängig von verschiedenen Faktoren, wie Anbauweise, Erziehung und Schnitt. Ein etablierter Kordon kann an einem Seitentrieb zwei oder drei Trauben zur Weinherstellung, aber vielleicht nur eine Traube mit Dessertfrüchten tragen. Ein Flachbogen kann den doppelten Ertrag bringen. Das hängt davon ab, wie viele Blütenstände Sie am Stock lassen.

Wein unter Glas anbauen

In kühl-gemäßigtem Klima können Sie eine viel größere Auswahl an Sorten kultivieren, wenn Sie sie unter Glas anbauen. Hier gedeihen auch solche, die höhere Temperaturen und eine längere Wachstumsperiode brauchen, als Sie im Freien bieten können. Am einfachsten ziehen Sie die Stöcke im Container und stellen sie je nach Wetter und Jahreszeit unter Glas oder ins Freie. Die zweite Möglichkeit ist ein unbeheiztes Gewächshaus, ein Folientunnel oder sogar eine Veranda. Die dritte bietet ein beheiztes Gewächshaus, wo Sie das Mikroklima völlig kontrollieren.

Das Jahr auf einen Blick – unter Glas

	Frühjahr			Sommer			Herbst			Winter		
	M	A	M	J	J	A	S	O	N	D	J	F
wurzelnackt									▬	▬		
Containerware												
Sommerschnitt			▬	▬	▬	▬						
Winterschnitt									▬	▬		
Ernte												

Weinreben im Gewächshaus oder Wintergarten brauchen ein Gerüst aus kräftigen, waagrecht gespannten Drähten, die jene Seitentriebe stützen, die Früchte tragen. Auch eine gute Durchlüftung ist wichtig.

Blüte und Bestäubung

Weintrauben sind zwar gewöhnlich selbstfertil, im Freien kultivierte Reben werden aber vom Wind bestäubt, sodass Sie unter Glas ein wenig nachhelfen müssen. Schütteln Sie die Blüten sanft, wenn sie sich öffnen oder streichen Sie mit den Händen über die Blütenstände. Diese Methode ist mittags erfolgreicher, wenn es warm und trocken ist.

Kultur unter Glas

Unter Glas werden die Reben meist als Kordons gezogen (siehe S. 276). Es hängt von Ihrem Gewächshaus oder Wintergarten ab, welche Methode sich am besten eignet. Zieht man sie an einer nach Süden weisenden Wand oder einem Gerüst, dann kann man sie entweder an der Mauer oder an Drähten befestigen. In einem hohen Gewächshaus kann man die Reben unter den First erziehen, sodass darunter noch andere Pflanzen Platz haben. In jedem Fall dürfen sie nicht zu dicht wachsen, denn eine gute Luftzirkulation ist unbedingt notwendig.

Wann wird gepflanzt?

■ WURZELNACKTE REBEN Im November bis März in der Ruhezeit. Die beste Zeit ist im November oder Dezember, wenn die Rebe ruht. Sie können sie schneiden, sobald sie in der Erde ist, ohne dass Saft fließt.

■ CONTAINERWARE Theoretisch können Sie zu jeder Jahreszeit pflanzen, der November und Dezember sind jedoch die günstigsten Monate.

(von oben nach unten) **Wenn Sie die Fruchtstände** von Desserttrauben ausdünnen, können die verbliebenen Früchte zu voller Größe heranwachsen. Entfernen Sie mit einer scharfen Schere zunächst kranke, dann die kleinsten und einige mittelgroße Früchte der Traube. Sie sollten etwa ein Drittel der Früchte entfernen.

Wo wird gepflanzt?

Sie haben zwei Möglichkeiten: Sie können den Stock in ein vorbereitetes Beet im Gewächshaus pflanzen. Alternativ pflanzen Sie ihn im Freien und führen ihn durch ein Loch in der Mauer, sodass er unter der Abdeckung wächst. Was sind die Vor- und Nachteile? Wenn Sie unter Glas pflanzen, können Sie die Bedingungen besser kontrollieren. Bei einem beheizten Gewächshaus ist das oft die bessere Methode, macht aber mehr Arbeit. Der Boden muss in gutem Zustand sein, die Beete müssen eine gute Dränage haben und die Reben regelmäßig gewässert werden. Im Freien zu pflanzen ist einfacher, aber es dauert länger, bis der Boden sich im Frühjahr aufwärmt. Empfindliche Sorten tragen deshalb später.

Boden

Verwenden Sie für ein Beet unter Glas Komposterde auf Lehmbasis. Sonstige Anforderungen an den Boden wie im Freien, siehe S. 269.

Wie wird gepflanzt?

Bringen Sie vor dem Pflanzen ein Gerüst aus kräftigen waagrechten Drähten mit 25–30 cm Abstand an. Sie sollten mindestens 30 cm von der Mauer oder dem Glas entfernt sein, damit die Blätter in der Sonne nicht verbrennen und die Luft zirkulieren kann.

Pflanzen Sie die Reben so, dass die Erdspuren am Stamm aus der Baumschule auf gleicher Höhe mit der Bodenoberfläche sind. Binden Sie sie zumindest anfangs an ein Rohr. Schneiden Sie sie im November oder Dezember gleich (siehe S. 269). Warten Sie sonst bis zum Herbst.

Pflanzabstände unter Glas

Es ist unwahrscheinlich, dass in einem durchschnittlich großen Gewächshaus mehr als eine Rebe Platz hat, aber sie kann natürlich als Einzel- oder Mehrfachkordon erzogen werden. Haben Sie mehr Platz, dann pflanzen Sie die Kordons mit 1–1,2 m Abstand.

Regelmäßige Pflege

■ HEIZUNG UND BELÜFTUNG Öffnen Sie die Lüftungsklappen zwischen November und Januar, denn die Reben brauchen in der Ruhezeit eine Kälteperiode. Erhöhen Sie in einem beheizten Gewächshaus von Februar bis März allmählich die Temperatur, um die Stöcke zum Wachstum anzuregen. Ein unbeheiztes Gewächshaus erwärmt sich etwa ab April. Öffnen und schließen Sie die Lüftungsklappen je nach den Erfordernissen, sodass die Luft zirkulieren kann und die Temperatur im Frühjahr nachts nicht unter 5 °C sinkt und tagsüber nicht über 20 °C steigt.

■ WÄSSERN Wässern Sie während der Wachstumssaison regelmäßig, wenn Sie die Reben im Freien gepflanzt haben. Wässern Sie weniger, wenn die Früchte reifen. Manchmal platzen die Schalen auf, wenn plötzlich stark gegossen wird.

■ DÜNGEN Für im Freien gepflanzte Reben siehe S. 270. Reben unter Glas müssen mitunter häufiger mit Flüssigdünger versorgt werden –

von der Blüte bis zur Färbung der Früchte etwa einmal pro Woche. Im Herbst oder Winter sollten Sie frischen Kompost ausbringen.

■ MULCHEN Verteilen Sie im März nach dem ersten gründlichen Wässern im neuen Jahr verrotteten Kompost oder Stallmist um die Stämme.

■ AUSDÜNNEN Trauben im Gewächshaus werden größer und gesünder, wenn man sie ausdünnt (siehe gegenüber). Es ist ein wenig mühsam, und Sie müssen es manchmal wiederholen, aber es lohnt sich bei Desserttrauben. Bei Trauben zur Weinherstellung ist es nicht nötig.

■ RINDE ABSCHABEN Schaben Sie im Winter mit einem stumpfen Messer lose Rinde ab. Hier verbergen sich Schmierläuse (siehe S. 340) und Rote Spinnmilben (siehe S. 339). Spritzen Sie notfalls mit einem Insektizid.

Ernte und Lagerung

Wie bei der Kultur im Freien ist es wichtig, dass Sie die Trauben erst ernten, wenn sie völlig reif sind. Bei späten Dessertsorten kann dies einige Wochen dauern, sodass man die Weintrauben in einem beheizten Gewächshaus bis in den Dezember ernten kann.

Ertrag

Der Ertrag variiert je nach Sorte, Erziehungsmethode und Wachstumsbedingungen. Als grober Anhaltspunkt sind bei einem Kordon etwa zehn Trauben pro 4 m² zu erwarten. Eine Traube wiegt bis zu 500 g.

Schneiden Sie bei Dessertsorten die ganze Traube mit einem 8–10 cm langen Stück Zweig als Griff ab. Wenn Sie die Trauben nicht mit den Fingern berühren, bleibt die Bereifung erhalten.

WEINSTÖCKE IN KÜBELN

Wein im Kübel können Sie unter Glas oder im Freien kultivieren. Am besten ist es natürlich, wenn Sie die Stöcke im Winter in den Garten oder auf die Terrasse stellen, damit sie einer Kälteperiode ausgesetzt sind, und sie zu anderen Zeiten im Jahr unter Glas bringen, wenn sie Wärme brauchen.

Hochstämme sind die am häufigsten in Töpfen gezogenen Formen. Einjährige Reben können Sie in Töpfe mit nur 19 cm Durchmesser pflanzen. Pflanzen Sie sie im Herbst des folgenden Jahres in Kübel mit 30–38 cm Durchmesser um. Mischen Sie Komposterde auf Lehmbasis mit etwas Sand oder Kies, um die Dränage zu verbessern. Düngen Sie im Frühjahr und Sommer mit einem Flüssigdünger und wässern Sie gut. Füllen Sie im Winter frisches Substrat auf und pflanzen Sie wenn nötig in einen größeren Container um.

Ein ausgewachsener Hochstamm sollte einen sauberen, etwa 1–1,2 m hohen Stamm und eine Krone aus Fruchtruten haben. Schneiden Sie ihn wie einen Kordon, sodass sich nur eine Traube pro Fruchtspieß entwickelt (siehe S. 277).

(von links nach rechts) **Die Knospen** brechen auf, wenn im Frühjahr die Temperaturen steigen. **Die Blütenknospen** stehen in dichten Gruppen am Blütenstand. **Die Früchte** werden allmählich größer.

Monat für Monat

Januar
- Binden Sie etablierte Kordons an und lassen Sie den zentralen Leittrieb herabhängen, um Neuaustrieb zu stimulieren.

Februar
- Schließen Sie nach der Kälteperiode im Winter die Lüftungsklappen im Gewächshaus und erhöhen Sie im beheizten Gewächshaus allmählich die Temperatur.

März
- Düngen Sie Reben im Freien und unter Glas mit einem Universaldünger.
- Letzte Chance, wurzelnackte Reben zu pflanzen, denn nun endet die Ruhezeit.
- Binden Sie Kordons wieder an, deren Leittrieb herabhängen konnte.
- Jäten und mulchen Sie unter Glas und im Freien.

April
- In unbeheizten Gewächshäusern steigen die Temperaturen jetzt.
- Pflanzen Sie junge im Container gezogene Reben jetzt oder im nächsten Monat.
- Schneiden Sie etablierte Kordons jetzt und im Mai. Dünnen Sie auf zwei Triebe je Fruchtspieß aus.

Mai
- Die Blüten öffnen sich meistens in diesem Monat.
- Jäten und wässern Sie von nun an regelmäßig.
- Düngen Sie bis August regelmäßig mit Flüssigdünger, während sich die Trauben entwickeln.

Juni
- Dünnen Sie Desserttrauben aus.

- Schneiden Sie bei etablierten Kordons Seitentriebe zurück und kneifen Sie unerwünschte Triebe aus.
- Binden Sie bei Flachbögen neue senkrechte Triebe auf und entfernen Sie unerwünschte Triebe.

August
- Schützen Sie Wein im Freien mit Netzen vor Vögeln.
- Schneiden Sie üppiges Laub zurück, damit Sonne und Luft zu den reifenden Trauben gelangen.

September
- Ernten Sie frühe Sorten.

Oktober
- Ernten Sie mittelspäte und späte Trauben.

November
- Späte Sorten unter Glas reifen oft noch in diesem und sogar im nächsten Monat aus.
- Öffnen Sie nach der Ernte die Lüftungsklappen am Gewächshaus: Die Reben brauchen eine Kälteperiode.
- Dies ist der beste Monat, um neue Reben zu kaufen und zu pflanzen: Der Boden ist noch warm und Sie können schneiden, ohne dass viel Saft fließt.
- Schneiden Sie etablierte Kordons in diesem und im nächsten Monat.
- Entfernen Sie bei Flachbögen alle Fruchtruten, die in diesem Jahr getragen haben. Schneiden und binden Sie die drei Haupttriebe für das nächste Jahr an.

Dezember
- Füllen Sie im Gewächshaus frischen Kompost auf.
- Kratzen Sie lockere, alte Rinde ab.

Wein schneiden und erziehen

Der Schnitt ist entscheidend, denn sonst wachsen die Reben unkontrolliert, die Pflanze trägt nur noch Laub und wenige Trauben. Am häufigsten werden die Reben zu Kordons oder Flachbögen erzogen. In beiden Fällen wachsen sie geordnet und der Austrieb von Fruchtruten, die im nächsten Jahr tragen, wird stimuliert. Der Hauptschnitt erfolgt im Winter in der Ruhezeit, sonst verlieren die Pflanzen so viel Saft, dass sie geschwächt werden können. Im Sommer müssen sie nur ausgekniffen werden.

Gerüste aus Pfosten und Drähten

Im Freien brauchen Sie für Kordons und Flachbögen ein stabiles Gerüst aus Pfosten und Drähten. Verwenden Sie 8 x 8 cm dicke, 2,5 m lange imprägnierte Holzpfosten. Treiben Sie sie in 4–5 m Abstand 60 cm tief in den Boden und stabilisieren Sie die Pfosten an beiden Enden der Reihe mit schrägen Streben. Spannen Sie dazwischen dicke verzinkte Drähte: einfache Drähte 40 und 60 cm über dem Erdboden und doppelte Drähte in 90, 120 und 150 cm Höhe.

Befestigen Sie im Gewächshaus oder Wintergarten einzelne waagrechte Drähte an der Mauer oder am Rahmen des Gebäudes. Sie sollten 20–30 cm Abstand voneinander haben und mindestens 30 cm von der Mauer oder dem Glas entfernt sein.

An diesem als Kordon erzogenen Weinstock unter Glas erscheinen im Frühjahr gesunde neue Triebe. Die Blütenstände, die oben sichtbar sind, werden sich während des kommenden Sommers zu Trauben entwickeln.

WEINTRAUBEN

Einen einfachen Kordon schneiden

Die hier gezeigte Methode wird am häufigsten bei Weinstöcken im Gewächshaus angewandt, ist aber auch im Freien verbreitet. Der Kordon besteht aus einem einzigen aufrechten Trieb, von dem die waagrechten Seitentriebe, die Früchte tragen, links und rechts wie Arme abzweigen. Die Seitenäste werden jedes Jahr zurückgeschnitten und wachsen nach.

1. Winterschnitt
NOVEMBER–DEZEMBER

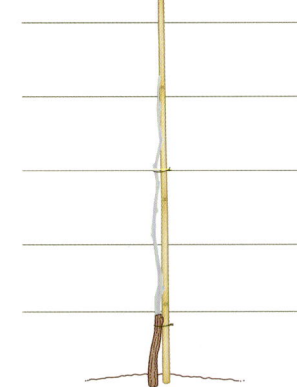

- Wenn Sie im November oder Dezember gepflanzt haben, schneiden Sie den Leittrieb auf eine kräftige, gesunde Knospe in etwa 30 cm Höhe über dem Erdboden zurück.
- Haben Sie später gepflanzt, lassen Sie die Rebe wachsen, sonst verliert sie zu viel Saft.

1. Sommerschnitt
MAI–AUGUST

- Schneiden Sie nur wenig. Lassen Sie den zentralen Leittrieb wachsen. Er kann 3 m hoch oder höher werden. Binden Sie ihn an ein Bambusrohr.
- Schneiden Sie alle Seitentriebe, die aus dem Leittrieb austreiben, auf 5–6 Blätter zurück.
- Kneifen Sie alle neuen Seitentriebe auf nur 1 Blatt aus.

2. Winterschnitt
NOVEMBER–DEZEMBER

- Schneiden Sie zu Beginn der Ruhezeit, sobald die Blätter abgefallen sind.
- Schneiden Sie den zentralen Leittrieb um etwa zwei Drittel des Neuaustriebs vom letzten Jahr zurück. Entfernen Sie dabei alles noch grüne Holz.
- Schneiden Sie die Seitenäste auf 1–2 gesunde Knospen zurück.

2. Sommerschnitt
MAI–AUGUST

- Es ist am besten, wenn der Stock in diesem Jahr noch nicht trägt. Kneifen Sie alle Blütenstände aus.
- Binden Sie den zentralen Leittrieb an, wenn er wächst.
- Schneiden Sie alle Seitentriebe auf 5–6 Blätter zurück. Kürzen Sie Seitentriebe 2. Ordnung auf 1 Blatt.

3. Winterschnitt
NOVEMBER–DEZEMBER

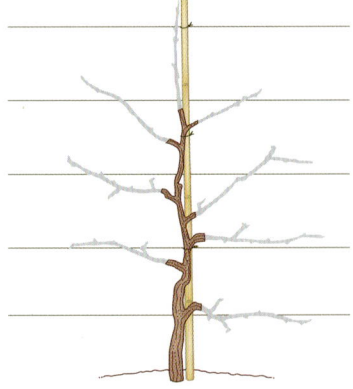

- Schneiden Sie wie im letzten Jahr vom zentralen Leittrieb die Hälfte bis zwei Drittel des Neuaustriebs vom letzten Jahr zurück. Entfernen Sie Holz, das noch grün ist, sodass nur braunes, reifes Holz bleibt.
- Schneiden Sie Seitentriebe auf 1–2 gesund aussehende Knospen zurück.

WEIN SCHNEIDEN UND ERZIEHEN

Frühjahrsschnitt eines etablierten Kordons
APRIL–MAI

Sommerschnitt eines etablierten Kordons
JUNI–AUGUST

Winterschnitt eines etablierten Kordons
NOVEMBER–DEZEMBER und JANUAR–MÄRZ

- Im Frühjahr erscheinen neue Triebe an den Fruchtspießen des zentralen Leittriebs.
- Lassen Sie an jedem Fruchtspieß nur 2 Triebe stehen. Der 1. (der kräftigste) wird den Seitenast bilden, der die Trauben dieses Jahres trägt. Der 2. ist der Ersatz, falls der 1. beschädigt wird oder abstirbt.
- Wenn der 1. neue Trieb kräftig austreibt, dann schneiden Sie den 2. auf nur 2 Blätter zurück.

- Binden Sie den zentralen Leittrieb an, wenn er wächst.
- Schneiden Sie alle Seitentriebe ohne Blütenstände auf 5–6 Blätter zurück.
- Kappen Sie Seitentriebe mit Blütenständen auf 2 Blätter über dem äußersten Blütenstand. Binden Sie sie an die waagrechten Drähte.
- Entfernen Sie zu dichte Blütenstände: bei Desserttrauben nur 1 pro Seitenast, bei Trauben für Wein 1 alle 30 cm stehen lassen. Schneiden Sie Seitentriebe der Seitenäste auf nur 1 Blatt zurück.

- Schneiden Sie Seitentriebe, die im letzten Sommer getragen haben, auf 1–2 gesunde Knospen zurück.
- Dünnen Sie alte, zu dichte Fruchtspieße mit einer Gartensäge aus.
- Schneiden Sie den zentralen Leittrieb auf 1 Knospe zurück, die der am Schnittpunkt vom Vorjahr gegenüberliegt. Sie sollte direkt unter dem obersten Draht sein.
- Lösen Sie im Januar oder Februar vor der Wachstumsperiode die obere Hälfte des zentralen Leittriebs und biegen Sie sie vorsichtig in die Waagrechte. Binden Sie sie locker auf einer Seite an. So bilden sich an allen Fruchtspießen neue Triebe, nicht nur an den oberen.
- Binden Sie im Frühjahr, wenn neue Triebe erscheinen, den zentralen Leittrieb wieder in seiner alten Position fest.

Schneiden Sie im Frühjahr die Seitentriebe bis auf 2 je Fruchtspieß zurück. Erziehen Sie die Triebe waagrecht, damit Sie feststellen können, welcher stärker ist. Entfernen Sie dann den schwächeren Trieb und alle neuen Triebe.

278 WEINTRAUBEN

Schnitt eines Flachbogens mit zwei Bogreben

Die hier gezeigte Methode wird oft bei im Freien kultivierten Weinreben angewandt, die mit Pfählen und Drähten gestützt werden. Dieses System sieht man auch bei den meisten Weinbergen. Anders als beim Kordon gibt es keinen aufrechten Leittrieb. Stattdessen werden jedes Jahr nur drei Triebe an einem kurzen Stamm gezogen. Zwei werden rechts und links waagrecht als Arme erzogen. Von ihnen wachsen Triebe senkrecht nach oben, die in diesem Sommer tragen. Der dritte Trieb in der Mitte wird stark zurückgeschnitten. Er soll keine Früchte tragen, sondern die drei Haupttriebe für das folgende Jahr hervorbringen.

1. Winterschnitt
NOVEMBER–DEZEMBER

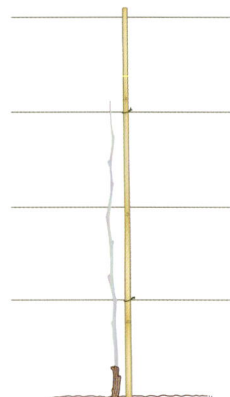

- Wenn Sie im November und Dezember gepflanzt haben, dann schneiden Sie den Leittrieb auf 1 kräftige, gesunde Knospe 15 cm über dem Erdboden zurück.
- Wenn Sie später gepflanzt haben, lassen Sie ihn wachsen, sonst tritt zu viel Saft aus.

1. Sommerschnitt
MAI–AUGUST

- Schneiden Sie nur minimal. Lassen Sie den zentralen Leittrieb wachsen und binden Sie ihn an ein Bambusrohr.
- Schneiden Sie alle kräftigen Triebe völlig zurück, die senkrecht nach oben wachsen und mit dem Leittrieb konkurrieren.
- Schneiden Sie alle anderen Seitentriebe auf 5–6 Blätter zurück.

2. Winterschnitt
NOVEMBER–DEZEMBER

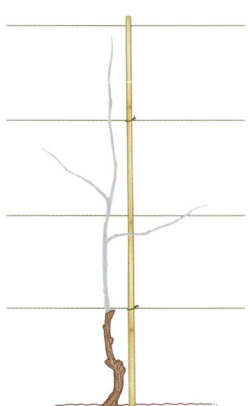

- Schneiden Sie, sobald die Blätter abgefallen sind und die Ruhezeit beginnt.
- Schneiden Sie den zentralen Leittrieb auf etwa 40 cm über dem Erdboden zurück, kurz unter dem untersten Draht. Mindestens 3 kräftige, gesunde Knospen müssen verbleiben.

Winterschnitt eines etablierten Flachbogens
NOVEMBER–DEZEMBER

- Lösen Sie die beiden waagrechten Arme mit allen senkrechten Trieben vom Gerüst und entfernen Sie sie völlig. Sie haben im Sommer getragen und werden nicht mehr benötigt.
- Schneiden Sie den mittleren der verbliebenen 3 Triebe auf 3–4 Knospen zurück (sie sollen im nächsten Jahr austreiben).
- Schneiden Sie die anderen beiden Triebe auf etwa 60 cm Länge zurück, sodass jeder etwa 8–12 Knospen trägt.
- Biegen Sie sie vorsichtig beiderseits des Hauptstamms nach unten und binden Sie sie fest, sodass im nächsten Sommer senkrechte Triebe austreiben.

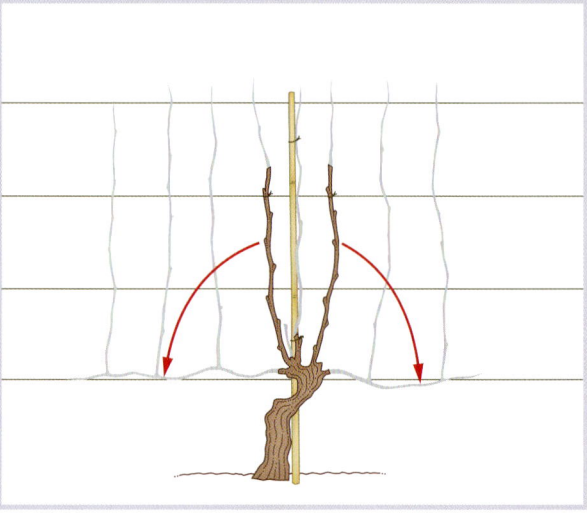

WEIN SCHNEIDEN UND ERZIEHEN 279

2. Sommerschnitt
MAI–AUGUST

- 3 kräftige Triebe sollten aus den Knospen austreiben, die Sie im letzten Winter stehengelassen haben.
- Wenn sie wachsen, dann binden Sie sie zusammen und locker an ein Rohr oder einen Pfahl.
- Kneifen Sie wiederholt alle anderen neuen Triebe aus, die an der Basis austreiben.

3. Winterschnitt
NOVEMBER–DEZEMBER

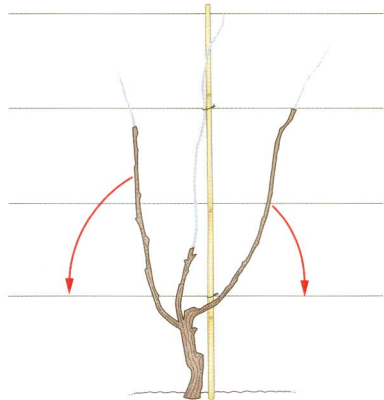

- Schneiden Sie den mittleren Trieb auf 3–4 kräftige, gesunde Knospen zurück. Aus ihnen sollen im nächsten Jahr die 3 Haupttriebe austreiben.
- Schneiden Sie die anderen beiden Triebe auf etwa 60 cm Länge zurück. An jedem sollten 8–12 gesunde Knospen sein.
- Binden Sie diese Triebe beiderseits des Hauptstamms im Bogen nach unten und binden Sie sie an den untersten waagrechten Draht. Im Sommer werden neue Triebe senkrecht nach oben wachsen.

3. Sommerschnitt
MAI–AUGUST

- Wenn Triebe von den beiden Armen nach oben wachsen, schieben Sie sie durch die Doppeldrähte oder binden Sie sie an. Kappen Sie die Spitzen, wenn sie den obersten Draht erreichen, und kneifen Sie alle neuen Seitentriebe aus.
- Wie im letzten Jahr sollten 3 kräftige neue Triebe aus den Knospen austreiben, die Sie im letzten Winter am mittleren Trieb gelassen haben. Sind es mehr als 3, entfernen Sie sie.
- Wenn die 3 mittleren Triebe wachsen, dann binden Sie sie an. Entfernen Sie alle Blütenstände und kürzen Sie Seitentriebe auf nur 1 Blatt.

Sommerschnitt eines etablierten Flachbogens
MAI–AUGUST

- Schieben Sie die senkrechten Triebe durch die Drähte oder binden Sie sie fest. Kappen Sie die Spitzen, wenn sie den obersten Draht erreichen, und kneifen Sie alle neuen Seitentriebe aus.
- Lassen Sie nur 1 Traube alle 30 cm stehen.
- Lassen Sie 3 neue Triebe des mittleren Triebs vom letzten Winter stehen und entfernen Sie die übrigen. Binden Sie sie an, wenn sie wachsen und entfernen Sie alle Blütenstände. Kürzen Sie alle jungen Seitentriebe auf nur 1 Blatt.

Mögliche Probleme

Blätter, Triebe und Ruten

1 Blätter gefleckt und bronzefarben
Bei Befall mit Roten Spinnmilben im Gewächshaus können die Oberseiten der Blätter hellgelb-bronzefarben gefleckt sein, austrocknen und absterben. Auch feine Seidengespinste sind manchmal zu erkennen.
■ Siehe **Rote Spinnmilben** (S. 339).

2 Bläschen und filzige Flecken auf den Blättern
Winzige Milben verursachen Bläschen auf der Blattoberseite und behaarte, filzige Flecken, die sich von Weiß nach Braun verfärben, meist an der Blattunterseite, manchmal auch oben.
■ Siehe **Rebenpockenmilbe** (S. 339).

3 Gelbe Blätter mit grünen Adern
Wenn sich die Blätter allmählich gelb verfärben, ist das ein Zeichen für Mineralienmangel im Boden, bei dem die Pflanze kein grünes Chlorophyll mehr bilden kann. Sind die Blattränder betroffen (wie hier), handelt es sich wahrscheinlich um Magnesiummangel. Wenn das Blatt gelb ist und die Adern auffällig grün hervortreten, kann es sich um Eisen- oder Manganmangel handeln.
■ Siehe **Mangelerscheinungen** (S. 320–321).

4 Kleine weiße, wachsbedeckte Insekten auf Trieben
Woll- oder Schmierläuse saugen Saft an den Zweigen. Man erkennt sie an der pelzigen weißen Wachsschicht. Bei unter Glas gezogenem Wein bereiten sie größere Probleme.
■ Siehe **Schmierläuse** (S. 340).

5 Blätter verkrüppelt und eingerollt
An den Rändern eingerollte, verkrüppelte Blätter können ein Symptom für eine versehentliche Kontamination mit einem Unkrautbekämpfungsmittel auf Hormonbasis sein, auf die Weinstöcke besonders sensibel reagieren. Die Pflanzen sind nur selten ernsthaft geschädigt. Im nächsten Jahr erholen sie sich meist und die Trauben kann man bedenkenlos essen.

6 Blätter und Wurzeln angefressen
Erwachsene Dickmaulrüssler fressen an den Blättern und hinterlassen an den Rändern charakteristische Kerben. Meistens sind sie nachtaktiv. Ihre dicken weißen Larven (hier auf dem Foto abgebildet) leben im Boden und fressen die Wurzeln. Sie können junge Pflanzen ernsthaft schädigen, vor allem solche in Kübeln.
■ Siehe **Dickmaulrüssler** (S. 336).

7 Kleine braune, muschelähnliche Insekten auf Trieben
Schildläuse findet man an Trieben, vor allem unter Glas. Sie sind elliptisch mit einem gewölbten Panzer.
■ Siehe **Schildläuse** (S. 340).

MÖGLICHE PROBLEME 281

Weißer, mehliger Belag auf den Blättern
Grauweißer mehliger Belag erscheint auf den Blättern und kann sich zu dunklen Flecken entwickeln. Auch die Früchte können betroffen sein. Sie platzen manchmal auf und verfaulen. Ursache ist ein Pilz, der Befall ist unter heißen, feuchten Bedingungen meist schlimmer.
■ Siehe Echter Mehltau (S. 325).

Gelbe Flecken auf den Blättern und Mehltau unterseits
Hellgrüne oder gelbe Flecken erscheinen auf der Oberseite der Blätter und entsprechende Flecken mit grauweißem Mehltau unterseits. Die Blätter können austrocknen und absterben, befallene Trauben verschrumpeln.
■ Siehe Falscher Mehltau (S. 326).

Gallen an Blättern und Wurzeln
Rosa oder gelbe runde Gallen bilden sich an Blättern und Wurzeln. In ihnen findet man winzige Insekten, die wie Blattläuse Saft saugen. Die meisten der heute angebauten Weinsorten sind resistent.
■ Siehe Reblaus (S. 339).

Blätter klebrig von Honigtau
Bei einem Befall mit der Gewächshaus-Weißen Fliege können die Blätter klebrig von Honigtau sein. Oft bildet sich zudem ein fleckiger rußgrauer Belag aus.
■ Siehe Weiße Fliegen (S. 341).

Früchte

8 Die Früchte verschrumpeln und reifen nicht
Einige Früchte der Traube reifen nicht aus – blaue Sorten können rot und grüne durchsichtig sein. Sie verschrumpeln und schmecken schlecht.
■ Siehe Mangelnde Fruchtreife (S. 327).

9 Die Früchte verfaulen am Stock
Pelziger graubrauner Schimmel erscheint auf der Schale der Trauben und diese verfaulen. Ursache ist ein Pilz, der Weintrauben im Freien und unter Glas befällt. Bei feuchter Witterung ist der Befall stärker.
■ Siehe Grauschimmel (S. 326).

10 Früchte aufgesprungen und mit mehligem Belag
Auf den Trauben bildet sich ein grauweißer mehliger Belag. Später färbt er sich braun, die Trauben werden hart, ledrig und springen auf.
■ Siehe Echter Mehltau (S. 325).

Die Früchte sind angefressen
Vögel, Wespen und andere Insekten, die an den reifenden Trauben fressen, hinterlassen Löcher in der Schale, sie vergrößern die bestehenden Löcher oder verzehren die ganzen Früchte.
■ Siehe Vögel (S. 341) und Wespen (S. 341).

Empfindliche und exotische Früchte

In diesem Kapitel werden verschiedene Früchte warm-gemäßigter, tropischer und subtropischer Regionen vorgestellt. Viele brauchen hohe Temperaturen, hohe Luftfeuchtigkeit und beständig viel Sonne. Auch die, die weniger anspruchsvoll sind, gedeihen nur, wenn die Sommer warm und die Winter mild sind. Einige der Pflanzen überstehen zwar auch kalte Winter, die Herausforderung ist es aber nicht, sie am Leben zu erhalten, sondern sie dazu zu bringen, zu blühen und Früchte zu tragen. In kühlem Klima gelingt es bei vielen der Pflanzen nicht. Zarte Blüten und Triebe können bei Frost im Frühjahr erfrieren und die reifenden Früchte den Herbstfrösten zum Opfer fallen.

In kühlen Regionen wie in Deutschland kann man diese Pflanzen nur in einem Gewächshaus, einem Wintergarten oder einem Folientunnel kultivieren, wo man das Mikroklima kontrollieren kann. Man kann die Pflanzen ständig unter Glas oder im Container ziehen und je nach Witterung ins Freie oder nach drinnen stellen. Manchmal tragen sie auch dann nicht – aber es macht Spaß, es auszuprobieren.

Ein ausgewachsener Mandarinenbaum wie dieser gedeiht im Freien nur in frostfreiem Klima. In kühleren Regionen muss man ihn in einem großen Gewächshaus oder Folientunnel ziehen, damit er so viele Früchte trägt.

Zitrusfrüchte

Wir wollen uns nichts vormachen: Wenn Sie nicht in Südkalifornien, Florida, der Mittelmeerregion oder einem ähnlich warmen Teil der Erde leben, werden Sie Zitrusfrüchte wahrscheinlich nicht in rauen Mengen ernten können. Die subtropischen Pflanzen brauchen viel Wärme und Licht, sie ertragen keinen Frost – in gemäßigtem Klima gedeihen sie also natürlicherweise nicht. Dennoch können Sie sie anbauen: Seit langer Zeit werden Zitrusfrüchte in Mitteleuropa in Gewächshäusern angebaut – daher der Name »Orangerie«. Mit verschiedenen Techniken erreicht man, dass sie Früchte tragen, wenn man sie zeitweise im Freien und zeitweise unter Glas kultiviert.

Die Familie der Zitrusgewächse liefert uns viele verschiedene Früchte, darunter Orangen, Zitronen, Limonen, Grapefruits, Pomelos, Mandarinen, Tangerinen, Clementinen, Satsumas, Kumquats und andere. Die systematische Zuordnung ist nicht ganz einfach und die Namen sind oft verwirrend. Zudem gibt es viele Hybriden, wie die Mandarinquat (Mandarine/Kumquat), Tangor (Tangerine/Orange) und Tangelo (Tangerine/Pomelo).

Kumquats sehen ähnlich aus wie Orangen, sind aber viel kleiner und etwas länglicher. Reife Kumquats kann man anders als Orangen mit der Schale essen, das Fruchtfleisch ist aber oft recht sauer. Alle Zitrusgewächse sind sehr attraktive Pflanzen und gedeihen in Kübeln gut.

Welche Formen können Sie ziehen?

- **Buschbäume** Gedeihen im Freien nur in warmem Klima.
- **Zwerg-Buschbäume und Zwerg-Hochstämme** Die beste Wahl für Kübelpflanzen unter Glas.

Beliebte Zitrusfrüchte

1 'Calamondin'
'Calamondin' ist wahrscheinlich eine Kreuzung aus Mandarine und Kumquat und als Zwergbäumchen im Container für die Kultur unter Glas im Handel. Im Freien wachsen die Pflanzen in warmem Klima zu großen Bäumen heran. Die kleinen runden Früchte sind vollreif so süß, dass man sie roh essen kann. Ansonsten eignen sie sich für Marmeladen.

2 'Buddhas Hand'-Zitrone
Nicht einfach zu kultivieren, denn sie braucht hohe Temperaturen, aber allein der bizarren Früchte wegen lohnt sich ein Versuch. Jeder »Finger« ist ein Segment der Frucht. Sie ist essbar, die Pflanze ist im Fernen Osten aber vor allem ihres Dufts wegen sehr geschätzt.

3 Limette
Viele denken, Limetten wären grün, aber sie werden oft unreif verkauft. Es gibt zwei Haupttypen: Echte, kleine grüne Mexikanische Limetten und Gewöhnliche oder Persische Limetten, die etwas winterhärter und kompakter sind. Letztere sind ausgereift gelb wie Zitronen.
■ **Sorten zum Ausprobieren** 'Tahiti', 'Bearss'.

4 Mandarine
Seit Jahrhunderten kreuzt man Mandarinen auch mit anderen Zitrusfrüchten und es gibt unglaublich viele verschiedene Sorten – darunter Satsumas (aus Japan), Tangerinen (nach Tanger in Marokko), Tangors (Hybriden aus Mandarine und Orange) und Clementinen (wahrscheinlich die beste Wahl für kühl-gemäßigtes Klima).
■ **Sorten zum Ausprobieren** Mandarine 'Fortune', 'Nova'; Clementine 'De Nules', 'Fina'; Tangerine 'Dancy'; Tangor 'Ortanique'; Satsuma 'Okitsu', 'Owari'.

5 Kaffirlimette
Kultivieren Sie diese Pflanze ihrer Blätter wegen. Sie duften herrlich und sind eine wichtige Zutat der Thai-Küche. Die warzigen Früchte hingegen sind kaum genießbar, werden aber für Shampoos, Insektizide und Duftsprays verwendet.

ZITRUSFRÜCHTE 287

6 Grapefruit
Grapefruits gehören zu den größten Zitrusfrüchten: Es dauert bis zu 18 Monate, bis sie ausgereift sind. Sie brauchen viel Wärme und reifen in kühl-gemäßigtem Klima oft nicht. Da sie schwer sind, können nur recht große Bäume mit kräftigen Ästen die Früchte tragen.
■ **Sorten zum Ausprobieren** 'Marsh', 'Star Ruby' (oder 'Sunrise'). Neuseeland-Grapefruits, eine Kreuzung mit Pomelos, brauchen weniger Wärme. Probieren Sie 'Golden Special' oder 'Wheeny' aus.

7 Kumquat
Die ovalen, dünnschaligen, saftigen Kumquats sind kleiner als die meisten Zitrusfrüchte. Reif kann man sie roh essen oder zum Kochen verwenden. Die Bäume sind recht kälteresistent. Kumquats werden häufig mit anderen Zitrusfrüchten gekreuzt. Limequats und Orangequats gehören zu den Resultaten.
■ **Sorten zum Ausprobieren** 'Nagami', 'Eustis' Limequat.

8 Zitrone
Da Zitronen die schnellwüchsigsten Zitruspflanzen sind, müssen sie am stärksten geschnitten werden. Die meisten Pflanzen blühen mehrmals im Jahr und tragen Früchte, die zu verschiedenen Zeiten reifen. Pflücken Sie sie, wenn sie ihre volle Größe haben und ausgefärbt sind.
■ **Sorten zum Ausprobieren** 'Garey's Eureka', 'Lisbon', 'Meyer', 'Variegated Eureka', 'Verna', 'Villafranca'.

9 Orange
Bei Orangen unterscheidet man bittere oder saure und süße Sorten. 'Seville' ist die bekannteste Bitterorange, sie wird zu Marmelade, Drinks und Trockenfrüchten verarbeitet. Süße Orangen brauchen mehr Wärme, um ganz auszureifen. Zu ihnen gehören Navel-Orangen, die einen »Nabel« an einem Ende der Frucht haben, und Blutorangen mit rosa oder rotem Fleisch.
■ **Sorten zum Ausprobieren** 'Salustiana', 'Valencia'; Blutorange 'Moro', 'Sanguinelli'; Navel-Orange 'Navelina', 'Lane Late', 'Washington'; Bitterorange 'Chinotto', 'Seville'.

Zitrusfrüchte anbauen

Zitrusgewächse brauchen ständig warmes, sonniges Klima. In ihrem natürlichen Verbreitungsgebiet ist es das ganze Jahr über meist mehr als 15 °C und die optimale Luftfeuchtigkeit beträgt 60–70 Prozent. In anderen Regionen überstehen die Pflanzen kurze Kälteperioden, bei Frost werden sie aber meistens geschädigt und sterben oft sogar ab. In kühl-gemäßigten Regionen ist es deshalb sehr schwierig, sie im Freien zu kultivieren. Man kann sie jedoch unter Glas stellen, zumindest in den Jahreszeiten, in denen sie Schutz brauchen.

Wenn Sie einen Baum im Container kaufen, suchen Sie eine gesunde Pflanze mit vielen glänzenden Blättern aus. Kaufen Sie keine Pflanzen mit kahlen Zweigen und kontrollieren Sie auf Befall mit Schild- und Schmierläusen. Sie sind schwierig loszuwerden. Unter richtigen Bedingungen tragen ältere Bäume im Kübel gut.

Blüte und Bestäubung
Obwohl Zitrusgewächse meistens im Frühjahr blühen, können auch zu anderen Jahreszeiten Blüten erscheinen: vor allem unter feuchten, warmen Bedingungen und wenn der Baum nicht in der Ruhezeit ist. Nach dem Fruchtansatz dauert es lang, bis die Früchte ausreifen – mindestens sechs Monate, bei Grapefruits sogar bis 18 Monate. Daher ist es nicht ungewöhnlich, wenn ein Baum gleichzeitig Blüten und Früchte trägt. Fast alle Zitrusgewächse sind selbstfertil, Sie können also einen einzelnen Baum pflanzen und Früchte ernten.

Die Auswahl der Bäume
Versuchen Sie nicht, Zitrusgewächse aus Samen zu ziehen. Es ist zwar möglich, aber es dauert zu lang. Kaufen Sie stattdessen zwei- oder dreijährige Bäume in Containern in einem Gartencenter oder einer Baumschule, die garantiert, dass die Pflanzen frei von Viren sind. Wenn die Bäume ständig im Kübel bleiben sollen, dann wählen Sie Pflanzen, die zwergigen Unterlagen aufgepfropft wurden, und kaufen Sie wenn möglich Sorten mit Namen.

Wann wird gepflanzt?
Das Frühjahr ist die beste Zeit, um Bäume im Freien zu pflanzen. Auch Pflanzen im Kübel können Sie nun am besten umtopfen. Sie sollten aber nicht zu oft und nicht in zu große Kübel umsetzen.

Wo wird gepflanzt?
Bäume im Freien brauchen einen sonnigen, geschützten Standort, an dem keine Frostgefahr besteht. Zieht man sie ständig unter Glas, muss viel Licht zur Pflanze

gelangen und die Belüftung gut sein. Bäume in Containern kann man im Sommer auf eine sonnige Terrasse oder in einen Hinterhof stellen und im Winter in ein beheiztes Gewächshaus oder einen kühlen Wintergarten bringen. Stellen Sie den Baum aber nicht in einen Wintergarten mit Zentralheizung, denn dort ist es meistens zu warm, zu trocken und zu dunkel. Die Temperatur sollte nicht mehr als 15 °C betragen. Halten Sie die Luft feucht, indem Sie sprühen, und stellen Sie die Pflanzen an ein großes Fenster.

Boden

Zitruspflanzen sind tolerant, sie gedeihen aber am besten in fruchtbarem, durchlässigen Boden mit leicht saurem pH-Wert von 6,0–7,0. Bei Kultur im Kübel ist Komposterde auf Lehmbasis oder Substrat für Zitruspflanzen geeignet, das in den meisten Gartencentern erhältlich ist.

Regelmäßige Pflege

■ TEMPERATUR Zitrusgewächse vertragen plötzliche Temperaturveränderungen nicht und werfen dann oft die Blätter ab. Sie sterben nicht unbedingt ab und treiben wahrscheinlich im folgenden Frühjahr wieder aus, der Schock schwächt die Pflanze aber. Versuchen Sie, sie allmählich an alle Veränderungen der Wachstumsbedingungen zu gewöhnen.

■ SCHUTZ VOR FROST Bringen Sie Pflanzen in Containern bei Frostgefahr nachts unter Glas, sonst erfrieren sie.

■ WÄSSERN Wässern Sie im Freien im Frühjahr und Sommer regelmäßig, sonst können Blüten und Früchte abfallen. Pflanzen in Kübeln sollten Sie so gründlich wässern, dass das Substrat mit Wasser gesättigt ist und es unten aus dem Topf fließt. Lassen Sie den Topf aber nicht im Wasser stehen, sonst können die Wurzeln verfaulen. Bevor Sie wieder wässern, sollte die Erde fast austrocknen. Wässern Sie im Winter in der Ruhezeit viel seltener. Es ist nicht ganz einfach, das richtige Maß zu finden: Es sterben mehr Zitrusgewächse ab, weil sie übergossen wurden und nicht, weil sie vertrocknet sind.

■ DÜNGEN Verwenden Sie im Freien vom zeitigen Frühjahr bis zum Frühherbst zwei- oder dreimal im Jahr einen Universaldünger. Düngen Sie Pflanzen in Containern mit einem speziellen Dünger für Zitruspflanzen.

Zitrusblüten duften stark. Zieht man die Pflanzen unter Glas, duftet oft der ganze Wintergarten oder das Gewächshaus.

■ MULCHEN Im Freien trägt eine Mulchschicht an der Basis des Stamms dazu bei, die Feuchtigkeit zu speichern und Unkraut zu unterdrücken.

■ AUSDÜNNEN DER FRÜCHTE Bei frei stehenden Bäumen im Freien muss man nicht ausdünnen. Entfernen Sie bei Pflanzen in Kübeln einige Früchte, wenn sie so schwer werden, dass die Pflanze sie nicht tragen kann.

Ernte und Lagerung

Die Früchte brauchen viel Sonne, hohe Temperaturen und hohe Luftfeuchtigkeit, um voll auszureifen. Nur indem Sie sie probieren, können Sie testen, ob sie wirklich reif sind. Bei Zitronen, Limetten und anderen sauren Zitrusfrüchten ist der richtige Erntezeitpunkt nicht so entscheidend. Pflücken Sie sie, wenn sie voll ausgefärbt sind und nicht mehr wachsen.

Im Kühlschrank halten sich Zitrusfrüchte meist ein paar Wochen, bei Zimmertemperatur nicht so lang. Lassen Sie sie am Baum, wenn Sie sie nicht gleich verbrauchen.

Ertrag

Der Ertrag variiert je nach Sorte, Baumform und klimatischen Bedingungen. Von einem durchschnittlich großen Baum im Kübel können Sie aber 10–20 Früchte pro Jahr erwarten. Große Bäume im Container, die über zehn Jahre alt sind, können sogar 100 Früchte pro Jahr tragen.

EMPFINDLICHE UND EXOTISCHE FRÜCHTE

Zitruspflanzen schneiden und erziehen

Anders als die meisten Obstbäume müssen Zitrusbäume nur sehr wenig geschnitten werden. Entfernen Sie bei jungen Bäumen alle Seitentriebe am Stamm, sodass dieser sauber bleibt. Schneiden Sie zu kräftige Triebe heraus, die in der Mitte des Baums senkrecht nach oben wachsen. Diese sogenannten Wassertriebe tragen meistens nicht. Schneiden Sie dann tote, beschädigte oder kranke Triebe auf eine gesunde Knospe zurück, sobald sie solche entdecken. Vorsicht vor spitzen Dornen!

Einen Buschbaum schneiden

Im Freien kann man die Bäume nur in warmem, frostfreiem Klima kultivieren. Die häufigste Form ist der Buschbaum. Er hat einen kurzen Hauptstamm und eine Krone mit offener Mitte mit einem Grundgerüst aus einigen Seitenästen, ganz ähnlich wie ein Apfel- oder Birnen-Buschbaum.

Schneiden Sie am besten vor der neuen Wachstumsperiode im Frühjahr. In warmem Klima können Sie zu jeder Jahreszeit schneiden. Es ist schwierig zu sagen, wie lange es dauert, einen jungen Baum zu formen, denn das hängt davon ab, wie schnell er wächst.

Im Freien können Zitronenbäume (hier abgebildet) in warm-gemäßigtem oder subtropischem Klima bis zu 6 m hoch werden. Grapefruitbäume werden bis 10 m hoch, Limettenbäume bleiben meist kleiner.

ZITRUSFRÜCHTE

1. Schnitt
FEBRUAR–MÄRZ in kühlem Klima
ZU JEDER JAHRESZEIT in warmem Klima

- Neu gepflanzte Bäume sollten nur einen einzigen Leittrieb haben. Sie müssen nicht gestützt werden.
- Wenn der Stamm 90–120 cm hoch ist, dann schneiden Sie ihn auf 60 cm zurück. Kappen Sie direkt über einem Blatt.
- Kneifen Sie alle Triebe aus, die unter der Pfropfstelle aus dem Wurzelstock austreiben.

2. Schnitt
FEBRUAR–MÄRZ in kühlem Klima,
ZU JEDER JAHRESZEIT in warmem Klima

- Unterhalb Ihres letzten Schnitts sollten Seitentriebe erschienen sein.
- Wählen Sie die 3 oder 4 kräftigsten und am besten platzierten aus und schneiden Sie sie auf etwa 30 cm Länge zurück.
- Kneifen Sie neue Triebe aus, die am Hauptstamm unter den Seitentrieben wachsen.

Weitere Schnitte
NOVEMBER–MÄRZ in kühlem Klima
ZU JEDER JAHRESZEIT in warmem Klima

- Die Seitentriebe werden nun zu den Hauptästen.
- Schneiden Sie ein Drittel des Neuaustriebs nach dem letzten Schnitt zurück.
- Entfernen Sie an Seitentrieben der Hauptäste 3–4 Blätter an der Spitze.
- Öffnen Sie zu dichte Stellen in der Mitte.
- Kneifen Sie neue Triebe am Hauptstamm aus.

Etablierte Buschbäume schneiden
NOVEMBER–MÄRZ in kühlem Klima
ZU JEDER JAHRESZEIT in warmem Klima

- Schneiden Sie beim noch relativ jungen Baum die Hauptäste an der Spitze zurück, wenn sie zu lang werden.
- Schneiden Sie Triebe zurück, die in die Mitte der Krone wachsen, sodass diese relativ offen bleibt.
- Schneiden Sie nach der Ernte die Triebe, die getragen haben, auf einen gesunden Seitentrieb zurück, der nicht trägt.
- Wenn der Baum älter ist, können Sie den Schnitt auf das Entfernen toter, beschädigter oder kranker Triebe und Ausläufer beschränken, die direkt aus dem Wurzelstock austreiben.

Einen Hochstamm schneiden

Ein Hochstamm oder Halbstamm ist für Zitruspflanzen im Kübel meist die beste Wahl. Es ist nicht schwierig, eine junge Pflanze zu erziehen, Sie sollten jedoch Geduld haben und nicht zu viele Triebe auf einmal entfernen. Das Ziel ist ein sauberer, gerader Stamm und eine dichte, runde Krone. Stützen Sie den Baum, bis die Wurzeln gut angewachsen sind und der Stamm das Gewicht der Krone tragen kann.

1. Schnitt
FEBRUAR–MÄRZ
in kühlem Klima
ZU JEDER JAHRESZEIT
in warmem Klima

2. Schnitt
FEBRUAR–MÄRZ
in kühlem Klima
ZU JEDER JAHRESZEIT
in warmem Klima

Folgende Schnitte
FEBRUAR–MÄRZ in kühlem Klima
ZU JEDER JAHRESZEIT in warmem Klima

- Wählen Sie 4 gesunde Seitentriebe in gleichmäßigen Abständen oben am Baum, die die Hauptäste der Krone bilden sollen. Entfernen Sie bei jedem 3–5 Blätter an der Spitze.
- Entfernen Sie alle Seitentriebe weiter unten am Stamm völlig.

- Beginnen Sie mit einer jungen Pflanze mit einem einzigen kräftigen, geraden Hauptstamm.
- Binden Sie ihn an ein senkrechtes Bambusrohr oder einen Pfahl.
- Schneiden Sie die Seitentriebe etwa um ein Drittel zurück.

- Wenn der Baum hoch genug ist, schneiden Sie den zentralen Leittrieb oder Hauptstamm zurück. Schneiden Sie direkt über einer Knospe.
- Entfernen Sie die Seitentriebe, die Sie letztes Mal geschnitten haben, völlig.
- Einzelne Blätter, die am Hauptstamm erscheinen, brauchen Sie nicht entfernen, denn sie fallen von selbst ab.

Einen etablierten Hochstamm schneiden
FEBRUAR–MÄRZ in kühlem Klima
ZU JEDER JAHRESZEIT in warmem Klima

- Erwachsene Bäume müssen kaum geschnitten werden.
- Schneiden Sie Seitentriebe an der Spitze, wenn sie zu lang werden, sodass die runde Form erhalten bleibt.
- Entfernen Sie alle Triebe, die am Hauptstamm erscheinen.
- Entfernen Sie tote, beschädigte oder kranke Triebe.

ZITRUSFRÜCHTE

Mögliche Probleme

1 Kleine braune, muschelähnliche Insekten auf den Zweigen
Schildläuse findet man auf den Zweigen, vor allem unter Glas. Sie sind elliptisch und mit einem gewölbten Panzer bedeckt.
■ Siehe Schildläuse (S. 340).

2 Kleine weiße, wachsbedeckte Insekten auf den Zweigen
Schmierläuse saugen an den Zweigen Saft. Sie sind an ihrer weißen Wachsbedeckung zu erkennen.
■ Siehe Schmierläuse (S. 340).

3 Blätter gefleckt und gelblich
Wenn auf den Oberseiten der Blätter hellgelbe oder bronzefarbene Flecken erscheinen, sie austrocknen und absterben, können Rote Spinnmilben die Ursache sein. Bei einem schwerem Befall sind feine Seidengespinste zu erkennen.
■ Siehe Rote Spinnmilben (S. 339).

Blätter eingerollt und klebrig
Sowohl Blattläuse als auch Weiße Fliegen saugen an der Unterseite der Blätter Saft. Diese rollen sich ein und verkrüppeln. Die Blätter können klebrig von Honigtau sein, auf dem sich oft ein grauer Belag bildet.
■ Siehe Blattläuse (S. 335) und Weiße Fliegen (S. 341).

Blätter gelblich oder silbrig mit schwarzen Körnchen
Eine solche Verfärbung wird meist von Saft saugenden Insekten hervorgerufen, den Thripsen. Die schwarzen Körnchen sind ihre Exkremente.
■ Siehe Thripse (S. 341).

Die Blätter fallen unerwartet ab
Es kann verschiedene Ursachen haben, wenn die Blätter (und manchmal auch die Blüten) abfallen. Plötzliche Veränderungen von Temperatur oder Luftfeuchtigkeit, Übergießen oder zu wenig Wasser sind die wahrscheinlichsten Gründe. Die Blätter wachsen oft mit der Zeit nach.
■ Siehe Regelmäßige Pflege (S. 289).

Blätter und Zweige welken und sterben ab
Zitrusgewächse in Böden mit schlechter Dränage sind sehr anfällig für Pilzinfektionen, die Stängel- und Wurzelfäule hervorrufen. Das Gleiche gilt für Pflanzen in Kübeln, die zu stark gegossen werden oder im Wasser stehen.
■ Siehe Stängelgrund- und Wurzelfäule (S. 329).

Melonen

Weltweit werden hunderte, wenn nicht sogar tausende verschiedener Melonen angebaut, von denen viele schwierig systematisch einzuordnen sind. Auch ihre Namen geben hierüber keine eindeutige Auskunft. Allgemein wird vor allem zwischen Zuckermelonen und Wassermelonen unterschieden: Zuckermelonen haben meistens hellgrünes, gelbes oder orangefarbenes Fruchtfleisch, das feinporig, süß und wunderbar aromatisch ist. Zu ihnen gehören Cantaloupe-Melonen, Honigmelonen und Netzmelonen. Wassermelonen sind meistens größer, ihr rotes oder rosafarbenes Fleisch ist saftiger und knackiger.

Die tropischen oder subtropischen Pflanzen brauchen hohe Temperaturen und hohe Luftfeuchtigkeit, um gut zu gedeihen. In kühlem Klima gelingt der Anbau meist nur in einem Gewächshaus oder Frühbeetkasten. In den letzten Jahren wurden neue Cantaloupe-Sorten eingeführt, die im Freien auch kühlere Bedingungen ertragen. Trotzdem reifen sie meistens nur dann voll aus, wenn der Sommer lang, warm und sonnig ist.

Wenn Melonen etwa die Größe von Grapefruits haben, sollten Sie sie mit Netzen stützen. Die schweren Früchte enthalten viel Wasser und können aufplatzen, wenn sie auf den Boden fallen.

Beliebte Melonen

1 'Charentais'
Diese Cantaloupe-Melonen stammen aus Frankreich, wo sie ihres süßen, duftenden orangefarbenen Fleischs wegen vielerorts angebaut werden.

2 Cantaloupe-Melonen
Die Melonen sind meist rund oder leicht abgeflacht mit gerillter graugrüner oder hell gelbbrauner Schale, die ein netzartiges Muster tragen kann. Das Fleisch ist hellgrün, orangefarben oder rosa. Die beste Wahl für kühles Klima.
■ Sorten zum Ausprobieren: 'Amber Nectar' (oder 'Castella'), 'Antalya', 'Emir', 'Hearts of Gold', 'Sweetheart'.

3 Wintermelonen
Zu dieser Gruppe gehören Honig- und Casabamelonen. Sie reifen meist, wenn es im Herbst kälter wird. Sie sind oval mit gelber oder grüner Schale. Ihr Fleisch ist süß, aber nicht so duftend wie das von Cantaloupe- und Netzmelonen.
■ Sorten zum Ausprobieren 'Honeydew Green Flesh', 'Jade Lady', 'Rocky Ford'.

4 Netzmelonen
Die gelbe, grüne oder beige Schale hat ein Netzmuster, das Fleisch ist meist orangefarben oder rosa und süß. In kühlem Klima kann man diese Melonen nur im beheizten Gewächshaus ziehen.
■ Sorten zum Ausprobieren 'Blenheim Orange', 'Hale's Best Jumbo', 'Hero of Lockinge'.

5 'Ogen'
Sie ist eine Kreuzung zwischen Netz- und Cantaloupemelone, nach dem Kibbuz in Israel benannt, wo sie gezüchtet wurde. Es gibt unterschiedliche Formen, meist mit glatter Schale und zartem Netzmuster, ausgereift gelb. Blassgrünes Fleisch.

6 Wassermelonen
Wassermelonen brauchen das wärmste Klima und die höchste Luftfeuchtigkeit. Unter den richtigen Bedingungen können sie bis zu 25 kg wiegen. Das Fleisch ist rot, rosa oder orangefarben und knackig und saftig.
■ Sorten zum Ausprobieren 'Blacktail Mountain', 'Charleston Grey', 'Sugar Baby'.

Melonen anbauen

Melonen sind einjährige Pflanzen und werden jedes Jahr neu gezogen. Sämlinge im Topf kann man in Gartencentern kaufen – Sie haben aber eine viel größere Auswahl, wenn Sie Samen kaufen und die Pflanzen selbst ziehen. Säen Sie die Samen in Töpfen aus und pflanzen Sie die Jungpflanzen ins Freie, wenn der Boden warm genug ist. Es hängt vom Klima in Ihrer Gegend ab, wo sie gedeihen: im Freien, unter Hauben oder in einem Frühbeetkasten oder Gewächshaus.

Das Jahr auf einen Blick

	Frühjahr			Sommer			Herbst			Winter		
	M	A	M	J	J	A	S	O	N	D	J	F
Aussaat		▬	▬									▬
pflanzen im Gewächshaus	▬	▬	▬									
im Freien			▬	▬								
Ernte im Gewächshaus					▬	▬	▬	▬				
Ernte im Freien						▬	▬	▬				

Wann wird gesät und gepflanzt?

Wenn Sie die Pflanzen im Freien ziehen wollen, dann säen Sie die Samen im April im Haus in Töpfen aus. Im Mai oder Juni nach den Frösten können Sie sie ins Freie pflanzen. Wollen Sie die Pflanzen in einem beheizten Gewächshaus ziehen, können Sie früher aussäen: Im Februar und März, wenn die Melonen im Juni und Juli reif sein sollen. Säen Sie in einem nicht beheizten Gewächshaus im Mai oder Juni aus. Im September und Oktober können Sie ernten. Melonenpflanzen brauchen am Anfang Wärme. Die

AUSSAAT IM TOPF

Das Keimen ist ein wenig Glückssache: Säen Sie deshalb am besten in Töpfen aus und halten Sie diese warm, bis die Keimlinge erscheinen. Sie können sie ins Freie pflanzen, wenn die Bedingungen gut sind.

1 Säen Sie zwei oder drei Samen pro Topf etwa 1cm tief in feuchter Topferde aus.

2 Stülpen Sie eine saubere Plastiktüte über jeden Topf und befestigen Sie diese mit einem Gummiband.

3 Stellen Sie die Töpfe im Haus auf ein sonniges Fensterbrett.

4 Die Keimlinge erscheinen nach etwa sieben bis zehn Tagen. Stellen Sie die Pflänzchen nach einer weiteren Woche tagsüber zum Abhärten ins Freie.

EMPFINDLICHE UND EXOTISCHE FRÜCHTE

Mit einer Manschette können Sie den Boden rundum wässern, die Pflanze bleibt trocken. So wird Stängelgrund- und Wurzelfäule vorgebeugt. Terracotta-Manschetten sind erhältlich, aber improvisierte aus Plastik funktionieren genauso.

Samen keimen bei Temperaturen unter 18 °C oft gar nicht. Später sind 25–30 °C ideal, manche Sorten tolerieren auch kühlere Bedingungen.

Wo wird gepflanzt?

Wählen Sie im Freien einen geschützten, sonnigen Standort. In kühlem Klima brauchen die Pflanzen einen langen, heißen Sommer. Vielleicht müssen Sie sie zudem mit Hauben schützen. Bei leichtem Frost erfrieren sie.

Melonen können Sie in Frühbeetkästen in einer Mischung aus guter Erde und verrottetem Kompost oder Mist pflanzen. Häufen Sie die Erde leicht an und pflanzen Sie die Sämlinge oben, um Staunässe zu verhindern.

In einem Gewächshaus kann man Melonen entweder direkt in den Boden oder in Substratsäcke pflanzen. Pflanzen Sie sie auf kleine Erdhügel, um Staunässe zu vermeiden oder halten Sie mit Manschetten das Wasser von den Stängeln ab.

Boden

Melonen lieben tiefgründigen, fruchtbaren Boden mit einem pH-Wert von 6,5–7. Er sollte durchlässig, aber immer feucht sein. Arbeiten Sie vor dem Pflanzen viel organisches Material ein.

MELONEN IM FOLIENZELT ANBAUEN

Die meisten traditionellen Frühbeetkästen sind zu klein, um Melonen in kühlem Klima im Freien zu kultivieren. Nur mit Glück findet mehr als eine Pflanze darin Platz. Große Folienzelte, wie hier abgebildet, bieten viel mehr Platz.

1 Bereiten Sie den Boden mit Mulch aus gut verrottetem Kompost oder Mist vor. Graben Sie einige Pflanzlöcher in den Boden und wässern Sie gut.

2 Bedecken Sie den künftigen Boden des Folienzelts mit einer Mulchfolie aus Plastik.

3 Schneiden Sie über den Pflanzlöchern Löcher in die Folie.

4 Pflanzen Sie in Töpfen gezogene Melonen durch die Löcher. Die Folie hält die Feuchtigkeit, unterdrückt Unkraut und die Melonen bleiben trocken.

MELONEN 299

Pflanzabstände
- IM FREIEN IN DER ERDE 90 cm.
- IM GEWÄCHSHAUS einfache Kordons 40 cm, Doppelkordons 60 cm.

Blüte und Bestäubung
Wenn Sie die Pflanzen in warmem Klima im Freien ziehen, bestäuben Insekten die Blüten meistens bald. Öffnen Sie den Frühbeetkasten bei warmem Wetter, wenn die Blüten geöffnet sind: So können Insekten sie bestäuben. Wenn das nicht klappt, müssen Sie die Blüten von Hand bestäuben. Bei Melonen im Gewächshaus ist das in jedem Fall nötig.

Melonen sind selbstfertil und tragen männliche sowie weibliche Blüten (siehe Foto rechts oben). Diese sind nicht schwierig auseinanderzuhalten: Nehmen Sie mit einem weichen Pinsel den Pollen der männlichen Blüten auf und übertragen Sie ihn auf die weiblichen Blüten. Sie können auch eine männliche Blüte abpflücken, die Blütenblätter entfernen und mit den Staubblättern vorsichtig die Mitte jeder weiblichen Blüte betupfen. Dies sollten Sie etwa zwei Wochen lang täglich wiederholen.

Regelmäßige Pflege
- **WÄSSERN** Regelmäßiges Wässern ist wichtig. Der Boden muss immer feucht sein – nicht zu nass, nicht zu trocken. Gießen Sie vorsichtig und bespritzen Sie die Stängel nicht, sonst können sie faulen.
- **DÜNGEN** Wenn sich die Blüten gebildet haben, sollten Sie einmal pro Woche mit einem Tomaten-Flüssigdünger düngen. Stellen Sie dies ein, wenn die Früchte fast reif sind.
- **BELÜFTUNG** Melonen brauchen die richtige Mischung aus hoher Luftfeuchtigkeit und guter Durchlüftung. Wenn es nicht zu kalt ist, dann öffnen

(im Uhrzeigersinn von oben links) **Weibliche Blüten** sind an der Basis der Blütenblätter kugelig verdickt. Hier entwickelt sich die Frucht, wenn die Blüte befruchtet wird. **Männliche Blüten** sind schlank ohne Verdickung. Sie erscheinen immer zuerst. **Wenn Sie Melonen im Gewächshaus** zu verschiedenen Zeiten aussäen und pflanzen, können Sie eine frühe sowie eine späte Ernte erzielen. Die Hauptstängel werden an Rohre gebunden, die Seitentriebe mit waagrechten Drähten gestützt.

300 EMPFINDLICHE UND EXOTISCHE FRÜCHTE

Schneiden Sie die Triebe auf zwei Blätter über der Melone zurück, die wachsen und reifen soll.

Sie Frühbeetkästen oder die Lüftungsklappen des Gewächshauses, wenn die Blüten bestäubt werden können, und zum Ende der Wachstumssaison, wenn die Früchte reifen. Die Pflanzen brauchen dann eine trockene Atmosphäre. Sprühen Sie zu anderen Zeiten, um die Luftfeuchtigkeit zu erhöhen. Streichen Sie wenn nötig die Glasscheiben mit Schattierfarbe oder decken Sie sie ab, damit die Pflanzen nicht in der Sonne verbrennen.

Schnitt und Erziehung

Melonen sind Kletterpflanzen. Im Freien und im Frühbeet lässt man sie gewöhnlich über den Boden ranken. Melonen im Gewächshaus muss man jedoch stützen, damit sie klettern. Meist baut man dafür ein Gerüst aus Bambusrohren und Drähten und erzieht sie senkrecht nach oben unter den First.

Melonen brauchen nicht wirklich geschnitten werden. Man will jedoch ihren Wuchs beeinflussen: Kneifen Sie bei Melonen im Frühbeet und im Freien die Spitze des Haupttriebs aus, wenn fünf Blätter erschienen sind. Machen Sie bei Melonen im Gewächshaus das Gleiche, wenn der Haupttrieb etwa 1,5–2 m hoch ist. Dies fördert Seitentriebe, die dann die Hauptäste bilden. Melonen im Freien oder im Frühbeet sollten nur vier Hauptäste und Melonen im Gewächshaus nicht mehr als sechs haben. Wenn sich diese gebildet haben, dann kneifen Sie die Spitze

(unten, von links nach rechts) **Binden Sie die Seitentriebe**, die seitlich am Hauptstängel oder Kordon austreiben, an waagrechte Drähte. **Kneifen Sie** alle Ranken der Triebe aus. Da Sie die Pflanze angebunden haben, sind sie nicht mehr nötig und würden Energie verbrauchen, die nun den Früchten zur Verfügung steht.

jedes Seitentriebs aus, wenn er fünf Blätter hat. Dies stimuliert den Austrieb von Seitentrieben zweiter Ordnung, an denen sich Blüten bilden. Bei erfolgreicher Bestäubung entwickeln sich die Früchte. Wenn sie so groß sind wie Golfbälle, dann wählen Sie die gesündeste Melone an jedem Seitentrieb aus, kappen Sie den Trieb zwei Blätter oberhalb und entfernen Sie alle anderen Blüten und Früchte. Nun sollten maximal vier oder sechs Melonen an der Pflanze verblieben sein. Sind es weniger, ist das auch gut. Die Früchte werden dann meistens größer.

Ernte und Lagerung

Lassen Sie Melonen so lange wie möglich an der Pflanze reifen. Je länger, umso süßer und aromatischer werden sie. Ernten Sie sie aber, bevor sie zu faulen beginnen oder von selbst abfallen. Verräterische Zeichen sind, wenn sie am Stielansatz leicht aufspringen und am anderen Ende weich werden und intensiver duften. Wenn sich der optimale Zeitpunkt zur Ernte nähert, dann testen Sie, indem Sie an der Frucht riechen und sie drücken. Sie können Melonen im Kühlschrank aufbewahren. Ist es aber zu kalt, geht ihr Aroma verloren.

Ertrag

- IM FREIEN maximal 4 pro Pflanze.
- IM GEWÄCHSHAUS maximal 6 pro Pflanze.

Stützen Sie reifende Melonen mit Netzen, damit die Stängel nicht unter den schweren Früchten knicken. So können die Früchte nicht auf den Boden fallen und aufplatzen.

MÖGLICHE PROBLEME

Die Blätter sind eingerollt und klebrig
Bei Befall mit Blattläusen oder Weißen Fliegen, die Saft saugen, rollen sich die Blätter ein und verkrüppeln. Sie können auch mit klebrigem Honigtau bedeckt sein, auf dem sich oft ein grauer Belag bildet.
■ Siehe Blattläuse (S. 335), Weiße Fliegen (S. 341).

Die Blätter sind fleckig und gelblich
Bei Spinnmilbenbefall erscheinen auf den Blattoberseiten gelbbronzefarbene Flecken, dann trocknen sie aus und sterben ab. Bei schwerem Befall kann man oft feine Seidengespinste erkennen.
■ Siehe Rote Spinnmilbe (S. 339).

Die Blätter sind verkrüppelt und gelb gefleckt
Missgebildete, kümmerliche Blätter mit einem gelben Mosaikmuster können ein Anzeichen des Gurkenmosaikvirus sein. Die Blüten öffnen sich manchmal nicht, und wenn sie es tun, bilden sich nur kleine, harte Früchte.
■ Siehe Gurkenmosaikvirus (S. 327).

Mehliger weißer Belag auf den Blättern
Diese Pilzerkrankung ist sehr häufig. Sie tritt stärker auf, wenn der Boden austrocknet, während die Luft feucht und die Durchlüftung schlecht ist.
■ Siehe Echter Mehltau (S. 325).

Die Pflanzen welken und sterben ab
Eine Krankheit ist bei Melonen berüchtigt: Der Stängel verfault am Wurzelansatz. Sie sollten den Stängel und den Boden rundum deshalb so trocken wie möglich halten.
■ Siehe Stängelgrund- und Wurzelfäule (S. 329).

Kiwis

Trotz des Namens »Kiwi« stammen diese Früchte nicht aus Neuseeland. Ihr ursprünglicher Name, Chinesische Stachelbeere, sagt mehr über ihre Herkunft: Die Pflanzen stammen aus Ostasien. Die Neuseeländer gaben der Frucht einen anderen Namen, vermarkteten sie und begannen, sie in den Rest der Welt zu exportieren.

Es ist nicht schwierig, die Pflanzen zu ziehen. Sie sind sehr wüchsig – wenn man nicht eingreift, können sie über neun Meter hoch werden. Sie tragen aber nur dann, wenn Sie Ihnen die richtigen Bedingungen bieten.

(von oben nach unten) **Kiwis** sind etwa so groß wie Hühnereier und haben eine braune, etwas stachelige Schale. Das Fleisch ist kräftig grün und enthält viele kleine schwarze, essbare Samen. **Man hat winterharte Sorten** gezüchtet, deren Früchte nicht behaart sind. Die weiche Schale kann man mitessen.

Kiwis anbauen

Kiwis sind Kletterpflanzen, die im Winter das Laub abwerfen. Wenn sie eingewachsen sind, überstehen sie in kühl-gemäßigten Regionen die meisten Winter. Die Triebe und Blüten, die im Frühjahr erscheinen, sind jedoch empfindlich und nehmen auch bei leichtem Frost schnell Schaden. Die Früchte brauchen eine sonnige Stelle und einen heißen Sommer, um auszureifen. Nur wenn Sie Dessert-Weintrauben im Freien anbauen können, sollten Sie es mit Kiwis probieren.

Das Jahr auf einen Blick

	Frühjahr			Sommer			Herbst			Winter		
	M	A	M	J	J	A	S	O	N	D	J	F
pflanzen									▬	▬	▬	▬
Sommerschnitt				▬	▬	▬						
Winterschnitt	▬										▬	▬
Ernte								▬	▬			

Die Auswahl einer Sorte
Einige Kiwis sind selbstfertil und bestäuben sich selbst. Andere sind es nicht und tragen entweder nur männliche oder nur weibliche Blüten. Eine weibliche Pflanze braucht einen männlichen oder einen selbstfertilen Partner, um Früchte zu bilden.

'Jenny' ist die bekannteste moderne selbstfertile Sorte. Von den traditionellen nicht selbstfertilen Sorten werden 'Hayward' und 'Bruno', weibliche Pflanzen, am häufigsten angeboten. 'Tomuri' ist als männlicher Partner eine gute Wahl.

Die sogenannten kleinfrüchtigen Kiwis unterscheiden sich von den üblichen Sorten: Die Früchte sind kleiner und man kann sie mit der Schale essen. 'Issai' und 'Ananasnaya' sind zwei der Sorten.

Wann und wo wird gepflanzt?
Pflanzen Sie von November bis März in der Ruhezeit. Kiwis gedeihen in einer warmen Ecke oder an einer Südmauer am besten, wo sie vor Frost geschützt sind.

Boden
Die Pflanzen brauchen fruchtbaren, durchlässigen Boden mit einem pH-Wert von etwa 6,5–7.

(von oben nach unten) **Neue Triebe** und die zarten Knospen können bei Frost im Frühjahr leicht Schaden nehmen. Schützen Sie sie wenn nötig mit Vlies. **Kiwiblüten** sind weiß oder cremefarben und duften. Sie können bis 4 cm Durchmesser haben und sind entweder weiblich oder männlich.

Pflanzabstände
3–5 m.

Regelmäßige Pflege
■ WÄSSERN Wässern Sie während der Wachstumssaison großzügig und regelmäßig, im Herbst weniger.
■ DÜNGEN Düngen Sie ab März vor Beginn der Wachstumsperiode mit einem Universaldünger.
■ MULCHEN Verteilen Sie im März um die Basis der Pflanzen eine Schicht organischen Mulch.

Kiwis schneiden und erziehen
Kiwis sind sehr wuchskräftig: Wenn Sie sie nicht regelmäßig schneiden und erziehen, erhalten Sie eine üppig belaubte Kletterpflanze mit wenigen Früchten. Es gibt zwei Methoden der Erziehung, eine strenge und eine informelle. Für beide brauchen Sie ein stabiles Gerüst, denn die ausgewachsenen Pflanzen sind sehr schwer. Bei der strengen Methode wird die Pflanze als Spalier mit einem senkrechten Stamm gezogen. Von diesem zweigen links und rechts Seitenäste ab, die von waagrechten Drähten mit etwa 45 cm Abstand gestützt werden. An den Seitenästen erscheinen Seitentriebe. Diese entwickeln sich zu Fruchtspießen, wenn Sie sie auf 5–7 Blätter über der äußersten Frucht im Sommer einkürzen. Schneiden Sie sie im Winter abermals zurück, dieses Mal auf zwei Knospen über der Stelle, wo die äußerste Frucht hing. Am besten eignen sich selbstfertile Sorten fürs Spalier, denn Sie brauchen nur eine Pflanze erziehen.

Bei der informellen Methode lässt man die Pflanze über eine Pergola oder ein Gerüst klettern. Es ist aber hilfreich, wenn Sie die Seitenäste an Drähten oder Holzlatten entlang erziehen können, sobald sie oben angekommen sind. Kürzen Sie wie bei einem Spalier im Sommer die Spitzen und schneiden Sie im Winter den Neuaustrieb vom letzten Jahr zurück, sodass sich ein System aus Fruchtspießen entwickelt. Wenn Sie Sorten wählen, die nicht selbstfertil sind, dann pflanzen Sie eine männliche und eine weibliche Pflanze zusammen, notfalls ins selbe Pflanzloch.

Ernte und Lagerung
Kiwis reifen oft erst im Oktober. In einigen Regionen muss man sie früher pflücken, sonst nehmen sie bei Frost im Herbst Schaden. Das ist in Ordnung, denn sie reifen im Haus weiter und werden allmählich weicher. An einem kühlen, trockenen Ort halten sie sich oft einen Monat lang oder länger.

Ertrag
Es dauert lang, bis eine Kiwipflanze ihr volles Potenzial erreicht, manchmal bis zu sieben Jahre. Dann kann eine einzige Pflanze 10–15 kg Früchte tragen.

Mögliche Probleme
Kiwisträucher sind für wenige Schädlinge und Krankheiten anfällig. Bei Trockenheit oder unregelmäßigem Wässern können die Blätter abfallen. Kleine, unterentwickelte Früchte sind meist ein Zeichen für einen schlechten, zu kalten Sommer.

Eine Kiwipflanze klettert an einer selbst gebauten Pergola aus Holzpfosten und einem Drahtgitter empor.

Kapstachelbeeren

Kapstachelbeeren sind nach dem Kap der Guten Hoffnung an der Südspitze Afrikas benannt, wo man sie im 19. Jahrhundert anbaute. Sie sind auch unter ihrem botanischen Namen *Physalis* bekannt und gehören zur selben Familie wie Tomaten, Auberginen und Kartoffeln. Ihre nächste Verwandte ist die Tomatillo, deren Früchte ebenfalls essbar sind, und die Lampionblume, eine Zierpflanze.

Kapstachelbeeren sind kleine, runde orangefarbene Früchte, die sich in einem lampionartigen Kelch entwickeln. Sie haben einen charakteristischen würzig-süßen Geschmack, der für manche gewöhnungsbedürftig ist. Die Pflanzen brauchen warmes Klima, um verlässlich zu tragen. In kühleren Regionen sollten Sie sie deshalb im Gewächshaus ziehen. Wenn Sie im Freien aber erfolgreich Tomaten und Auberginen anbauen, lohnt es sich, auch mit Kapstachelbeeren einen Versuch zu wagen.

Die Früchte reifen ab dem Spätsommer und wie bei der Lampionblume (*Physalis alkekengi*) sind sie von lampionartigen Kelchen umgeben. Sie können die Früchte an der Pflanze lassen, bis sie orangegelb und vollreif sind, denn Vögel finden sie offenbar nicht sehr schmackhaft. Pflücken Sie sie aber vor dem ersten Frost.

Kapstachelbeeren anbauen

Kapstachelbeeren sind ausdauernde Pflanzen, kalte Winter überstehen sie jedoch nicht. Ziehen Sie sie deshalb am besten wie Einjährige jedes Jahr neu aus Samen. Die Pflanzen brauchen ähnliche Wachstumsbedingungen wie Tomaten. Es gibt keine Sorten mit Namen.

Das Jahr auf einen Blick

	Frühjahr			Sommer			Herbst			Winter		
	M	A	M	J	J	A	S	O	N	D	J	F
Aussaat drinnen	▬											
pflanzen unter einer Abdeckung		▬	▬	▬								
im Freien			▬	▬	▬							
Ernte						▬	▬	▬				

Wann und wo aussäen?
Säen Sie etwa im März im Haus aus. Füllen Sie Saatschalen oder Töpfe mit Aussaaterde und säen Sie 0,5 cm tief aus. Decken Sie die Töpfe ab und stellen Sie sie auf ein sonniges Fensterbrett oder in einen beheizten Anzuchtkasten. Die Samen brauchen ständig mindestens 10 °C um zu keimen.

Wann und wo pflanzen?
An einem sonnigen, geschützten Standort können Sie die Sämlinge zwischen April und Juni direkt ins Freie pflanzen. Wenn nicht, dann pflanzen Sie sie in Container oder ein Gewächshausbeet, wo sie an Bambusrohren oder Pfählen erzogen werden können.

Boden
Kapstachelbeeren brauchen fruchtbaren, durchlässigen Boden mit leicht saurem pH-Wert von etwa 6,5.

Pflanzabstände
- PFLANZEN 75 cm.
- REIHEN 1–1,2 m.

Kapstachelbeeren in Kübeln
Pflanzen Sie die Sämlinge in einen Topf oder Container mit mindestens 30–38 cm Durchmesser. Mischen Sie der Topferde etwas Sand oder groben Kies bei, um die Dränage zu verbessern. Bei kaltem Wetter können Sie die Töpfe unter eine Abdeckung bringen und im Sommer auf eine warme Terrasse oder einen Balkon.

Regelmäßige Pflege
- WÄSSERN Wässern Sie regelmäßig, übertreiben Sie aber nicht, sonst bildet sich zu viel Laub. Die Pflanzen mögen keine Staunässe.
- DÜNGEN Düngen Sie ein- oder zweimal mit Tomatendünger, wenn die Früchte sich bilden.
- AUSKNEIFEN Wenn die Pflanze keine Blüten

KAPSTACHELBEEREN PFLANZEN

Bereiten Sie den Standort vor, indem Sie Unkraut entfernen und organische Substanz in den Boden einarbeiten. Harken Sie dann die Bodenoberfläche, um Erdklumpen zu zerkleinern. Härten Sie im Haus gezogene Sämlinge ab, bevor Sie sie ins Freie pflanzen.

1 Graben Sie ein Loch, in das der Wurzelballen des im Topf gezogenen Sämlings gut passt. Füllen Sie Erde auf, drücken Sie sie an und wässern Sie gut.

2 Schützen Sie die Pflanzen mit einer Haube, wenn der Wind noch kalt ist oder Nachtfrostgefahr besteht.

hervorbringt, dann kneifen Sie die Triebspitzen aus.
■ STÜTZEN Die Pflanzen werden sehr hoch und müssen meist locker an einen Pfahl gebunden werden.

Ernte und Lagerung

Wenn die Früchte reifen, werden die Kelche papierartig und hellbraun. Die Früchte im Inneren färben sich immer tiefer gelborange und ihr Duft wird intensiver. Im Freien ist es ein Wettlauf mit der Zeit, ob die Früchte vor den ersten Frösten reifen. Wenn Sie sie pflücken müssen, bevor sie vollreif sind, ist das nicht schlimm: Sie reifen an einem trockenen und sonnigen, warmen Platz im Haus aus. Reife Früchte im Kelch kann man einige Wochen lagern.

Mögliche Probleme

Mit Kapstachelbeeren gibt es zum Glück kaum Probleme. Im Freien können Blattläuse (siehe S. 335) die Pflanzen befallen. Unter Glas können die üblichen Gewächshausschädlinge und Krankheiten auftreten, darunter Weiße Fliegen (siehe S. 341) und Echter Mehltau (siehe S. 325).

(oben, von links nach rechts) **Die Blüten** können bis zum Spätsommer erscheinen. So ist es nicht ungewöhnlich, wenn Früchte und Blüten gleichzeitig am selben Zweig zu sehen sind. **Kapstachelbeeren** kann man pflücken, wenn der aufgetriebene Kelch ausgetrocknet und hellbraun ist, die Früchte leuchtend orangegelb sind. Sie werden beim Reifen süßer, haben aber immer einen würzigen Geschmack. (unten) **Entfernen Sie** den ungenießbaren Kelch. Essen Sie die Früchte roh oder verarbeiten Sie sie bei einer guten Ernte zu Gelee.

Andere exotische Früchte

Diese Pflanzen sind nicht für jeden Hobbygärtner geeignet. Wenn Sie in einer kühl-gemäßigten Region leben, so bedenken Sie, dass ihre Verbreitungsgebiete weit entfernt liegen. Es kann Buschland und Halbwüste sein oder eine subtropische oder tropische Gegend. Sie können die Pflanzen nur unter Glas ziehen.

Avocados

Es macht Spaß, Avocados aus Samen zu ziehen. Ob die Pflanzen tatsächlich Früchte tragen, ist allerdings ein anderes Thema. In ihrem natürlichen Lebensraum, im tropischen Südamerika, herrschen ständig hohe Temperaturen und auch die Luftfeuchtigkeit ist hoch. In kühlem Klima kann man Avocados unter Glas ziehen, die Bäume brauchen aber viel Wärme, um Früchte zu tragen.

■ WIE ANBAUEN? Avocados kann man aus Samen ziehen. Weichen Sie den Kern in heißem Wasser ein und pflanzen Sie ihn in einen Topf mit Komposterde. Wenn Sie die Spitze abschneiden und in ein Fungizid tauchen, keimt er vielleicht schneller. Aber es dauert trotzdem Wochen, wenn nicht gar Monate, bis ein Trieb erscheint. Einfacher ist es, Pflanzen zu kaufen, die bereits krankheitsresistenten Unterlagen aufgepfropft wurden. Sie brauchen mehrere Pflanzen, damit eine Fremdbestäubung stattfinden kann. Avodados, die unter Glas gezogen werden, brauchen Temperaturen von 20–30 °C und 70 % Luftfeuchtigkeit und müssen regelmäßig gewässert und gedüngt werden. Auch dann tragen sie vielleicht nie, wenn die Tage zu kurz sind und die Sonne zu selten scheint.

Bananen

Bananen stammen ursprünglich aus Südostasien, heute werden sie aber in den meisten tropischen Regionen der Erde angebaut. Die Pflanzen sind zwar baumgroß, es handelt sich aber um Stauden, die aus unterirdischen Rhizomen austreiben.

■ WIE ANBAUEN? Wenn Sie die Bedingungen kennen, bei denen Bananenstauden Früchte hervorbringen, können Sie einschätzen, wie hoch Ihre Chancen sind: ständig Temperaturen von etwa 27 °C tagsüber und 20 °C nachts, eine Luftfeuchtigkeit von mindestens 50 % und jeden Tag etwa zwölf Stunden lang Sonnenlicht. Auch wenn Sie glauben, dies in einem Gewächshaus oder Folientunnel bieten zu können, dann behalten Sie im Hinterkopf, dass Bananenstauden groß sind: Sie können 8 m hoch werden. Wenn Sie nicht in den Tropen leben, müssen Sie wirklich ein hingebungsvoller Pflanzennarr sein, um Ihre eigenen Bananen anzubauen.

Japanische Wollmispeln

Diese Früchte, die auch Loquats genannt werden, sind etwa so groß wie Aprikosen. Sie haben ein weiches, aromatisches Fleisch, das süß oder sauer sein kann, je nach Reifegrad. Die Bäume sind immergrün und stammen aus China: Heute werden die Früchte aber in vielen Regionen mit subtropischem oder mediterranem Klima angebaut. Meistens blühen sie im Herbst und tragen im Frühjahr – deshalb muss der Winter mild sein, damit keine Frostschäden auftreten.

■ WIE ANBAUEN? Die Bäume sind tolerant, recht winterhart und leicht zu kultivieren. In kühlem Klima blühen sie aber womöglich nie und bilden sowieso nur Früchte, wenn man sie unter Glas zieht. Pflanzen Sie sie in warmen Regionen im Herbst an eine sonnige, geschützte Stelle. Meiden Sie Frostsenken. Wässern und düngen Sie die jungen Bäume in der Wachstumssaison. Ernten Sie die Früchte, wenn sie vollreif und ein wenig weich sind.

Mangos

Wie Avocadobäume sollten Sie Mangobäume eher aus Neugierde anpflanzen und nicht wirklich erwarten, dass sie Früchte tragen. Diese tropischen Pflanzen stammen aus Indien und Südostasien und tragen nur in ähnlich warmem Klima. Auch die kältetolerantesten Sorten brauchen Durchschnittstemperaturen von etwa 25 °C und sehr viel Licht. Bei Frost sterben sie fast immer ab.

■ WIE ANBAUEN? Sie können Mangos aus Samen ziehen, wenn Sie das Fruchtfleisch vor dem Pflanzen entfernen. Keimt der Same, dann wächst er aber zu einem Baum heran, der viel zu wüchsig ist und keine Früchte tragen wird. Kaufen Sie stattdessen einen jungen Baum, der einer zwergigen Unterlage aufgepfropft wurde. Im Freien brauchen Mangos einen geschützten Standort in voller Sonne und müssen bei Trockenheit gewässert werden.

Unter Glas brauchen sie Wärme, Licht und – außer, wenn sie blühen – hohe Luftfeuchtigkeit. Wässern Sie in der Wachstumssaison mit zimmerwarmem Regenwasser und düngen Sie mit Tomaten-Flüssigdünger.

Oliven

Es ist nicht einfach, Oliven selbst anzubauen – zumindest nicht, wenn sie so reif werden sollen, dass man sie essen kann. Auch wenn sie ausreifen, müssen sie mit Natronlauge behandelt werden, damit Bitterstoffe entfernt werden, und in Öl oder Salzlake eingelegt werden. Um Ihr eigenes Olivenöl zu pressen, brauchen Sie einen kleinen Obsthain. Die knorrigen, langlebigen Bäume sind jedoch sehr attraktiv, und in Gebieten mit milden Wintern kann man sie als Zierbäume pflanzen.

■ WIE ANBAUEN? Pflanzen Sie an einem geschützten, sonnigen Standort mit durchlässigem Boden.

(unten, von links nach rechts) **Avocadobäume** tragen duftende Blüten, die Früchte reifen in kühl-gemäßigtem Klima aber selten. **Bananenstauden** kann man unter Glas kultivieren, aber auch kleine Sorten sind ziemlich hoch. **Japanische Wollmispel-Bäume** tragen unter Glas manchmal. **Mangobäume** sind sehr groß, wählen Sie deshalb eine Zwergsorte. **Olivenbäume** sind als Kübelpflanzen beliebt.

Ziehen Sie die Bäume in kühleren Gegenden in Containern und bringen Sie sie im Winter unter Glas. Die meisten Sorten sind selbstfertil, bilden aber zuverlässiger Früchte, wenn sie von einem Partner bestäubt werden. Ältere Olivenbäume, die trockene Bedingungen gewöhnt sind, tolerieren Perioden mit wenig Wasser und brauchen nicht gedüngt werden. Der Schnitt erfolgt im Frühjahr: Schneiden Sie altes Holz zurück, sodass viele neue Seitentriebe austreiben, die im folgenden Jahr die Früchte tragen.

Papayas

Papayas stammen aus Zentralamerika, werden aber heute vielerorts auf der Erde angebaut.

■ **WIE ANBAUEN?** Im Freien gedeihen Papayas nur bei sehr warmen, sonnigen, feuchten Bedingungen. Frost, kalter Wind und staunasser Boden schädigen die Pflanzen oder lassen sie absterben. Auch die Bestäubung ist eine Herausforderung. Manche Pflanzen tragen sowohl männliche als auch weibliche Blüten und sind selbstfertil. Bei anderen Sorten bringt eine Pflanze entweder nur männliche oder nur weibliche Blüten hervor. Noch komplizierter wird die Sache, weil die Pflanzen im nächsten Jahr ihr Geschlecht wechseln können. Deshalb sollte man mehrere Bäume nahe beieinander pflanzen. In kühlem Klima gedeihen Papayas nur in großen beheizten Gewächshäusern oder Folientunnel.

Passionsfrüchte

Aus der großen Familie der Passionsblumen, immergrüner Kletterpflanzen, wird *Passiflora edulis* am häufigsten ihrer Früchte wegen gepflanzt. Passionsfrüchte, auch Maracujas genannt, sind oval, etwa so groß wie kleine Pflaumen. Sie haben runzelige violette oder gelbe Schale und orangegelbes Fleisch. Die fleischigen Samen kann man aus den Früchten löffeln.

■ **WIE ANBAUEN?** Die Pflanzen brauchen frostfreie Winter und in der Wachstumsperiode Durchschnittstemperaturen von 20–24 °C. Manchmal fühlen sie sich in der Ecke einer sonnigen Terrasse oder vor einer Südmauer wohl. Wenn nicht, dann ziehen Sie sie unter Glas. Säen Sie die Samen im Haus aus und pflanzen Sie die Sämlinge im Mai oder Juni ins Freie (genauso wie Melonen, siehe S. 297). Erziehen Sie die Kletterpflanzen an Drähten oder an einer Pergola. Wässern Sie viel und düngen Sie mit Tomatendünger. Schneiden Sie im Winter die Seitentriebe des letzten Jahres auf zwei Knospen über dem Haupttrieb zurück, denn sie tragen nicht mehr. So regen Sie Neuaustrieb an.

Papaus

Papaus, auch als Indianerbananen bekannt, stammen aus Nordamerika und werden dort häufig angebaut. In Europa findet man sie selten. Obwohl sie nicht unbedingt zu den empfindlichen Pflanzen gehören, bringen sie in nördlichen Regionen auch in warmen Sommern nur wenige unreife Früchte hervor. Deshalb sollte man sie unter Glas ziehen. Wenn sie reif sind, haben die gelbgrünen Früchte ein cremiges Fleisch mit mildem Geschmack, der an eine Mischung aus Banane, Mango und Zitrusfrucht erinnert. Essen Sie sie nicht unreif, denn dann rufen sie Bauchschmerzen hervor.

■ WIE ANBAUEN? Pflanzen Sie in der Ruhezeit im Spätherbst oder zeitigen Frühjahr. Wählen Sie einen geschützten Standort mit tiefgründigem, durchlässigen Boden. Manche Sorten sind selbstfertil, andere müssen von Hand bestäubt werden. Düngen und wässern Sie im Frühjahr und Frühsommer regelmäßig. Ernten Sie die Früchte im September oder Oktober.

Pepinos

Die Pepino oder Melonenbirne erinnert ein wenig an eine kleine Melone. Die Früchte sind gelb, cremefarben oder grün mit saftigem orangegelbem Fleisch, das wie eine Mischung aus Melone, Birne und Gurke schmeckt. Die Pflanzen stammen aus den südamerikanischen Anden und gehören zur selben Familie wie Kartoffeln und Tomaten.

■ WIE ANBAUEN? Ziehen Sie Pepinos aus Samen, genau wie Tomaten oder Paprika. Säen Sie diese im Spätwinter in Töpfen aus, entweder im Haus auf einem sonnigen Fensterbrett oder in einem Anzuchtkasten. Pflanzen Sie sie in kühl-gemäßigtem Klima in Substratsäcke oder Container um. Man kann die Pflanzen ins Freie pflanzen, wenn die Frostgefahr wieder vorüber ist. Im Herbst sollte man sie aber unter Glas bringen, damit die Früchte ausreifen können. Sie werden gestützt, ausgekniffen und gedüngt wie Tomaten.

Kakipflaumen

Kakipflaumen stammen aus Japan, China und anderen Teilen Asiens. Die großen Bäume gedeihen in kühlem Klima, sind aber im Frühjahr anfällig für Frost und brauchen im Herbst warme Temperaturen, damit die Früchte ausreifen. Je nach Sorte sind die Früchte entweder adstringierend (sie haben einen hohen Tanningehalt und sind zu bitter, wenn man sie nicht kocht) oder nicht adstringierend (so süß, dass man sie roh essen kann, wenn sie reif sind). Amerikanische Kakipflaumen sind kälteresistenter, die Früchte sind jedoch meist kleiner und adstringierender.

■ WIE ANBAUEN? Wählen Sie eine sonnige, geschützte Stelle und pflanzen Sie in fruchtbarem, durchlässigem Boden. Meiden Sie Frostsenken. Wässern Sie, wenn die Gefahr besteht, dass der Baum austrocknet. Kakis kann man unter Glas ziehen, sie brauchen aber einen sehr großen Container.

Ananas

Die Ananas stammt aus Zentralamerika. Christoph Kolumbus brachte die ersten Früchte zum Ende des 15. Jahrhunderts nach Europa. Die Pflanzen brauchen subtropische oder tropische Wachstumsbedingungen: hohe Temperaturen, hohe Luftfeuchtigkeit, nährstoffreichen Boden und viel Licht.

■ WIE ANBAUEN? In kühlen Regionen kann man Ananas nur in einem großen Gewächshaus oder

(von links nach rechts) **Papayas** wachsen an palmenähnlichen Bäumen. **Passionsblumen** tragen herrliche Blüten und köstliche Früchte. **Papaus** stammen aus Nordamerika und sind nicht mit den tropischen Papayas verwandt. **Pepinos** erinnern an kleine Melonen. **Kakipflaumen** halten sich lang, wenn ein Stück Stiel an der Frucht bleibt. **Ananas** entwickeln sich an der Spitze des Blütenstands.

Folientunnel in Containern anbauen. Die Pflanzen können 4 m hoch werden. Am einfachsten ist es, sie aus reifen Ananas zu ziehen, die Sie im Obstladen gekauft haben. Schneiden Sie den Blattschopf mit etwa 1 cm des Fruchtfleischs ab – nicht mehr, sonst verfault es. Stellen Sie ihn eine Woche lang bei mindestens 18 °C in einen Suppenteller, damit er austrocknet. Pflanzen Sie ihn dann in einen Topf mit 30 cm Durchmesser, sodass die Basis der Blätter sich auf Substratniveau befindet. Gießen Sie regelmäßig. Die Temperatur sollte nicht unter 20 °C sinken oder über 32 °C ansteigen. Düngen Sie im Frühjahr und Sommer mit flüssigem Tomatendünger und sorgen Sie für hohe Luftfeuchtigkeit. Es kann mehrere Jahre dauern, bis sich eine – wahrscheinlich kleine – Frucht bildet.

Ananasguaven

Die Früchte sind auch als Brasilianische Guaven oder Feijoras bekannt. Der Baum stammt aus dem subtropischen Südamerika und kommt dort in hohen Lagen vor. Er gedeiht aber auch in vielen kühl-gemäßigten Regionen, wo man ihn oft als Zierpflanze kultiviert. Um Früchte zu bilden, brauchen die Bäume lange, heiße Sommer. Sie müssen vor Frost geschützt werden, damit im späten Frühjahr die Blüten nicht geschädigt und im Herbst die unreifen Früchte nicht zerstört werden.

■ WIE ANBAUEN? Die Bäume kann man aus Samen ziehen, einfacher ist es aber, eine junge Containerpflanze zu kaufen. Pflanzen Sie sie an eine warme, sonnige geschützte Stelle oder in einen Kübel, den Sie im Winter und bei Frostgefahr unter Glas bringen können. Wässern Sie im Frühjahr und Sommer regelmäßig. Schneiden Sie nach der Ernte leicht.

Ananasguaven sind hühnereigroße Früchte mit grüner Schale und süßem, aromatischem Fleisch, das nach Ananas und Minze schmeckt. Auch die Blüten sind essbar.

Granatäpfel

Granatäpfel stammen aus Südwestasien und gedeihen in heißem, trockenem Klima am besten. Versuchen Sie es gar nicht erst, wenn Sie den Pflanzen nicht das richtige Mikroklima bieten können. In kühlgemäßigten Regionen haben Sie eine Chance, wenn Sie sie unter Glas ziehen – denken Sie immer daran, dass sie keine hohe Luftfeuchtigkeit mögen.

■ WIE ANBAUEN? Die Bäume kann man aus Samen ziehen. Besser ist es, eine Pflanze zu kaufen, die aus einem Steckholz gezogen wurde. Füllen Sie einen Topf von 21–24 cm Durchmesser mit Universalerde, der Sie Kies beigemischt haben, um die Dränage zu verbessern. Wässern Sie im Frühjahr und Sommer regelmäßig, aber nicht zu viel, im Winter seltener. Düngen Sie in der Wachstumssaison mit flüssigem Tomatendünger. Pflanzen Sie Bäume im Freien an einen sonnigen geschützten Standort. Die Bäume sind selbstfertil, tragen aber besser, wenn sie einen Partner haben. Schneiden Sie im Winter und zeitigen Frühjahr während der Ruhezeit.

Kaktusfeigen

Der Feigenkaktus kommt in den trockenen Gegenden im Süden und Westen der USA, Zentral- und

ERDBEERGUAVEN, BAUMTOMATEN

Südamerikas und der Mittelmeerregion vor. Die violetten oder roten Früchte, die sich an den abgeflachten Segmenten bilden, sind essbar, wenn man die Stacheln vorher gründlich entfernt.

■ WIE ANBAUEN? In kühl-gemäßigten Regionen kann man die Kakteen nur in einem Gewächshaus oder Wintergarten kultivieren. Sie brauchen ständig Temperaturen von 18–25 °C und können erfrieren, wenn die Temperaturen längere Zeit unter 10 °C fallen. Der Boden sollte sandig und durchlässig sein, die Luft trocken. Abgesehen davon sind die Pflanzen anspruchslos. Aber seien Sie geduldig, es kann mehrere Jahre dauern, bevor sie Früchte tragen – und fassen Sie sie nie ohne Handschuhe an.

Erdbeerguaven

Die Pflanze gehört zur selben Familie wie der immergrüne Myrthenstrauch. Sie stammt aus dem tropischen Zentral- und Südamerika, wo sie fünf Meter hoch werden kann. Es gibt auch eine Sorte mit gelber Schale. Apfelguaven sind nah verwandt, die Früchte sind aber größer und die Pflanzen tolerieren tiefe Temperaturen nicht so gut.

■ WIE ANBAUEN? Um Erdbeerguaven im Freien anzubauen, brauchen Sie einen sonnigen, geschützten frostfreien Standort, wo im Sommer tagsüber Temperaturen von 24–30 °C herrschen. In kühlgemäßigten Gegenden ist es ratsamer, die Pflanzen im Kübel zu ziehen und sie wenn nötig unter Glas zu bringen. Bestäuben Sie mit der Hand und wässern und düngen Sie in der Wachstumssaison regelmäßig. In warmem Klima blühen die Pflanzen fortwährend und die Früchte reifen das ganze Jahr über. In kühlerem Klima kann man die Früchte zwischen Oktober und Dezember ernten.

Baumtomaten

Baumtomaten, die auch als Tamarillos bekannt sind, gehören zur selben Familie wie Tomaten und Auberginen. Sie stammen aus dem subtropischen Südamerika. Die Früchte sind eiförmig mit grüner Schale, die sich allmählich rot, orangefarben oder gelb färbt. Nur vollreif sind sie so süß, dass man sie roh essen kann. Die Schale ist ungenießbar.

■ WIE ANBAUEN? Baumtomaten brauchen viel Sonne, hohe Temperaturen und einen geschützten Standort. Frost vertragen sie nicht. Pflanzen Sie in nährstoffreiche, durchlässige Erde und wässern Sie während trockener Perioden viel. Kultivieren Sie sie in kühlem Klima in Containern unter Glas.

(unten, von links nach rechts) **Ananasguaven** wachsen an kleinen Bäumen mit dunklen, ledrigen Blättern. **Granatäpfel**, die in ihrem natürlichen Verbreitungsgebiet an kleinen Bäumen wachsen, reifen nur in sehr warmen Sommern aus. **Feigenkakteen** sind kälteresistenter als viele andere Kakteen und die Früchte schmecken hervorragend, die Stacheln sind jedoch sehr unangenehm. **Erdbeerguaven** verarbeitet man traditionell zu Gelee. **Baumtomaten** reifen in Peru und Brasilien zuverlässig aus. In kühleren Regionen schmecken sie roh meist nicht, aber man kann sie einkochen.

Der Obst-Doktor

Fast jeder Obstgärtner wird Ihnen erzählen, dass er mit etlichen Schädlingen und Krankheiten zu kämpfen hat. Warum? Wahrscheinlich hat das zwei Gründe: Erstens sind Obstbäume und Beerensträucher langlebiger als andere Nutzpflanzen. Die meisten Gemüse hingegen sind einjährige Pflanzen. Wenn Sie bei ihrem Anbau Fruchtwechsel betreiben, werden Infektionen oder Kolonien im Boden lebender Insekten kaum zum dauerhaften Problem. Bei Obstpflanzen können sich solche Probleme im Lauf der Zeit entwickeln. Zweitens gibt es kaum etwas im Garten, was für Wespen, Fliegen, Vögel und andere Tiere so attraktiv ist wie süße reife Früchte.

Mit Netzen und Zäunen können Sie Vögel und andere Tiere am wirkungsvollsten fernhalten. Und Hygiene sowie die richtigen Wachstumsbedingungen sind die besten Voraussetzungen für gesunde Pflanzen. Außerdem sollten Sie sich möglichst gut informieren, was Ihnen begegnen kann. In diesem Kapitel sind die Schädlinge, Parasiten, Krankheiten und Mangelerscheinungen aufgeführt, die bei Obstbäumen und Beerensträuchern am häufigsten auftreten.

Hier ist die Diagnose nicht schwierig: Monilia Fruchtfäule hat diese Kirschen zerstört. Entfernen und vernichten Sie sie gleich, sonst können sich die Pilzsporen schnell verbreiten und andere Teile des Baums infizieren.

Was stimmt nicht?

Wenn mit Ihren Pflanzen etwas nicht in Ordnung ist, kann es sich um folgende Ursachen handeln: eine Pflanzenkrankheit, Schädlinge, Parasiten – oder einen Mangel, eine Störung wegen falscher Wachstumsbedingungen. Schäden, die Vögel und Insekten verursachen, sind oft am leichtesten zu erkennen: Wenn es auf Ihren Pflanzen vor Blattläusen wimmelt, Tauben Ihre Erdbeeren plündern, sind die Missetäter nicht zu übersehen. Offensichtlich ist meist auch, wenn Pflanzen durch Frost oder Wassermangel Schaden genommen haben. Bei vielen von Bakterien, Pilzen und Viren verursachten Krankheiten ist die Diagnose schwierig. Auch Milben sind so winzig, dass man sie mit bloßem Auge nicht erkennt.

Krankheit oder Mangelerscheinung?
Oft sind die sichtbaren Symptome bei Schädlingsbefall, Krankheiten und Mangelerscheinungen ähnlich. Das Welken von Blüten und neuen Trieben oder verkrüppelte gelbe Blätter gehören zu den häufigen Anzeichen, dass etwas nicht in Ordnung ist. Oft sind solche Symptome keine Krankheiten, sondern nur die Reaktion der Pflanze auf Stress – vielleicht durch Frost, Wasser- oder Nährstoffmangel. Stellen Sie nicht zu rasch eine Diagnose. Und vor allem: Greifen Sie nur zu Chemikalien, wenn Sie sicher sind, dass es keine Alternative gibt.

(unten, von links nach rechts) **Frostschäden** treten auf, wenn die Temperaturen unter den Gefrierpunkt sinken. Die Flüssigkeit in den Zellen dehnt sich aus und die Zellwände reißen. Blüten und junge Triebe sterben ab. **Das Wässern** von Pflanzen in Kübeln ist bei heißem Wetter unerlässlich. Sie trocknen schneller aus als Pflanzen im Erdboden. **Sickerschläuche** und Tropfbewässerungssysteme wässern den Boden und nicht das Laub und sind eine gute Investition.

WAS STIMMT NICHT?

Gute oder schlechte Bedingungen?

Jede Pflanze gedeiht nur unter den für sie günstigen Bedingungen. Wenn Sie Obst anbauen, sollte das Ihr Leitspruch sein, denn Sie wünschen sich ja, dass Ihre Pflanzen möglichst viele gesunde, schmackhafte Früchte tragen. Ein Baum oder Strauch, der zwar nicht eingeht, aber kaum trägt, erfreut niemanden.

Wassermangel, starker Wind oder Frost, zu wenig Licht, staunasser Boden und Mineralienmangel oder -überschuss bedeuten schlechte Wachstumsbedingungen. Es sollte Ihr Anliegen sein, dies in den Griff zu bekommen. Gesunde Pflanzen werden seltener von Schädlingen und Parasiten befallen oder mit Pilzen, Viren oder Bakterien infiziert.

Außerdem wird oft versucht, Früchte in einem Klima anzubauen, das dem im ursprünglichen Verbreitungsgebiet der Pflanzen nicht entspricht. In kühl-gemäßigten Regionen ist es immer eine Herausforderung, Pfirsiche, Nektarinen, Aprikosen, Feigen, Melonen und Trauben im Freien anzubauen. Tropische und subtropische Pflanzen, wie Avodacos, Mangos, Papayas und Bananen, gedeihen nur in einem beheizten Gewächshaus, in dem genau auf das Mikroklima geachtet wird. Nicht nur die Temperatur ist wichtig, sondern auch die Luftfeuchtigkeit, die Lichtintensität und die Anzahl der Stunden mit Tageslicht.

Freund oder Feind?

Wildlebende Tiere sollten jedem Gärtner zwar willkommen sein, mitunter werden sie aber zu Konkurrenten. Vögel sind wichtige Verbündete des Gärtners, bieten Sie z.B. Meisen einen Nistkasten an: Sie fressen Larven, Raupen und dezimieren so Insekten, die Schäden anrichten. Andere Vogelarten jedoch plündern Beerensträucher und Erdbeerbeete in wenigen Stunden. Insekten ebenso: Viele sind dem Obstgärtner sehr nützlich – wie Bienen, Schwebfliegen, Marienkäfer- und Florfliegenlarven. Andere richten Schäden an, fressen Gänge in die Früchte.

Interessanterweise kann man bestimmte Insektenarten gegen andere Insekten einsetzen, die Schäden verursachen. In der biologischen Schädlingsbekämpfung werden Raubmilben oder parasitische Wespen ausgesetzt, die Schädlinge töten, wie Weiße Fliegen oder Rote Spinnmilben. Mit Nematoden (winzigen Würmern) kann man Schnecken bekämpfen.

(unten, von links nach rechts) **Marienkäfer** sind in jeder Hinsicht nützlich. Die Käfer sowie die Larven vertilgen Blattläuse. **Gewächshäuser** bieten ein Mikroklima, in dem Sie noch mehr Obstsorten anbauen können – für manche Schädlinge bieten sie jedoch ebenfalls himmlische Bedingungen. **Mit Bierfallen** kann man auf umweltfreundliche Weise Wespen von den Früchten fernhalten.

Gesunder Boden

Es ist ganz entscheidend, in welchen Boden Sie Ihre Obstbäume und Sträucher pflanzen. Ist er fruchtbar und hat er eine gute Struktur, dann stehen die Chancen gut, dass die Pflanzen gut gedeihen und gesund bleiben. Böden sind sehr unterschiedlich. Manche sind leicht und sandig, andere schwer und lehmig. Sie können sauer oder alkalisch sein, nährstoffreich oder arm.

Bodenstruktur
Alle Böden bestehen aus winzigen Gesteinspartikeln, Wasser und organischer Substanz aus verrotteten Pflanzen- und Tierresten. Vor allem die Größe der Partikel bestimmt die Bodenart. Bei Sandböden sind die Partikel ziemlich groß, deshalb fühlen sie sich meist leicht und körnig an. Lehmböden bestehen aus viel kleineren Partikeln, daher sind sie schwerer und dichter, eher wie Teig. Je mehr organische Substanz, also Humus, der Boden enthält, desto besser ist seine Struktur. Lehmböden sind dann durchlässiger und werden nicht so schnell staunass. Organische Substanz sorgt bei Sandböden für ein besseres Wasserspeichervermögen und Nährstoffe werden vom Regen nicht so schnell ausgespült.

Saure und alkalische Böden
Alle Böden haben einen bestimmten pH-Wert. Dieser zeigt an, wie sauer oder alkalisch der Boden ist. Böden mit niedrigem pH-Wert sind sauer, solche mit hohem pH-Wert alkalisch. Meist spielt dies keine allzu große Rolle, denn viele Obstpflanzen sind in dieser Hinsicht recht tolerant. Eine Ausnahme bilden Heidelbeeren und Cranberrys: Sie gedeihen nur in sauren Böden gut.

■ SAURE BÖDEN sind arm an Kalzium. Man kann sie leicht alkalischer machen, indem man Kalk (Kalziumkarbonat) oder kalkreiches Material wie Pilzkompost zusetzt.

SAUER ODER ALKALISCH?
1–5	sehr sauer
6	sauer
6,5	leicht sauer
7	neutral
7,5	leicht alkalisch
8	alkalisch
9–14	sehr alkalisch

Den pH-Wert des Bodens können Sie mit einfachen Tests messen. Geben Sie etwas Boden in die Lösung im Teströhrchen, schütteln Sie und gleichen Sie die Farbe mit der beiliegenden Skala ab.

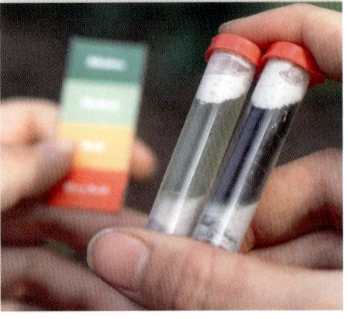

(unten, von links nach rechts) **Nasser Lehmboden** ist klebrig und kann zu einer Kugel geformt werden. **Sandiger Boden** ist leicht und die großen Partikel haften nicht aneinander. **Sie können den Boden** alkalischer machen, wenn Sie Kalk verteilen. Tragen Sie dabei Handschuhe und eine Staubmaske.

■ **ALKALISCHE BÖDEN** sind reich an Kalzium und oft findet man sie in Gebieten mit Kalkstein- und Gipsvorkommen. Sie können eine Mangelerscheinung hervorrufen, die Kalkchlorose (siehe S. 320). Alkalische Böden werden saurer, wenn man kompostierte Sägespäne, Kiefernrinde oder -nadeln, Schwefelblüte oder Azaleensubstrat auf Lehmbasis einarbeitet.

Düngung des Bodens
Große alljährliche Erträge stellen enorme Anforderungen an den Boden, denn die Pflanzen entnehmen ihm viele Nährstoffe. Deshalb sollte man einen Teil der Nährstoffe ersetzen. Wenn Sie Ihren Boden düngen, bleibt er gesund und fruchtbar. Es gibt zwei Möglichkeiten. Die erste ist es, organische Substanz in Form von Kompost oder Stallmist einzuarbeiten. Die zweite ist der Einsatz von organischen oder synthetischen Düngern.

Kompost und Stallmist
Diese natürlichen Stoffe bestehen aus zersetzten Pflanzenteilen und tierischen Abfällen. Wenn Sie sie vor dem Pflanzen in den Boden einarbeiten, verbessert sich die Struktur. Verdichtete Schollen werden aufgebrochen, sodass die Luft zirkulieren und die Wurzeln tief eindringen und sich gut ausbreiten können. Auch die Dränage ist besser. Lehmböden werden durchlässiger und sandige Böden können die Feuchtigkeit länger speichern.

Stallmist ist ein idealer Bodenverbesserer. Er besteht aus Stroh und den Exkrementen von Tieren, manchmal sind Hobel- oder Sägespäne darunter. Lassen Sie ihn mindestens sechs Wochen verrotten, bevor Sie ihn ausbringen. Kompost aus Garten- und Haushaltsabfällen besteht aus verrotteten Pflanzenteilen, die von winzigen Mikroorganismen aufgebrochen wurden. Sie können ihn kaufen, aber auch leicht selbst herstellen.

Wenn Bäume und mehrjährige Obstpflanzen eingewachsen sind, bringen Sie jedes Jahr reifen Kompost oder Mist als Mulch auf der Bodenoberfläche aus. Mit der Zeit ziehen ihn die Regenwürmer in den Boden.

Dünger
Dünger sind eine höher konzentrierte, schneller wirksame Nährstoffquelle als Stallmist und Kompost. Meist sind sie in flüssiger Form oder als Pulver, Granulat oder Pellets im Handel. Es gibt organische und synthetische Dünger. Organische Dünger bestehen aus pflanzlichen oder tierischen Stoffen. Zu ihnen gehören Mehl aus Knochen, Blut, Hufen und Hörnern, Fischmehl und Algenextrakte. Synthetische Dünger werden in einem industriellen chemischen Verfahren hergestellt.

Hauptnährelemente
Alle Dünger enthalten mindestens eines der drei Hauptnährelemente, die die Pflanzen dem Boden entnehmen: Stickstoff (N in Form von Nitraten), Phosphor (P in Form von Phosphaten) und Kalium (K in Form von Kaliumsulfat). Viele Dünger enthalten alle drei Bestandteile. Manche enthalten auch Kalzium, Magnesium und Schwefel und Spurenelemente wie Bor, Kupfer, Mangan und Molybdän.

(von oben nach unten) **Verteilen Sie** gut verrotteten Kompost oder Mist um die Pflanzen. Häufen Sie ihn aber nicht um den Stamm an. **Stallmist verbessert** die Bodenstruktur und gibt dem Boden wertvolle Nährstoffe zurück. **Der Kompost** verrottet im Komposthaufen im Garten zu nährstoffreichem, fruchtbarem Material, das dunkel und krümelig sein sollte.

Häufige Mangelerscheinungen

Fehlen Pflanzen die zum Wachstum notwendigen Nährstoffe, gedeihen sie nicht gut und zeigen Anzeichen von Mangelernährung, genau wie wir Menschen. Oft sind die Mineralien zwar im Boden vorhanden, der Chemismus verhindert jedoch, dass die Pflanzen sie gut aufnehmen können – Wassermangel oder zu saurer oder alkalischer Boden können die Ursache sein.

Bormangel

Bor wird durch starken Regen schnell aus leichten Böden ausgewaschen. In sehr trockenen oder frisch gekalkten Böden ist der Borgehalt gering.

■ **Symptome** Triebe sterben ab, Blätter werden gelb, brüchig. Apfel und Birnen können missgebildet sein und korkige Flecken aufweisen. Erdbeeren sind klein und blass, die Blätter sind verkrüppelt mit gelben Spitzen.

■ **Was tun?** Mischen Sie Borax mit Gartensand und harken Sie ihn ein, möglichst vor dem Pflanzen.

Eisenmangel (Kalkchlorose)

Selten findet man Böden, in denen wirklich zu wenig Eisen vorhanden ist. Meist verhindert der hohe Kalziumgehalt in frisch gekalkten oder sehr alkalischen Böden, dass die Pflanze das vorhandene Eisen aufnehmen kann. Deshalb spricht man von Kalkchlorose. Meist tritt dies gleichzeitig mit Manganmangel auf.

■ **Symptome** Die Blätter werden gelb, erst an den Rändern und dann zwischen den Adern. Schließlich kann das ganze Blatt braun werden und verwelken. Junge Blätter sind zuerst betroffen. Die Symptome ähneln denen von Mangan- und Magnesiummangel. Baumobst, wie Äpfel, Birnen und Pfirsiche und Beerenobst wie Erdbeeren, Himbeeren und Heidelbeeren können starke Mangelerscheinungen zeigen.

■ **Was tun?** Manchmal hilft es, den Boden durch Nadel-, Laubkompost oder Torf saurer zu machen. Eisenhaltige Blattdünger helfen, Eisenchelate als Maßnahme über den Boden sind lange wirksam.

Kaliummangel

Dieser tritt vor allem in leichten, sandigen Böden auf.

■ **Symptom** Kalium ist für die Wasseraufnahme und Fotosynthese wichtig. Bei Kaliummangel werden die Blätter gelb, vertrocknen an den Rändern und können an der Unterseite braun-violette Flecken aufweisen.

HÄUFIGE MANGELERSCHEINUNGEN

Die Blüte fällt schwach aus, die Früchte sind klein und die Pflanzen sind anfälliger für Krankheiten.
■ **Was tun?** Einen Dünger mit Kaliumsulfat geben. Auch kompostierter Beinwell erhöht den Kaliumgehalt.

Kalziummangel
In sauren Böden ist der Kalziumgehalt niedrig. Auch wenn ausreichend Kalzium vorhanden ist, können Pflanzen es nicht aufnehmen, wenn der Boden sehr trocken ist. Bei unausgewogener Düngung.
■ **Symptome** Äpfel entwickeln Stippigkeit (siehe S. 330). Manchmal wird das Fruchtfleisch glasig.
■ **Was tun?** Kalken Sie den Boden und harken Sie den Kalk ein, um den pH-Wert zu erhöhen. Wässern Sie regelmäßig und mulchen Sie, sodass die Feuchtigkeit besser gehalten wird.

Magnesiummangel
Starker Regen kann Magnesium aus leichten Böden ausschwemmen. Auch in sauren Böden oder nach der Verabreichung von kaliumreichem Dünger kann der Gehalt gering sein.
■ **Symptome** Die Blätter werden zwischen den Adern und um die Ränder gelb, denn bei Magnesiummangel kann kein grünes Chlorophyll gebildet werden. Die gelben Stellen können sich rot, violett oder braun färben. Anders als bei Eisen- und Manganmangel sind ältere Blätter zuerst betroffen.
■ **Was tun?** Magnesiumsulfat in den Boden einarbeiten, Algenkalk oder Bittersalz anwenden.

Manganmangel
Manganmangel tritt meist bei sauren, torfigen Böden oder sandigen Böden mit schlechter Dränage auf.
■ **Symptome** Fast dieselben wie bei Eisenmangel, der oft gleichzeitig vorkommt.
■ **Was tun?** Kalken Sie nicht zu häufig, wenn das Problem besteht. Spritzen Sie betroffene Pflanzen mit einer Lösung aus Mangansulfat.

Stickstoffmangel
Böden mit zu wenig organischer Substanz sind am häufigsten von Stickstoffmangel betroffen, außerdem Kübelsubstrat. Anhaltende starke Regenfälle, die Nährstoffe ausschwemmen, verstärken das Problem.
■ **Symptome** Die Blätter sind hellgrün oder gelb, weil zu wenig Chlorophyll gebildet wird. Manche färben sich auch rosa, rot oder violett. Ältere Blätter sind am stärksten betroffen. Die Pflanzen sind meistens kleiner und wachsen schmächtiger heran.
■ **Was tun?** Arbeiten Sie viel Kompost, Stallmist oder andere organische Substanz ein, verabreichen Sie einen stickstoffreichen Dünger.

(unten, von ganz links bis rechts) **Stippigkeit** ist bei Äpfeln ein Zeichen von Kalziummangel, der oft bei zu trockenem Boden auftritt. **Chlorose** wird durch Eisen- oder Manganmangel hervorgerufen: Die Blätter sind zwischen den Adern gelb. **Kaliummangel** verursacht Gelbwerden der Blätter, von Rand und Spitze her. **Im fortgeschrittenen Stadium** werden die Blätter typischerweise braun und trocknen aus, die Ränder rollen sich nach oben.

Krankheiten

Die meisten Krankheiten der Obstbäume und -sträucher werden von Pilzen, Viren oder Bakterien verursacht. Die Mikroorganismen (oder Pathogene) dringen in die Pflanze ein und verhindern ein normales, gesundes Wachstum. Manchmal sind die Symptome einer Infektion nicht gravierend und können gut behandelt oder gar ignoriert werden, die Pflanze erholt sich. In schweren Fällen jedoch kann eine Pflanze so stark geschwächt werden, dass sie abstirbt.

Wie Krankheiten verbreitet werden

Die meisten Pilzinfektionen werden durch Sporen verbreitet, die vom Wind oder mit Spritzwasser von einer Pflanze zur nächsten transportiert werden. Bakterien breiten sich genauso aus, können aber auch von Insekten und anderen Tieren transportiert werden. Viren werden oft von Saft saugenden Insekten übertragen, häufig von Blattläusen. Auch über infizierte Sämlinge oder Stecklinge können sie verbreitet werden.

Krankheiten vorbeugen

Grundsätzlich ist die beste Vorbeugung, möglichst resistente Sorten anzubauen. Erkundigen Sie sich beim Pflanzenkauf danach.
Pflanzen sind am meisten gefährdet, wenn sie beschädigt sind oder frisch geschnitten: Krankheitserreger dringen durch offene Wunden ein. Auch bei feuchten Bedingungen und schlechter Luftzirkulation breiten sich Krankheiten stärker aus.

- LASSEN SIE PFLANZEN nicht zu dicht werden. Das Licht sollte in die Pflanze gelangen und die Luft frei zirkulieren können.
- JÄTEN, wässern und düngen Sie maßvoll und schaffen Sie die richtigen Wachstumsbedingungen. Je gesünder Ihre Pflanzen sind, desto resistenter sind sie gegen Infektionen.
- DESINFIZIEREN SIE Werkzeuge vor und nach dem Gebrauch.
- BESEITIGEN SIE abgebrochene Äste, Falllaub und abgeschnittene Triebe. Vernichten Sie alle möglicherweise infizierten Pflanzenteile.

Behandlung kranker Pflanzen

Manche Pilzkrankheiten können mit Fungiziden behandelt werden, die die Pilzsporen abtöten. Einige wirken nur bei Kontakt: Der Pilz muss direkt besprüht werden. Andere sind systemisch: Sie werden ins Pflanzengewebe aufgenommen und zirkulieren in der Pflanze. Fungizide können synthetisch sein (wie Mancozeb), seit Langem werden außerdem Präparate auf Kupferbasis angewendet. Sie sollten sie umsichtig einsetzen und die Anweisungen des Herstellers beachten.

Viruskrankheiten lassen sich selten behandeln. Graben Sie betroffene Pflanzen aus, vernichten Sie sie. Bakterienkrankheiten sollte man gleich bekämpfen. Entfernen Sie Pflanzenteile mit verräterischen Symptomen.

(von oben nach unten) **Reinigen Sie** die Werkzeuge nach dem Gebrauch. Verwenden Sie eine Desinfektionslösung oder ein Spray, um Bakterien abzutöten, und trocknen Sie die Klingen ab. **Wenn Sie Produkte** direkt auf die Blätter der betroffenen Pflanzen sprühen, sollten Sie die Mengen immer genau dosieren und nur so viel anmischen, wie Sie benötigen.

Häufige Krankheiten

1 Monilia Fruchtfäule
Die Sporen dieses Pilzes dringen meist in Früchte ein, deren Schale aufgesprungen ist oder von Vögeln oder Insekten angefressen wurde. Die Fäule kann sich schnell ausbreiten (siehe S. 328).

2 Obstbaumkrebs
Pilzsporen dringen durch Spalten in der Rinde oder an Schnittstellen ins Holz ein. Bakterienbrand (siehe S. 324) verbreitet sich auf dieselbe Weise. Knospen, Triebe und Blätter sowie Stamm und Äste können betroffen sein.

3 Triebsterben
Wenn neue Triebe welken und absterben, können verschiedene Infektionen die Ursache sein. Am häufigsten sind Grauschimmel (siehe S. 326) und *Eutypa* (siehe S. 326).

4 Flecken auf den Blättern
Bei Flecken und Verfärbungen ist die Diagnose oft schwierig. Eine Pilzinfektion (pilzliche Blattfleckenkrankheiten, siehe S. 328) kann die Ursache sein. Es kann aber auch ein Symptom von Bakterienbrand sein (siehe S. 324).

5 Mehltau
Echter Mehltau (siehe S. 325) kommt sehr häufig vor und kann viele Obstbäume und -sträucher befallen. Die Pflanze stirbt selten ab, kann aber kümmerlich wachsen. Es ist wichtig, den Pilz an der Ausbreitung zu hindern. Falscher Mehltau (siehe S. 326) kommt häufig bei Weintrauben vor.

6 Schimmel
Mit größter Wahrscheinlichkeit wird Ihnen Grauschimmel (siehe S. 326) begegnen. Er wird von dem Pilz *Botrytis* hervorgerufen und bildet sich bei feuchten Bedingungen stärker aus. Beerenobst ist besonders stark betroffen.

7 Schorf
Typischerweise sind die Symptome braune oder schwarze Pilze, die als Flecken auf den Blättern und der Schale der Früchte erscheinen (siehe S. 329). Stark befallene Äpfel, Birnen und Pflaumen sind meist missgebildet und aufgesprungen.

8 Viruserkrankungen
Viruserkrankungen sind oft sehr schwierig zu diagnostizieren. Zu den Symptomen gehören verkrüppelte, verkümmerte oder seltsam gefärbte Blätter, oft wächst die Pflanze aber nur schlecht und der Ertrag fällt enttäuschend aus.

A–Z der Krankheiten

Hier sind alle Krankheiten aufgeführt, die Obstbäume und -sträucher am häufigsten betreffen. Fast alle werden von Pilzen, Viren oder Bakterien hervorgerufen. Manche lassen sich behandeln, andere nicht. Auf jeden Fall sind gute Hygiene und die richtigen Wachstumsbedingungen entscheidend, um die Pflanzen gesund zu erhalten. Schnelles Handeln verhindert, dass sich Infektionen ausbreiten. Manchmal zeigen die Pflanzen auch ähnliche Symptome wie bei den hier aufgeführten Krankheiten, wenn sie an einer Mangelerscheinung leiden (siehe S. 320–321).

Amerikanischer Stachelbeermehltau
Dieser berüchtigte, verheerende Mehltau wird von einem Pilz hervorgerufen, der dann gedeiht, wenn die Luft nicht zirkulieren kann. Bei Sträuchern, die zu viel Stickstoffdünger erhalten haben, tritt er stärker auf.
■ **Anfällige Pflanzen** Stachelbeeren, Schwarze Johannisbeeren.
■ **Symptome** Zuerst erscheinen mehlige weiße Flecken auf den Trieben und Blättern, dann auf den Früchten. Neue Triebe können missgebildet sein. Schließlich kann die Schale der Früchte braun und filzig oder ledrig werden. Zwar sind diese essbar, aber nicht appetitlich.
■ **Was tun?** Schneiden Sie alle befallenen Pflanzenteile heraus, vernichten Sie sie. Lassen Sie keine Blätter oder Früchte liegen, sonst kann der Pilz überwintern und im nächsten Jahr wieder auftreten. Pflanzen Sie die Sträucher in großen Abständen, schneiden Sie sie so, dass die Mitte offen ist, die Luft zirkulieren kann. Pflanzen Sie zukünftig resistente Sorten, düngen Sie mit einem Universaldünger, nicht stickstoffbetont. Bei starkem Befall zum Austrieb mit Netzschwefel spritzen.

Apfelschorf
■ Siehe **Schorf** (S. 329).

Arabis-Mosaik-Virus
■ Siehe **Viruserkrankungen der Erdbeere** (S. 331).

Bakterielle Blattfleckenkrankheiten
■ Siehe **Bakterienbrand** (S. 324).

Bakterienbrand
Diese schwere Krankheit muss sofort behandelt werden, sonst breitet sie sich aus, der Baum kann absterben. Die Bakterien dringen meist im Herbst durch Risse in der Rinde, Wunden oder Schnittstellen ein, sie greifen auch neue Triebe und Laub im Frühjahr an. Sind die Blätter betroffen, spricht man von der bakteriellen Blattfleckenkrankheit. Bei jungen Bäumen ist das Risiko am höchsten – besonders bei feuchtem, windigem Wetter.
■ **Anfällige Pflanzen** Alles Steinobst – Aprikosen, Kirschen, Nektarinen, Pflaumen, Pfirsiche.
■ **Symptome** Kleine dunkle Flecken auf den Blättern werden zu runden Löchern. Die Blätter werden gelb, verwelken. Knospen öffnen sich nicht, Zweige sterben ab. Bereiche der infizierten Rinde können einsinken, helles bis bräunliches Harz oder Gummi tritt aus.
■ **Was tun?** Schneiden Sie sofort alles infizierte Holz heraus, wenn nötig ganze Äste. Behandeln Sie die Schnitte mit einem Wundverschlussmittel. Sterilisieren Sie hinterher alle verwendeten Werkzeuge. Sprühen Sie im Spätsommer und Frühherbst mit einem Fungizid auf Kupferbasis.

Birnengitterrost
■ Siehe **Rost** (S. 328).

Blattbräune bei Süßkirschen
Diese Krankheit wird von einem Pilz verursacht.
■ **Anfällige Pflanzen** Kirschen, gelegentlich Aprikosen.
■ **Symptome** Anfangs entwickeln sich auf den Blättern unregelmäßige gelbe Flecken. Die Blätter werden braun und sterben ab, fallen aber nicht auf den Boden, sondern bleiben den Winter über am Baum hängen. Die Infektionen sind selten gravierend, aber schwierig loszuwerden und kommen meistens wieder.
■ **Was tun?** Schneiden Sie infiziertes Laub und Zweige heraus

und vernichten Sie alles sorgfältig. Ein geeignetes Fungizid ist nicht erhältlich.

Blattfleckenkrankheiten
■ Siehe **Bakterienbrand** (S. 324) **Blattfleckenkrankheiten der Brombeere** (S. 325), **der Himbeere** (S. 325), **Pilzliche Blattfleckenkrankheiten** (S. 328).

Blattfleckenkrankheit der Brombeere
Dieser Pilz ähnelt dem, der die Blattfleckenkrankheit der Himbeere hervorruft (siehe S. 325).
■ **Anfällige Pflanzen** Brombeeren, Hybriden.
■ **Symptome** Etwa ab Mai erscheinen runde violette oder braune Flecken auf den Blättern. Sie werden in der Mitte gräulich-weiß und bleiben am Rand violett. Auf den Ruten sind sie eher elliptisch und können bis 1 cm lang werden. Kleine schwarze Pilzfruchtkörper sind manchmal in der weißen Mitte zu erkennen. Bei schwerem Befall können Blätter und Ruten absterben.
■ **Was tun?** Schneiden Sie alle infizierten Ruten heraus und vernichten Sie sie. Als vorbeugende Maßnahme können Sie ein Fungizid auf Kupferbasis verwenden.

Blattfleckenkrankheit der Himbeere
Verursacher ist ein Pilz, der viele Rutensträucher befällt. Er ist nicht selten.
■ **Symptome** Violette Flecken oder elliptische Stellen mit weißer Mitte erscheinen auf Ruten und Blättern, manchmal auch auf Blüten und Früchten. Es können sich weniger Beeren als üblich bilden, einige sind oft missgebildet. In schlimmen Fällen fallen die Blätter ab und die Ruten springen auf und sterben ab. Brombeeren und Hybriden können von der sehr ähnlichen **Blattfleckenkrankheit der Brombeere** betroffen sein.
■ **Anfällige Pflanzen** Himbeeren, Brombeeren, Hybriden.
■ **Was tun?** Entfernen Sie alle infizierten Ruten und vernichten Sie sie.

Bleiglanz
Bei dieser schweren Pilzkrankheit bildet sich auf den Blättern silbriger Glanz aus. Der Pilz dringt über frische Wunden in der Rinde und Schnitte ein.
■ **Anfällige Pflanzen** Pflaumen und Kirschen. Auch Pfirsiche, Nektarinen, seltener Äpfel und Birnen.
■ **Symptome** Infiziertes Blattgewebe hat einen silbrigen Glanz, die Blätter können sich an den Rändern braun färben. Sichere Zeichen für Bleiglanz: Infiziertes Holz weist innen braune Flecken auf, die Zweige sterben nach und nach ab. Violette, weiße oder braune Pilze erscheinen auf der Rinde des toten Holzes. Bleiglanz wird manchmal mit einer viel weniger gravierenden Mangelerscheinung mit ähnlichen Symptomen verwechselt.
■ **Was tun?** Entfernen und verbrennen Sie stark infizierte Bäume. Schneiden Sie ansonsten alles Holz heraus, das betroffen (fleckig) ist. Schneiden Sie in Zukunft nur im Juni, Juli oder August, wenn der Pilz weniger infektiös ist und sterilisieren Sie die Werkzeuge immer.

Blütenfäule
Diese Krankheit wird von einem Pilz hervorgerufen, der nah mit der Art verwandt ist, die Monilia verursacht.
■ **Anfällige Pflanzen** Äpfel, Aprikosen, Kirschen, Pflaumen, Pfirsiche, Birnen.
■ **Symptome** Neue Blüten färben sich braun, welken, sterben ab, ebenso neue Blätter.
■ **Was tun?** Entfernen und vernichten Sie infizierte Blüten, bevor sich der Pilz auf Blätter und Zweige ausbreitet.

Botrytis
■ Siehe **Grauschimmel** (siehe S. 326).

Brennnesselblättrigkeit
Diese Krankheit betrifft Johannisbeeren und ist weit verbreitet. Der Ertrag ist niedriger als normalerweise. Man vermutet, dass das Virus durch die **Johannisbeergallmilbe** (siehe S. 337) übertragen wird.
■ **Anfällige Pflanzen** Rote und Schwarze Johannisbeeren.
■ **Symptome** Die Diagnose ist schwierig: Die einzigen Symptome sind oft kleinere Blätter mit einigen gelben, relativ dünnen Adern und weniger Blüten.
■ **Was tun?** Sortenwahl beachten! Nur gesunde Pflanzen setzen. Graben Sie kranke Pflanzen aus, vernichten Sie sie. Kontrollieren Sie die Sträucher regelmäßig, entfernen Sie verdickte Knospen, die von Milben befallen sein könnten. Eine andere Behandlung gibt es nicht.

Echter Mehltau
Dieser Mehltau wird von verschiedenen Pilzen hervorgerufen, die in trockenem Boden gedeihen. Die Sporen verbreiten sich mit der Luft und dem Regen oder Spritzwasser.

- **Anfällige Pflanzen** Viele verschiedene Obstpflanzen, darunter Äpfel, Pflaumen, Pfirsiche, Erdbeeren, Himbeeren, Johannisbeeren, Brombeeren, Stachelbeeren, Weintrauben und Melonen.
- **Symptome** Ein weißer, mehliger Belag erscheint auf den Blättern, meist auf der Oberseite, manchmal auch unten. Er kann sich blassviolett färben. Die Blätter werden gelb und fallen ab. Früchte, wie Weintrauben, platzen manchmal auf, bevor sie verfaulen. Das Wachstum ist gestört und die Pflanze kann absterben.
- **Was tun?** Sorgen Sie für gute Luftzirkulation, wässern Sie regelmäßig ausreichend (nicht oft wenig). Befallene Blätter entfernen und vernichten, befallene Triebe zurückschneiden. Spritzen Sie bei starkem Befall mit einem Fungizid auf Kupfer- oder Schwefelbasis.

Erdbeerwurzelfäule

Ein bodenbürtiger Pilz, der die Wurzeln von Erdbeeren infiziert. In schweren Böden, die zu Staunässe neigen, ist der Befall meist schlimmer.
- **Anfällige Pflanzen** Erdbeeren.
- **Symptome** Frühe Anzeichen treten meist im späten Frühjahr oder Frühsommer auf: kümmerlicher Wuchs und verfärbtes Laub – orangerote innere und braune, trockene äußere Blätter. Die Beeren sind zu klein, reifen manchmal frühzeitig. Wurzeln sind dunkel, der Zentralzylinder rot statt weiß.
- **Was tun?** Es gibt keine Behandlung. Zudem verbreitet sich die Krankheit schnell und kann viele Jahre im Boden überdauern. Graben Sie kranke Pflanzen aus, vernichten Sie sie. Pflanzen Sie keine Erdbeeren mehr an dieselbe Stelle.

Eutypa

Triebsterben kann von einem Pilz hervorgerufen werden, *Eutypa lata*. Weinreben können nach dem Schnitt infiziert werden.
- **Anfällige Pflanzen** Stachelbeeren, Weintrauben, Rote Johannisbeeren.
- **Symptome** Neue Triebe und Blätter können schwach oder kümmerlich sein. Ältere Blätter trocknen aus, färben sich gelb oder braun und fallen ab. Die Triebe sterben allmählich ab. Am Ende kann die ganze Pflanze absterben.
- **Was tun?** Schneiden Sie infiziertes Laub und Triebe heraus, vernichten Sie sie. Sprühen Sie wenn nötig mit einem geeigneten Fungizid. Ist die ganze Pflanze betroffen, dann graben Sie sie aus, vernichten Sie sie.

Falscher Mehltau

Dieser Mehltau wird von verschiedenen Pilzen hervorgerufen, die bei feuchten Bedingungen gedeihen.
- **Anfällige Pflanzen** Wein, Brombeeren.
- **Symptome** Hellgrüne, gelbe oder braune Flecken entwickeln sich auf der Oberseite der Blätter, weißlicher, pelziger Schimmel an der Unterseite. Wenn sich die Flecken ausbreiten, sterben die Blätter ab. Falls die Krankheit sich manifestiert, die Pflanze geschwächt ist, kann Grauschimmel zusätzlich auftreten.
- **Was tun?** Entfernen und vernichten Sie infizierte Blätter. Sorgen Sie für gute Luftzirkulation und wässern Sie nicht zu viel, damit sich die Krankheit nicht manifestiert.

Feuerbrand

Diese hochinfektiöse, bakterielle Krankheit befällt den Baum über die Blüten und wird vom Regen, von Insekten, über Werkzeuge übertragen. Sie kann bei Birnen besonders schnell tödlich sein.
- **Anfällige Pflanzen** Äpfel, Birnen, Quitte.
- **Symptome** Erst färben sich die Blüten braun, welken, sterben ab, dann die Blätter. Blätter, einzelne Zweige, Früchte erscheinen verbrannt. Wenn Sie einen Streifen Rinde abschälen, entdecken Sie oft eine leuchtend orangerote Verfärbung des Holzes.
- **Was tun?** Die Krankheit ist meldepflichtig bei den Pflanzenschutzämtern und bekämpfungspflichtig! (Befallenen Zweig zur sicheren Diagnose einschicken.) Schneiden Sie infiziertes Holz 40 cm in gesundes Holz zurück, verbrennen Sie es – oder graben Sie den ganzen Baum aus, verbrennen Sie ihn. Kupferspritzung vor der Blüte hemmt Weiterverbreitung.

Grauschimmel

Botrytis cinerea ist ein Pilz. Die Sporen werden in der Luft, mit dem Regen oder Spritzwasser verbreitet und gelangen meist durch Verletzungen in die Pflanze. In nassen Sommern ist die Infektionsgefahr höher.
- **Anfällige Pflanzen** Zu den am stärksten betroffenen Früchten gehören Äpfel, Erdbeeren, Brombeeren, Himbeeren, Stachelbeeren, Weintrauben und Feigen.
- **Symptome** Pelziger grauer, weißlicher oder graubrauner Schimmel erscheint an den Zweigen, Blättern, Früchten oder Blüten. Pflanzen mit schwer

A–Z DER KRANKHEITEN

befallenen Zweigen können gelb werden und absterben (siehe **Triebsterben der Stachelbeere**, S. 330).

■ **Was tun?** Entfernen und vernichten Sie alle betroffenen Pflanzenteile. Lassen Sie keine infizierten Pflanzenteile herumliegen, denn die Sporen überleben im Boden. Sorgen Sie dafür, dass bei Pflanzen, die sich von Grauschimmelbefall erholt haben, die Luft frei zirkulieren kann.

Gurkenmosaikvirus

Diese schwere und verbreitete Viruskrankheit kann Pflanzen völlig vernichten.

■ **Anfällige Pflanzen** Melonen, Gurken, Zucchini und Kürbisse.

■ **Symptome** Die Blätter sind missgebildet, verkümmert, ein gelbes Mosaikmuster bildet sich aus. Oft erscheinen keine Blüten. Wenn sich Früchte bilden, sind sie klein, hart und ungenießbar. Die Pflanze kann absterben.

■ **Was tun?** Es gibt keine Möglichkeit der Behandlung. Graben Sie alle betroffenen Pflanzen aus und vernichten Sie sie.

Hallimasch

Verschiedene Pilze, die alle Obstpflanzen und auch andere Pflanzen befallen können, werden als Hallimasch bezeichnet.

■ **Anfällige Pflanzen** Alle Baumobst- und Strauchobstarten und Erdbeeren.

■ **Symptome** Warnsignale sind welkes oder wenig Laub, die Pflanze kann auch überraschend schnell absterben. Entfernen Sie die Rinde an der Basis des Stamms oder eines Asts oder untersuchen Sie die Wurzeln: Vielleicht entdecken Sie weißliche Flecken mit typischem Pilzgeruch. Manchmal erscheinen um die Basis infizierter Bäume gelbliche Fruchtkörper des Pilzes.

■ **Was tun?** Graben Sie befallene Pflanzen aus und vernichten Sie sie. Gesunde Pflanzen sind resistenter.

Himbeerrutenkrankheit

Bodenbürtige Pilze infizieren die Pflanze über eine Wunde, die durch Insektenfraß, Frost oder Schnitt entstanden ist.

■ **Anfällige Pflanzen** Himbeeren.

■ **Symptome** Die Rinde springt auf und schält sich über dem Erdboden ab, die Ruten werden spröde und können absterben.

■ **Was tun?** Entfernen Sie infizierte Ruten und vernichten Sie sie. Besprühen Sie die verbliebenen Ruten mit einem Fungizid auf Kupferbasis.

Kalkchlorose

■ Siehe **Eisenmangel** (S. 320).

Kräuselkrankheit des Pfirsichs

Dieser Pilz ist der Albtraum jedes Gärtners, der Pfirsiche und Nektarinen anbaut. Obwohl der Befall oft verheerend aussieht, ist er meist nicht tödlich.

■ **Anfällige Pflanzen** Pfirsiche, Nektarinen.

■ **Symptome** Die Blätter rollen sich ein, Bläschen bilden sich, färben sich orangerot oder violett. Lässt man die Blätter am Baum, bildet sich ein weißlicher mehliger Belag, sie werden braun und fallen ab. Blätter, die sich später entfalten, sind davon nicht betroffen, der Baum kann aber durch den anfänglichen Blattverlust geschwächt sein.

■ **Was tun?** Entfernen und vernichten Sie infizierte Blätter sofort. Sprühen Sie bei starkem Befall beim Knospenschwellen mit Fungiziden auf Kupferbasis, bedecken Sie den Baum mit einer wasserdichten Abdeckung, damit die Krankheit nicht durch Sporen weiter verbreitet wird.

Mangelnde Fruchtreife

Diese Mangelerscheinung betrifft Weinstöcke. Mögliche Ursachen: armer Boden, zu viel oder zu wenig Wasser.

■ **Anfällige Pflanzen** Weintrauben.

■ **Symptome** Nicht alle Früchte der Traube reifen aus. Außerdem nehmen sie merkwürdige Farben an: Schwarze Trauben können rot sein, grüne durchsichtig. Die verschrumpelten Trauben schmecken wässrig, sauer und unangenehm.

■ **Was tun?** Entfernen Sie die betroffenen Früchte. Damit sich der Stock wieder erholen kann, sollten Sie mehr Blütenstände als üblich entfernen und erst nach einigen Jahren die normale Menge reifen lassen. Düngen und wässern Sie regelmäßig.

Maulbeerkrebs

Ein von einem Pilz hervorgerufener Krebs, der Maulbeerbäume befällt. Nach einem nassen Frühjahr tritt er meist schlimmer auf.

■ **Anfällige Pflanzen** Maulbeeren.

■ **Symptome** Junge Triebe welken und sterben ab. Sporen können auf eingesunkenen oder verdickten Rindenstellen zu sehen sein.

■ **Was tun?** Schneiden Sie infiziertes Holz heraus und vernichten Sie es.

Mehltau
- Siehe **Amerikanischer Stachelbeermehltau** (S. 324), **Falscher Mehltau** (S. 326) und **Echter Mehltau** (S. 325).

Monilia Fruchtfäule
Diese Fäule wird von einem Pilz hervorgerufen. Die Sporen dringen oft an Stellen in die Früchte ein, wo Vögel oder Insekten gefressen haben. Sie werden auch durch Wind und Insekten verbreitet.
- **Anfällige Pflanzen** Äpfel, Aprikosen, Kirschen, Pflaumen, Pfirsiche, Birnen.
- **Symptome** Anfangs bilden sich auf den Früchten braune, faulige Stellen. Wenn sie größer werden, erscheinen weiße Pusteln, oft in konzentrischen Ringen. Schließlich verschrumpeln die Früchte, fallen auf den Boden oder bleiben mumifiziert am Baum hängen.
- **Was tun?** Pflücken und vernichten Sie alle infizierten Früchte laufend. Verletzungen der Früchte vermeiden. Zu Beginn und während der Blüte Pflanzenpflegemittel mit Schwefelzusatz spritzen. Schneiden Sie betroffene Zweige ab, denn der Pilz kann überwintern.

Obstbaumkrebs
Krebs kann durch Bakterien oder Pilze hervorgerufen werden. Bei Apfel- und Birnbäumen tritt die pilzliche Form auf. Die Sporen dringen über Schnittstellen, Risse in der Rinde und die kleinen Narben ein, die die Blätter im Herbst beim Abfallen hinterlassen.
Bei Befall mit **Schorf** ist der Baum ebenfalls anfälliger (siehe S. 329). Krebs kann verheerend sein, wenn er nicht behandelt wird.
- **Anfällige Pflanzen** Äpfel, Birnen.
- **Symptome** Bereiche der Rinde entfärben sich, sinken ein, springen in konzentrische, schuppige Ringe auf. Die infizierte Stelle schwillt an, in der Umgebung stagniert das Wachstum. Sporenpusteln erscheinen, im Frühjahr und Sommer sind sie cremeweiß, im Herbst und Winter rot. Ganze Äste sterben ab.
- **Was tun?** Schneiden Sie alles infizierte Holz heraus, vernichten Sie es. Entfernen Sie wenn nötig ganze Äste, behandeln Sie Schnittstellen mit einem Wundverschlussmittel. Sprühen Sie mit einem Fungizid auf Kupferbasis zur Zeit des Laubfalls.

Pilzliche Blattfleckenkrankheiten
Verschiedene Pilze befallen Blattgewebe. Manche infizieren nur bestimmte Nutzpflanzen. In feuchten Sommern treten die Krankheiten meistens stärker auf.
- **Anfällige Pflanzen** Brombeeren, Johannisbeeren, Stachelbeeren, Himbeeren, Erdbeeren. Zwei Pilzarten verursachen bei Kirschen und Quitten Blattfleckenkrankheiten.
- **Symptome** Im Mai oder Juni entwickeln sich auf den Blättern kleine braune oder graue Flecken. Sie können sich ausbreiten, verschmelzen, die Blätter sich gelb färben, bevor sie abfallen. Junge Triebe, Zweige und Ruten können ebenfalls betroffen sein. Bei Himbeeren sind nadelstichgroße schwarze oder braune Pilzfruchtkörper Anzeichen, dass es sich um eine Pilzkrankheit und keine bakterielle Blattfleckenkrankheit handelt.
- **Was tun?** Wenn Sie sie früh behandeln, lässt sich die Krankheit meist eindämmen. Entfernen und vernichten Sie infizierte Blätter. Zum Jahresende kein Laub am Boden liegen lassen, sonst können die Sporen überwintern.

Quittenblattbräune
Diese Krankheit wird von einem ähnlichen Pilz hervorgerufen, der für andere Formen von **pilzlichen Blattfleckenkrankheiten** (S. 328) verantwortlich ist. Tritt bei nassem Wetter verstärkt auf.
- **Anfällige Pflanzen** Quitten.
- **Symptome** Auf den Blättern kleine rote oder braune Flecken, die sich allmählich ausbreiten, schwarz färben. Das übrige Blattgewebe wird gelb, verwelkt. Abgestorbene Blätter fallen ab. Infizierte Triebe können völlig absterben, Früchte fleckig und missgebildet sein.
- **Was tun?** Junge Pflanzen sind empfindlicher. Schneiden Sie die betroffenen Bereiche heraus, vernichten Sie infizierte Blätter und Früchte. Bei starkem Befall Fungizide auf Kupferbasis spritzen.

Rost
Rost, der gelb, orangefarben oder braun gefärbt sein kann, wird immer von Pilzen hervorgerufen. Sie gedeihen bei feuchten Bedingungen. Birnen werden am häufigsten vom Birnengitterrost befallen.
- **Anfällige Pflanzen** Brombeeren, Himbeeren, Stachelbeeren, Birnen, Pflaumen.
- **Symptome** Auffällige rostähnliche Flecken mit Sporen erscheinen auf Blättern und Stängeln.
- **Was tun?** Schneiden Sie infiziertes Laub heraus und verbrennen Sie es. Sprühen Sie wenn nötig mit einem geeigneten Fungizid.

Rost der Stachelbeere

Eine Pilzkrankheit, auch Becherrost genannt. Schwere Infektionen treten nach einem trockenen Frühjahr auf, verschlimmern sich während des Sommers. Schließlich nehmen auch die Früchte Schaden.

■ **Anfällige Pflanzen** Stachelbeeren, seltener Johannisbeeren.
■ **Symptome** Orangefarbene oder rote Bläschen (oder Pusteln) erscheinen auf den Blättern, breiten sich auf Früchte und Zweige aus. Dort sind die verräterischen Zeichen kleine becherförmige Vertiefungen mit gelbem Rand.
■ **Was tun?** Pflanzen Sie Stachelbeeren nicht neben Seggen, denn diese sind die Zwischenwirte der Pilzsporen. Schneiden Sie infiziertes Laub heraus, vernichten Sie es. Sprühen Sie wenn nötig mit einem geeigneten Fungizid.

Rotpustelkrankheit

Dieser Pilz wird durch Wasser verbreitet, er befällt Äste und verholzte Triebe. Wenn er sich ausbreitet, kann die Pflanze absterben.

■ **Anfällige Pflanzen** Johannisbeeren, Feigen, andere Bäume und Sträucher.
■ **Symptome** Rosa oder orangefarbene Punkte oder Pusteln erscheinen auf der Rinde, oft um Wunden oder unsaubere Schnitte.
■ **Was tun?** Alles infizierte Holz herausschneiden, verbrennen.

Rutensterben der Himbeere

Wie die Himbeerrutenkrankheit ist das Rutensterben der Himbeere eine Pilzkrankheit. Sie ist jedoch seltener und nicht ganz so gravierend. Bei feuchtem Wetter ist das Verbreitungsrisiko höher.

■ **Anfällige Pflanzen** Himbeeren, Hybriden.
■ **Symptome** Auf den Blättern entwickeln sich braune Flecken, um neue Knospen an neuen Ruten erscheinen violette Flecken. Im Herbst färben sie sich von violett zu dunkelbraun, schließlich silbergrau, schwarze Sporen sind deutlich zu erkennen. Die Ernte im nächsten Jahr kann schlecht ausfallen, neue Knospen und Triebe infizierter Ruten im folgenden Frühjahr absterben.
■ **Was tun?** Entfernen Sie alle infizierten Ruten, vernichten Sie sie. Dünnen Sie dichte Stellen aus.

Schorf

Schorf, der bei Pilzbefall auftritt, kann sich unter feuchten Bedingungen schnell verbreiten.

■ **Anfällige Pflanzen** Äpfel, Kirschen, Nektarinen, Pfirsiche, Birnen, Pflaumen.
■ **Symptome** Dunkelbrauner Schorf erscheint auf der Schale der Früchte, kann sich ausbreiten und fast die ganze Oberfläche bedecken. Schwer befallene Äpfel und Birnen sind klein und missgebildet, springen oft auf und verfaulen. Pflaumen springen manchmal auf, Gummi tritt aus. Blätter und Zweige können ebenfalls betroffen sein.
■ **Was tun?** Wenig anfällige oder resistente Sorten pflanzen! Infiziertes Holz herausschneiden, infizierte Früchte entfernen, herabgefallene Blätter aufsammeln und vernichten. Im Winter Apfel- und Birnbäume schneiden, um die Luftzirkulation zu verbessern. Anfällige Sorten mit Netzschwefel vor und nach der Blüte spritzen oder mit Kupferoktanoat.

Schrotschusskrankheit

Sowohl Blätter als auch Früchte können betroffen sein. Die Krankheit rührt meist von einer Pilzinfektion her, kann aber auch ein Symptom von **Bakterienbrand** sein (siehe S. 324).

■ **Anfällige Pflanzen** Aprikosen, Kirschen, Nektarinen, Pfirsiche, Pflaumen.
■ **Symptome** Kleine rotbraune Flecken erscheinen auf den Blättern. Die Mitte der Flecken verrottet, sodass ein Loch im Blatt entsteht. Die Früchte können mit ähnlichen Flecken bedeckt sein, die korkig oder leicht eingesunken sind oder Gummi absondern.
■ **Was tun?** Ist es eine Pilzinfektion und wird früh behandelt, ist das Problem meist nicht gravierend. Infizierte Blätter, Zweige und Früchte entfernen und vernichten. Ansonsten behandeln wie bei Bakterienbrand.

Stängelgrund- und Wurzelfäule

Diese Fäule wird von verschiedenen Pilzen hervorgerufen. Sie leben im Boden und in stehendem Wasser.

■ **Anfällige Pflanzen** Beerenobst, Zitrusfrüchte, Melonen und besonders Pflanzen in Kübeln.
■ **Symptome** Die infizierte Basis der Pflanzenstängel färbt sich dunkel, das Gewebe verschrumpelt und stirbt ab. Die Blätter und Zweige oberhalb verwelken, färben sich gelb oder braun, sterben ab. Infizierte Wurzeln können sich schwarz oder braun färben, abbrechen oder verfaulen.
■ **Was tun?** Wenn die Krankheit sich manifestiert hat, gibt es kein Heilmittel. Entfernen und

vernichten Sie infizierte Pflanzen sofort – und den Boden, in dem sie wuchsen.

Steinfrüchtigkeit der Birne

Mit diesem Virus infizierte Birnen sind oft ungenießbar. Ältere, eingewachsene Bäume sind häufiger betroffen, aber die Krankheit ist ansteckend und sollte behandelt werden, bevor sie sich ausbreitet.
- **Anfällige Pflanzen** Birnen.
- **Symptome** Birnen sind missgebildet, klumpig und weisen an der Oberfläche Grübchen auf. Innen können sie hart und holzig sein.
- **Was tun?** Man kann die Viruserkrankung nicht behandeln. Graben Sie stark infizierte Bäume aus und verbrennen Sie sie.

Stippigkeit

Stippigkeit bei Äpfeln wird durch Kalziummangel hervorgerufen. Sie tritt auf, wenn Apfelbäume, vor allem große, ertragreiche Sorten, zu spät, zu viel mit Stickstoff gedüngt wurden, mit zu viel Kalium, zu wenig Humus versorgt sind. Zellen der Früchte sterben ab. Tritt auf, wenn der Boden zu trocken ist.
- **Anfällige Pflanzen** Äpfel.
- **Symptome** Kleine runde, dunkle eingesunkene Stellen erscheinen auf der Schale, manchmal auch im Fleisch. Der Apfel kann leicht bitter schmecken.
- **Was tun?** Mulchen Sie um die Bäume, wässern Sie wenn nötig. Düngen Sie mit einem Volldünger statt mit einem stickstoffreichen Dünger und eher sparsam.

Taschenkrankheit der Pflaume

Diese Pilzinfektion führt dazu, dass die Früchte deformiert und hohl sind, zu früh abfallen. Sie sind ungenießbar.
- **Anfällige Pflanzen** Pflaumen, Zwetschgen, Mirabellen.
- **Symptome** Junge Früchte sind missgebildet und länglich, wie kleine, hohle Bananen. Sie schrumpfen, enthalten keinen Stein. Auf ihnen können weiße Sporen erscheinen, bevor sie schließlich vom Baum fallen.
- **Was tun?** Entfernen und vernichten Sie alle betroffenen Früchte, um zu verhindern, dass der Pilz überwintert.

Triebsterben

Triebsterben kann verschiedene Infektionen zur Ursache haben. Siehe auch **Grauschimmel** (S. 326), **Eutypa** (S. 326) und **Triebsterben der Stachelbeere** (S. 330).
- **Anfällige Pflanzen** Die meisten Baumobst- und Beerenobstarten.
- **Symptome** Neue Triebe und Blätter welken, trocknen aus und werden braun. Wenn sich die Infektion ausbreitet, sterben die Zweige allmählich ab und die ganze Pflanze kann zugrunde gehen.
- **Was tun?** Schneiden Sie infiziertes Laub und Zweige heraus, vernichten Sie sie. Sprühen Sie wenn nötig mit einem geeigneten Fungizid. Ist die ganze Pflanze betroffen, dann graben Sie sie aus und vernichten Sie sie.

Triebsterben der Heidelbeere

Ein Pilz, der die Pflanze meist über Wunden infiziert, die z.B. beim Schnitt oder durch Insektenfraß entstanden sind.
- **Anfällige Pflanzen** Heidelbeeren.
- **Symptome** Ganze Blattbüschel werden braun und sterben ab, fallen aber nicht gleich ab. Sie bleiben wie braune Fahnen zwischen gesundem Laub am Zweig hängen. Schließlich fallen sie ab, der Zweig stirbt ab, die Infektion kann sich schnell ausbreiten.
- **Was tun?** Schneiden Sie alle betroffenen Zweige bis dahin zurück, wo keine braunen Flecken mehr im Holz zu sehen sind, und vernichten Sie sie.

Triebsterben der Stachelbeere

Triebsterben wird meistens durch eine Pilzinfektion hervorgerufen, entweder mit **Grauschimmel** (S. 326) oder **Eutypa** (S. 326).
- **Anfällige Pflanzen** Stachelbeeren; bei Johannisbeeren und Himbeeren können ähnliche Probleme auftreten.
- **Symptome** Die Blätter werden braun, vertrocknen und fallen ab. Die Rinde der Zweige kann aufspringen, Zweige allmählich völlig absterben. Letztendlich kann die ganze Pflanze absterben.
- **Was tun?** Schneiden Sie infiziertes Laub und Zweige heraus. Sprühen Sie wenn nötig mit einem geeigneten Fungizid. Ist die ganze Pflanze betroffen, dann graben Sie sie aus und vernichten Sie sie.

Vergrünung der Erdbeere

Diese schwere Viruserkrankung wird v.a. von Zwergzikaden verbreitet. Der Name kommt von den ungewöhnlichen grünen Blüten, die die befallene Pflanze hervorbringt.
- **Anfällige Pflanzen** Erdbeeren.
- **Symptome** Die Blüten sind kleiner, die Blütenblätter grün statt

weiß oder rosa. Die Blätter färben sich gelb oder rot, die Früchte können missgebildet sein oder sich gar nicht entwickeln.
■ **Was tun?** Es gibt keine Behandlung. Entfernen und verbrennen Sie stark infizierte Pflanzen. Bekämpfen Sie die Zwergzikaden in Zukunft möglicherweise mit einem Insektizid.

Verticillium-Welke
Verursacher ist ein Pilz, der im Boden sowie in toten Pflanzenteilen und Unkräutern überdauert.
■ **Anfällige Pflanzen** Erdbeeren.
■ **Symptome** Die Pflanzen welken, meistens im Sommer, ältere Blätter färben sich rot oder braun, junge Blätter gelb. Auf den Blattstielen können schwarze Streifen zu sehen sein. Bei schwerem Befall stirbt die Pflanze ab.
■ **Was tun?** Es gibt keine Behandlung. Infizierte Pflanzen mitsamt der umgebenden Erde entfernen und verbrennen. Pflanzen Sie an anderer Stelle neue, zertifiziert krankheitsfreie Pflanzen – aber nicht dort, wo vorher Tomaten oder Kartoffeln wuchsen.

Viren
■ Siehe **Viruserkrankungen der Erdbeere** (S. 331), **Viruserkrankungen der Heidelbeere** (S. 331), **Viruserkrankungen der Himbeere** (S. 331), **Brennnesselblättrigkeit** (S. 325).

Viruserkrankungen der Erdbeere
Viele verschiedene Viren befallen Erdbeerstauden, darunter das »strawberry mild yellow edge«- und das Arabis-Mosaik-Virus. Sie werden von Insekten und Nematoden verbreitet – besonders von Blattläusen, aber auch von Milben, Zwergzikaden und Älchen.
■ **Anfällige Pflanzen** Erdbeeren.
■ **Symptome** Einige oder alle der folgenden Symptome können auftreten: kümmerlicher Wuchs, verkrüppelte oder verdrehte Blätter, gelbe Blattränder, ein gelbes Streifen- oder Mosaikmuster.
■ **Was tun?** Es gibt keine Behandlung. Entfernen und verbrennen Sie stark infizierte Pflanzen. Erneuern Sie die Erdbeerstauden regelmäßig. Pflanzen Sie sie je nach Sorte jedes Jahr neu oder ersetzen Sie sie spätestens nach vier Jahren. Halten Sie wie bei Gemüse eine Fruchtfolge ein.

Viruserkrankungen der Heidelbeere
Heidelbeeren können von verschiedenen Viren infiziert werden, darunter Mosaik- und Ringflecken-Virus. Sie sind nicht immer leicht zu diagnostizieren und oft schwierig zu bekämpfen.
■ **Anfällige Pflanzen** Heidelbeeren.
■ **Symptome** Gelbgrüne, rote oder rosa Flecken oder Mosaikmuster erscheinen auf den Blättern, neue Triebe können absterben, die Pflanzen wachsen und tragen schlecht.
■ **Was tun?** Die Symptome können von Jahr zu Jahr unterschiedlich stark ausgeprägt sein. Entfernen und verbrennen Sie die schwer infizierten Pflanzen. Kaufen Sie immer zertifiziert virusfreie.

Viruserkrankungen der Himbeere
Verschiedene Viren befallen Himbeerruten. Wenn sich die Krankheit einmal manifestiert hat, ist es sehr schwer, sie wieder loszuwerden.
■ **Anfällige Pflanzen** Himbeeren, Brombeeren, Hybriden.
■ **Symptome** Ein gelbgrünes fleckiges oder mosaikartiges Muster erscheint auf den Blättern. Sie können sich an den Rändern nach unten rollen, kleiner sein als normal. Die Pflanzen wachsen und tragen schlecht. Die Symptome ähneln denen beim Befall mit Himbeerblattmilben.
■ **Was tun?** Entfernen und vernichten Sie alle infizierten Pflanzen. Pflanzen Sie künftig keine Rutensträucher an derselben Stelle.

Wurzelhalsfäule der Erdbeere
Ein im Boden lebender Pilz lässt das Laub von Erdbeerstauden verfaulen und die Blätter welken. Stark infizierte Pflanzen sterben ab. Das Problem tritt bei warmem Wetter und bei Kultur unter einer Abdeckung stärker auf.
■ **Anfällige Pflanzen** Erdbeeren.
■ **Symptome** Junge Blätter in der Mitte der Pflanze welken und können sich gelb färben. Wenn Sie die betroffenen Pflanzen ausgraben und durchschneiden, sind sie braun und verfault.
■ **Was tun?** Es gibt keine Behandlung. Graben Sie kranke Pflanzen aus und vernichten Sie sie. Pflanzen Sie am selben Standort keine Erdbeerstauden mehr. Pflanzen Sie in Zukunft wenn möglich resistente Sorten.

Schädlinge und Parasiten

Viele Gärtner empfinden Insekten, Vögeln und anderen wildlebenden Tieren gegenüber so etwas wie Hassliebe. Manche sind sehr willkommen, wie Bienen und andere Insekten, die die Blüten bestäuben und ohne die wir keine Früchte ernten könnten. Andere sind zumindest zeitweise weniger beliebt: Vögel, die Knospen und Früchte vertilgen, Säugetiere, die die Rinde junger Bäume abschälen oder Insektenlarven, die im Obst Fraßgänge hinterlassen.

(von oben nach unten) **Pheromonfallen** kann man im Mai in Apfelbäume und im Juni und Juli in Pflaumenbäume hängen. Die weiblichen Pheromone locken Mottenmännchen an, die am Klebestreifen in der Falle kleben bleiben und sich nicht fortpflanzen können. Wenn Sie Glück haben, befallen später deutlich weniger Apfel- und Pflaumenwicklerraupen die Pflanzen. **Leimringe** verhindern, dass die flugunfähigen Frostspannerweibchen im Winter an den Stämmen emporklettern und ihre Eier legen. Umwickeln Sie auch stützende Pfähle, über die die Motten ebenfalls auf den Baum gelangen können.

Wie hält man Tiere fern, die Schäden anrichten?

Vögel können bekanntermaßen Probleme bereiten. Im Winter fressen sie die Blütenknospen und im Sommer die Früchte. Besonders lieben sie Himbeeren, Johannisbeeren und Erdbeeren, aber nur wenige andere Früchte sind wirklich vor ihnen sicher. Ehrlicherweise müssen wir uns eingestehen, dass sämtliche Vogelscheuchen sie nicht dauerhaft vertreiben, denn Vögel gewöhnen sich schnell an sie. Die einzig effektive Lösung sind Netze oder Fruchtkäfige.

Säugetiere, vor allem Kaninchen, Rehe und Dachse, können Pflanzen schädigen und Früchte fressen. Nur Zäune halten sie zuverlässig ab, wenn sie stabil und ausreichend hoch oder tief genug im Boden verankert sind.

Schädliche Insekten können Sie auf verschiedene Weise bekämpfen. Physikalische Barrieren wie Leimringe verhindern, dass sie auf die Pflanze gelangen und ihre Eier ablegen, und mit Leimfallen können Sie sie hoffentlich fangen, bevor sie sich gepaart haben. Wenn Sie Ihre Pflanzen regelmäßig kontrollieren, können Sie Schädlinge mit der Hand entfernen.

Der Einsatz von Insektiziden

Insektizide, die für Hobbygärtner im Handel sind, unterliegen einer strengen Kontrolle. In den letzten Jahren wurden viele bekannte Produkte vom Markt genommen, und in Zukunft werden es noch mehr sein. Man unterscheidet organische und synthetische Insektizide. Die Inhaltsstoffe organischer Insektizide stammen von Pflanzen oder Tieren. Dazu gehören Fettsäuren, insektizide Seifen, Spritzbrühen aus Pflanzenölen und Pyrethrum-Mittel (die aus Pflanzen gewonnen werden). Synthetische Insektizide sind nicht organisch; für den Obstbau sind nur wenige Mittel zugelassen.

Wenn Sie ein Insektizid einsetzen, sollten Sie diese Regeln beachten:

■ VERWENDEN SIE Insektizide nur für die Pflanzen, für die sie zugelassen sind, und beachten Sie die Gebrauchsanweisung des Herstellers.
■ TRAGEN SIE HANDSCHUHE, evtl. auch Atemmaske und Schutzbrille.
■ SPRITZEN SIE NICHT während der Blüte oder kurz vor der Ernte.
■ SPRÜHEN SIE früh am Morgen oder spät am Abend, denn dann schädigen Sie nicht so viele Bienen und andere nützliche Insekten.
■ SPRÜHEN SIE NICHT, wenn es windig ist.

Häufige Obstschädlinge

1 Vögel
Vögel fressen die meisten Beeren, wenn man sie nicht mit Netzen schützt. Auch Baumobst schmeckt ihnen. Wenn sie die Schale erst angepickt haben, gesellen sich auch Insekten hinzu und die Frucht beginnt bald zu faulen.

2 Blattläuse
Es gibt hunderte verschiedener Blattlausarten, von denen die meisten bestimmte Nutzpflanzen befallen.

3 Schmetterlingsraupen
Frostspannerraupen schlüpfen im Frühjahr aus Eiern, die im Winter abgelegt wurden und beginnen sofort, an den jungen Trieben und Blättern zu fressen. Sie können den ganzen Baum entlauben. Apfel- und Pflaumenwicklerraupen fressen Gänge in die Früchte.

4 Larven und Maden
Verschiedene Pflanzenwespenlarven ernähren sich von Äpfeln (und hinterlassen bandförmige Narben), Stachelbeeren, Pflaumen, Kirschen und Birnen. Auch Himbeerkäfer-, Schnaken- und Gallmückenlarven können Schäden anrichten.

5 Milben
Milben sind mit bloßem Auge oft nicht zu erkennen. Meist fressen sie an Knospen, Blättern oder jungen Früchten und verhindern, dass diese sich gut entwickeln. Verschiedene Arten befallen Brombeeren (hier abgebildet), Schwarze Johannisbeeren, Birnen, Erdbeeren und Weintrauben.

6 Rote Spinnmilben
Bei Befall im Gewächshaus oder Folientunnel können große Schäden entstehen. Das Laub verfärbt sich, wird welk und ist mit Seidennetzen bedeckt. In heißen Sommern befallen Spinnmilben auch Pflanzen im Freien.

7 Schild- und Schmierläuse
Diese Insekten, die manchmal mit einem klebrigen weißen Wachs bedeckt sind, findet man meist an Pflanzenstängeln und Blattadern. Sie saugen Saft und sind bei Pflanzen verbreitet, die unter einer Abdeckung gezogen werden.

8 Wespen
Im Hoch- und Spätsommer beißen Wespen Löcher in die Schalen weicher Früchte und fressen an hartschaligeren Früchten, die bereits von Vögeln angepickt wurden.

A–Z der Schädlinge und Parasiten

Obstbäume und -sträucher werden während der meisten Zeit ihres Lebens von Insekten, Vögeln und anderen Tieren besucht und angefressen, besonders wenn die Früchte reifen. Aber Wissen hilft weiter: Wenn Sie erkennen, womit Sie es zu tun haben, können Sie effektiv vorgehen. Es zahlt sich aus, so viel wie möglich über den Lebenszyklus, die Fressgewohnheiten und das Verhalten sowohl der nützlichen als auch der schädlichen Insekten und Parasiten zu wissen.

Älchen
Diese winzigen Nematoden ernähren sich von Pflanzengewebe und leben im Boden oder in Pflanzenabfällen. Bei Erdbeeren richten Blatt- und Stängelälchen ähnliche Schäden an.
- **Anfällige Pflanzen** Erdbeeren.
- **Schadbild** Die Blätter sind verkrüppelt, die Stiele können ungewöhnlich kurz und dick oder lang und rot gefärbt sein. Der Wuchs ist kümmerlich. Obwohl die Älchen kaum mit bloßem Auge zu erkennen sind, können sich in infizierten Pflanzen Millionen befinden.
- **Was tun?** Es gibt keine Behandlung. Wenn Sie Pflanzenabfälle und Unkraut aber regelmäßig entfernen, vermindern Sie das Risiko eines Befalls. Verbrennen Sie betroffene Pflanzen und pflanzen Sie an dieselbe Stelle mindestens fünf Jahre lang keine Erdbeeren mehr.

Apfelblatt-Miniermotte
Die kleinen Motten legen ihre Eier im Frühjahr unten an den jungen Blättern ab. Winzige Raupen schlüpfen und fressen in den Blättern. Sie hinterlassen lange, sich schlängelnde Minen im Blattgewebe, die immer breiter werden und schließlich in einem Schlupfloch münden.
- **Anfällige Pflanzen** Äpfel, Birnen, Kirschen.
- **Schadbild** Die Minen sind unansehnlich, der Schaden ist aber meist nicht gravierend.
- **Was tun?** Normalerweise ist kein Eingreifen nötig.

Apfelblattsauger
Winzige, blattlausähnliche Insekten fressen in Knospen und an Blüten, die sich soeben geöffnet haben.
- **Anfällige Pflanzen** Äpfel.
- **Schadbild** Die Blüten färben sich braun, können missgebildet oder zerstört sein. Der Schaden ähnelt einem Frostschaden.
- **Was tun?** Stark befallene Teile abschneiden und verbrennen. Austriebsspritzung mit Ölemulsionen tötet überwinternde Eier. Spritzen Sie bei sehr starkem Befall ein Pyrethrum-Mittel, bevor sich die Blütenknospen öffnen.

Apfelblütenstecher
Die braunen Rüsselkäfer legen ihre Eier in Blütenknospen. Ihre Larven fressen im Inneren der Knospen, sodass sich diese nicht richtig entwickeln.
- **Anfällige Pflanzen** Äpfel, gelegentlich Birnen, Quitten, Mispeln.
- **Schadbild** Die Knospen können sich öffnen, die äußeren Blütenblätter bleiben aber oft geschlossen, werden braun und sterben ab. Es bilden sich keine Früchte.
- **Was tun?** Der Befall ist selten so schwer, dass die gesamte Ernte vernichtet ist.

Apfel-Sägewespe
Aus Eiern, die während der Blüte abgelegt wurden, schlüpfen weiße Larven und fressen sich in junge Früchte. Wenn sie die Frucht verlassen, hinterlassen sie ein Loch, das mit Exkrementen gefüllt ist, ähnlich den Raupen des Apfelwicklers. Die Sägewespenlarven befallen die Früchte meistens früher im Jahr.
- **Anfällige Pflanzen** Äpfel.
- **Schadbild** Junge Früchte fallen zu früh vom Baum. Äpfel, die überleben, haben oft bandförmige Narben auf der Schale.
- **Was tun?** Vernichten Sie befallene Früchte. Spritzen Sie wenn nötig nach der Blüte mit Pyrethrum.

Apfelwickler
Die kleinen Mottenweibchen legen ihre Eier im Juni und Juli auf Früchten ab. Wenn sie geschlüpft sind, fressen sich die Raupen in die Früchte bis zum Kerngehäuse. Nach etwa einem Monat verlassen

A–Z DER SCHÄDLINGE UND PARASITEN

sie den Apfel und hinterlassen ein Schlupfloch. Die Larven der Apfel-Sägewespe hinterlassen ähnliche Löcher, befallen die jungen Früchte aber meistens früher im Sommer.

■ **Anfällige Pflanzen** Äpfel und Birnen.

■ **Schadbild** Die Früchte sind mit Gängen durchzogen und ungenießbar. Sie fallen oft früher vom Baum.

■ **Was tun?** Fallobst regelmäßig aufsammeln, vernichten. Wellkarton-Fanggürtel um den Stamm legen Ende Juni, im August kontrollieren und verbrennen. Hängen Sie im Mai Pheromonfallen auf, um die Mottenmännchen anzulocken (siehe S. 332). Spritzen Sie wenn nötig im Juni und Juli mit Pyrethrum.

Birnblattgallmücke

Die winzigen Larven schlüpfen aus Eiern, die die Gallmücken an den Rändern junger Blätter abgelegt haben. Wenn sie fressen, entwickeln sich die Blätter nicht richtig.

■ **Anfällige Pflanzen** Birnen; verwandte Arten befallen Äpfel und Pflaumen.

■ **Schadbild** Die Blätter bleiben dicht eingerollt. Sie werden rot und schwarz und sterben ab. Ähnliche Symptome rufen Wickler hervor.

■ **Was tun?** Pflücken Sie infizierte Blätter ab und vernichten Sie sie. Spritzen hilft meistens nichts.

Birnenblattsauger

Diese kleinen, etwa 2 mm langen Insekten saugen an Knospen, Blüten und Blättern Saft. Sie sondern Honigtau ab wie Blattläuse.

■ **Anfällige Pflanzen** Birnen.

■ **Schadbild** Blüten werden braun und sterben ab. Blätter sind mit klebrigem Honigtau bedeckt, auf dem sich ein rußgrauer Belag entwickeln kann. Die Früchte können missgebildet sein und unreif abfallen.

■ **Was tun?** Spritzen Sie wenn nötig nach der Blüte mit einem Insektizid wie Pyrethrum.

Birnengallmücke

Erwachsene Gallmückenweibchen legen ihre Eier im Frühjahr in junge Knospen. Wenn die cremeweißen Larven schlüpfen, fressen sie an den jungen Blüten und Früchten.

■ **Anfällige Pflanzen** Birnen.

■ **Schadbild** Junge Früchte, in denen die Larven fressen, werden schwarz, schwellen an und fallen ab.

■ **Was tun?** Pflücken und vernichten Sie infizierte Früchte. Mechanische Bodenbearbeitung im Winter vernichtet überwinternde Gallmücken. Wenn nötig kleine Bäume mit einem zugelassenen Insektizid spritzen, bevor sich die Blüten öffnen.

Birnenpockenmilbe

Diese winzigen Spinnentiere leben im Gewebe der Blätter und geben beim Fressen ein Toxin ab.

■ **Anfällige Pflanzen** Birnen, manchmal Äpfel.

■ **Schadbild** Anfangs erscheinen auf den Blättern beiderseits der Mittelrippe rosa oder gelbgrüne Blasen. Im Lauf des Sommers werden sie dunkler. Früchte sind selten betroffen.

■ **Was tun?** Pflücken Sie befallene Blätter und zerstören Sie sie.

Blattläuse

Es gibt hunderte verschiedener Blattlausarten. Die meisten sind schwarz oder grün, aber man findet sie auch in vielen anderen Farben. Diese winzigen Insekten saugen Pflanzensaft und vermehren sich mit unglaublicher Geschwindigkeit. In nur einer Woche können sich junge Blattläuse bereits selbst fortpflanzen.

■ **Anfällige Pflanzen** Sehr viele Pflanzen; oft werden bestimmte Obstbäume oder -sträucher von einer bestimmten Blattlausart befallen.

■ **Schadbild** Schwerer Befall führt zu eingerollten und verkrüppelten Blättern, kümmerlichem Wachstum. Auf dem klebrigen Honigtau, den Blattläuse absondern, kann sich ein rußgrauer Belag bilden.

■ Siehe **Johannisbeerblasenlaus** (S. 337), **Mehlige Pflaumenlaus** (S. 338), **Kleine Pflaumenblattlaus** (S. 338), **Mehlige Apfelblattlaus** (S. 338), **Blutlaus** (S. 336).

■ **Was tun?** Marienkäfer (die sich von Honigtau ernähren), Florfliegenlarven und andere Insekten sind natürliche Fressfeinde der Blattläuse. Organische Mittel sind insektizide Seifen, Neempräparate und für Bäume und Sträucher eine Spritzbrühe auf Pflanzenölbasis. Bei einem sehr starken Befall kommt ein Insektizid wie Pyrethrum infrage.

Blattwanzen

Diese kleinen Insekten ernähren sich vom Saft in Blättern, Triebspitzen, Blütenknospen und Früchten. Ihr Speichel infiziert Pflanzengewebe und lässt es absterben. Weibchen legen im Herbst Eier, aus denen dann im Frühjahr Larven schlüpfen. Diese Larven richten im Frühjahr bis zum Sommer die größten Schäden an. Blattwanzen sind schwierig zu entdecken und fliegen bei einer Störung davon.

■ **Anfällige Pflanzen** Äpfel, Johannisbeeren, Stachelbeeren, Himbeeren, Erdbeeren.
■ **Schadbild** Die neuen Blätter und Triebe sind verkrüppelt, ältere Blätter haben rotbraune Flecken und kleine Löcher mit braunem Rand. Auf den Schalen von Äpfeln entstehen erhabene Narben.
■ **Was tun?** Wanzen ablesen. Bei starkem Befall mit Pyrethrum-Mittel spritzen.

Blattwespenlarven

Die Larven mancher Blattwespen (oder Sägewespen) bedecken sich mit schwarzem Schleim, andere ähneln den Schmetterlingsraupen.
■ **Anfällige Pflanzen** Äpfel, Kirschen, Birnen, Stachelbeeren, Johannisbeeren, seltener Pflaumen.
■ **Schadbild** Die Blattwespenlarven fressen meist an der Oberseite von Blättern, hinterlassen braune Flecken mit freigelegten Blattadern.
■ **Was tun?** Spritzen Sie notfalls mit einem Insektizid wie Pyrethrum, sobald Sie den Befall bemerken.

Blutlaus

Diese Blattläuse saugen an Zweigen von Apfelbäumen Saft und sind mit einem weißen, wolligen Sekret bedeckt.
■ **Anfällige Pflanzen** Äpfel.
■ **Schadbild** Die Blätter und Früchte sind missgebildet, an den Zweigen bilden sich Gallen. Wenn sie aufspringen, folgt eine Infektion mit Blutlauskrebs.
■ **Was tun?** Bürsten Sie die Insekten ab, schneiden Sie befallenes Holz heraus. Leimringe um den Stamm unten im März. Austriebsspritzung mit Ölemulsion.

Brombeermilbe

Diese winzigen Milben überwintern auf den Pflanzen. Sie erscheinen im Frühjahr, fressen an Blüten und jungen Früchten. Dabei geben sie einen chemischen Stoff ab, der verhindert, dass die Früchte richtig reifen. Sie bleiben rot und hart.
■ **Anfällige Pflanzen** Brombeeren, Hybriden.
■ **Schadbild** Die Früchte reifen nicht voll aus. Einige Teile bleiben rot und hart. Sie treten bei warmem Wetter und zum Saisonende verstärkt auf.
■ **Was tun?** Entfernen Sie betroffene Ruten und Früchte. Im Winter tiefer Rückschnitt der Ranken, so können die Milben nicht überwintern. Es gibt keine chemischen Mittel.

Dickmaulrüssler

Die erwachsenen Rüsselkäfer sind schwarz und bis 1 cm lang. Sie fliegen nicht, sind aber geschickte Kletterer. Tagsüber verbergen sie sich meistens, nachts kommen sie zum Fressen heraus. Mehr Schaden richten die Larven an, die unter der Erde an Pflanzenwurzeln fressen.
■ **Anfällige Pflanzen** Erdbeeren, Weintrauben, andere unter einer Abdeckung gezogenen Beerenobstsorten.
■ **Schadbild** Die Blattränder weisen Kerben auf, wo Käfer gefressen haben. Die Wurzeln können von den im Boden lebenden Larven so geschädigt sein, dass die jungen Pflanzen absterben.
■ **Was tun?** Suchen Sie erwachsene Käfer und sammeln Sie sie ab, notfalls nachts mit der Taschenlampe. Sie können auch den Nematoden *Steinernema kraussei* aussetzen.

Erdbeerblütenstecher

Die Larven dieser kleinen Rüsselkäfer fressen in den Blütenknospen von Erdbeeren, sodass sich diese meistens nicht öffnen und manchmal absterben.
■ **Anfällige Pflanzen** Erdbeeren.
■ **Schadbild** Die Blütenknospen öffnen sich nicht. Wenn sich die Larven durch die Stiele fressen, hängen die Knospen herab, verschrumpeln, fallen ab.
■ **Was tun?** Entfernen Sie befallene Knospen und Stiele. Der Befall ist selten so schwer, dass die gesamte Ernte ausfällt.

Erdbeermilbe

Diese winzigen Milben kann man mit bloßem Auge nicht erkennen. Sie fressen an jungen Blättern und verhindern, dass sie sich normal entwickeln. Die Pflanze wächst kümmerlich, meist spät in der Saison. In heißen, trockenen Sommern ist der Befall meist stärker.
■ **Anfällige Pflanzen** Erdbeeren.
■ **Schadbild** Die Blätter sind klein und verkrüppelt. Sie färben sich braun und trocknen aus.
■ **Was tun?** Entfernen und vernichten Sie betroffene Pflanzen und pflanzen Sie an einer anderen Stelle zertifiziert krankheitsfreie Pflanzen. Es sind keine zugelassenen Akarizide im Handel.

Frostspanner

Nicht die Motten, sondern die gefräßigen Raupen richten den Schaden an. Sie schlüpfen im zeitigen Frühjahr aus Eiern, die im vorherigen Herbst auf Zweigen abgelegt wurden und fressen junge Blätter, Blüten und sogar Früchte.

Wenn man sie nicht bekämpft, können sie den Baum entlauben. Frostspannerraupen sind hellgrün mit gelben Streifen und können 2,5 cm lang werden. Der Große Frostspanner und der Frühlings-Kreuzflügel verhalten sich sehr ähnlich. Alle bewegen sich fort wie typische Spannerraupen.

■ **Anfällige Pflanzen** Äpfel, Kirschen, Birnen, Pflaumen.
■ **Schadbild** Von den Blättern bleibt oft nur ein Skelett übrig. Bei schwerem Befall sind die Früchte deformiert, der Baum ernsthaft geschädigt.
■ **Was tun?** Vogelnistkästen aufhängen. Bringen Sie im Oktober Leimringe um die Stämme an, damit die flugunfähigen Weibchen nicht den Stamm emporkrabbeln können zur Eiablage. Anschließend Leimringe verbrennen. Kontrollieren Sie im Frühjahr kleine Bäume sorgfältig, entfernen Sie die Raupen mit der Hand. Bei warmem Wetter wirkt das *Bacillus thuringiensis*-Präparat gut.

Himbeerblattmilbe
Die winzigen Milben saugen an der Unterseite der Blätter Saft, sodass diese sich verfärben und verkrüppeln.

■ **Anfällige Pflanzen** Himbeeren.
■ **Schadbild** Hellgelbe Flecken erscheinen an der Oberfläche der Blätter, wo die Milben an der Unterseite gesaugt haben. Neue Blätter können verkrüppelt sein. Die Symptome ähneln denen verschiedener Viruserkrankungen der Himbeere, sind aber meistens weniger gravierend.
■ **Was tun?** Schneiden Sie Herbsthimbeeren zum Jahresende völlig zurück, sodass die Milben nirgendwo überwintern können.

Himbeerkäfer
Die Käfer legen ihre Eier im Sommer in Blüten ab. Nach dem Schlüpfen fressen die cremeweißen Larven in den reifenden Beeren.

■ **Anfällige Pflanzen** Himbeeren, Brombeeren, Hybriden.
■ **Schadbild** Die Beeren bleiben klein, um den Stiel verschrumpelt. Nach dem Pflücken krabbeln oft die Larven aus den Beeren.
■ **Was tun?** Hacken Sie im Frühjahr und Herbst um die Ruten, sodass die Puppen der Käfer an die Bodenoberfläche gelangen und von Vögeln gefressen werden. Käfer abklopfen und töten. Wirksame Insektizide sind nicht im Handel.

Himbeermotte
Die Raupen sind rosa und rot, etwa 1 cm lang.

■ **Anfällige Pflanzen** Himbeeren, Brombeeren, Hybriden.
■ **Schadbild** Im April und Mai fressen sich Raupen, die überwintert haben, in neue Triebe und Knospen, sodass diese verschrumpeln und absterben.
■ **Was tun?** Schneiden Sie befallene Triebe ab, vernichten Sie sie. Schneiden Sie Herbsthimbeeren nach der Ernte völlig zurück, nicht erst im Februar, sodass die Raupen nirgendwo überwintern können.

Himbeerrutengallmücke
Kleine, nur 4 mm lange rosafarbene Larven fressen im Sommer und Herbst unter der Rinde der Ruten.

■ **Anfällige Pflanzen** Himbeeren, Brombeeren, Hybriden.
■ **Schadbild** Durch die Wunden, die die Larven hinterlassen, steigt das Risiko einer Infektion mit der Himbeerrutenkrankheit (siehe S. 327).
■ **Was tun?** Das Gleiche wie bei Befall mit Himbeerkäfern. Mechanische Verletzungen, Risse in Ruten vermeiden (dort ist Eiablage).

Johannisbeerblasenlaus
Die hellgelben Blattläuse schlüpfen im Frühjahr und besiedeln die Unterseiten der Blätter, wo sie Saft saugen. Im Sommer fliegen sie fort, kehren im Herbst zurück und legen Eier, die an den Sträuchern überwintern.

■ **Anfällige Pflanzen** Schwarze, Rote und Weiße Johannisbeeren.
■ **Schadbild** Die Blätter sind verkrüppelt, übersät mit erhabenen Bläschen, die bei Schwarzen Johannisbeeren gelb und bei Roten und Weißen Johannisbeeren rot sind. Die Bläschen sind unansehnlich, schmälern den Ertrag aber selten.
■ **Was tun?** Spritzen Sie zur Mitte des Winters an einem milden, trockenen, nicht windigen Tag mit einer Spritzbrühe auf Pflanzenölbasis, damit keine Larven aus den Eiern schlüpfen. Alternativ können Sie im Frühjahr, bevor sich die Symptome zeigen, die jungen Blätter mit einer insektiziden Seife behandeln.

Johannisbeergallmilbe
Diese winzigen Spinnentiere verbringen den Winter in Knospen. In einer einzigen befallenen Knospe kann eine Kolonie aus mehreren Tausend Milben leben.

■ **Anfällige Pflanzen** Schwarze Johannisbeeren.
■ **Schadbild** Die befallenen Knospen schwellen an, entwickeln sich nicht richtig und sterben im

Sommer meist ab. Die Milben können ein Virus verbreiten, das **Brennnesselblättrigkeit** (S. 325) hervorruft.

■ **Was tun?** Inspizieren Sie die Sträucher im Herbst und Winter und pflücken Sie verdickte Knospen ab. Graben Sie stark befallene Pflanzen aus. Verbrennen Sie sie.

Johannisbeergallmücke

Kleine Larven schlüpfen aus Eiern, die in jungen, noch nicht entfalteten Blättern abgelegt wurden. Sie fressen während des Frühjahrs und Sommers an den Blättern, die entfalten sich nicht, verkümmern.

■ **Anfällige Pflanzen** Schwarze Johannisbeeren.

■ **Schadbild** Die Blätter sind verkrüppelt, entfalten sich nicht richtig, sterben ab.

■ **Was tun?** Befallene Triebspitzen abschneiden und vernichten. In der Flugzeit Schmierseifenwasser oder Pyrethrum spritzen.

Käfer an Erdbeeren

Zwei Käferarten fressen an Erdbeeren: der Behaarte Schnellläufer und der Grabkäfer. Beide sind schwarz und können bis 2 cm lang werden. Sie fressen nachts, tagsüber kann man sie unter Blättern und Stroh finden.

■ **Anfällige Pflanzen** Erdbeeren.

■ **Schadbild** Die Käfer fressen an reifen Erdbeeren und richten ähnliche Schäden an wie Schnecken und Vögel. Manchmal erkennt man, dass die Samen der Früchte abgefressen sind.

■ **Was tun?** Entfernen Sie alte Blätter, sobald die Pflanzen nicht mehr tragen, halten Sie die Beete sauber und jäten Sie Unkraut, sodass die Käfer nicht überwintern können. Es sind keine zugelassenen Insektizide im Handel.

Kleine Pflaumenblattlaus

Diese Blattläuse sind klein und gelbgrün. Sie saugen an den jungen Blättern Saft. Die Eier werden im Herbst abgelegt und überwintern an den Bäumen. Früh im Jahr schlüpfen die Larven und saugen an Knospen und Blättern, die sich entfalten. Im Mai fliegen die erwachsenen Blattläuse fort.

■ **Anfällige Pflanzen** Pflaumen, Zwetschgen, Mirabellen.

■ **Schadbild** Junge Blätter sind dicht eingerollt und verkrüppelt. Sie wachsen kümmerlich.

■ **Was tun?** Spritzen Sie im Winter in der Ruhezeit an einem milden, trockenen, windstillen Tag mit einer Spritzbrühe auf Pflanzenölbasis. Im Frühjahr können Sie die Pflanzen mit einem Neempräparat behandeln oder mit Kaliseife.

Mehlige Apfelblattlaus

Zwei Blattlausarten befallen Apfelbäume. Eine ist im zeitigen Frühjahr aktiv und kann kümmerlichen Wuchs hervorrufen. Die andere lebt in Kolonien in dicht eingerollten Blättern.

■ **Anfällige Pflanzen** Äpfel.

■ **Schadbild** Die Blätter sind eingerollt und färben sich manchmal gelb oder rot. Die Früchte können klein und missgebildet sein.

■ **Was tun?** Natürliche Fressfeinde sind Marienkäfer, Florfliegen. Als organische Mittel kommen Neempräparate und insektizide Seifen infrage. Bei starkem Befall können Sie mit einem Pyrethrum-Mittel spritzen.

Mehlige Pflaumenlaus

Diese Blattläuse schlüpfen im Frühjahr aus Eiern, die auf Pflaumenbäumen überwintern. Sie bilden an der Unterseite der Blätter Kolonien und sondern ein weißes, mehliges Wachs ab.

■ **Anfällige Pflanzen** Pflaumen, Zwetschgen, Mirabellen.

■ **Schadbild** Die Blätter sind nicht missgebildet, sondern mit klebrigem Honigtau bedeckt, auf dem sich meistens ein grauer oder schwarzer Belag entwickelt. Bei schwerem Befall kann das Wachstum kümmerlich und das Obst unappetitlich sein. Die meisten der Blattläuse besiedeln im Juni und Juli andere Pflanzen und kommen im Herbst zurück.

■ **Was tun?** Spritzen Sie beim Austrieb bis zum Ballonstadium der Blüten mit einer Spritzbrühe auf Pflanzenölbasis. Das ungiftige Öl umhüllt die Wintereier und erstickt sie. Im Frühjahr können Sie die jungen Blätter mit Pyrethrum, insektizider Seife oder einem zugelassenen, nicht organischen Insektizid spritzen.

Pflaumensägewespe

Weiße, etwa 1 cm lange Larven schlüpfen aus Eiern, die im Frühjahr während der Blüte abgelegt wurden. Sie fressen sich in die jungen Früchte und hinterlassen ein kleines Ausschlupfloch, das mit schwarzen Exkrementen gefüllt ist.

■ **Anfällige Pflanzen** Pflaumen, Zwetschgen, Mirabellen.

■ **Schadbild** Die jungen Früchte fallen früh ab, bevor sie reif sind.

■ **Was tun?** Vernichten Sie alle befallenen Früchte, um zu verhindern, dass die Larven im Boden überwintern. Hängen Sie eine

Woche vor bis eine Woche nach der Blüte Weißtafeln auf. Nicht länger – auch Nützlinge werden gefangen.

Pflaumenwickler

Dieser Verwandte des Apfelwicklers legt seine Eier ebenfalls im Sommer ab. Nach dem Schlüpfen fressen sich die rosa Raupen in die Früchte.

■ **Anfällige Pflanzen** Pflaumen, Zwetschgen, Mirabellen, seltener Pfirsiche.

■ **Schadbild** Die Raupen fressen sich um den Stein in der Frucht und schließlich an die Oberfläche. Sie hinterlassen ihre Exkremente in den Früchten, die oft verfaulen und abfallen.

■ **Was tun?** Hängen Sie im Juni und Juli Pheromonfallen auf, um die Männchen der Wickler zu fangen, sodass sie sich nicht paaren können (siehe S. 332). Vernichten Sie alle befallenen Früchte. Legen Sie im Juli einen Wellkarton-Fanggürtel an, kontrollieren und verbrennen Sie ihn nach einiger Zeit. Bei starkem Befall ein Pyrethrum-Mittel spritzen.

Rebenpockenmilbe

Diese winzigen Milben leben auf Blättern, an denen sie fressen.

■ **Anfällige Pflanzen** Weintrauben.

■ **Schadbild** Blasen bilden sich auf der Blattoberseite. Unterseits erscheinen Flecken mit dichten, feinen weißen Haaren, die allmählich zu gelben, roten oder braunen filzigen Flecken werden. Manchmal erscheinen die Flecken auch auf der Blattoberseite.

■ **Was tun?** Die befallenen Blätter sind zwar unansehnlich, aber die Pflanze nimmt meist keinen Schaden. Sie können befallene Blätter entfernen und vernichten, pflücken Sie aber nicht zu viele ab. Es sind keine Insektizide im Handel.

Reblaus

Rebläuse sind kleine Insekten, die mit Blattläusen verwandt sind. Sie saugen an Weinreben Saft. Man vermutet, dass die Insekten im 19. Jahrhundert von Nordamerika nach Europa eingeschleppt wurden. Dies wirkte sich vor allem auf den französischen Weinanbau verheerend aus.

■ **Anfällige Pflanzen** Weinstöcke.

■ **Schadbild** Die Insekten rufen an Blättern und Wurzeln runde Gallen oder Schwellungen hervor. Die Pflanze stirbt meist ab.

■ **Was tun?** Es gibt keine Behandlungsmöglichkeiten. Da man europäische Sorten auf nordamerikanische Unterlagen pfropft, die natürlicherweise resistent sind, ist die Reblaus zur Zeit unter Kontrolle.

Rote Spinnmilbe

Es gibt Obstbaum-Spinnmilben, die Rote Spinne, und Gewächshaus-Spinnmilben. In heißen Sommern treten Letztere sowohl im Freien als auch unter Abdeckungen auf. Die Milben leben auf der Unterseite der Blätter, saugen Saft und legen dort ihre Eier. Wie Spinnen haben sie acht Beine, sind kleiner als 1 mm. Obstbaum-Spinnmilben sind rot und Gewächshaus-Spinnmilben im Frühjahr und Sommer gelbgrün, im Herbst und Winter orangerot.

■ **Anfällige Pflanzen** Baumobst wie Äpfel, Pflaumen, Nektarinen, Aprikosen, seltener Kirschen und Pfirsiche. Alle Beeren, besonders Erdbeeren und Schwarze Johannisbeeren. Unter einer Abdeckung gezogene empfindliche Früchte wie Feigen, Melonen und Zitrusfrüchte.

■ **Schadbild** Die Blätter werden matt, fleckig, erscheinen silbrig, bronzefarben oder gelblich weiß, welken manchmal und fallen ab. Die Pflanzen können schließlich mit einem feinen weißen Seidengespinst bedeckt sein.

■ **Was tun?** Sparsame Stickstoffdüngung. Bodenbedeckung und Bewässerung. Sprühen Sie unter einer Abdeckung mit Wasser, um die Luftfeuchtigkeit zu erhöhen. Austriebsspritzung mit Rapsöl gegen Wintereier. Eine Raubmilbe, *Phytoseiulus persimilis*, zur biologischen Schädlingsbekämpfung aussetzen. Bei starkem Befall mit Pyrethrum spritzen.

Rüsselkäfer

■ Siehe **Dickmaulrüssler** (S. 336).

Säugetiere, Schäden durch

In ländlichen Gegenden können vor allem Rehe, Kaninchen und Dachse Schäden anrichten.

■ **Anfällige Pflanzen** Alle Bäume und Beerensträucher.

■ **Schadbild** Triebe sind abgefressen und an jungen Bäumen kann die Rinde ringförmig abgeschält sein. Später im Sommer sind die Früchte das Ziel der Begierde.

■ **Was tun?** Man kann die Baumstämme mit einer Manschette aus Maschendraht oder stabilem Plastik schützen, der einzig effektive Schutz sind jedoch Zäune – hohe für Rehe, im Boden eingelassene für Kaninchen.

Schildläuse

Sie haben einen charakteristischen muschelförmigen Panzer. Manche sondern weißes Wachs ab. Es gibt viele Arten: Obstbäume und -sträucher werden am häufigsten von der Wolligen Rebenschildlaus, der Gemeinen Napfschildlaus und der Weichen Schildlaus befallen.
■ **Anfällige Pflanzen** Baumobst, Zitruspflanzen, Weinreben, Beerensträcher, unter Glas und im Freien.
■ **Schadbild** Schildläuse leben in Kolonien an den Stämmen und Zweigen. Auf der weißen, pelzigen Wachsschicht und dem klebrigen Honigtau, den manche der Insekten absondern, kann sich ein rußgrauer Belag bilden. Leichter Befall schadet der Pflanze selten, bei schwerem Befall können Sträucher jedoch geschwächt werden.
■ **Was tun?** Kruste abkratzen, dann Blattlaus-Bekämpfung. Führen Sie eine Winter-/Austriebsspritzung mit Rapsöl durch. Andere zugelassene Insektizide sind nur etwa im Juli–August wirksam, wenn die Junglarven aus den Eiern schlüpfen, die die erwachsenen Tiere mit ihrem Panzer schützen.

Schmierläuse

Schmierlausweibchen sind kleine helle Insekten, die sich und ihre Eier mit einer pelzigen, klebrigen weißen Wachsschicht bedecken. Sie saugen Saft. Die Männchen fressen nichts und leben nur kurz.
■ **Anfällige Pflanzen** In gemäßigtem Klima unter einer Abdeckung gezogenes Obst wie Feigen, Weintrauben, Melonen, Zitrusfrüchte und andere empfindliche Früchte.
■ **Schadbild** Schwerer Befall kann die Pflanzen schwächen.
■ **Was tun?** Bestreichen Sie die Schmierläuse mit einem Pinsel, den Sie in Methylalkohol getaucht haben, spritzen Sie mehrmals mit einer insektiziden Seife oder einem Pyrethrum-Mittel.

Schnakenlarven

Die Larven von Schnaken haben keine Beine, können aber bis zu 4,5 cm lang werden und haben einen gewaltigen Appetit.
■ **Anfällige Pflanzen** Brombeeren, Himbeeren, Erdbeeren.
■ **Schadbild** Triebe und Wurzeln können an- und durchgefressen sein, Pflanzen welken, sterben ab.
■ **Was tun?** Sammeln und vernichten Sie die Larven, wenn sie nach einem Regen an die Oberfläche kommen – wenn Vögel Ihnen nicht die Arbeit abnehmen. Man kann parasitische Nematoden als biologische Bekämpfung aussetzen und auch Schneckenkorn kann wirken. Insektizide sind nur begrenzt wirksam.

Schnecken

Zerstörte Pflanzen und verräterische Schleimspuren erfreuen wohl kaum einen Gärtner.
■ **Anfällige Pflanzen** Erdbeeren fressen Schnecken besonders gern, aber auch Schwarze Johannisbeeren, Himbeeren und Melonen verschmähen sie nicht.
■ **Schadbild** Schnecken fressen manchmal an zarten neuen Trieben von Erdbeersträuchern, am liebsten aber an den reifen Früchten.
■ **Was tun?** Legen Sie Köder aus (leere Grapefruithälften mit der Öffnung nach unten oder Bierfallen) und schaffen Sie Hindernisse (kantige Schottersteine, Eierschalen, Schneckenzäune aus Kupfer). Halten Sie Unkraut niedrig, damit die Schnecken keine Rückzugsmöglichkeiten haben. Sie können auch den parasitischen Nematoden *Phasmarhabditis hermaphrodita* aussetzen. Legen Sie notfalls Schneckenkorn aus.

Schnellkäferlarven

Die im Boden lebenden Larven von Schnellkäfern sind orangebraun und bis zu 2,5 cm lang.
■ **Anfällige Pflanzen** Himbeeren, Erdbeeren.
■ **Schadbild** Die Stängel junger Pflanzen können durchtrennt und die Wurzeln abgefressen sein.
■ **Was tun?** Führen Sei ein- bis zweimal eine Spritzung mit Rapsöl oder Mineralöllösung vor dem Austrieb durch. Suchen Sie den Boden um geschädigte Pflanzen ab, legen Sie Köder, angeschnittene Möhren o. Ä., in die Erde, vernichten Sie die gefundenen Schnellkäferlarven.

Spinnmilben

■ Siehe **Rote Spinnmilbe** (S. 339).

Stachelbeerblattwespe

Nicht die Wespen selbst, sondern ihre Larven richten die Schäden an. Sie schlüpfen im Frühjahr und Sommer aus kleinen grünen Eiern, die auf den Blättern abgelegt wurden, oft in der Mitte des Strauchs. Ihr Appetit wird zunehmend größer und sie fressen sich schnell die Zweige entlang nach außen und vertilgen neue Blätter. Wenn Sie sie entdecken, haben sie oft schon die meisten Blätter bis auf die Adern

abgefressen. Die Gelbe Stachelbeerblattwespe ist die häufigste Art. Sie kann bis zu 2 cm lang werden und hat einen hellgrünen Körper mit schwarzen Flecken und einen schwarzen Kopf. Die Blattwespe der Schwarzen Johannisbeere ist eine nah verwandte Art.
■ **Anfällige Pflanzen** Stachelbeeren, Schwarze, Rote und Weiße Johannisbeeren.
■ **Schadbild** Die Blätter können abgefressen sein, sodass nur noch ein Skelett aus Blattadern übrig ist. Die Früchte sind nicht betroffen, die Pflanze kann aber stark geschwächt sein.
■ **Was tun?** Kontrollieren Sie die Pflanzen ab Mai sorgfältig. Sammeln Sie Larven ab, vernichten Sie sie. Spritzen Sie mit scharfem Wasserstrahl. Bei starkem Befall morgens mit einem Pyrethrum-Mittel spritzen.

Thripse
Diese kleinen, schlanken Insekten stechen Blattgewebe an und saugen Saft. Sie können auch Blütenblätter schädigen.
■ **Anfällige Pflanzen** Zitruspflanzen und viele andere Pflanzen, unter Glas und im Freien.
■ **Schadbild** Auf den Blättern können gelbe Streifen oder silbrige Flecken und winzige schwarze Exkremente zu erkennen sein.
■ **Was tun?** Im Gewächshaus Raubmilben, *Amblyseius spec.*, einsetzen und Blautafeln anbringen. Blattunterseite mit kaltem Wasserstrahl abspritzen. Mit Pyrethrum-Mittel sprühen.

Vögel
Tauben, Gimpel, Elstern, Eichelhäher und Amseln gehören zu den Vogelarten, die die meisten Probleme bereiten.
■ **Anfällige Pflanzen** Alles Steinobst und Beeren.
■ **Schadbild** Vögel fressen gern die jungen Knospen von Bäumen und Sträuchern und die reifen Früchte.
■ **Was tun?** Vogelscheuchen aller Art sind immer sinnvoll, aber Vögel sind schlau und ignorieren diese Abschreckungsvorrichtungen bald. Netze und Fruchtkäfige sind die einzig effektive Lösung.

Weiße Fliegen
Weiße Fliegen haben keilförmige weiße Flügel und besiedeln die Unterseiten von Blättern, wo sie auch ihre Eier ablegen.
■ **Anfällige Pflanzen** Weintrauben, Zitrusfrüchte, Melonen und andere empfindliche Früchte unter Glas.
■ **Schadbild** Die Larven saugen an den Blättern Saft, sodass diese gelb werden und verkrüppeln. Sie sondern Honigtau ab, auf dem sich oft ein schwarzer oder grauer Belag bildet. Vor allem in geschlossenen Räumen kommt es zu Schaden an den Pflanzen.
■ **Was tun?** Hängen Sie im Gewächshaus Gelbtafeln auf, setzen Sie die parasitische Wespe *Encarsia formosa* aus. Spritzen Sie wenn nötig mit Kaliseife oder einem Pyrethrum-Mittel.

Wespen
Wespen sind nur im Hoch- und Spätsommer lästig. Früher im Jahr sind diese Insekten sehr nützlich, da sie sich von Schmetterlingsraupen und anderen Insektenlarven ernähren, die Schäden anrichten können.
■ **Anfällige Pflanzen** Die meisten reifen Früchte.
■ **Schadbild** Wespen fressen Löcher in die Früchte.
■ **Was tun?** Versuchen Sie nicht, Wespennester zu entfernen. Wenn ein Umsiedeln einer Kolonie nötig ist, muss dies von Experten vorgenommen werden. Mit einem Köder aus süßen, fauligen Früchten oder einem Topf mit Marmelade oder zuckerhaltiger Flüssigkeit können Sie die Insekten von den Früchten weglocken.

Wickler
Es gibt mehrere Arten. Die Raupe des Obstbaumwicklers wickelt sich in junge Blätter und verspinnt diese mit Seide. Die Fruchtschalenwickler-Raupe frisst an reifenden Früchten, manchmal unter einem Blatt verborgen, das sie mit Seide an eine Frucht geheftet hat.
■ **Anfällige Pflanzen** Äpfel, Schwarze Johannisbeeren, Kirschen, Birnen, Pflaumen, Himbeeren, Erdbeeren.
■ **Schadbild** Die Blätter wachsen kümmerlich und die Triebe sind manchmal geschädigt. Die Früchte können unappetitlich sein.
■ **Was tun?** Entfernen Sie betroffene Blätter mit der Hand. Spritzen Sie wenn nötig mit einem Pyrethrum-Mittel, bevor sich die Raupen in die Blätter einrollen. Siehe auch **Apfelwickler** (S. 334) und **Pflaumenwickler** (S. 339).

Register

Kursiv gedruckte Seitenzahlen verweisen auf Abbildungen, **fett** gedruckte auf Haupteinträge.

A

Älchen: Erdbeeren 195, **334**
Amerikanischer Stachelbeermehltau *228, 229,* **324**
Ananas *311,* 311–312
Ananasguaven 312, *313*
Äpfel **40–79**
   am Quirlholz fruchten 67, *69*
   Anbau **56–65**
   Ausdünnen *61*
   Auswahl und Kauf *41,* 50–55, *56*
   Bestäubung 53
      Gruppen 54–55
   Blüten *8, 25, 93*
   Boden 60
   Buschbaum: Schnitt 68
   Düngen 61
   endständig fruchten 67, *69*
   Ernte und Lagerung *27, 28,* 63, *63*
   Ertrag 63
   Familienbäume 53
   Formen 50–52
   Hochstamm: Schnitt 68
   junge Früchte *10, 93*
   Junifruchtfall *61*
   Kälteperiode im Winter 24
   Kauf 50–55
   Kultur im Kübel 50, 62
   Knospen *25, 93*
   Kordon *21, 50,* 60, 72–73
   Mulchen 61
   Obsthaine
   Pflanzen *58–59*
      Abstände 60
      wann pflanzen 56
      wo pflanzen 60
   Pyramide 71
   regelmäßige Pflege 61
      Monat für Monat 64–65
   reife Früchte *12*
   Schädlinge und Krankheiten 77–79
      siehe auch S. 324–341
   Schnitt und Erziehung **66–76**
   Schutz vor Frost 61
   Sorten 53, 54–55
      Kochsorten *47–48*
      Dessertsorten *42–47*
      Koch- und Dessertsorten *49*
   Spalier *21, 50,* 74–75
   Spindelbusch 70–71
   Stützen *56, 59*
   triploide Sorten 55
   Unterlagen 52
   vernachlässigte Bäume 76
   waagrechter Kordon *17,* 72
   Wässern *61*
Apfelbeeren 262
Apfelblatt-Miniermotte **334**
   Kirschen 134–135
Apfelblattsauger **334**
Apfelblütenstecher **334**
Apfel-Sägewespe *79,* **334**
Apfelwickler **334**
   Äpfel 79
   Birnen 101
Aprikosen **136–143**
   Anbau **139–141**
   Ausdünnen 140
   Auswahl und Kauf 139
   Bestäubung 139
   Boden 140
   Düngen 140
   Ernte und Lagerung *140*
   Ertrag 140
   Knospen *141*
   Kultur im Kübel 140
   Laub *141*
   Mulchen 140
   Netze 140
   Pflanzen 139–140
   regelmäßige Pflege 140
      Monat für Monat 141
   reife Früchte *14, 135, 140, 141*
   Schädlinge und Krankheiten 143
      siehe auch S. 324–341
   Schnitt und Erziehung **142**
   Schutz vor Frost *139,* 139, 140
   Sorten *138*
   Wässern 140
Aprium *112*
Arabis-Mosaik-Virus *siehe* Viruserkrankungen der Erdbeere
Aroniabeeren *262*
Asiatische Birnen 89
aufgesprungene Früchte
   Kirschen 135
   Quitten 160
Avocados 308, *309*

B

Bakterienbrand **324**
Bananen 308, *309*
Baumsägen *38*
Baumtomaten 313
Beerenobst **178–263**
   Anbau **180**
   Erziehung und Schnitt 180–181
   Kauf 180
   Pflanzen 180
   Schutz 181
   siehe auch einzelne Obstarten, z.B. Erdbeeren
Bestäubung 25
   Baumobst 33–34
      Äpfel 53
      Aprikosen 139
      Birnen 88
      Feigen 169
      Kirschen *124,* 125
      Nektarinen 148
      Pfirsiche 148
      Zitrusfrüchte 288
   Beerenobst
      Heidelbeeren 250
      Weintrauben 268, 271
Bierfallen *317*
Birnblattgallmücke 100, **335**
Birnen **80–101**
   Anbau **89–93**
   Asiatische/Nashi- 89
   Ausdünnen 92
   Auswahl und Kauf 86–88
   Bestäubung, Gruppen 88
   Boden 90
   Buschbaum 94
   Düngen 90
   Ernte und Lagerung 92
   Ertrag 92
   Fächer 98, *99*
   Formen 86
   Kordon *21, 35, 86,* 90, *90–91,* 97, *97*
   Kultur im Kübel *86*
   Mulchen 90
   Pflanzen 89–90
      Abstände 90
   Pyramide *86,* 94–95, *95*
   regelmäßige Pflege 90
      Monat für Monat 93

REGISTER

reife Früchte *14, 27, 81*
Schädlinge und Krankheiten *100–101*
Schnitt und Erziehung **94–99**
Schutz vor Frost *90*
Sorten *82–85,* 86
Spalier *24, 97, 97*
Spindelbusch *94, 95*
Unterlagen *86*
Wässern *90*
Zwergsorten *17*
Birnenblattsauger **335**
Birnengallmücke *101,* **335**
Birnengitterrost *100*
   siehe Rost
Birnenpockenmilbe *100,* **335**
Blattbräune der Süßkirsche *135, 324*
Blattfleckenkrankheit der Brombeere *217,* **325**
Blattfleckenkrankheit der Himbeere *207,* **325**
Blattfleckenkrankheiten *323*
   siehe auch Bakterienbrand, pilzliche Blattfleckenkrankheiten
Blattknospen *39*
Blattläuse *333,* **335**
   Äpfel *77*
   Aprikosen *143*
   Birnen *101*
   Erdbeeren *194*
   Himbeeren *207*
   Johannisbeerblasenlaus *237,* **337**
   Kirschen *134*
   Melonen *301*
   Pfirsiche und Nektarinen *157*
   Schwarze Johannisbeeren *245*
   Stachelbeeren *228*
   Zitrusfrüchte *293*
   siehe auch bestimmte Blattlausarten
Blattwanzen **335**
   Äpfel *78*
   Birnen *101*
   Brombeeren *217*
   Himbeeren *207*
   Rote Johannisbeeren *237*
   Schwarze Johannisbeeren *245*
   Stachelbeeren *229*
Blattwespenlarven **335**
   Kirschen *135*
Bleiglanz **325**
   Aprikosen *143*
   Mangelerscheinung mit ähnlichen Symptomen *118, 135,* **325**
   Pfirsiche und Nektarinen *157*
   Pflaumen *115*
Blütenfäule **325**
Blütenknospen *39*
Blutläuse **336**
   Äpfel *78*
Bocksdorn, Gemeiner *262*
Boden
   Düngen *319*
   sauer oder alkalisch *318–319*
   Struktur *318*
   siehe auch einzelne Obstarten
Bormangel *320*
Botrytis siehe Grauschimmel
Boysenbeeren *211*
Brennnesselblättrigkeit *245,* **325**
Brombeeren *179,* **208–217**
   Anbau **212–215**
   Auswahl und Kauf *212*
   Blüten *215*
   Boden *213*
   Düngen *213*
   Ernte und Lagerung *214, 214*
   Ertrag *214*
   junge Früchte *215*
   Knospen *215*
   Mulchen *213–214*
   Netze *214*
   Pflanzen *212–213, 213*
      Abstände *213*
   regelmäßige Pflege *213–214*
      Monat für Monat *215*
   reife Früchte *12, 208, 214*
   Schädlinge und Krankheiten *217*
   Schnitt und Erziehung *212,* **216**
   Schutz vor Frost *214*
   Sorten *210*
   Vermehrung *214*
   Wässern *213*
Brombeermilbe *217,* **336**
'Buddhas Hand'-Zitronen *286*
Buschbaum (Obstbaum) *32*
   Pflanzabstände
      Äpfel *60*
      Aprikosen *140*
      Birnen *90*
      Feigen *171*
      Kirschen *128*
      Pfirsiche und Nektarinen *148*
      Pflaumen *111*
   Schnitt
      Äpfel *68*
      Aprikosen *142*
      Birnen *94*
      Feigen *174*
      Kirschen *131*
      Pfirsiche und Nektarinen *156*
      Pflaumen *103, 114*
      Zitrusfrüchte *290–291*

C

`Calamondin´ *286*
Chinesische Pflaumen *103*
Chinesische Stachelbeeren *siehe* Kiwis
Chlorose *321*
   siehe auch Eisenmangel
Cranberrys **258–261**
   Anbau in Spezialbeeten *260–261*
   Boden *260*
   Ernte und Lagerung *261*
   Kultur im Kübel *260*
   Pflanzen *259–260*
   regelmäßige Pflege *261*
   reife Früchte *258*
   Schädlinge und Krankheiten *261*
   Schnitt und Erziehung *261*
   Sorten *259*

D

Dickmaulrüssler **336**
   Erdbeeren *195*
   Weintrauben *280*
Düngen
   Äpfel *61*
   Aprikosen *140*
   Birnen *90*
   Boden *319*
   Brombeeren *213*
   Erdbeeren *188, 191*
   Feigen *171–172*
   Himbeeren *201, 202*
   Kapstachelbeeren *306*
   Kiwis *304*
   Maulbeeren *163*
   Pfirsiche und Nektarinen *150*
   Pflaumen *112*
   Schwarze Johannisbeeren *242*
   Zitrusfrüchte *289*
Dünger *319, 319*
   siehe Düngen

E

Echter Mehltau *323,* **325**
   Äpfel *77*

Brombeeren 217
Erdbeeren 194, 195
Himbeeren 207
Melonen 301
Weintrauben 280, *281*
Einjährige Veredelung mit Seitentrieben *31*, 31
Einjährige Veredelung ohne Seitentriebe *31*, 31
Eisenmangel 320–321, *321*
Erdbeerblütenstecher 194, **336**
Erdbeeren **182–195**
  Anbau **186–193**
  Anbau unter einer Abdeckung 191–192
  Ausläufer *189*, 189
  Auswahl und Kauf 187
  Blüten *186*, *193*
  Boden 188
  Düngen 188, 191
  Ernte und Lagerung 190, *191*
  Ertrag 190
  frühere Ernte erzielen 191–192
  junge Früchte *193*
  Kultur im Kübel *17*, 26, 190–191, *192*
  Lebensdauer 190
  Monats- *192*
  Mulchen 188–189
  Netze 188
  Pflanzen *186*, 187–188
    durch Plastikfolie *187*
  regelmäßige Pflege 188–189
    Monat für Monat 193
  reife Früchte *12*, *26*, *182*, *193*
  Schädlinge und Krankheiten 194–195
  Schutz *181*, 188–189
  Schutz vor Frost 188
  Sorten 184–185
  Vermehrung *190*
  Wässern 188, 191
Erdbeerguaven *313*, 313
Erdbeermatten *189*, 189
Erdbeermilbe 195, **336**
Erdbeerwurzelfäule 195, **326**
Eutypa **326**

F

Fächer (Obstbäume) *33*
  Pflanzabstände
    Äpfel 60
    Aprikosen 140
    Birnen 90

Feigen 171
Kirschen 128
Pfirsiche und Nektarinen 149
Pflaumen 111
Schnitt
  Aprikosen 142
  Birnen 98, *99*
  Feigen 175–176
  Kirschen *126*, 132–133, *132–133*
  Pfirsiche und Nektarinen 152–156
  Pflaumen 103, 116–117, *116–117*
Fächer: Brombeeren 216
Falscher Mehltau 323, **326**
  Weintrauben 280
Familienbäume: Äpfel 53
Feigen **166–176**
  Anbau **169–173**
  Ausdünnen 172
  Auswahl und Kauf 169
  Bestäubung 169
  Boden 170
  Düngen 171–172
  Ernte und Lagerung 172
  junge Früchte *173*
  Knospen *173*
  Kultur im Kübel 18, *169*
  Laub *173*
  Mulchen 172
  Netze 172
  Pflanzen 169–170
    Abstände 171
  Pflanzgruben *171*
  regelmäßige Pflege 171–172
    Monat für Monat 173
  reife Früchte *14*, *167*, *172*, *173*
  Schädlinge und Krankheiten 177
  Schnitt und Erziehung **174–176**
  Schutz vor Frost 172
  Sorten 168
  unter Glas *170*
  Wässern 171
Feijoa 312
Feuerbrand **326**
  Birnen *100*
Frostschäden 316
Frostspanner *333*, **336**
  Kirschen *134*
  Pflaumen *118*
Fruchtkäfige *22*, 22
Fruchtspieße *39*
Früchte (allgemein)
  Anbau in kleinen Gärten **17–18**

Auswahl und Vielfalt 8
beliebtes Obst *12–15*
Das Jahr des Obstgärtners **24–27**
Kultur im Kübel 18
Kultur unter einer Abdeckung 14
Obst selbst anbauen 6
organisches Gärtnern 8
Frühjahr, Aufgaben 25

G

Gartensägen *38*
Gartenscheren *38*
Gemeiner Bocksdorn 262
Gewächshäuser 14, *317*
  siehe auch einzelne Obstsorten 'Kultur unter Glas'
Gewächshaus-Spinnmilbe *siehe* Rote Spinnmilbe
Gewächshaus-Weiße Fliege *siehe* Weiße Fliege
Gewöhnliche Mahonie 263
Granatäpfel 312, *313*
Grapefruits 287
Grauschimmel 323, **326**
  Brombeeren *217*
  Erdbeeren *195*
  Heidelbeeren 257
  Himbeeren *207*
  Rote Johannisbeeren *237*
  Schwarze Johannisbeeren 245
  Stachelbeeren 229
  Weintrauben *281*
große Gärten **22–23**
Gurkenmosaikvirus 327
  Melonen 301

H

Haferpflaumen 103, *106–107*
Halbstamm (Obstbäume) *32*
Hallimasch 327
hängende Körbe: Erdbeeren *17*, *191*
Hauptnährelemente 319
Heidelbeeren **246–257**
  Anbau **250–254**
  Auswahl und Kauf 250
  Blüte und Bestäubung 250
  Blüten *25*, *250*, *254*
  Boden 251
  Ernte und Lagerung 252, *253*
  Ertrag 252
  junge Früchte *254*
  Knospen *254*

Kultur im Kübel 18, 250, *252*
Pflanzen 250–251, *251*
    Abstände 252
    regelmäßige Pflege 252
        Monat für Monat 254
    reife Früchte *12, 247,* 254
    Schädlinge und Krankheiten 257
    Schnitt und Erziehung **256**
    Sorten *248–249*
    Vermehrung *253*
        siehe auch S. 324–341
Heidelbeeren, eurasische Wildform *263*
Himbeerblattmilbe 207, **337**
Himbeeren **196–207**
    Anbau **200–203**
    Auswahl und Kauf 200
    Blätter *203*
    Blüten *203*
    Boden 201
    Düngen *201,* 202
    Ernte und Lagerung 202
    Ertrag 202
    Kultur im Kübel 201
    Mulchen 202
    Netze 202
    Pflanzen 200–201
        Abstände 201
    regelmäßige Pflege 202
        Monat für Monat 203
    reife Früchte *14, 196,* 202, *203*
    Ruten *27,* 197, *200*
    Schädlinge und Krankheiten 207
        siehe auch S. 314–341
    Schnitt und Erziehung *201,* **204–207**
    Schutz vor Frost 202
    Sorten *198–199*
    Vermehrung 202
    Wässern 202
Himbeerkäfer 207, **337**
    Brombeeren 217
Himbeermotte 207, **337**
Himbeerrutengallmücke 207, **337**
Himbeerrutenkrankheit 207, **327**
Hochstamm (Beerensträucher): Stachelbeeren *223*
Hochstamm (Obstbäume) *32*
    Pflanzabstände
        Äpfel 60
        Feigen 171
        Pflaumen 111
    Schnitt
        Äpfel 68

Feigen 174
Pflaumen 115
Zitrusfrüchte 292
Honigbeeren *263*
Hybriden 209, *211*

I
Indianerbananen 310
Insektizide 332

J
Japanische Weinbeeren *211*
Johannisbeerblasenlaus *237, 245,* **337**
Johannisbeergallmilbe 245, **337**
Johannisbeergallmücke 245, **338**
Jostabeeren *224*
Junifruchtfall
    Äpfel 61
    Birnen 92

K
Käfer an Erdbeeren 195, **338**
Kaffirlimetten *286–287*
Kakipflaumen *311,* 311
Kaktusfeigen 312–313, *313*
Kalifornische Brombeeren 211
Kaliummangel 320, *321*
Kalkchlorose *siehe* Eisenmangel
Kalken *318*
Kalziummangel 321, *321*
Kaninchen *siehe* Schäden durch
    Säugetiere
Kapstachelbeeren **305–307**
    Aussaat 306
    Blüten *307*
    Boden 306
    Ernte und Lagerung 307
    junge Früchte *307*
    Kultur im Kübel 306
    Pflanzen *306,* 306
        Abstände 306
    regelmäßige Pflege 306–307
    reife Früchte *305,* 307
    Schädlinge und Krankheiten 307
King's Acre-Beeren 211
Kirschen **120–135**
    Anbau **126–130**
    Auswahl und Kauf 124–125, *126*
    Bestäubung, Gruppen 125
    Blüten *128,* 130
    Boden 128
    Ernte und Lagerung 129

Ertrag 129
Fächer *126*
Formen 124
junge Früchte *130*
Knospen *130*
Kultur im Kübel 128
Netze *129*
Pflanzen 127
    Abstände 128
regelmäßige Pflege 129
    Monat für Monat 130
reife Früchte *8, 12, 121,* 129, *130*
Sauerkirschen 131, *131,* 133
Schädlinge und Krankheiten *134–135*
    siehe auch S. 324–341
Schnitt und Erziehung **131-133**
Sorten *122–123,* 124–125
Süßkirschen *131,* 131, 132
Unterlagen 124
Kiwis **302-304**
    Blüten *303*
    Boden 303
    Ernte und Lagerung 304
    Ertrag 304
    Knospen *303*
    Pflanzen 303
        Abstände 304
    regelmäßige Pflege 304
    Schädlinge und Krankheiten 304
    Schnitt und Erziehung 304
    Sorten 303
kleine Gärten **17–18**
Kleine Pflaumenblattlaus *118,* **338**
Klima 12–14, 317
Kompost *319,* 319
Kordon (Obstbäume) *32*
    Pflanzabstände: Pflaumen 111
    Schnitt
        Pflaumen 103
        Birnen *21, 35, 86, 90, 90–91, 97,* 97
        Äpfel *21,* 50, 60, 72–73
Kordon (Sträucher, Reben)
    Rote Johannisbeeren 180, *235,* 236
    Stachelbeeren *223,* 227
    Weintrauben *275,* 276–277
Krankheiten *siehe* Schädlinge und
    Krankheiten
Kräuselkrankheit des Pfirsichs *157,* **327**
Krebs 323
    Äpfel *78,* **328**
    Birnen *101,* **328**
    Kirschen *134,* 135

Pfirsiche und Nektarinen 157
Pflaumen *119*
siehe auch Bakterienbrand, Obstbaumkrebs, Maulbeerkrebs
Kübelpflanzen 18
    Äpfel 62
    Birnen *86*
    Cranberrys 260
    Erdbeeren 190–181, *192*
    Feigen *169*
    Heidelbeeren 250, *252*
    Himbeeren 201
    Kirschen 128
    Pfirsiche und Nektarinen 149
    Pflaumen 110
    Stachelbeeren 223
Küchengärten **19–21**
Kulturnachtschatten *262*
Kumquats 287
    reife Früchte *284*

L

Lehmboden *318*
Leimringe *332*
Leittriebe *39*
Limetten *286*
Loganbeeren *211*
Loquats 308–309, *309*

M

Maden und Larven *333*
Magnesiummangel 321, *321*
Mahonie, Gewöhnliche *263*
Mandarinen 286
    reife Früchte *282*
Manganmangel *321*, 321
Mangelerscheinungen **320–321**
    Erdbeeren *194*
    Heidelbeeren *257*
    Himbeeren *207*
    Kirschen *134*
    Pfirsiche und Nektarinen *157*
    Schwarze Johannisbeeren *245*
    Stachelbeeren *229*
    Weintrauben *280*
Mangos *309*, 309
Maracujas 310, *311*
Marienkäfer *317*
Marionbeeren *211*
Maulbeeren **162–163**
Maulbeerkrebs **328**
Mehlige Apfelblattlaus **338**

Mehlige Pflaumenlaus *118*, **338**
Mehltau *323*
    siehe Amerikanischer Stachelbeermehltau; Echter Mehltau; Falscher Mehltau
Melonen **294–301**
    Anbau **297–301**
        im Folienzelt *298*
        unter Glas *299*
    Auskneifen *300*
    Aussaat *25*, 297
    Blüte und Bestäubung 299
    Blüten *299*
    Boden 298
    Ernte und Lagerung 301
    Ertrag 301
    Pflanzen 297–298
        Abstände 299
    regelmäßige Pflege 299
    reife Früchte *14*
    Schädlinge und Krankheiten 301
    Schnitt und Erziehung 300–301
    Sorten *296*
    Stützen *295*, *301*
Melonenbirnen 311
Mikroklima *14*
Milben *333*
Mineralienmangel *siehe* Mangelerscheinungen
Miniermotten
    Kirschen *134–135*
    siehe auch Apfelblatt-Miniermotte
Mirabellen 103, *107*
Mispeln **164–165**
Monilia Fruchtfäule *323*, **328**
    Äpfel *79*
    Aprikosen *143*
    Birnen *101*
    Kirschen 135
    Pfirsiche und Nektarinen *157*
    Pflaumen *119*
    Quitten *160*
Motten *siehe* Apfelwickler; Frostspanner; Miniermotten: Pflaumenwickler; Wickler
Mulchen
    Äpfel 61
    Aprikosen 140
    Birnen 90
    Brombeeren 213
    Erdbeeren 188–189
    Feigen 172
    Himbeeren 202
    Kiwis 304

    Maulbeeren 163
    Pfirsiche und Nektarinen 150
    Pflaumen 112
    Schwarze Johannisbeeren *242*, 242
    Stachelbeeren 224
    Zitrusfrüchte 289

N

Nährelemente 319
Nashi-Birnen *89*
Nektarinen **144–157**
    Anbau **148–151**
    Ausdünnen 150, *150*, *154*
    Auswahl und Kauf 148
    Bestäubung 148
    Blüten *151*
    Boden 148
    Düngen 150
    Ernte und Lagerung 150
    Ertrag 150
    Knospen *151*
    Kultur im Kübel 149
    Mulchen 150
    Pflanzen 148
        Abstände 149
    regelmäßige Pflege 149–150
    Monat für Monat 151
    reife Früchte *151*
    Schädlinge und Krankheiten 157
        siehe auch S. 324–341
    Schnitt und Erziehung **152–156**
    Schutz 150
    Sorten *146–147*
    Wässern 149
Netze
    Aprikosen 140
    Brombeeren 214
    Erdbeeren 181, *188*, 189
    Feigen 172
    Himbeeren 202
    Kirschen *129*
    Pfirsiche und Nektarinen 150
    Pflaumen 112
    Rote Johannisbeeren 235
    Schwarze Johannisbeeren 242
    Stachelbeeren 224

O

Obstbäume (allgemein) **28–177**
    Anatomie *39*
    Bestäubung 33–34
    Formen *32–33*

REGISTER

Kauf 30–31
Kultur im Kübel 30–31, *31*
Pflanzen 34–35
platzsparende Formen 17–18
Schnitt und Erziehung **36–39**
selbstfertile Sorten 33
Stützen 35
Unterlagen 17, 32–33
vorgezogene Bäume 31
wie Bäume sich entwickeln 31
wurzelnackte Bäume 30–31
Obstbäume, Zwergformen *50*
Obstbaumkrebs *78*, **328**
Obsthaine **22–23**
    Äpfel *56, 67*
    Birnen *86*
Oliven *309*, 309–310
Orangen *287*

P

Palmetten (Obstbäume) *33*
Papayas 310, *311*
Passionsfrüchte 310, *311*
Papaus 310, *311*
Pepinos *311*, 311
Pfirsiche **144–157**
    Anbau **148–151**
        unter Glas 149
    Ausdünnen 150, *150, 152, 154*
    Auswahl und Kauf 148
    Bestäubung *148*, 148
    Blüten 149
    Boden 148
    Düngen 150
    Ernte und Lagerung 150
    Ertrag 150
    Kultur im Kübel 149
    Mulchen 150
    Pflanzen 148
        Abstände 149
    regelmäßige Pflege 149–150
        Monat für Monat 151
    reife Früchte *6, 14, 145*
    Schädlinge und Krankheiten 157
        siehe auch S. 324–341
    Schnitt und Erziehung **152–156**
    Schutz *149*, 150
    Sorten *146–147*
    Wässern 149
Pflaumen **102–119**
    Anbau **108–113**
    Ausdünnen 26, *112*
    Auswahl und Kauf 110
    Bestäubung 108–110
        Gruppen 109
    Blüten *108, 113*
    Boden 111
    Buschbaum 103
    Düngen 112
    Ernte und Lagerung 112
    Ertrag 112
    Fächer 103
    Formen 103
    junge Früchte *113*
    Knospen *113*
    Kordon 103
    Kultur im Kübel 110
    Mulchen 112
    Netze 112
    Pflanzen 110–111, *111*
        Abstände 111
    Pyramide 103
    regelmäßige Pflege 112
        Monat für Monat 113
    reife Früchte *12, 103*
    Schädlinge und Krankheiten *118–119*
        siehe auch S. 324–341
    Schnitt und Erziehung **114–117**
    Schutz vor Frost 112
    Sorten *104–107*
    Wässern 112
Pflaumensägewespe *119*, **338**
Pflaumenwickler *119*, **338**
Pfropfen *32, 32*
Pheromonfallen *332*
pH-Wert des Bodens 318–319
Physalis siehe Kapstachelbeeren
Pilzliche Blattfleckenkrankheiten *323*, **328**
    Brombeeren *217*
    Erdbeeren 1*94*
    Rote Johannisbeeren *237*
    Schwarze Johannisbeeren 245
    Stachelbeeren 228
Plumcots *112*
Pluots *112*
Potagers 21
Preiselbeeren **258–261**
Pyramiden (Obstbäume) *33*
    Drahtgerüste für 22
    Pflanzabstände
        Äpfel 60
        Birnen 90
    Kirschen 128
    Pflaumen 111
    Schnitt
        Äpfel 71
        Aprikosen 142
        Birnen *86*, 94–95, *95*
        Kirschen 131
        Pfirsiche und Nektarinen 156
        Pflaumen 103, 115

Q

Quitten **158–161**
    Anbau **159–160**
    Blüten *159*
    Boden 160
    Ernte und Lagerung *158*, 160
    junge Früchte *161*
    Pflanzen 159
    regelmäßige Pflege 160
    reife Früchte *12, 27, 158*
    Schädlinge und Krankheiten *160*
    Schnitt und Erziehung 160
    Sorten 159
    unreife Früchte *161*
    Unterlagen 86
Quittenblattbräune *160*, **328**

R

Rebenpockenmilbe *280*, **339**
Reblaus *339*
    Weintrauben 281
Regenschutz 14
Renekloden 103, *106, 110*
Rost **328**
    Birnen *100*
    Brombeeren *217*
    Himbeeren *207*
    Stachelbeeren *229*
Rost der Stachelbeere *229*, **329**
Rote Johannisbeeren *180*, **230–237**
    Anbau **233–335**
    Blüten *25, 235*
    Boden 234
    Ernte und Lagerung 234
    Ertrag 234
    Hochstamm *17*
    Knospen *235*
    Kultur im Kübel 234
    Netze *235*
    Pflanzen *233*, 233
        Abstände 234
    regelmäßige Pflege 234

Monat für Monat 235
reife Früchte *12, 231,* 235
Schädlinge und Krankheiten 237
Schnitt und Erziehung **236**
Sorten *226, 232*
Rote Spinnmilben *333,* **339**
Äpfel *78*
Aprikosen *143*
Erdbeeren *194*
Feigen *177*
Melonen *301*
Pfirsiche und Nektarinen *157*
Pflaumen *119*
Weintrauben *280*
Zitrusfrüchte *293*
Rotpustelkrankheit **329**
Feigen *177*
Rote Johannisbeeren 237
Rüsselkäfer *siehe* Dickmaulrüssler
Rutensterben der Himbeere 207, 217, **329**

S

sandige Böden 318
Säugetiere, Schäden durch *332,* **339**
Säulenbaum (Obstbäume) *33*
Pflanzabstände
Äpfel 60
Birnen 90
Kirschen 128
Schäden durch Säugetiere *332,* **339**
Schädlinge und Krankheiten **314–341**
Äpfel *77–79*
Aprikosen *143*
Behandlung 322
Birnen *100–101*
Brombeeren *217*
Cranberrys 261
Erdbeeren *194–195*
Feigen *177*
Himbeeren *207*
Kapstachelbeeren *307*
Kirschen *134–135*
Kiwis 304
Krankheiten vorbeugen 322
Melonen 301
Pfirsiche und Nektarinen *157*
Pflaumen *118–119*
Rote und Weiße Johannisbeeren 237
Schädlinge fernhalten 332
Schwarze Johannisbeeren 245
Stachelbeeren *228–229*
Verbreitung von Krankheiten 322

Weintrauben *280–281*
Zitrusfrüchte *293*
Schildläuse *333,* **340**
Aprikosen 143
Feigen *177*
Heidelbeeren *257*
Pfirsiche und Nektarinen 157
Weintrauben *281*
Zitrusfrüchte *293*
Schimmel *323*
Schmetterlingsraupen, Schäden durch *333,* **334–341**
Äpfel *77, 78*
Birnen *100*
siehe auch Apfelwickler; Frostspanner; Pflaumenwickler, Wickler
Schmierläuse *333,* **340**
Feigen *177*
Weintrauben *280*
Zitrusfrüchte *293*
Schnakenlarven **340**
Schnecken **340**
Erdbeeren *195*
Schnellkäferlarven **340**
Schnitt und Erziehung
Beerenobst 180–181
Brombeeren **216**
Cranberrys 261
Heidelbeeren **256**
Himbeeren *201,* **204–207**
Kiwis 304
Melonen 300–301
Rote und Weiße Johannisbeeren **234**
Schwarze Johannisbeeren **244**
Stachelbeeren *181, 225,* **226–227**
Weintrauben *269, 270,* **275–279**
Obstbäume 36
Äpfel **66–76**
Aprikosen **142**
Birnen **94–99**
Feigen **174–176**
Kirschen **131–133**
Maulbeeren 163
Mispeln 165
Pfirsiche und Nektarinen **152–156**
Pflaumen **114–117**
Quitten 160
Zitrusfrüchte **290–292**
Schorf *323,* **329**
Äpfel *78*
Birnen *100, 101*
Pflaumen 119

Schrebergärten **22–23**
Schrotschusskrankheit **329**
Aprikosen *143*
Kirschen *134*
Schutz vor Frost
Äpfel 61
Aprikosen *139,* 139, 140
Birnen 90
Brombeeren 214
Erdbeeren 188
Feigen 172
Himbeeren 202
Maulbeeren 163
Pflaumen 112
Schwarze Johannisbeeren 242
Stachelbeeren 224
Zitrusfrüchte 289
Schwarze Johannisbeeren **238–245**
Anbau **241–243**
Auswahl und Kauf 241
Blüten *243*
Boden 241–242
Düngen 242
im Winter *24,* 243
junge Früchte *243*
Kultur im Kübel 242
Mulchen *242,* 242
Netze 242
Pflanzen *241,* 241
Abstände 242
regelmäßige Pflege 242
Monat für Monat 243
reife Früchte *14, 26, 239,* 242
Schädlinge und Krankheiten 245
siehe auch S. 324–341
Schnitt und Erziehung **244**
Schutz vor Frost 242
Sorten 240
Wässern 242
Schwarzer Holunder *263*
Seitenäste *39*
Sommer, Aufgaben 26
Spalier (Obstbäume) *33*
Pflanzabstände
Äpfel 60
Birnen 90
Schnitt
Äpfel *21, 50,* 74–75
Birnen *24,* 97, 97
Spindelbusch (Obstbäume) *33*
Pflanzabstände
Äpfel 60

Birnen 90
Schnitt
  Äpfel 70–71
  Birnen 94, 95
Spinnmilben *siehe* Rote Spinnmilben
Stachelbeeren **218–229**
  Anbau **222–225**
  Auswahl und Kauf 222
  Blüten 225
  Boden 223
  Ernte und Lagerung 224
  Ertrag 224
  Kultur im Kübel 223
  Mulchen 224
  Netze 224
  Pflanzen 222, *222*
    Abstände 223
  regelmäßige Pflege 223–224
    Monat für Monat 225
  reife Früchte *14, 218, 224, 225*
  Schädlinge und Krankheiten 228–229
    siehe auch S. 324–341
  Schnitt und Erziehung *181*, 225, **226–227**
  Schutz vor Frost 224
  Sorten *220–221*
  Wässern 223
Stachelbeerblattwespe *228*, **340**
  Rote Johannisbeeren 237
  Schwarze Johannisbeeren 245
Stachelbeermehltau *siehe* Amerikanischer Stachelbeermehltau
Stängelgrund- und Wurzelfäule **329**
Steinfrüchtigkeit der Birne *101*, **330**
Stickstoffmangel 321
Stippigkeit **330**
  Äpfel *79*, 321
Stützen
  Äpfel *56*, 59
  Himbeeren 204–205
  Kapstachelbeeren 307
  Melonen *295, 301*
  Obstbäume *35*, 35
  Schwarze Johannisbeeren *242*
  Weintrauben *271, 275*

T
Tamarillos *313*, 313
Taschenkrankheit der Pflaume *119*, **330**
Taybeeren *211*
Temperaturkontrolle bei Zitrusfrüchten 289
Thripse **341**
  Zitrusfrüchte *293*

Triebsterben *323*, **330**
  Aprikosen *143*
Triebsterben der Heidelbeere *257*, **330**
Triebsterben der Stachelbeere *228, 229*, **331**
  Rote Johannisbeeren 237
  Schwarze Johannisbeeren 245
Tummelbeeren 211

U
Unterlagen (Obstbäume) 32–33
  Äpfel 52
  Birnen 86
  Kirschen 124
  Quitten 86

V
Veitchbeeren 211
Vergrünung der Erdbeere *194*, **330**
Vermehrung
  Brombeeren 214
  Erdbeeren *190*
  Heidelbeeren *253*
  Himbeeren 202
Verticillium-Welke **331**
  Erdbeeren 195
Viren *323*
  siehe auch Viruserkrankungen der Erdbeere, der Heidelbeere, der Himbeere, Brennnesselblättrigkeit
Viruserkrankungen der Erdbeere *194*, **331**
Viruserkrankungen der Heidelbeere **331**
Viruserkrankungen der Himbeere *207, 217*, **331**
Vögel, Schäden durch *332, 333*, **341**
  Aprikosen *143*
  Birnen *101*
  Erdbeeren *195*
  Feigen *177*
  Heidelbeeren *257*
  Himbeeren *207*
  Kirschen *135*
  Pfirsiche und Nektarinen *157*
  Schwarze Johannisbeeren 245
  Stachelbeeren *229*
  Weintrauben 281

W
waagrechter Kordon *32*
  Äpfel *17, 72*
Wässern *316*
  Äpfel *61*
  Aprikosen 140

Birnen 90
Brombeeren 213
Düngen 223–224
Erdbeeren 188, 191
Feigen 171
Himbeeren *202*, 202
Kapstachelbeeren 306
Kiwis 304
Maulbeeren 163
Pfirsiche und Nektarinen 149
Pflaumen 112
Schwarze Johannisbeeren 242
Sommer 26
Stachelbeeren 223
Zitrusfrüchte 289
Weiche Schildlaus *siehe* Schildläuse
Weintrauben **264–281**
  Anbau im Freien **268–270**
  Anbau unter Glas **271–273**
  Ausdünnen *272*
  Auswahl und Kauf 268
  Blüte und Bestäubung *268*, 271
  Blüten *274*
  Boden 269, 272
  Ernte und Lagerung 270, 273, *273*
  Ertrag 270, 273
  Flachbögen erziehen 278–279
  junge Früchte *274*
  Knospen *274*
  Kordons erziehen *275*, 276–277
  Kultur im Kübel 273
  Pflanzen 268–269, 270, 271–272
    Abstände 270, 272
  regelmäßige Pflege 270, 272–273
    Monat für Monat 274
  reife Früchte *8, 12, 27, 264, 269*
  Schädlinge und Krankheiten 280–281
  Schnitt und Erziehung *17*, 269, 270, **275–279**
  Sorten *266–267*
  Stützen *271, 275*
Weiße Fliege **341**
  Melonen 301
  Weintrauben 281
  Zitrusfrüchte *293*
Weiße Johannisbeeren **230–237**
  Anbau **233–235**
  Boden 234
  Ernte und Lagerung 234
  Ertrag 234
  Kultur im Kübel 234
  Pflanzen 233

Abstände 234
regelmäßige Pflege 234
Monat für Monat 235
Schädlinge und Krankheiten 237
Schnitt und Erziehung 234
Sorten *226, 232*
Wespen, Schäden durch *333,* **341**
Abwehr *317*
Äpfel *79*
Aprikosen *143*
Birnen *101*
Feigen *177*
Kirschen *135*
Pfirsiche und Nektarinen *157*
Pflaumen *119*
Weintrauben *281*
Wickler **341**
Apfel- *77,* **334**
Pflaumen- *119,* **339**
wildlebende Tiere 317

Winter, Aufgaben 24
Wollläuse **336**
Äpfel *78*
Worcesterbeeren *224*
Wurzelfäule **329**
Melonen 301
Zitrusfrüchte *293*
Wurzelhalsfäule der Erdbeere 195, **332**

Y
Youngbeeren 211

Z
Zieräpfel 61
Zitronen *287*
reife Früchte 14, *290*
Zitrusfrüchte **284–293**
Anbau **288–289**
Ausdünnen 289
Auswahl und Kauf 288
Blüte und Bestäubung 288
Blüten *289*
Boden 289
Düngen 289
Ernte und Lagerung 289
Ertrag 289
Kultur im Kübel *288*
Mulchen 289
Pflanzen 288–289
regelmäßige Pflege 289
Schädlinge und Krankheiten *293*
Schnitt und Erziehung **290–292**
Schutz vor Frost 289
Sorten *286–287*
Wässern 289
Zwetschgen 103, *106*

Dank und Bildnachweis

Die Autoren
Alan Buckingham, passionierter und erfahrener Gärtner, blickt auf über 20 Jahre Berufserfahrung als Autor und Redakteur zurück. Er schreibt regelmäßig für Websites zum Thema Garten und ist auch Autor von »Der Nutzgarten« und »Gemüse für jeden Garten«.

Jo Whittingham studierte Gartenbau an der Universität von Reading und arbeitet ebenfalls als freiberufliche Autorin. Bei Dorling Kindersley erschien bereits das Buch »Besser gärtnern – Gemüse selbst anbauen«.

Dank des Autors
Mein Dank gilt: Anna Kruger und Alison Gardner für ihre professionelle Arbeit und Geduld bei unserem mittlerweile dritten Buchprojekt; Jo Whittingham für ihre Adleraugen und wertvollen Vorschläge; Alison Donovan, Helen Fewster, Esther Ripley und dem Team von Dorling Kindersley; Barbara Wood, meiner Nachbarin in den Royal Paddocks Allotments, Hampton Wick, die so hilfsbereit, klug und großzügig war wie immer; vielen Freunden, die dem gnadenlosen Blick meiner Kameralinse Zugang zu ihren Gärten gewährten – Charles und Annabel Rathbone, Mic und Julia Cady, Fiona MacIntyre und Nigel Waters, Christopher und Linda Davis und Janice und Nick Maris; den Mitgliedern der RHS Wisley, der RHS Rosemoor und der National Fruit Collection der Brogdale Farm in Kent; den Mitgliedern der RHS Fruit Group; und schließlich Jim Buckland und Sarah Wain von den West Dean Gardens in Sussex, die einen der schönsten Küchengärten Großbritanniens restauriert haben und ihn betreuen. Besuchen Sie ihn unbedingt! Er ist eine Inspiration. www.westdean.org.uk

Register Michèle Clark

Bildnachweis
Dorling Kindersley dankt **Alan Buckingham** für neue Aufnahmen:

(o=oben; u=unten; m=Mitte; g=ganz; l=links; r=rechts)

1, 4ol, 4or, 5ol, 5om, 8ur, 9, 13ml, 13m, 13mr, 13um, 13ur, 15ml, 15mr, 15ul, 15um, 15ur, 16ol, 16or, 21mr, 24ul, 24um, 25ol, 25um, 25ur, 27ol, 27or, 27um, 27ur, 30ul, 32ol, 32or, 34um, 35, 36o, 36m, 36u, 37o, 37m, 37ul, 37uml, 37umr, 37ur, 38ol, 38oml, 38om, 38omr, 38or, 39ul, 39, 39ur, 40, 42ol, 42ml, 42or, 42u, 43o, 43mol, 43ul, 43ur, 43mr, 44o, 44ul, 45o, 45mol, 45mor, 45mul, 45mur, 46or, 46u, 47o, 47m, 47u, 48o, 48mol, 48mur, 48ur, 49ol, 49or, 49m, 49u, 50, 51o, 54or, 54mr, 54ml, 54ul, 54um, 54ur, 55l, 55m, 55r, 61o, 63m, 64l, 64m, 64r, 65l, 65m, 65r, 66, 67ul, 67ur, 68, 69ol, 69om, 69or, 69ur, 70, 71ul, 72o, 74/5, 75or, 76om, 76or, 76um, 76ur, 77ol, 77ul, 77um, 77r, 78ol, 78oml, 78omr, 78ul, 78ur, 79or, 80, 82ol, 82ml, 82u, 83o, 83ul, 83br, 84o, 84mr, 84ul, 84ur, 85o, 85u, 87ur, 88ol, 88mml, 88mr, 89, 90/1, 92o, 93o, 93u, 95, 96ur, 97u, 98, 99mo, 99u, 100ol, 100om, 100ul, 100um, 100ur, 101om, 101um, 101ur, 102, 104ol, 104ml, 104mr, 104u, 105mr, 106ml, 106ul, 106ur, 107o, 107mo, 107mb, 107u, 108, 109or, 109ml, 109ml, 109umr, 109ul, 109uml, 110, 113ol, 113om, 113or, 115mr, 115ur, 116ul, 116ur, 118om, 118um, 118ur, 119ol, 119ul, 119um, 120, 122ol, 122tr, 122u, 123o, 123m, 123ur, 125ml, 125m, 125mr, 129ul, 130ol, 130oml, 130omr, 130or, 131ml, 131mr, 133or, 134ul, 134uml, 134umr, 134ur, 135ol, 135ul, 135ur, 138or, 138u, 139, 141o, 141m, 141u, 143ol, 143or, 143m, 143u, 146u, 147o, 149or, 151o, 151mo, 157o, 157mol, 157mor, 157mu, 158l, 158r, 159, 160ul, 160um, 160ur, 161, 162l, 162r, 164o, 164u, 166, 168om, 170r, 172ur, 173ol, 173om, 173or, 175ol, 175or, 177ol, 177ul, 177or, 177umr, 179, 181or, 181ur, 182, 184o, 184ul, 185mo,

DANK UND BILDNACHWEIS 351

186or, 188, 189ur, 192ol, 193ol, 193om, 194ur, 195ul, 195ur, 196, 198mor, 198ul, 199ul, 200, 201ul, 201um, 201ur, 202o, 203ol, 203oml, 203omr, 204, 205r, 206mol, 207m, 207mu, 207u, 208, 210ml, 210ul, 210ur, 211or, 211u, 212, 214ur, 215or, 215mo, 215mu, 215u, 216mr, 217ol, 217om, 217ul, 217um, 217r, 218, 220ml, 220u, 223ol, 224ul, 225ol, 225om, 225ur, 227ml, 227ur, 228ul, 228or, 228um, 228ur, 229ul, 229um, 230, 232ol, 232mol, 232mur, 232ur, 234ol, 234om, 234or, 235ol, 235ul, 236or, 237ol, 237om, 237um, 237ur, 240ol, 242ul, 242um, 243ol, 243om, 243or, 243ur, 245o, 245mo, 245mul, 245mur, 245u, 248ml, 248mr, 248ul, 249ol, 249or, 249mo, 250, 254ol, 254om, 254tr, 257or, 257ur, 258, 260ol, 260or, 265, 266ur, 267m, 267u, 268, 274ol, 274om, 277ul, 280ol, 280om 280ul, 280um, 280ur, 281ur, 283, 284, 286or, 286ul, 287o, 287ml, 293ol, 293ul, 294, 297ol, 297or, 297ul, 297ur, 298ol, 298ml, 298mr, 298ul, 298ur, 303or, 303ur, 304, 305, 306ul, 306ur, 307ol, 307or, 308um, 309ur, 310ur, 315, 317ul, 320ul, 321ul, 323ol, 323or, 323mol, 323mor, 323mul, 323mur, 323ur, 333ol, 333or, 333mol, 333mul, 333mur, 333ur

Alan Buckingham © **Dorling Kindersley**

5or, 8ul, 13ol, 13or, 15m, 27ul, 43mul, 44ur, 45u, 46m, 48mor, 48ul, 53or, 54ol, 54m, 78um, 79om, 79ul, 79um, 79ur, 82or, 83m, 88mmr, 93mo, 93mu, 101ul, 105o, 105ur, 109mr, 118ul, 119ur, 124, 128, 134ol, 172ul, 173ur, 184ml, 184ur, 193or, 198ur, 203or, 207o, 207mo, 210mr, 211m, 220o, 224or, 225or, 229ur, 232or, 232ul, 240ul, 320ul, 321ur, 323ul, 332ol, 333mor

Dorling Kindersley dankt **Peter Anderson** für neue Aufnahmen:

2/3, 6/7, 11, 13ul, 15ol, 15or, 17ul, 18, 20, 21o, 21u, 25or, 25ul, 26m, 26um, 26ur, 39ol, 39om, 39or, 44ml, 61ur, 62, 72ul, 73, 78mr, 87ol, 92bl, 92r, 96o, 96ul, 97om, 97or, 105mul, 106o, 111, 112ol, 112om, 116om, 116or, 117ur, 126, 132, 133m, 133ma, 132o, 132mu, 133u, 144, 146mr, 147mu, 150, 151mu, 151u, 152, 154, 157u, 170l, 176, 180, 185um, 198ml, 199o, 211ol, 220mro, 221ul, 223or, 235umr, 235ur, 238, 240mo, 240or, 240ur, 246, 248o, 249ul, 255, 272, 273ul, 275, 299, 300ul, 300ur

---

Der Verlag dankt folgenden Personen für die freundliche Genehmigung zur Abbildung ihrer Fotografien:

4 **Blackmoor Nurseries**: (om). 13 **Blackmoor Nurseries**: (om). 15 **Corbis**: Ed Young/AgStock Images (om). 17 **The Garden Collection**: Torie Chugg/Sue Hitchens, RHS Hampton Court 05. 19 **Alamy Images**: Wildscape/Jason Smalley. 22 **Dorling Kindersley**: Alison Gardner (ul). 23 **Dorling Kindersley**: Alison Gardner (o). **The Garden Collection**: Liz Eddison/Prieure Notre-Dame d'Orsan, France (ul). 29 **Photolibrary**: Mayer/Le Scanff/Garden Picture Library. 46 **R.V. Roger Ltd.**: (om). 53 **Blackmoor Nurseries**: (ul). 56 **Dorling Kindersley**: Alison Gardner. 71 **Photolibrary**: Claire Higgins/Garden Picture Library (ur). 77 **Dorling Kindersley**: Alison Gardner (um). 91 **Sarah Wain, West Dean Gardens**: (ol) (om) (or). 101 **FLPA**: Nigel Cattlin (mlu). 112 **Reads Nursery**: (ur). 122 **Garden World Images**: Trevor Sims (mr). 123 **Victoriana Nursery Gardens**: Stephen Shirley (ul). 136 **Getty Images**: Inga Spence. 138 **Blackmoor Nurseries**: (mo) (mu). Ron Ludekens: (mr). 146 **Blackmoor Nurseries**: (or). **GAP Photos**: (mo). 147 **Photolibrary**: Paroli Galperti/Cuboimages (mlo). 155 **Sarah Wain, West Dean Gardens**. 168 **Alamy Images**: John Glover (or). **Photoshot**: Michael Warren (ol). Ron Ludekens: (m). **Science Photo Library**: (mr). 169 **Photolibrary**: Martin Page/Garden Picture Library (ur). 177 **Dorling Kindersley**: Alison Gardner (ml). 184 **Photoshot**: Photos Horticultural (mr). 185 **GAP Photos**: (mlu). **Photoshot**: Michael Warren (ol). 191 **Dorling Kindersley**: Alison Gardner (ol). 194 **FLPA**: Nigel Cattlin (ul). 198 **Alamy Images**: Greg Wright (mru). **Photoshot**: Photos Horticultural/Michael Warren (or). 199 **Photoshot**: Photos Horticultural/Michael Warren (mlo). **Scottish Crop Research Institute**: (mlu). 210 **Photoshot**: Flowerphotos/Jonathan Buckley (or). 221 **GAP Photos**: Dave Bevan (ol); J. S. Sira (um). **R.V. Roger Ltd.**: (ml) (mu). 240 **Blackmoor Nurseries**: (mru). 242 **Corbis**: Image Source (ur). 248 **Tadeusz Kusibab**: (ur). 249 **Tadeusz Kusibab**: (mu). **Thompson & Morgan**: (mu). 252 **Dorling Kindersley**: Alison Gardner. 253 **Garden World Images**: John Swithinbank (r). 257 **Dorling Kindersley**: Alison Gardner (mlo) (ol). 259 **R.V. Roger Ltd.**: (mr) (ur). 261 **Garden World Images**: Trevor Sims. 262 **Corbis**: Mark Bolton (m). **Photolibrary**: Garden Picture Library/Michel Viard (ur). **Thompson & Morgan**: (or). 263 **Alamy Images**: John Glover (ml). **Corbis**: Gallo Images/Martin Harvey (ul); Tania Midgley (ol). **Photoshot**: JTB (m). 266 **Alamy Images**: Hendrik Holler/Bon Appetit (or). **Corbis**: Ed Young/AgStock Images (um) (mr). **GAP Photos**: Richard Bloom (om). **Garden World Images**: Trevor Sims (m). 267 **Blackmoor Nurseries**: (ol). 281 **Dorling Kindersley**: Alison Gardner (mlu). 286 **Corbis**: Ed Young/AgStock Images (ur). **The Garden Collection**: Derek Harris (mo). **Photolibrary**: Garden Picture Library/David Cavagnaro (om). 287 **Corbis**: AgStock Images (ul); Bill Barksdale/AgStock Images (um). 288 **Photolibrary**: Garden Picture Library/Friedrich Strauss. 290 **Photolibrary**: Garden Picture Library/Michele Lamontagne. 293 **Dorling Kindersley**: Alison Gardner (ml). 296 **Corbis**: Bill Barksdale/AgStock Images (om). 302 **Corbis**: AgStock Images (o). **Getty Images**: Visuals Unlimited/Inga Spence (mru). 308 **Corbis**: Bill Ross/Surf (ul). **Garden World Images**: Liz Cole (ur). 309 **Corbis**: Douglas Peebles/Encyclopedia (ul). 310 **Corbis**: Melinda Holden/Comet (um); Douglas Peebles/Encyclopedia (ul). 311 **Corbis**: Jose Fuste Raga/Encyclopedia (ur); David Samuel Robbins/Documentary (um). **Garden World Images**: Trevor Sims (ul). 312 **Garden World Images**: Flora Toskana (ul). 313 **Corbis**: Stefano Amantini/Atlantide Phototravel/Latitude (ul); DK Limited/Encyclopedia (um); Michelle Garrett/Documentary Value (ur). 316 **Garden World Images**: (ul). 333 **Dorling Kindersley**: Alison Gardner (um)

Cover vorn: Amanda Heywood (Photolibrary)
hinten: oben rechts: Peter Anderson (Dorling Kindersley)
Bildreihe Mitte von links nach rechts: S & O, Friedrich Strauss, Pernilla Bergdahl, Zara Napier (alle GAP Photos)
unten links: Geoff Kidd (GAP Photos)
Rücken: Amanda Heywood (Photolibrary)

Alle weiteren Bilder © Dorling Kindersley
weitere Informationen unter: www.dkimages.com

Bezugsquellen

Arche Noah
Gesellschaft für die Erhaltung der Kulturpflanzenvielfalt
Obere Str. 40
A-3553 Schiltern
Tel. +43(0)2734-8626
www.arche-noah.at
info@arche-noah.at

BALDUR Garten GmbH
Albert-Einstein-Allee 4–6
64625 Bensheim
Tel. +49(0)18 05-10 35 55
www.baldur-garten.de

Baumschule Horstmann GmbH & Co. KG
Bergstraße 5
25582 Hohenaspe
Tel. +49(0)48 93-37 68 90
www.baumschule-horstmann.de
info@baumschule-horstmann.de

Baumschule Alte Obstsorten
Waldweg 2
24966 Sörup
Tel. +49(0)46 35-27 45
www.alte-obstsorten.de

Biermann Markenbaumschulen
Im Felde 53–55
25499 Tangstedt
Tel. +49(0)41 01-20 43 62
www.baumschulen-biermann.de
info@baumschulen-biermann.de

Bioland-Baumschule Pflanzlust
Niederelsungerstr. 23
34466 Nothfelden
Tel. +49(0)56 92-86 35
www.pflanzlust.de
pflanzlust@t-online.de

Bioland Hof Jeebel
Biogartenversand GbR
Jeebel 17
29410 Salzwedel / OT Jeebel
Tel. +49(0)39037-781
www.biogartenversand.de
info@biogartenversand.de

Die Blumenschule
Rainer Engler und Sabine Frisch
Augsburger Str. 62
86956 Schongau
Tel. +49(0)88 61-73 73
www.blumenschule.de
info@blumenschule.de

N. L. Chrestensen
Erfurter Samen- und Pflanzenzucht GmbH
Witterdaer Weg 6
99092 Erfurt
Tel. +49(0)3 61-22 45 34 4
www.gartenversandhaus.de
info@chrestensen.com

Delfland Nurseries LTD
Benwick Road
Doddington
March
Cambridgeshire
PE15 0TU
England
Tel. +44-13 54-74 05 53
www.organicplants.co.uk
info@organicplants.co.uk

Ferme de Sainte Marthe
Online-Bestellshop
Tel. +49(0)67 34-91 55 80
www.bio-saatgut.de
mehrInformation@bio-saatgut.de

Ganter OHG BdB-Markenbaumschule
Baumstr. 2
79369 Wyhl
Tel. +49(0)76 42-10 61
www.obstbau.de
info@ganter-baden.de

Lubera Gartenversand
Lagerstr.
CH-9470 Buchs SG
Tel. +41(0)81-75 63 0 33
www.lubera.ch
info@lubera.ch

Kiepenkerl Fachversand
Im Weidboden 12
57629 Norken
Tel. +49(0)2661-94052-84
www.kiepenkerl.de
info@kiepenkerl.de

Gärtnerei Naturwuchs
Bardenhorst 15
33739 Bielefeld
Tel. +49(0)521-9881778
www.naturwuchs.de
info@naturwuchs.de

Gärtner Pötschke GmbH
Beuthener Str. 4
41564 Kaarst
Tel. +49(0)1805-861100
www.poetschke.de
info@poetschke.de

Raritätengärtnerei Treml
Echerstr. 32
93471 Arnbruck
Tel. +49(0)9945-905100
www.pflanzentreml.de
treml@pflanzentreml.de

Schwerdtfeger Obstbaumschulen
Ziegeleiweg 1
25560 Warringholz
www.alte-obstsorten-online.de
schwerdtfeger-obst@t-online.de